新能源译丛

Electricity Transmission, Distribution and Storage Systems

输电、配电和储能系统

[英]Ziad Melhem（梅尔赫姆）　　著

《输电、配电和储能系统》翻译组　　译

中国水利水电出版社

www.waterpub.com.cn

·北京·

内 容 提 要

本书对输配电网的材料、结构及性能进行了全面阐述，并介绍了电力储能系统的应用及并网情况，主要内容包括输配电基础、输配电网材料和技术的发展以及电能存储技术。

本书适合作为高等院校相关专业的教学参考用书，也适合从事相关专业的技术人员阅读参考。

This edition of *Electricity Transmission，Distribution and Storage Systems* by Ziad Melhem is published by arrangement with ELSEVIER Ltd. of the Boulevard，Langford Lane，Kidlington，Oxford，OX5 1GB，UK.

This translation was undertaken by China Water & Power Press.

This edition is published for sale in China only.

北京市版权局著作权合同登记号为：图字 01－2017－0589

图书在版编目（ＣＩＰ）数据

输电、配电和储能系统 = Electricity
Transmission, Distribution and Storage Systems /
（英）梅尔赫姆（Ziad Melhem）著 ；《输电、配电和储
能系统》翻译组译. -- 北京 ： 中国水利水电出版社，
2019.11
　　书名原文: Electricity Transmission,
Distribution and Storage Systems
　　ISBN 978-7-5170-8247-7

　　Ⅰ．①输… Ⅱ．①梅… ②输… Ⅲ．①电池－储能－
研究 Ⅳ．①TM911

中国版本图书馆CIP数据核字(2019)第274964号

书　　名	**输电、配电和储能系统** SHUDIAN、PEIDIAN HE CHUNENG XITONG	
作　　者	〔英〕Ziad Melhem（梅尔赫姆）	
译　　者	《输电、配电和储能系统》翻译组　译	
出 版 发 行	中国水利水电出版社 （北京市海淀区玉渊潭南路 1 号 D 座　　100038） 网址：www. waterpub. com. cn E - mail：sales@ waterpub. com. cn 电话：(010) 68367658（营销中心）	
经　　售	北京科水图书销售中心（零售） 电话：(010) 88383994、63202643、68545874 全国各地新华书店和相关出版物销售网点	
排　　版	中国水利水电出版社微机排版中心	
印　　刷	清淞永业（天津）印刷有限公司	
规　　格	184mm×260mm　16 开本　21 印张　498 千字	
版　　次	2019 年 11 月第 1 版　2019 年 11 月第 1 次印刷	
印　　数	0001—1000 册	
定　　价	**96.00 元**	

本书翻译组

（按姓氏笔画排序）

丁　琪　　马兆荣　　王　桓　　王　惠　　王海龙

元国凯　　朱光涛　　刘　刚　　刘晋超　　许　峰

李炬添　　陈　冰　　范永春　　周　冰　　周　敏

郑　明　　徐　伟　　徐龙博　　高丽霄　　梁汉东

廖　毅

前　言

一百多年来，世界上大部分人都享受到了电力带来的好处。电力清洁、经济、可以管理，它改善了人们的生活质量，提高了工业效率，促进了社会繁荣。当前，世界的社会经济发展离不开电力。随着道路和桥梁、通信和网络、供排水设施等的发展，电力已经成了基础设施的一部分，发达国家已经利用电力改善了他们的生活质量，实现了经济繁荣，因此电力对于其余国家的发展至关重要。同时，供电稳定性及可靠性非常重要，电力已经成为人们生活不可或缺的一部分。

在过去的数十年里，电力生产以及通过电力系统传输到用户时，都是基于相同的"集中式"模式：电力在相对较少的地方进行大规模生产，但是在许多地方进行消费。为城市或地区供电的电力系统主要由一些大型的集中式发电厂组成，每个发电厂包括一台或多台（例如6台）发电机以及发电机运行维护所需的辅助设备。输电线路将电能输送至该地区，然后再通过具有更小容量的线路（配电线路），最终送至千家万户。

本书主要是输配电及储能系统，对输配电及储能系统的基本原则做了结构性介绍，并描述了主要部件的发展现状。本书对输配电网的材料、结构及性能做了全面回顾，并介绍了电力储能系统的应用及并网情况。本书适合电力行业工程人员、研究人员以及大学高年级学生和研究生阅读参考。本书共分为三部分，具体如下：

第一部分介绍输配电基础，其中：第1章回顾了输配电的基本情况，简单介绍了输配电网、基础设施、可靠性和工程等方面面临的挑战以及不同的调节规划等；第2章描述为了保证输配电网可靠运行而需要的主要技术要求，并讨论为了保证安全持续供电所需的相应控制元件，还涵盖了可再生能源发电的影响及储能的潜在贡献；第3章描述了故障时或异常工况下的输配电网保护；第4章描述了分布式能源的并网技术。

第二部分重点讨论了输配电网材料和技术的发展，其中：第5章回顾了高压应用最先进的开关设备的发展情况，尤其重点关注了断路器的发展；第6章讨论了通过高压直流输电系统进行长距离电力传输的技术问题，并讨论了可再生能源及能源消耗的快速增长对接受高压直流技术的影响；第7章描述了现代柔性交流输电系统控制（FACTS）设备以及将来的发展趋势，重点关注了三种主要的现代柔性交流输电系统设备：静态同步补偿器（STATCOM）、静态同步并联补偿器（SSSC）和统一潮流控制器（UPFC）；第8章描述了输电设备采用的关键元件，并提出了所面临的挑战，即为了实现输电可靠性，需要研发新材料，如纳米电解质材料等；第9章详细说明了超导故障限流器和超导电力电缆，深入探讨了超导电力电缆的历史发展过程及其现状，然后描述了故障限流装置及其发展情况。

第三部分回顾了电能存储技术，其中：第10章分析了在能源市场采用电能存储技术的经济可行性，尤其关注了静态储存技术，对间歇式可再生能源导致的电能波动进行管理；第11章描述了镍基电池的材料及化学性质，还回顾了镍基电池系统的过去及现状，并描述了其性能，讨论了目前流行的新型材料，这些材料有望应用于镍基电池中，然后探讨了该电池面临的挑战及未来发展趋势；第12章回顾了液流电池技术，将可再生能源接入电网时，为了保证电网稳定性，可采用新型的氧化还原液流电池用于中长期储能，其能源效率较高，循环寿命较长，结构造价合理，可用于不超过两小时的储能场合；第13章回顾了超导磁储能的主要技术，其可用于大功率短时场合（尤其是脉冲电流电源）。一套超导磁能储存装置可以非常快速地释放出能量，其能源效率可超过95%。

希望本书的内容可以为对输配电工程技术感兴趣的读者提供帮助，使其能够更好地理解电力传输这个关键领域当前及将来的发展情况。由于电能会在许多方面产生巨大变革，从而影响我们的生活质量，科学家们和工程师们仍在继续研发各种输配电及储能技术，改善材料性能，降低成本。

本书的观点来自于由英国材料协会赞助的输配电和储能研讨会，在此向各章作者表示感谢，感谢他们在各自的专业领域做出的杰出贡献。

Ziad Melhem
英国牛津

目　　录

前言

第一部分　输　配　电　基　础

第1章　输配电网介绍：输配电基础设施、可靠性、工程、法规和规划 …………………… 3

  1.1　引言 …………………………………………………………………………… 3

  1.2　传统和分布式电力系统的特征 ………………………………………… 6

    1.2.1　恒定电源电压 ………………………………………………………… 6

    1.2.2　交流 …………………………………………………………………… 7

    1.2.3　自然稳定性 …………………………………………………………… 7

  1.3　客户的要求和需求 ……………………………………………………… 7

    1.3.1　消费点的地理扩散 …………………………………………………… 8

    1.3.2　低压（供电电压）电力需求 ………………………………………… 8

    1.3.3　电力传输的即时性 …………………………………………………… 8

    1.3.4　可靠性 ………………………………………………………………… 9

    1.3.5　经济性 ………………………………………………………………… 9

    1.3.6　安全性 ………………………………………………………………… 9

    1.3.7　易用性 ………………………………………………………………… 9

    1.3.8　公平和价格补贴 ……………………………………………………… 9

    1.3.9　环境和美学问题 ……………………………………………………… 9

  1.4　输变电设计的管辖原则和自然法则 …………………………………… 9

    1.4.1　发电的规模经济 ……………………………………………………… 10

    1.4.2　电能的经济传输 ……………………………………………………… 10

    1.4.3　改变电压等级的成本 ………………………………………………… 11

  1.5　传统输变电系统的层次或等级 ………………………………………… 11

    1.5.1　输电层 ………………………………………………………………… 13

    1.5.2　次级输电层 …………………………………………………………… 13

    1.5.3　变电站层 ……………………………………………………………… 14

    1.5.4　主馈线或中压层 ……………………………………………………… 14

    1.5.5　服务变压器 …………………………………………………………… 15

    1.5.6　次级线路和服务层 …………………………………………………… 16

    1.5.7　欧洲配电系统和美国配电系统 ……………………………………… 16

1.5.8　美国系统中的支线层 ……………………………………………………… 16

1.5.9　树状系统和环形系统 …………………………………………………… 17

1.6　现代智能分布式配电系统 …………………………………………………… 17

1.6.1　技术趋势 1：提高分布式资源的成本效率 ………………………… 17

1.6.2　技术趋势 2：有效和经济合理的储能 ……………………………… 18

1.6.3　技术趋势 3：智能系统 ……………………………………………… 19

1.7　影响未来输配电系统的因素 ………………………………………………… 20

1.7.1　利用现存系统的经济利益 …………………………………………… 20

1.7.2　服务可靠性需求增长 ………………………………………………… 21

1.7.3　电能需求增长 ………………………………………………………… 22

1.7.4　基础设施老化 ………………………………………………………… 22

1.7.5　都市核心系统老化 …………………………………………………… 23

1.7.6　用户控制和自由零售市场 …………………………………………… 23

1.7.7　新技术 ………………………………………………………………… 23

1.8　结论 …………………………………………………………………………… 24

参考文献 …………………………………………………………………………… 24

第 2 章　输配电网监测与控制 …………………………………………………… 26

2.1　引言 …………………………………………………………………………… 26

2.1.1　网络监测、控制和保护要求 ………………………………………… 26

2.2　系统频率控制 ………………………………………………………………… 27

2.2.1　系统频率控制的作用 ………………………………………………… 28

2.2.2　响应和备用 …………………………………………………………… 28

2.2.3　可再生能源发电的影响 ……………………………………………… 30

2.2.4　大型扰动管理 ………………………………………………………… 31

2.3　确保系统稳定 ………………………………………………………………… 32

2.4　电压控制 ……………………………………………………………………… 36

2.5　电流控制 ……………………………………………………………………… 38

2.6　电力系统运行与协调控制 …………………………………………………… 41

2.7　测量、监控和通信 …………………………………………………………… 42

2.7.1　测量和监控概述 ……………………………………………………… 42

2.7.2　远期测量和监控要求 ………………………………………………… 45

2.7.3　通信要求 ……………………………………………………………… 45

参考文献 …………………………………………………………………………… 46

第 3 章　输配电网保护 …………………………………………………………… 48

3.1　引言 …………………………………………………………………………… 48

3.2　故障检测和隔离 ……………………………………………………………… 48

3.2.1　电力系统短路 ………………………………………………………… 49

  3.2.2 系统内故障检测 ……………………………………… 49

  3.2.3 系统故障隔离 ………………………………………… 50

 3.3 保护系统的要求 ………………………………………………… 50

 3.4 保护系统的组成和基本原理 …………………………………… 52

  3.4.1 保护系统的组成 ……………………………………… 52

  3.4.2 保护系统的基本原理 ………………………………… 53

 3.5 保护技术综述 …………………………………………………… 54

  3.5.1 过流保护 ……………………………………………… 54

  3.5.2 阻抗保护或距离保护 ………………………………… 59

  3.5.3 差动保护 ……………………………………………… 61

 3.6 典型保护方案及深层考虑 ……………………………………… 63

 3.7 发电机保护及其与公用事业电网接口的标准要求 …………… 64

 3.8 未来趋势：分布式发电和储能对保护的影响 ………………… 65

 参考文献 ……………………………………………………………… 66

第4章 分布式能源的并网 …………………………………………… 68

 4.1 引言 ……………………………………………………………… 68

 4.2 分布式能源技术 ………………………………………………… 68

 4.3 分布式能源对电网的影响 ……………………………………… 70

 4.4 分布式能源与输配电网的连接 ………………………………… 73

 4.5 电网规范和标准 ………………………………………………… 75

 4.6 挑战和未来趋势 ………………………………………………… 78

 4.7 结论 ……………………………………………………………… 78

 4.8 更多信息来源和建议 …………………………………………… 79

 参考文献 ……………………………………………………………… 79

第二部分 输配电网材料和技术的发展

第5章 输配电网设备新材料的发展 ……………………………… 85

 5.1 引言 ……………………………………………………………… 85

 5.2 开关设备材料：属性、类型和性能 …………………………… 86

  5.2.1 概述 …………………………………………………… 86

  5.2.2 触头材料和部件 ……………………………………… 86

  5.2.3 绝缘 …………………………………………………… 86

 5.3 先进开关设备材料的发展和影响 ……………………………… 87

  5.3.1 电弧材料 ……………………………………………… 87

  5.3.2 复合绝缘子 …………………………………………… 87

  5.3.3 热塑性绝缘子 ………………………………………… 88

  5.3.4 酯油 …………………………………………………… 89

5.4　挑战和未来趋势 ·· 89

　　5.4.1　模拟 ··· 89

　　5.4.2　纳米材料的应用 ··· 89

　　5.4.3　环保设计 ·· 90

　参考文献 ·· 90

第6章　高压直流输电系统 ·· 91

6.1　引言 ··· 91

　　6.1.1　高压直流输电系统的传统应用场合 ·· 92

　　6.1.2　高压直流技术的兴起 ··· 93

6.2　选择交流还是直流 ··· 94

6.3　高压直流配置 ·· 95

6.4　高压直流设备及部件 ··· 97

　　6.4.1　两种变换器技术 ·· 97

　　6.4.2　基于线路换相变换器的高压直流 ·· 98

　　6.4.3　基于电压源型变换器的高压直流 ·· 99

　　6.4.4　线路和电缆 ··· 103

　　6.4.5　额定值 ·· 105

6.5　高压直流的运行 ··· 106

　　6.5.1　高压直流系统控制 ··· 106

　　6.5.2　高压直流输电线路的运行 ·· 108

　　6.5.3　对系统稳定性的贡献 ·· 108

6.6　高压直流电网 ·· 108

6.7　未来趋势 ··· 109

6.8　结论 ·· 110

　参考文献 ·· 110

第7章　现代柔性交流输电系统设备 ·· 112

7.1　引言 ·· 112

7.2　电压源型变换器 ··· 113

　　7.2.1　级联型变换器 ·· 116

　　7.2.2　二极管箝位变换器 ··· 119

7.3　静止同步补偿器（STATCOM） ··· 120

7.4　静止同步串联补偿器（SSSC） ··· 123

7.5　统一潮流控制器（UPFC） ·· 127

7.6　混合式柔性交流输电系统（FACTS）技术 ··· 131

　　7.6.1　线间潮流控制器 ·· 131

　　7.6.2　多端高压直流系统 ··· 131

7.7　结论 ·· 132

参考文献 ·· 133

第 8 章　纳米电介质材料及其在输电设备中的作用 ·························· 136
8.1　引言 ·· 136
8.2　纳米电介质 ··· 137
8.2.1　结构要素 ·· 137
8.2.2　介电常数 ·· 138
8.2.3　分子松弛 ·· 139
8.2.4　短期介质击穿 ·· 140
8.2.5　电树枝化 ·· 141
8.2.6　表面腐蚀和局部放电电阻 ·· 141
8.2.7　空间电荷 ·· 142
8.3　纳米电介质的发展 ·· 144
8.3.1　纳米电介质的处理 ·· 144
8.3.2　纳米电介质的特征描述 ··· 145
8.4　高级电介质材料的影响 ·· 148
8.4.1　输配电方面的主要驱动因素 ··· 148
8.4.2　潜在影响举例 ·· 149
8.4.3　潜在的运行效益 ··· 149
8.5　挑战和未来趋势 ··· 150
8.6　结论 ·· 151
8.7　更多信息来源和建议 ·· 151
参考文献 ·· 151

第 9 章　超导故障限流器和电力电缆 ·· 160
9.1　引言 ·· 160
9.1.1　背景 ··· 160
9.1.2　电网 ··· 161
9.1.3　电网中的超导体 ··· 163
9.1.4　未来趋势 ·· 164
9.2　故障限流器 ··· 164
9.2.1　故障限流器介绍 ··· 164
9.2.2　超导故障限流器和控制器 ··· 166
9.2.3　电阻型超导故障限流器 ··· 168
9.2.4　屏蔽铁芯超导故障限流器 ··· 168
9.2.5　饱和铁芯超导故障限流器 ··· 169
9.2.6　商业活动 ·· 170
9.3　超导电力电缆 ·· 173
9.3.1　传统电缆简介 ·· 173

9.3.2 超导电力电缆的发展史 175
9.3.3 超导电力电缆的类型 176
9.3.4 已敷设的超导电力电缆 178
9.4 结论 180
参考文献 180

第三部分 电能储存技术

第10章 电能储存系统的技术经济分析 185
10.1 引言 185
10.2 经济问题和分析 186
10.2.1 电能储存的技术特性和费用 186
10.2.2 电力交易中电能储存技术的应用 188
10.3 电能储存的环境因素 192
10.3.1 资源要求 193
10.3.2 健康和安全问题 196
10.3.3 环境影响评价 198
10.4 挑战和未来趋势 201
10.5 结论 201
参考文献 202
第11章 镍基电池：材料与化学性质 204
11.1 引言 204
11.1.1 电池结构 206
11.2 氢氧化镍电极 206
11.2.1 充放电过程中的氧化还原反应 206
11.2.2 镍氢氧化物的相变 206
11.2.3 镍电极的 β/β 氧化还原模型 207
11.2.4 镍电极的 α/γ 氧化还原模型 208
11.2.5 改善氢氧化镍的电化学性能 208
11.2.6 纳米氢氧化镍的合成 211
11.2.7 现状与未来挑战 215
11.3 镍铁系统 216
11.3.1 镍铁电池的电化学原理 216
11.3.2 铁电极的固态化学原理 218
11.3.3 镍铁电池的性能 218
11.3.4 提高镍铁电池的电化学性能 219
11.3.5 现状与未来挑战 220
11.4 镍镉系统 222

11.4.1　密封镍镉电池的工作原理 ·································· 222

11.4.2　氢氧化镉的晶体化学性质 ······························ 223

11.4.3　镉电极的活性材料及其制备方法 ······················ 223

11.4.4　镍镉电池的性能 ·· 223

11.4.5　结语与挑战 ·· 226

11.5　镍—氢系统 ·· 227

11.5.1　镍氢电池的电化学性质 ································ 227

11.5.2　镍氢电池的种类 ·· 228

11.5.3　负电极 ·· 228

11.5.4　隔膜 ·· 228

11.5.5　电解质 ·· 229

11.5.6　电池设计 ·· 229

11.5.7　镍氢电池的性能 ·· 230

11.5.8　结语 ·· 232

11.6　镍锌系统 ·· 232

11.6.1　工作原理 ·· 232

11.6.2　电解质 ·· 233

11.6.3　电池设计 ·· 234

11.6.4　镍锌电池的电化学性能 ·································· 234

11.6.5　提高镍锌电池的电化学性能 ······························ 234

11.6.6　电极添加剂 ·· 235

11.6.7　隔膜的开发与改进 ······································ 236

11.6.8　提高镍锌电池循环寿命的其他技术 ······················ 237

11.6.9　活性材料的合成与形态改变 ······························ 238

11.6.10　结语和未来挑战 ·· 240

11.7　镍—金属氢化物系统 ·· 240

11.7.1　工作原理 ·· 240

11.7.2　氢化物形成的电极材料 ·································· 242

11.7.3　电解质 ·· 244

11.7.4　镍—金属氢化物电池的电化学性能 ······················ 245

11.7.5　结语与未来挑战 ·· 248

11.8　结论 ·· 248

参考文献 ·· 250

第 12 章　大中型储能氧化还原液流电池 ······························ 263

12.1　引言 ·· 263

12.2　电化学电池 ·· 265

12.2.1　理论电池电势 ·· 265

12.2.2　实际电池电势 ·· 266

12.2.3　电荷状态 ·· 267

12.2.4　电池容量 ·· 268

12.2.5　效率 ·· 270

12.2.6　电解液流速 ·· 271

12.2.7　系统接入 ·· 272

12.3　液流电池的化学特性 ·· 273

12.3.1　钒氧化还原电池（VRBs） ·· 273

12.3.2　铁/铬氧化还原液流电池（Fe/Cr） ··································· 280

12.3.3　聚硫化溴（PSB）液流电池 ··· 280

12.3.4　锌基液流电池 ·· 282

12.3.5　锂基液流电池 ·· 286

12.3.6　其他液流电池的化学特性 ·· 287

12.4　结论 ··· 287

参考文献 ··· 288

第 13 章　超导磁储能系统 ·· 292

13.1　引言 ··· 292

13.2　电流和负荷考虑因素 ··· 293

13.3　超导磁储能系统 ·· 294

13.4　超导磁储能的局限性 ··· 296

13.4.1　与其他储能方法的比较 ·· 296

13.4.2　比能量的局限性 ·· 298

13.4.3　超导体的体积 ·· 299

13.4.4　体积能量密度 ·· 300

13.4.5　设计示例 ·· 300

13.4.6　比功率的局限性 ·· 300

13.4.7　能量转换效率 ·· 302

13.4.8　综述和主要超导磁储能系统应用 ······································ 302

13.5　超导磁体 ·· 303

13.5.1　磁拓扑结构 ·· 303

13.5.2　低温学 ·· 304

13.5.3　磁导体 ·· 304

13.5.4　磁体保护 ·· 306

13.6　超导磁储能系统的应用 ··· 307

13.6.1　电网用超导磁储能系统 ·· 307

13.6.2　局部电源调解用超导磁储能系统：不间断电源（UPS） ·················· 309

13.6.3　脉冲电源用超导磁储能系统 ·· 309

13.6.4　小结 ·· 311

13.7　结论 ··· 311

13.8　致谢 ··· 311

参考文献 ·· 312

第一部分

输配电基础

第 1 章　输配电网介绍：输配电基础设施、可靠性、工程、法规和规划

L. WILLIS，*Quanta Technology*，*USA*

DOI：10.1533/9780857097378.1.3

摘　要：在过去的 120 年间，输配电系统以大型集中式发电厂为中心，逐步形成庞大的设备互联系统。在 21 世纪，该系统逐步演变并开始包含无中心分布式发电和存储等重要部分，其中大部分是基于可再生能源技术和微电网技术。电力企业不会将其系统完全发展到这种型式的配置，而是采用实用的方式，在满足其需要的适当时间和地点，基于分布式发电和微电网，对其旧的集中式发电系统进行补充和增强。未来的电力系统将是传统的与新型的结合，在可靠性、经济性和符合审美要求和用户需求的适应性方面，比传统系统更加灵活，但与过去相比，通常会需要更多的环境响应性控制和动态控制。

关键词：电力系统；输电；配电；微电网；分布式发电；可再生能源发电；分布式存储；电力系统前景；电力企业；电力负荷；电力需求

1.1　引言

一个多世纪以来，世界上越来越多的人享受到了电力——清洁、可控又经济的能源带来的益处，电力也带来了生活质量和工业效率的较大提高。目前，几乎世界上所有重要的经济区均有电网供电。电力已经与道路、桥梁、通信和水力一起，成为发达国家保障其生活质量和经济繁荣的基础。过去的一个世纪，人们生产出了电力，并将其传送到电力系统的用户，几乎所有的电力系统都是相同的"集中式"模式：电力在相对较少的几个地方被大量生产，但在许多地方被消费。服务于一个城市或地区的电力系统由若干个大型集中式发电厂控制，每个发电厂由一台或多台工业规模的发电机及其操作和维护良好工作状态所需要的辅助设备组成。输电线将大量电力输送到整个地区的各网点，在那里被传递到容量较小的线路中（配电），电力经由居民区并最终到达各个家庭、企业和其他用户（图1.1）。其中，每个用户仅使用一台平均尺寸发电机所生产电力的一小部分。在本书中指制度化和文件化的"处理方式"，有时在世界各大洲或各地区可能明显不同，但世界上已建成的绝大多数的公用设施和工业电力系统是在整体集中式发电系统概念中运行并将保持这一状态。

输配电系统是电力系统的一部分，该系统将电力由生产地输送到消费地。基本上，输

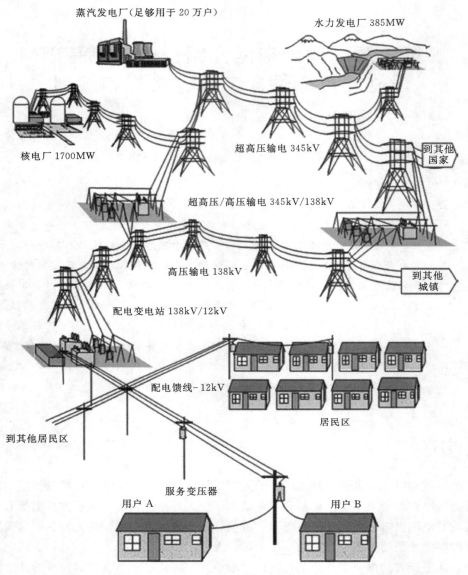

图 1.1 传统电力系统结构，由若干大型集中式发电厂及与之相连的批量输电系统控制。该传输不仅将大量电力沿着系统移动，而是沿着决定电力系统自身特征的许多路径移动。

配电系统就是整个电力系统，除了没有发电机。该系统将电力系统中所有独立部分连接起来。因此，在很大程度上决定了电力系统的特性。

20 世纪后期到 21 世纪，一些电力系统技术开始出现变化。建造由更多小型独立发电供电的电力系统成为可能（图 1.2）。电力用户将不再比发电厂多数千倍；设想该比例可以实现 1：1。在这种分布式电力系统中，电力生产广泛分布于整个能源消费群体中，而不是像传统电力系统那样集中分布于几个发电厂，这种分布式电力系统有不同的可靠性、可维护性和可操作性特征，以及不同的规模经济等，这些使其形成了与传统电力系统不同

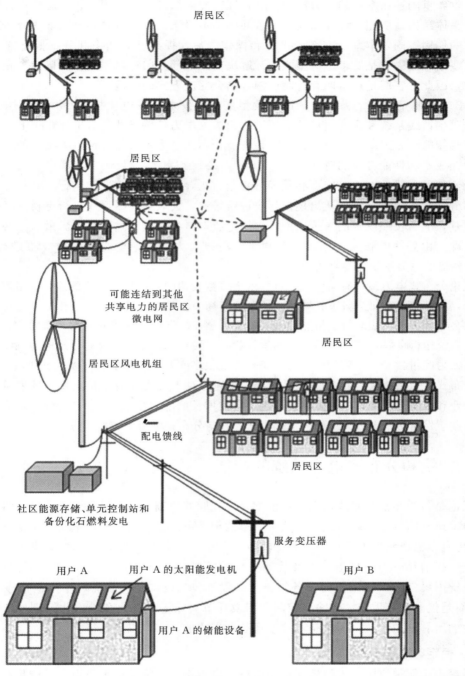

居民区

居民区

可能连结到其他
共享电力的居民区
微电网

居民区风电机组

配电馈线

居民区

社区能源存储、单元控制站和
备份化石燃料发电

服务变压器

用户 A 的太阳能发电机

用户 A

用户 B

用户 A 的储能设备

图 1.2 分布式电力系统结构,在该系统中,个人用户可发电,且该"电力系统"
可为本地微电网,仅连接若干共享电力和可靠性的本地用户。

的使用方式。传统系统和分布式系统都不是最好的,两者仅仅是不同而已。显而易见,电
力系统的前景不是两者中的任何一个,而是两者的结合。

本章着重阐述该系统的电力传输部分，即输配电系统。本章将回顾和总结现代输配电系统的整体结构、功能、设计和性能。若某些基本要素在传统电力系统和现代分布式电力系统中的作用不同，本章会在系统设计和操作之后，提出基础知识和基本概念并加以讨论。这些基础过去曾是要求传统型式设计解决方案的部分因素，但现在可以包含在不同的内容中，因此，它们是理解两者过渡或两者结合完成方式的关键。

1.2 节着眼于传统电力系统，即由大型集中式发电厂发电机控制，并由高压输电线网、中压主馈线系统和到达用户的低压进线组成的电力传输模式。1.3 节着眼于三项技术改变及其智能分布式电力系统，讨论了该智能分布式电力系统与传统电力系统的区别、原因以及在成本和性能方面的意义。

无论何种型式的电力系统都必须经过规划、指导、设计、建造和运行；必须定期对其组成部分和子系统进行维护，出现损坏应进行维修，失效或耗尽后应进行更换；必须有人为此付款，通常按照既定的单价原则，向用户收取电费来支付这些款项。最后，必须根据实际情况，由公共或私人公用事业公司进行管理，大型工业电力系统由业主进行管理。1.4 节总结了电力系统的这些方面。

无论分布式电力系统有何优点，世界上大多数发达国家依然在适当的地方保留着传统电力系统，将其交织在每个城市、城镇和地区的布局中，没有传统电力系统作为基础保障，当地的社会和经济就无法运行。虽然经常有关于可靠性、定价或环境问题的严重关注，但大部分传统系统运行良好，或至少是正常的运行状态。最具有说服力的是，传统电力系统适当存在并有人为此付款——尽管传统电力系统会出现很多问题，却几乎总是以压倒性理由持续下去。分布式电力系统具有相当多的优势，这些优势对于现代社会非常重要，越来越多的个人、企业和政府采用分布式电力系统来满足日益增长的电力需求。1.5 节着眼于电力基础设施及有利于保留传统电力系统的力量和因素，并与分布式电力系统模式进行对比。

1.2 传统和分布式电力系统的特征

无论是传统还是分布式，电力系统都是由互联并协调运作的设备组成，以便将电力由生产地输送到消费地。严格地说，这个简单的定义可以描述为一个手电筒，包括电源（电池）、将电力输送到电力负荷的传导"输电"路径（通常为手电筒的主体），电力负荷在这个例子中指消耗电力的灯泡，以及控制操作的控制系统（开关）。但是，在正常使用中，电力系统由更强大、更昂贵的设备组合，一般不包括终端使用设备（手电筒例子中的灯泡），而是仅要求有生产、传输、控制和切换环节。除了稀有化和专门化等例外情况，世界各地的所有电力系统，无论是传统型还是分布式的，都有以下特征：

1.2.1 恒定电源电压

无论出于何种原因，人类选择了建造恒压电力系统。完美的恒压电力系统将在各电力消耗点提供一个恒久不变的电压，无论时间、系统操作条件或使用量如何，电压均不会发生丝毫变动。在实践中，允许电压因实践和条件的不同而产生少量变动——例如短期内达到 3%。但是实际使用中是通过改变电流来改变功率。例如，一台需要 12W 的装置——一个小灯泡——其设计是从 120V 中提取 0.1A。相比之下，一台需要 120W 的装置，例如一台小型电动机，其设计是从相同的 120V 中提取 1A，而一台需要 1200W 的吹风机则应被设计为从 120V 中提取 10A。在上述例子中，分别使用 10Ω、1Ω 和 0.1Ω 的电阻抗可实现相应功率。世界上所有的电力系统均在此原理上进行操作。所有的用户设备均是基于这种恒定电压/可变电流环境设计的。电力系统设计、操作、保护和安全规则也是建立在这条基本概念上。值得注意的是，在恒定电流系统的基础上建立一项电力基础设施将成为可能。在这个系统中，线路的电流相对恒定，通过改变使用点上的电压可实现相应的使用需求。可以说，这样的系统可以运行，并运行良好。但是虽然有趣，对未被采纳方法的讨论不是富有成效的讨论，此处也不做深究。

1.2.2　交流

对于交流电力系统，电压和电流在整个系统循环中正向流动或反向流动，每秒 50 次或 60 次。这和直流电力系统相反，直流系统中的电压不改变方向。交流电力系统在传统电力系统设计方面具有一个压倒性的优势：允许使用变压器。电气工程师将变压器视为一台改变相同功率下电压、电流组合的装置：一台匝数比为 10：1 的变压器，可以将 100V、10A 的 1kW 功率转换为 1000V、0.1A 的 1kW 功率。除了变压器在操作过程中消耗非常少量的功率，功率基本不会发生重大变化。但随着电压等级的变化电力传输的规模经济急剧变化。在同一电力系统中，变压器允许使用高压输电线经济地长途输送大量电力，也允许使用低压线方便地输送少量电力到居民区的各住户。变压器用于交流电，因此所有的电力系统为交流电。

1.2.3　自然稳定性

如果系统中所有设备按照预期运行和操作，则即使受到意外设备故障或合理负荷变化的干扰，传统电力系统仍将持续运行，因为它可以提供电压、电能质量和连续性均良好的电力。该系统是自然稳定的——即使受到干扰，它也会返回当前操作模式，只要不改变设备控制或系统操作设置。尽管这看起来似乎是一个不重要的特征，但实际上这是一项很难实现的特性，需要耗费大量的工程工作。很多型式的系统都是自然不稳定的，不仅小的干扰可以扰乱其操作行为，甚至其正常运行的自然特征会无缘无故地尝试转到不允许的操作模式，因而该类系统要求持续修整和改变控制输入等。但是在传统的公用设施或工业电力系统中，其设计应满足随时保持合理的自然稳定性，这样该系统才足够稳定，即使出现干扰也不需要人机交互来保持短时稳定的运行。大型现代系统依靠自动控制来保证这一点：系统并非固有不稳定，但其操作复杂，可能人类会在无意间将其转换到危险状态，至少在局部上是这样。自动化保证控制动作，以此保持快速操作，无须人机交互。可再生能源的额外波动和受干扰电力系统的其他变化，是未来需要改进"智能"控制系统的原因之一，即使放弃智能设备的经济性和性能优势。

1.3　客户的要求和需求

在传统电力系统中，相对较少的几个集中式发电厂，通过输电与配电系统为大量的消费点提供电力，输电与配电系统使用若干电压等级的线路和设备，来影响电能从生产地到消费地的经济输送。下面是一些关于传统电力系统的需求形成设计的基础"真理"。

1.3.1 消费点的地理扩散

消费点分散在整片相当大的地理区域上。电力用户有时距离很近，但通常情况下较为分散。大型都市公用设施系统可能不得不将电力输送到分布于 5000 平方英里的 20 万个不同的地方（图 1.3）。电力系统必须将线路架设到每个用户来建立一个线路网，将广泛区域内的所有电能用户联系起来。

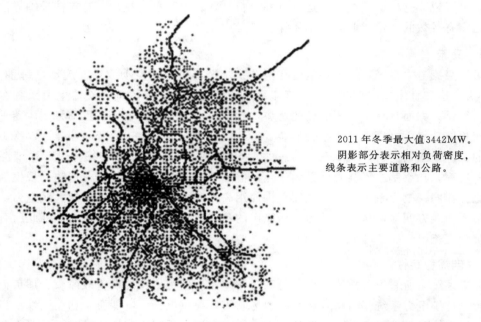

2011 年冬季最大值 3442MW。
阴影部分表示相对负荷密度，
线条表示主要道路和公路。

图 1.3　本地图显示了一个城市最高需求接近 3500MW 的地点。整个城市仅由 8 座电站提供电力。输配电系统的工作就是将电力从这 8 座电站输送到整个区域的 38.5 万个能源需求点。

1.3.2 低压（供电电压）电力需求

过去到现在需要的一直是低压（供电电压）电力。对电力输送的即用型要求意味着电力必须具有稳定的电压，即具有相对低压。大部分电力系统中 90% 以上消耗的电力均是所供的最低供电电压——日本部分为 100V（线对地），美国为 120V 或 240V（线对地），英国和欧洲为 250V（线对地）。大多数家用电器和商业设备都是基于此种电压设计的，过高的电压在建筑布线上不实用、不经济或不安全。

1.3.3 电力传输的即时性

电力必须在消费的瞬间输送到电器和设备。电力系统设计师要面对的一个现实是：无法有效地或经济地存储电力。电力必须"即用"，在使用的瞬间输送到各消费点。这种情况在 21 世纪早期发生了改变。人们可以讨论现代电池和能源储存技术是否是"高效且经济的"。在某些情况下，可以制作一个正极的商业容器作为能源储存单元使用，但更多情况下，目前无法制作容器。这就是分布式电力系统概念运行良好，足以作为替代更多传统设计的可行替代选择，而其他概念则不行的原因之一。

1.3.4　可靠性

服务的可靠性必须显著。通常，每年断电时间不超过2h（可用性99.98%）视为供电的合理比重。许多电力公司努力将普通用户的断电时间限制在每年不超过1h。

1.3.5　经济性

尽管电力系统累计花费数十亿美元，每年却为数百万用户提供了数千千瓦时的电力。以可靠和即用型输送的电能，其单位成本在全球许多地方是相当经济的：这是电力被广泛使用的主要原因。

1.3.6　安全性

安全性是一个重要因素。电气设备可以对电力用户、无辜旁观者，尤其是操作和保养设备的人产生危害。

1.3.7　易用性

电能使用简单被19世纪和20世纪早期的电力公司先驱者们视为主要市场因素。这意味着用户无需参与电力系统任何形式的管理和操作，他们仅需要决定使用电能并为此付款，无需再做其他任何事。"盲目的简单性"一旦确立，将使得普通私房屋主和企业所使用的电能作为一项重要因素，经常在普及后被忽略。在21世纪早期，这再次成为智能分布式电力系统的一项主要考虑因素：无论它们提供何种优势，都不能要求私房屋主或小商人参与操作，否则将使简单的使用过程复杂化。这被证明是一项重要因素，将在后文中加以讨论。

1.3.8　公平和价格补贴

公平和价格补贴问题往往表明了政府和企业各级的政策，以及对电力使用的民主看法。它使得经济繁荣、生活质量提高，因此系统设计、操作和价格政策必须为所有人提供基本接入，这是最低要求。这些考虑因素经常在很大程度上形成条件和限制，在这些条件和限制之下，公用设施和用户必须以同样的方式进行操作。

1.3.9　环境和美学问题

环境和美学问题偶尔会支配电力系统建设的局部决策，并经常成为政府政策的一部分。任何系统的建成均有"副作用"，电力系统也不例外。电力生产也有排放或环境问题。输配电设备在大多数情况下缺乏吸引力且占据空间。每个人都想享受电力的益处，而不想承受大型输配电系统带来的电力生产的污染和其他副作用，或美学和"社会适应"问题，但有时很难达到平衡。分布式电力系统不能排除这些顾虑，但是有不同的特征和交互作用，因此能够使用独特的特征适应特定情况，这些特征使得分布式电力系统多了一个对当地平衡需求的解决方案。这可能是驱动其未来普及的原因之一。

1.4　输变电设计的管辖原则和自然法则

传统电力系统的布局在很大程度上受工程决策的影响，这些工程决策旨在调节若干输配电系统的"真相"以及决定其性能和成本的物理法则，并围绕其进行工作。

1.4.1　发电的规模经济

毫无例外，所有传统发电型式都具有非常大的积极规模经济。对于任何传统发电方法和技术，较大的发电机组或发电站（可以产生更多电力）比相同型式和技术的较小发电机组具有更多潜在成本效益和经济性。对于许多型式的传统发电，例如以煤和天然气为燃料的蒸汽发电厂、柴油发电厂和核电厂，发电机基本上是卡诺循环发动机，这种规模经济的主要原因是"物理学拥护大单位"：其设计可以降低热损失比例。一家以天然气为燃料的500MW联合循环发电厂要比相同型式和技术下50MW机组更高效。这种天然物理优势也适用于燃料电池，这是一种真正意义上的卡诺循环装置，氧化燃料而不是燃烧燃料，并产生热量作为电气产品的副产品，如500kW固体氧化物燃料电池可能很高效，但相同技术设计的500MW燃料电池发电厂明显更加高效。类似的，太阳能热发电技术特别是太阳能塔式热发电技术在机组和电站尺寸上也具有显著的规模经济。

风力发电和光伏发电与其他型式的发电不同，几乎不具有物理规模经济。它们的物资效率不随着尺寸变化而显著提高。100MW光伏电站由约10万块光伏板组成，而1MW的光伏电站仅由1000块光伏板组成。所有光伏板都同样高效，所以两家光伏电站可能同样高效。同样的，由50个3.0MW风电机组成的150MW的风电场和仅由5个风电机组成的风电场相比，其自然物理效率相同。尽管如此，较大的光伏电站和风电场因为集中，其成本效益实际上均比较小的光伏电站和风电场更高。建造和管理1个由50台风电机组成的风电场，比建造和管理10个由5台风电机组成的风电场花费更低，其所需的劳动力和养护成本略低，且产生的环境和社会美学影响总和更低。这是考虑因素之一，并非大规模的唯一考虑因素，压倒性因素是这项因素和热效率优势相结合。

但是由于风力发电和光伏发电的总规模经济（实际和物理的总和）较低，现代电力系统倾向于分布更多的风力发电和光伏发电。与位置、所有权、独特的客户需求和需要有关的因素，以及类似问题经常意味着选择小型设施——分布式发电，尽管它可能低于最佳效率。关于现代（分布式）电厂的关键点是：这些发电型式具有规模经济，但是经常不足以超越其他重要因素。但在整个20世纪中，大多数情况并不是这样。

因此，集中的实际优势，加上大尺寸带来的物理效率优势，意味着在若干大型集中式发电厂集中建设发电系统有重要商业价值，即使这些电能是由分散在一大片地理区域上的成千上万甚至上百万用户使用。传统电力系统的设计师尽可能多地将最大型的发电机组和电站纳入系统中。一些因素不支持建设若干集中式大型发电厂。其中首要因素是可靠性：可以这么说，公用设施不想把所有的鸡蛋放在一个篮子里。因此，通常情况下，大型区域电力系统可能有12个或24个发电厂，所有的电厂均是大型发电厂，但不超过总数的8％。其结果是，电力系统在若干"大批量"网点生产的电力要分配到几十万个消费点。输配电系统是由线路、设施和设备组成的网，将这些大型发电网点连接到无数小型消费点，以提供安全、可靠和经济的足量电能。

1.4.2　电能的经济传输

运行电压无法应对任何长距离传输电能。美国使用的120V/240V单相运行电压，或欧洲系统使用的250V/416V三相运行电压均不适合将电能经济地传输几百码❶以上。对于任何超过居民区级别的电能传输，这些低电压会导致不可接受的高电能损失、严重的电

---

❶　码：长度单位，符号为yd，1yd=3ft=36in=0.9144m。

压降和极高的设备成本。

最经济的方式是以高电压大量传输电能。电压越高，每千瓦花费越少，特定效率水平下电能传输的距离越远。但是电压越高，输电线的容量和成本越高。无论如何衡量经济状况，在电能传输中，高压线可能比低压线更加经济。但是，人们必须理解一点，"巨大的经济规模"尽管始终巨大，如果用于传输大量电能，只需达到规模经济即可。因此，对于特定数量和距离的电能，在衡量整体材料、劳动力、试用期运营成本后，会有一个最佳的电压等级。

1.4.3 改变电压等级的成本

改变电压等级是昂贵的，但并非贵得离谱，因为这是在整个电力系统（变压器的工作内容）中进行的——但是电压变换的损失巨大，且对电能传输没有意义。

电力输送系统布局已经发展到能够最好地处理需求、限制条件和各种因素，其整体概念是通过增加元件数量，逐渐降低电压等级的分级系统，如图 1.4 所示。电能是分散在整个服务领域中的，它以更少的数量（沿着更多单独路径），在较低的容量设备上传输，直到到达用户，它是向着低压方向逐渐传输的。关键要素是"低压和分割"概念，例如在配电变电站，可能有 2～4 条进线的电压为 138kV，但出线主馈线电压可能为 4～34kV。

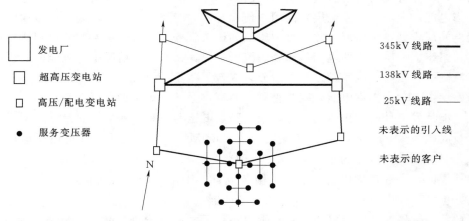

图 1.4　传统电力系统的设计发展为具有若干不同电压等级的分级结构。关键概念为
"低压和分割"，电能在由生产地到客户的传输过程中进行 3～5 次转换。

1.5　传统输变电系统的层次或等级

传统电力输送系统分层结构的一个有用结果是，它可以被看作是由若干不同的等级或层次的电力设备组成，如图 1.5 所示。每个层次包含许多基本类似的设备组——相同的标称电压，大致相同的容量，进行大致相同的工作——位于公用事业服务领域不同的部分，以覆盖整个公用事业服务领域，并在该层次或下一个最高层次互相连接。例如，所有的变电站均是以大致相同的方式进行规划和设计并承担大致相同的工作。所有的变电站均由

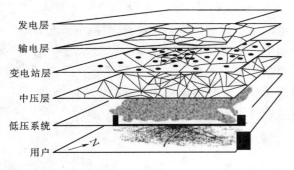

发电层
输电层
变电站层
中压层
低压系统
用户

图 1.5 传统电力系统适于看作由不同层组成，
每一层包含特定电压等级和功能的所有设备，
该层的设备服务所有公用事业领域。

承担相同工作的大致相似的设备组成：大量的电能进入变电站，通过变电站的变压器降压，输出到附近的居民区和社区，输出电能的线路电压低于电能进入变电站的线路电压。有一些变电站在物理和设备方面可能"大于"其他变电站——一个变电站可能有一台 450MV·A 变压器而另一个变电站有两台，但从根本上，所有变电站全部以相同的方式为相同的原因发挥相同的功能，希望得到相同的结果（经济、安全、可靠的局部电能输送）。这些变电站就组成了系统的变电站层。它们的服务领域互相拼接在一起，每一块覆盖服务领域的一片。

同样，变电站输入电能的馈线在设备型式、布局和任务方面类似，电能输入的所有服务变压器，类似地服务于相同的基本任务，并被设计具有相似的规划目标和相似的工程标准。

因此，电能可视为通过这些不同的层次向"下"流动，从发电层和大规模电网传输到用户。当电能从发电厂（发电层）向用户传输时，电能经过输电层，到达次级输电层，再到达变电站层，到达中压层，并经过中压层到达次服务层，最终在次服务层到达用户。每一层将从系统上一层得到的电能传递到系统下一层。在所有的情况中，电能的每一次传输都在过渡到下一层时，或紧随过渡之后分裂成若干路径。

每一层由上一层提供电能，就某种意义而言，上一层更接近电能产生。

在电能从发电处向用户流动的过程中，额定电压等级和设备平均容量逐层下降。输电线路运行时电压为 69～1100kV，容量为 50～2000MW。相比之下，配电馈线运行时，电压为 2.2～34.5kV，容量为 2～35MW。

每一层的设备数量均比上一层多。服务成百上千用户的系统可能有 50 条输电线路、100 座变电站、600 条馈线和 40000 个服务变压器。

因此，每一层的净容量（机组数量乘以平均尺寸）在电能向用户传输的过程中上升。可能一个电力系统的变电站容量为 4500MV·A，但馈线容量为 6200MV·A，而安装的服务变压器容量为 9000MV·A。为了满足可靠性和适应局部最大需求量的多样性，这种层次越低容量越大的特点是大多数电力系统刻意设计的。

电能离用户越近，可靠性越低，因为在电源和该点之间的大量设备可能出现故障。大部分停电是由于相对靠近客户的设备故障（无论是由于老化还是恶劣天气的损坏）导致的（表1.1）。

表 1.2 列出了一个典型系统的统计数据。平均尺寸和机组数量变化的净效应是每一层的总容量均高于上一层——在任何公用设备系统的服务变压器层中，装机容量（机组数量乘以平均容量）均相对高于馈线系统或变电站系统。电能向用户传输的过程中，总容量上升，因为最大负荷和为适应这一特点而制造设备的指南。

表 1.1　　　　　　　　　　**工况良好的传统电力系统的设备/潮流意外故障数据**

级别	次数/年	总小时数/年	级别	次数/年	总小时数/年
发电	0.01	0.10	馈线	0.50	0.50
超高压	0.03	0.10	服务	0.50	0.35
高压	0.10	0.30	用户	0.02	0.15
配电母线	0.15	0.15	总计	1.30	1.65

表 1.2　　　　　　　　　　　　　　**中型电力系统设备级数据**

系统级别	电压/kV	机组数量	平均容量/(MV·A)	总容量/(MV·A)
输电层	345、138	53	250	13250
次级输电层	138、69	192	85	16320
变电站层	138/25、69/12	825	22	18150
中压层	23.9、13.8	2550	8	20400
服务变压器	0.12、0.24	346500	0.077	26681
次级/服务	0.12、0.24	1000000	0.025	25000
用户	0.12	1000000	0.021	21000

1.5.1　输电层

输电系统是由三相线组成的网，运行时三相线的电压通常为 115～765kV。每条线的容量为 50～2000MV·A。"网"意味着系统中每两点之间存在一条以上的电气通路。之所以这样布局，是因为可靠性和作业流程——如果任何一个元件（线路）出现故障，还有其他候补路径，且潮流（很可能）不受影响。

除了传输电能的功能，对输电系统的一部分——最大的元件，即主要输电线进行了设计，至少在部分上进行了设计，以满足系统稳定性的需要。输电线在各发电机之间建立了牢固的电气连接，每一台发电机均可与系统和其他发电机保持同步。这种安排允许系统在负荷波动时进行操作并平稳运行，并可在发电机出现故障时平稳提高负荷——这称为操作稳定性（输电系统设计中的大量设备及其大部分成本均是用于维持稳定性的，而不是单纯或主要为了传输电能）。

1.5.2　次级输电层

系统中的次级输电线从传输交换站或发电厂处获得电能，然后沿着其路径将电能输送到变电站。一条典型的次级输电线可以给 3 座或 3 座以上变电站供电。通常，输电系统的一部分——大量输电线，至少有一部分是为满足稳定性和电力传输需要而设计的线路——也是如此，输电线和次级输电线之间的区别变得模糊。

一般，次级输电线容量范围为 30～250MV·A，运行电压为 34.5～230kV。偶尔会发生异常，次级输电线是电力系统的一部分，在系统中任何两点之间均存在一条以上的路径。通常，至少有两条输电线流向一个变电站，这样，当其中一条出现故障时，另一条可继续为变电站供电。❶

---

❶　放射状馈线——仅一条电线，在单独的、昂贵的或困难的传输情况下使用，但因可靠性原因，不推荐使用。

1.5.3　变电站层

变电站，即输电层和中压层的交会点，变电站层上面的输电系统和次级输电系统通常组成输配电网，在该电网中，任何两个部分之间存在一条以上潮流路径。但是，在变电站和用户间布置一个网状结构非常昂贵。因此，大部分的配电系统是放射状的——只有一条路径通过系统的其他层。

通常情况下，一座变电站占据一英亩❶或更多土地，在这片土地上装配各种必需的变电站设备。变电站设备包括高压架、低压架、潮流母线、输变电级层断路器、测量设备和继电保护设备、测量和控制设备的控制室等，但是最重要的设备是变压器，其为变电站提供额定容量，将进线电能由输电电压等级转换为配电电压等级。

变压器容量范围为 $10\sim150MV\cdot A$。通常配有分接头切换机制和控制设备来改变绕组比，以便在较窄的范围内保持配电电压，即使输电端发生很大的波动。输电电压变动可高达 $\pm5\%$，但配电电压仍可保持在较窄的频段内，或许仅有 $\pm0.5\%$。

通常，一座变电站具备 1 台以上变压器。一般来说一座变电站具备 2 台变压器，有些具备 4 台，偶尔会有变电站具备 6 台变压器或以上。具备 1 台以上变压器可以增加可靠性——在紧急情况下，1 台变压器可在短时间内处理高于额定负荷的负荷（例如，约为额定负荷的 140%，长达 $4h$）。因此，输配电系统可以在短暂修复期和紧急情况下拾取停电区域的负荷。

配备 $1\sim6$ 台变压器的变电站，其"规模"和容量范围如下：小型单一变压器变电站为 $5MV\cdot A$，服务于人口稀疏的农村地区；非常大型的 6 台变压器变电站为 $400MV\cdot A$，服务于大城市的人口密集区，变电站的"规模"和容量范围在两者之间。

通常输变电规划师会谈及变压器单元，这里的变压器单元包含变压器和其使用中所有必需的辅助设备——"4 台变压器变电站的 1/4 设备"。这在输变电规划中是考虑和估计设备成本的一个更好的方式。变压器本身较贵（5 万～100 万美元），母线工件、控件、断路器和其他辅助设备可为变压器成本的 $2\sim3$ 倍。由于所需设备与变压器的容量和电压成正比，且仅仅是因为增加变压器而需要，所以很正常地将设备与变压器一起视为单一规划单元——增加变压器以及其他设备。

准备工作是非常重要的。比起电气设备的需要，变电站包括更多设备，涉及更多费用。同时，必须购买并准备场地；开挖场地，铺设接地垫（保护变电站地下电缆在紧急情况下不受误流影响），并且为安装设备基础和控制管道，建设输电杆塔。必须增加馈线接出——管道或线路将电能输出配电系统。

1.5.4　主馈线或中压层

馈线，一般情况下安装在木质电线杆的配电线上方，或埋设于地下或在成套电缆中，将电能从变电站输送到整个服务区域。馈线在初级配电电压下运行。整个北美地区使用的初级配电电压为 $12.47kV$，其他地区广泛使用 $4.2\sim34.5kV$。在世界范围内，有很多初级配电电压低至 $1.1kV$，或高达 $66kV$。许多配电系统使用若干初级电压，例如 $23.9kV$、

---

❶ 英亩：符号为 acre，$1acre=4046.856m^2$。

13.8kV 和 4.16kV。

根据导线尺寸、额定电压等级和公用设施对服务负荷的使用，主馈线分配 2MV·A 到 30MV·A 以上的电压。欧洲和美国在主馈线或中压馈线的布线上略有不同。欧洲系统最常用的是建立环形配置，而美国通常是建立树状配置——在馈线从变电站向用户延伸的过程中，反复分成更小的分支。在这样的组合中，电力系统的所有馈线组成了主馈线系统。通常情况下，一座变电站有 2~12 条馈线——变电站的目的是降低电压。有一些变电站仅有 1 条馈线。作者见过从一座变电站最多延伸出 84 条馈线（芝加哥市中心边缘 Commonwealth Edison 西北变电站）。

馈线的主要三相中继线称为主中继线或主回路，可以分支或切换至若干分支或可替代的主线路。这些主分支的终端为常开触头，该馈线在常开触头处与其他馈线相交——指向作为两条馈线的紧急连接的常开开关。此外，每条馈线将由常闭开关分成若干可切换元件。在紧急情况下，这些部分可重新切换至隔离受损路段，并绕开故障设备向用户输送电能，否则用户只能等维修后才能恢复供电。

根据定义，一条馈线由变电站和常开触头（开关）之间所有初级电压等级部分组成。可切换的配电线路的任意部分——三相、两相或单相——均视为主馈线的一部分。主中继线和可切换部分通常使用三相建立，使用最大尺寸的配电导线（通常情况下为 500~600MCM❶ 导线，但不常用 1000MCM 以上的导线，作者曾为特殊情况设计并建造过一种馈线，使用的是 2000MCM 导线），并因最大容量以外的原因（例如应急开关）进行调整。其他馈线超过容量是因为需要在紧急情况中为其他馈线提供备用。

在世界范围内，绝大多数配电馈线为架空线路，使用木杆、木担或柱式绝缘子。只有在城市密集区，或对美观性要求很高的情况下，可使用成本更高的地下工程。在这种情况下，主馈线从绝缘电缆处开始建设，绝缘电缆穿过预先埋设在地下的混凝土管道。地下馈线的成本是架空线路的 3~10 倍。

然而，许多时候，即使系统是架空建设的，架空主馈线的前几百码也是埋设于地下的。这段地下部分用作馈线接出。尤其在大型变电站中，地下接出由实际需求、可靠性和美观性决定。在大型变电站中，10~12 条三相架空馈线延伸出变电站意味着 40~48 条线路架设在变电站场地的半空，每条馈线需要适当的间隔用于电气绝缘、安全和维护。在位置紧张的大容量变电站中，根本没有足够的架空空间来架设那么多馈线。即使有，线路看起来也不美观，最重要的是潜在的不可靠性——如果一条损坏的电线掉落在不适当的位置，可能丧失很多输电能力。

这个问题的解决方案是使用地下馈线接出。通常，地下馈线接出包含数百码埋设的管道电缆，管道电缆将馈线导出至立杆之上，立杆上的馈线在地面之上并连接到架空线路。通常，最初的地下馈线容量决定了整条馈线的最大容量——地下电缆的容量是馈线输电的限制因素。

1.5.5 服务变压器

服务变压器将电压从初级电压降为使用电压或用户电压，欧洲电力系统通常为 240~

---

❶ MCM：千圆密耳，美国电缆面积标准，1MCM＝0.5067mm²。

250V，北美地区大部分电力系统为 120V/240V 双腿服务电压。在架空线路建设中，服务变压器安装在电杆上，为单相或三相，容量为 5～166kV·A。由于电能只能在 200 英尺❶高度、在用电电压下才能经济地传输，因此必须有至少一台服务变压器合理地安装于靠近每个客户的地点；因此，在欧洲初级电路中，约有 12 台或更多变压器，在美国电力系统中沿着指定馈线的中继线和支线散布数百台变压器。

与架空线输电相反，地下电缆输电由底座安装型或拱式服务变压器提供，同样是单相或三相。地下电缆与架空线路结构相同，仅变压器及相关设备改变以适应地下进线和出线。

通过这些服务变压器，电压等级降低至最终的使用电压（美国 120V/240V，欧洲 240V），并输送到次级系统或直接到达用户。如果系统向大型商业或工业用户供电，或用户要求三相电供电，可在一个变压器组中设置 2～3 台变压器，并将它们以提供多相电能的方式互连。情况不同连接方案也不同。

1.5.6　次级线路和服务层

次级线路由服务变压器供电，以使用电压将电能直接输送到用户。通常，每个变压器服务于一个小型放射式电路或回路，这些小型放射式电路或回路服务于一到几十个家庭或企业，将电能直接输送给相邻数米的用户。大部分的公用事业中，次级线路的布局和设计通过一组标准化指导方针和表格处理，工程技术员和文员使用这些指导方针和表格，制作使用电压设备的工作流程。在美国，绝大多数次级系统是单相的。

1.5.7　欧洲配电系统和美国配电系统

欧洲和北美的输配电系统相似：面向中央电站，使用高压输电网和一系列 3～5 层电压层，包括用户服务层。使用各种特殊标准的电压和设备型式，例如 400kV 和 345kV，或星形接地和三角形接地。欧洲电力系统通常在 50Hz 频率下运行，而美国电力系统在 60Hz 频率下运行。这种差异虽然重要但不是根本的。总体来说，两个大洲的系统结构及世界上遵循这两种标准的地区，已在图 1.1 中加以描述。

美国和欧洲系统的主要差异在于配电层。欧洲的服务电压大多为 240V（相间约为 416V），美国为 120V（相间为 208V）。这种是 2∶1 的比例，形成了设计限值的重大差异，从而形成了不同的服务和主馈线层。通常，2 倍电压的电能允许传输 2 倍距离，这意味着以服务电压分配的电能可以覆盖 4 倍的地面区域。因此，仅仅因为这个原因，欧洲电力系统中服务变压器的尺寸大约是美国电力系统中服务变压器的 4 倍，数量为 1/4。同样，这种情况使得三相服务层（相间为 0.416kV）配电线的使用变得实际并经济。而美国电力系统仅在用户要求三相 208V 电力时才使用 208V 相间服务电路及布线。在损失和压降相等的情况下，三相线路中电能传输的距离约为单相线路的 2 倍，乘以 2 倍距离则变成 4 倍，该比例或有效覆盖的地面区域达到 16 倍。结果是，欧洲电力系统使用更少、更大的服务变压器。在欧洲电力系统中，服务变压器的通常容量为 250～1500kV·A，而美国为 15～100kV·A。

1.5.8　美国系统中的支线层

120V 电压可以将电能输送到用户，但距离有限，有限的距离与小型的服务变压器要

---

❶ 英尺：符号为 ft，1ft=12in=0.3048m。

求美国电力系统具备初级电压支线。支线、短线或线段从主馈线分接出来，代表在美国系统中电能从变电站到用户过程的终端部分。支线直接连接到主中继线并在相同的额定电压下运行。一系列支线从主馈线分接出来，经过社区，每条支线将电能输送到几十个家庭。

通常，支线没有分支，许多支线为单相或两相，所有的三相仅用于相对数量较大的电能需求或必须为某些客户提供三相服务的情况。通常，单相和两相支线可交替接出，依下文所示，配电规划工程师试图以主馈线不同的相来尽可能地平衡负荷。

通常情况下，支线为小型单相支线输送 $10kV \cdot A \sim 2MV \cdot A$ 电能。当支线需要输送大量电能时，规划师通常将使用所有三相，每条三相使用相对小的导线，而不是使用单相和大的导线。这种方式避免了在支线接入主馈线的点上造成负荷的严重不平衡现象。如果"大型支线"电能需求分配到所有三相上，则潮流、负荷和电压将保持在更加稳定的状态。

支线（木杆）可以为架空线或地下电缆。与主馈线和输电线不同，单相支线有时直接埋设。在这种情况下，电缆置于塑料护皮（很像真空吸尘器的软管）内，开挖沟槽，将铠装电缆敷设于沟槽内并埋设妥当。很多情况下，直接埋设支线并不比地下电缆成本更高。

1.5.9 树状系统和环形系统

美国电力系统和欧洲电力系统的另一个不同之处在于一次配电线路的布局。美国通常采用分支方式进行布线，一般称为"dendrillic"或树状布局。一条电路离开变电站并进行分支与再分支，所以整体上一条线路有一个起始点和许多终点。终点可能多达 6 个，可通过常开开关连接到其他电路终点，用于应急备用和现场切换。与之相反，欧洲通常使用回路馈线，在回路馈线中，一条回路可由两点（两端）供电，并作为闭合回路运行或与开放连接点连接运行。在实践中，两种范式都不是绝对的。美国电力系统偶尔使用回路馈线，欧洲电力系统也存在树状馈线布局，至少在农村地区存在。

在某种程度上，欧洲电力系统中服务变压器尺寸较大的数量较少决定了这种布局方式。但是，在一定程度上，美国和欧洲系统中的配电线路布局方式只是实践的问题：过去是采用这种方式，并且行之有效，为什么后来改变了呢？

1.6 现代智能分布式配电系统

三种主要技术发展趋势的交汇创造了一种新型式的电力系统能力，这种电力系统能力明显不同于上文所述的传统中央电站式中央系统。这三种技术发展趋势是分布式资源、储能和智能系统。

1.6.1 技术趋势 1：提高分布式资源的成本效率

从真正意义上来说，传统电力系统的低压和中压层是它们自身的分布式资源。尤其是低压公用事业网分布于服务领域，到达每一个用户，其局部规模与当地用户能源需求成正比。但是，现代电力系统中的"分布式资源"仅用于电力系统，在电力系统中，电能本身是由分布于整个服务区域的机械、设施或系统生产，而不是集中在几个大型的中央电站发电厂生产，如图 1.2 所示。分布式资源包括小型发电机，小型发电机包括：①小型低水头水电机组；②风电机组；③微型涡轮机驱动发电机组；④高速和中速柴油发电机组；⑤光伏组件；⑥小型太阳能热发电机组。

这些小型发电机分布于整个公用事业服务区域，无需与用户需求成正比。例如，在农村地区，1MV·A 的风电机组可能位于耕种区，距离农舍和最需要电能的收获加工/干燥设备 2mile。在城市地区，一个位于办公室屋顶的 2MV·A 光伏组件生产的电能，有时可能被输送到数英里之外，服务于附近住宅需求。但总的来说，这些分布式发电资源，通常有以下特点：

（1）更靠近能源用户而不是集中式发电厂。因此，相对于传统系统的输电，分布式发电资源的电能传输成本可能更低，输电可靠性更高，输电线路的美观性更好，环境影响更低（从根本上来看，这三点均是由于输电路径比传统电力系统的输电路径短）。

（2）电能的整体单位成本效率比大型集中式发电厂低。根据每种情况的具体技术和特征，利润可大可小。

（3）分布式资源的用途和普及依赖于靠近用户而产生的经济、服务质量、社会和市场优势，这与单位电力生产的较低潜在功率产生的劣势相反。

作为分布式资源的需求响应。在某些情况下，分布式资源（DR）也包括可像发电一样调度的非发电资源。例如，需求响应或负荷控制，可将一定的负荷关闭一段时间，以保持系统资源和需求的平衡。❶ 许多系统运营决策旨在达到并保持这种平衡，从这一立场来看，发电增加或需求降低产生的差异并不大。可调度负荷控制，无论直接（电器和设备自身关闭）还是间接（馈线电压缓慢降低，降低连接负载的负荷），结果都是一样的：应系统操作员的要求，做出改变以帮助控制发电比例加载。

在某些情况下，公用事业规划者、管理者和监管部门会将需求响应局限于公用事业或系统操作员直接可调度（近实时可控）的方法——直接负荷控制或主动需求限制器等方式。然而在其他情况下，需求响应包含程序和负荷影响方法，依靠用户或自动（用户程序）对需求的价格敏感响应，例如实时定价（RTP）方法。这些方法不会立即进行直接负荷控制——需求降低需要几秒钟或几分钟才能有效，或者根本没有效果——在危急情况中，用户或许会推翻这些方法。因此，它们的效果具有不确定性，有时不计入分布式资源，但有时其他人将其计入需求响应和分布式资源。最好是要求在所有情况中避免歧义和混淆。

1.6.2　技术趋势 2：有效和经济合理的储能

电能一直是可储存的，包括以交流形式有效储存。甚至在 20 世纪上半叶，使用铅酸/整流器-变换器组、压缩空气存储或抽水蓄能电厂，交流电能可"储存"过夜甚至更长时间。进入 20 世纪后期，3 种储能技术在效率和性能、价格等方面均得以提高。但是，在一般情况下，这些储能方式在小规模（分布式）基础上的经济性能并不好。由于"集中"作用以及若干自然物理原因，抽水蓄能电厂和压缩空气储能具有非常可观的规模经济，这些技术在传统系统中使用更广泛，但几乎都是在中央电站中使用。即使在 20 世纪 90 年代早期，储能系统的技术和飞轮等其他小型储能装置也没有广泛应用的积极商业案例。

唯一例外的是非常小型的铅酸和碳锌电池，其以不间断电源为基础，可作为临界负荷

---

❶　需求响应也缩写为"DR"，有时会造成混淆。

和能源需求的后备。这种分布式系统在 20 世纪最后 25 年呈井喷式发展。这些商业案例成功的两个关键点通常是关于储能问题的阐释：

（1）需要绝对持续服务的电器和设备，如数字装置和机器人机械数量的增长。总体上，服务可靠性和持续性的价值正在增长，这与能源本身相反。

（2）一般，不间断电源装置在完全放电的情况下，每组工作周期低于 10 次：单元的目的是提供可用电能后备，而不提供常规电能。该不间断电源在数百次充电/放电循环后，不会因日常的充放电过程而"疲惫"或耗尽，铅酸电池也是如此。

在 20 世纪最后 10 年和进入 21 世纪以后，化学和储能控制技术的进步，几乎在每一个重要的性能种类提高了电存储（超级容器）、化学（电池和混合系统）和机械存储（飞轮等）技术。能量密度显著提高，电池及某些情况中的飞轮变得轻便且紧凑，足以允许个人和轻工业使用电动汽车。从电力系统的立场出发，当重量和尺寸成为次要标准，最重要的进步是寿命周期数。20 世纪后期，铅酸电池可以进行约 500 次充电/放电循环才"耗尽"。现代锂离子电池可以达到铅酸电池的 5～7 倍，这为非不间断电源的应用提供了更好的商业案例。此外，存储控制技术的改变也很重要。随着数字化和电动汽车工业的发展，电力系统储能单元的规模和控制存储能力迅速下降，足以使其可快速调度，在许多情况下，控制足够快而准确，可成为系统的稳定性资源。

1.6.3　技术趋势 3：智能系统

关于智能系统和智能电网的定义和解释几乎和电力工业中的人数一样多。这么说一点儿也不夸张："智能电网"通常定义为特殊公司或个人的最新科技或理念的使用，在某种程度上，将购买这些产品和服务的商业案例最大化。但是纵观所有"智能"技术，两个改进能力的综合区域相结合，使得智能电力设备变得"智能"，并产生智能电网，无论它们可能是什么。这将在后文加以讨论。

1. 设备—设备通信

主要是由于数字通信的带宽成本性能改进，如果需要，个人和电力系统的小型单元可以和中央系统实现近实时通信，更重要的是，和其他附近设备也可以实现近实时通信。如果检测不到电能，馈线终端功率监控器就会向公用事业的配电管理系统发出通知。它也可以通知附近的开关，告知在其位置上没有电能。一条电路上的开关可以了解其附近另一条电路上的开关的状态（开打——闭合），及其保护的替换电路上开关的负荷。这种通信不仅是可能的，而且通过设备变得常规。

2. 传感器和监控设备

技术进步扩大了电力系统可测量、可跟踪的特征范围，一个很好的例子是相量测量单元——电源管理单元。此外，几乎在所有方面，由于可以生成或读取读数的周期性（频率）提高，设备状况和电能遥感成本已经大大提高。

3. 系统层的预测和控制

系统层的预测和控制技术进步使传统电力系统的控制能力和性能显著提高，通过使用远程控制通知中央控制（自动或人工），以发电和输变电设备的远程控制实现响应。这已经并即将继续改变传统电力系统的性能。

这些进步更大地扩展了分布式资源的协调控制和周围的地区配电系统的潜能。这种改变的特征是微妙的、根本的。在传统电力系统中，许多设备单元是自动的。自动开关和断路器的动作相当复杂。电容器组可以配备开关，根据电压、功率系数、负荷或其组合将其打开或关断。稳压器和线路电压降补偿器根据它们的"程序"来改变电压。所有这些设备均是自动的，设备基于其在自身位置上测量到的电压、电流、功率系数或其工况（温度、时间）等进行操作。

随着低廉的数字估算广泛应用，上述两种技术允许设备监控附近或其他地方的工况，并对此作出响应，而不仅仅监控其自身位置的工况。因此，可以对设备组进行编程，使其以类似的自动方式协同运行。可以建造配电和用户点设备，使其"理解"相互作用和与相邻设备的相关性，并在本质上对其自动动作进行编程，以对局部工况和需要作出响应。例如，如何使过去的自动开关和断路器变成"智能开关"，了解网络配置、加载负荷和附近电路断电情况，并能够决定如何对不同的紧急状况和操作情况作出响应。分布式资源系统可以根据局部工况，自动改变响应和优先顺序，与控制型式和控制拓扑无关。❶

这允许电力系统独立的或局部部分在某种程度上进行自我控制，至少在某段时间和/或在特定情况下（例如上游设备断电）是这样。但这不会导致电力系统设计现状的任何重大改变，除非当它和分布式资源相结合，创造了一种独立式微电网。如果提供足够的局部发电量和储能，一个居民区的局部配电系统可以进行自我养护：它可以提供自身能源需求，并自行运作。极限情况是独立的微电网：电力系统仅覆盖一小片区域和少数用户，并且根本没有连接到较大型的区域电力系统。电气设备可建造这样的系统（实际多数监管场所有责任这样做）微电网可以经济地、有效地服务于一组用户，其服务质量与公用事业区域其他用户受到的服务质量相同。但微电网也可以包括这种情况：一组分别独立的能源用户（每一户有足够的现场发电、储能和需求响应控制，100％满足其需求）为可靠性和提高效率连接他们的私人电力系统。

此外，人们可以谈论虚拟微电网，即管理其居民区内局部发电平衡、存储、需求和线路运行的大型电力系统的配电区域，以使跨越边界传输的电能是零。由于发电和存储资源，以及局部控制方式不同，这种局部配电系统受更大的传统电力系统束缚，但不经常与之进行电能交换。❷ 图 1.2 说明了这种概念，整个公用事业系统被小型居民区系统覆盖，这些小型居民区系统可能互相连接，也可能不互相连接。

1.7　影响未来输配电系统的因素

本节将讨论影响决策工具和用户的趋势和因素，并估测电力服务和电力系统的前景。然后讨论这些因素将如何塑造电力系统的未来，并以此对本章进行总结。

1.7.1　利用现存系统的经济利益

现存系统已经付款。这么说可能不严格或不完全正确，但是从实际意义上说，传统电

---

❶　最终产品本质上相同，不管这种控制作用的细节如何：这种能力是否是通过中央集线器执行，或是否每台设备可以自己独立进行区分，或是否分层控制包含许多局部集线器操作该系统，从全局结果来看，最终产品是相同的。

❷　例外情况可能是紧急状况，例如本地出现意外停电，电能将从系统流入居民区，或当本地电力业主希望把电能卖给区域电网，在这种情况下，电能将流出并输送到输电系统。

力系统在许多决策上成为压倒性因素完全是事实。公用事业是被其当前系统"卡住"了。许多设备和设施已经到位并付款：已经老化到完全足以折旧和摊销，但是可能还不至于磨损耗尽。鉴于此，现存系统可以且应该物尽其用，只要可以，也将持续使用传统电力系统。

对电力系统的资本投资是非常重要的。设备之所以昂贵是因为它们的设计满足寿命周期长和高等级的安全性，因此这些设备非常耐用。建设和安装所需的劳动力是客观存在且昂贵的（如果要求特殊工艺和培训则更高）。总的来说，没有任何公用事业、用户或团体有足够的资金来批量更换现存系统，而仅仅因为与新技术相比，这些现存系统已经老旧或者正在老化。实际上，对传统电力系统仅能够进行增资和改善。一个例外就是用户侧。通常，用户可以为不间断电源、电能质量和现场发电进行投资，这些可以为电力服务提供单独利益。

1.7.2　服务可靠性需求增长

据长期观察，从 19 世纪后期电气时代开始，对电力服务的绝对持续性和电能质量（电压调节等）改善的需求持续增长，可靠的、优质的服务会产生费用，而用户愿意承担这些提高可靠性和电能质量的费用。现代第一世界公用事业电力系统的可靠性非常好，平均 SAIFI（系统平均中断频率指数）约为 75，SAIDI（系统平均中断持续指数）约为 100min，不包括自然灾害和暴风，传输性能优于 99.98%。电压调节一般在 3% 以内。但是，即使偶尔发生和/或持续时间很短，数字控制、机器人和智能系统在关键基础设施的广泛使用意味着发生电力服务中断、电压暂降和高谐波含量也会产生显著的花费和后果，有时甚至是重大的花费和后果，用户希望避免这些情况的发生。

并不能明确地说，社会或用户对更高等级的电力服务可靠性和质量的任何长期需求，都可以通过公用事业电力系统性能的整体改进得以满足。前文所述的不间断电源系统的广泛使用，表示安装特有的设备使可靠性增加在许多情况下是可行的。许多需求可以通过这种方式得到满足。在某些情况下，对于服务所有用户和所有需求的电力系统，提高其可靠性所需的成本，不能靠一种价值来证明，即可靠性给那些要求提高服务可靠性的少数用户和需求带来的价值。电力行业可能适用这一原则。在许多情况下，在电网中通过使用一些改善型设备，其可靠性和电能质量的边际成本会降低。唯一例外的，可能是增加的对改进后风暴和能量响应管理的预期：对暴风雨的规划越好，损害修理和恢复就越迅速、管理就越有效。这将通过更加智能的配电管理系统（DMS）、断电管理系统（OMS）和场地资源管理系统（FRMS）来实现。

不管区域、现场、安装和设备特有的不间断电源和电力质量如何，设备选择将必定经常成为一个选项，或许在未来其使用会增加，无论是被公用事业、用户或第三方服务提供商拥有和/或运营。关于前景和改进的电力系统，其可靠性和电能质量的重点如下：

（1）对高等级可靠性服务和电能质量的需求将会持续增长，至少在某些行业和社会的某些领域是这样。

（2）重要的是用户/电器层的可靠性。如果一位用户的灯不熄灭、不停电，则服务于该居民区的配电馈线电路断电与该户无关。类似地，如果灯熄灭，无论是公用事业电路有问题还是用户的不间断电源故障，影响均是相同的。这是服务质量和可靠性的结合，由公用事业和局部安装的特殊服务设备提供，与每一位用户息息相关。

（3）可靠性和电能质量的本地化"解决方案"。例如全楼或居民区规模的不间断电源和功率调节系统，或高可靠性局部虚拟微电网，在需要时可为公用事业和用户提供按需改变可靠性的能力。高可靠性服务仅可以布局于需要并可为之付款的地区/用户/负荷。实际上，无需公用事业参与，许多管理场所即可进行决定，除了提供一个令人满意的标准级可靠性，公用事业无需甚至不被允许为高可靠性解决市场问题。但是，在某种程度上，很难把可靠性与效率分开。❶ 鉴于这个原因，许多管理场所可能会允许甚至鼓励公用事业在不同的价格结构基础上提供不同型式的服务有效性。

1.7.3 电能需求增长

19世纪后期到21世纪早期，电力需求一直在增长，主要体现在电能消耗总量、用电装置的数量和种类以及希望使用这些装置的个人和企业数量一直在增长。值得注意的是，没有任何个人、私营业主或企业想要电能。他们想要的只是使用电能创造的产品：冰箱里的冷牛奶和啤酒，冬季舒适、安全、温暖的房子，钢板卷成的钢管，空气液化并分离成的气体，升降式车库门，照明，绚烂的三维移动的晚间新闻和每天上下班零排放的汽车或电动公共交通系统。很可能这些趋势在可预见的未来将持续不减。

1.7.4 基础设施老化

公用事业的一个非常现实的问题是基础设施老化。许多现存的电力系统中数量可观的设备已经老化或接近磨损耗尽，几乎所有主要电力系统都有一大片区域的大部分设备已经陈旧。相比新设备，陈旧设备发生的故障与停工（服务期终止）更多：公用事业发现了服务可靠性问题和运营成本的增长。为了阻止性能和可靠性进一步退化，需要更频繁地养护老化设备、提供更多广泛服务，并进一步提高运营成本。老旧设备不像现代设备那样高效或有竞争力（没有数字控制和真空断路器等），造成服务、成本和净经营的劣势。

公用事业或工业电力系统业主面临的一项挑战是，电力系统的问题与具有的可行商业解决方案的比例。电力系统设备为苛刻的服务和长期寿命而设计，因此几乎在所有情况下，它们的耐用程度令人难以置信。大多数种类的电力系统设备的平均寿命比人们想象的长——50~70年（不考虑无故障原因的暴风雨损坏更换）。但是这种设计的另一个后果就是寿命的标准误差也非常大。一个系统中特殊型式的设备平均寿命可能为70年，但是其中一些设备会在30年的时候因常规问题而发生故障，其他单元会继续提供100年以上的良好服务。从"好"设备到"坏"设备变化期间的寿命可能是平均寿命的一个重要部分。另外，公用事业系统中的设备安装了很长时间（数十年）在感知上和统计上，都会因磨损而出现故障和设备服务问题，这种现象实质上是非常随机的，不可预见或控制。

此外，"高"层次老化设备故障并没有那么高。在非常好的工况下，电力系统中设备的故障（寿命终止）率远低于0.1%，几乎所有设备种类均是如此——每年每1000组故障中不到1组。过高的故障率对所有人来说是"完全不可接受的"——公用事业承担不

---

❶ 负荷是被"控制"的——关闭一段时间——为了系统、能源效率或由于资源约束被拒绝服务，因此没有电能。由于实时定价需求响应系统是在价格—信号基础上运行，人们可以观察到服务中所有的断电具有经济价格并且通过经济价格可以推测，在这种情况下，公用事业为高价格提供非常高等级的可靠性，仅与需求响应系统相一致。

起，从用户和管理者的服务立场看是不可接受的——每年 0.5％。最后，无论是因为实际故障而必须更换，还是公用事业在预防程序中主动更换，每年 1％的设备更换成本对大多数公用事业来说，目前是无法承担的。这将显著增加公用事业的资本支出——通常在 20％～80％之间。总的来说，该行业已经进行调节以适应不包括任何重大比率更换/更新开支的成本基础和开支预期。总之，管理设备老化及其影响非常具有挑战性，而公用事业更新系统型式，或改为分布式系统或新技术的更换率是很低的。

1.7.5 都市核心系统老化

对于美国和欧洲许多大城市中央位置的电气设施，老化问题可能会成为非常紧急的问题。在电力需求相当密集的地区，经过数十年的发展，需求稳定且增长缓慢。在这种大都市核心区域，电力系统中的大多数输变电设施和结构要素通常已经使用了半个多世纪。而且，城市人口集中化意味着实际上无法扩大变电站场地、无法使用新的道路通行权（RoW）或更多更宽广的地下电缆管道空间。公用事业可以使用传统中央电站型式来完全满足该地区的输电需求，但老化设备和设施的组合与这些扩张限制，通常会造成在传统中央电站型式内没有可行的选择。

在该行业内外有一种期望，（这种情况实际上是偶然的）即在未来数十年，公用事业将不得不以新的分布式资源智能系统更换这些老化的城市电力系统。当然，这些技术将做出贡献，但大都市核心的电力用户对负荷强度和可靠性的需求是极端的，经常超过分布式、可再生资源和智能技术已经试验的水平，在某些情况下甚至超过了它们概念上被规划可满足的水平。最后，任何可满足这些需求的新的传统、非传统或混合电力系统都会非常重要：现在，大多数公用事业执行管理者看不到它们将如何付款。最后有一项实际的挑战：在混乱的或交通和地铁核心活动自身会产生"费用"的拥挤城市区域，人们如何在保持灯亮且运行的前提下，实现从一种型式到另一种型式的过渡？在这些区域，电力系统的更新/更换/扩建，可能是 21 世纪零售公用事业面临的最大挑战之一。

1.7.6 用户控制和自由零售市场

世界上很多地方的电力批发市场以及一些地区的零售市场是不受管制的。历史上，有一次长期的公用事业市场放松管制的趋势，最显著的是电话。智能技术的一项保证是它将允许定制的、使用者指定的选择或质量—数量—时间—价格结合，这是每位能源用户都想要的。目前还没有证据表明有可行的社会和市场机制可使用户、管理者、公用事业和政治考量均满意，但是可以期望在未来，相比仅控制使用，能源用户将对其能源供应有更多的选择和更多的控制。

1.7.7 新技术

美国著名的电力工程师 Jim Burke 注意到，"如果技术使做某件事成为可能，人们会期待你去做这件事。"随着新材料、新发明、系统和通信技术的发展，个人和社会都期待它们可以被应用到电力工业中。例如，"每个人"都被告知智能系统将使成本降低、选择增加和服务更好等。可以期待，无论意味着什么，两种智能系统都将被使用并将产生利益，而当这些利益出现时，虽然无法完全确定，却还是可以识别。

许多公用事业的一个期望是，制定可以满足那些期望的技术使用计划，又不产生以技术为基础的重大商业风险。因淘汰而搁浅的投资逐渐被公用事业执行管理者认为是商业风险的主要来源，导致他们在没有追索计划和"技术多样性"的情况下，不愿完全仓促投入任何新技术。他们不想将他们的公司与可能被超越的设备或系统的长期使用和成本，或当新技术可用时就可能变得陈旧或不是首选的企业承诺捆绑得过于紧密。首要问题是设备使用和财务贬值的传统电力工业周期比现代系统的技术半衰期要长。

举个例子，一些公用事业在为数据中心提供服务时所进行的大投资——巨大的数字通信控制和互联网服务器仓库，对 40MV·A 或 50MV·A 以上容量具有将近 24h/7d 的需求。许多公用事业在新型电路和可靠性/电能质量设备方面做了相当大的投资，以便为这些数据中心服务，计划使用未来数年销售大量电能的收入来偿还这一投资。但是，有可能光计算的进步将产生新一代具有更高计算和转换速度的数字设备和服务器，对电能/制冷的需求呈数量级减少。在公用事业原始投资偿还之前，服务器公司就将安装这些设备并减少需求。

1.8 结论

世界上大多数电力系统是面向中央电站的系统，具有输电—变电站—配电—服务级的分层设计。这些系统投资巨大，却因过于昂贵而无法迅速替换。其中许多已经陈旧，但因磨损耗尽而产生的更换率意味着，更新或改进半衰期至少要 20～30 年。新技术允许广泛分布的分布式发电和需求响应系统，其在中央以分布式方式储能，并具有传统和局部微电网和离网电力系统的灵敏监测、控制和操作灵活性。

同时，对电力的需求有望继续增长，对服务可靠性和电能质量的需求也将持续增长。对于社会预期及技术能力，用户可以选择并控制其电能供应，并管理电力服务。分布式资源和智能系统意味着，如果他们希望，将有许多人能够接管全部所有权和设备操作来满足其电能需求并"离网"。几乎没有迹象表明大多数用户将这样做：大多数私房业主可以在后院种植粮食，要面临少量监管或法律障碍（若有），但是很少有人选择这样做。很可能家庭和局部电力生产也是这样。

因此，未来电力系统将非常可能是现有传统中央电站系统的演变，通过良好的养护和维修、寿命延长、设备更换、控制设备的升级，以及可选择的分布式资源和储能技术而"得以更新"。智能设备和系统将用于与全部及局部的所有设备配合，并得到所需的性能，监控并解决老化、高需求和可靠性的问题。传统电力系统某些部分将增大、增加和扩展，而其他部分将可能在分布式应用中移除或重铸。传统电力系统将利用其传统资源和分布式资源、储能和智能技术，演化为混合中央和分布式系统，因而它们在某些地方将成为微电网或虚拟微电网，保留高压输变电网的一部分及大规模高效发电设施，而这些在一个多世纪以来已经成为电力工业的主要产品。

参考文献

Burke J. J. , *Power Distribution Engineering:Fundamentals and Applications*, Marcel Dekker, New York, 1994,376 pages.

Lakervi E. and E. J. Homes, *Electricity Distribution Network Design*, Peter Peregrinus Ltd, London, 1995.

Philipson L. and H. Lee Willis, *Understanding Electric Utilities and De - Regulation*, Marcel Dekker, New York, 2006, 499 pages.

Santacana E. , editor, *Electrical Transmission and Distribution Reference Book*, ABB Electric Systems Technology Institute, Raleigh, 1997, 860 pages.

Willis H. L. , *Power Distribution Planning Reference Book*, Second Edition, Marcel Dekker, New York, 2004, 1184 pages.

第 2 章　输配电网监测与控制

K. BELL and C. BOOTH，University of Strathclyde UK

DOI：10.1533/9780857097378.1.39

摘　　要：本章描述了输配电网运行必须满足的主要技术限制，并说明了如何控制各
种系统部件，以确保实现安全持续的电力供应；讨论了可再生能源发电的
影响和能源储存的潜在贡献，并探讨了其他能为系统运行人员提供更大灵
活性的发展情况。

关键词：电力系统运行；控制；电力系统稳定

2.1　引言

电力系统是由大量的互连元件组成的，如图 2.1 所示。若想实现安全连续地向电力用户供电，就必须对每个元件进行全面控制、保护及管理。系统中不可避免地会出现扰动，但是，一旦发生扰动，系统应能够继续安全运行，这是其正常运行的关键。

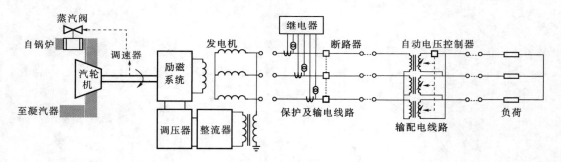

图 2.1　三相电力系统主要组成部分示意图［根据 Glover 等（2007）中的示意图］。

本章将回顾控制和管理方面的关键要求。在此过程中考虑了所需的监测措施。最后，概述最新发展，尤其是能够消纳波动性和不确定性非常高的可再生电源，主要是风电和太阳能发电。这些最新发展有助于迎接更新的挑战，在本书其他地方也进行了描述。第 3 章回顾了输配电网保护方面的相关问题。

2.1.1　网络监测、控制和保护要求

本节描述了电力系统的一般控制要求及其实现方式。尽管其中每个方面都与其他方面密切相关，可以将其分为若干小标题：

（1）系统频率控制。

（2）系统电压控制。

（3）系统电流控制。

（4）确保系统稳定。

（5）确保安全地清除短路故障。

就整个系统运行而言，上述每个方面都采用专用控制设备或特定的惯例。下文就逐一对其进行简要描述。

2.2　系统频率控制

迄今为止，电力系统运行中关键的限制条件之一就是缺乏经济地大规模储能方式。编写本书时，可用的最佳储能方式是抽水蓄能，其中，多余的电能用来将水从较低水库泵送至山上，储存在较高水库里作为潜在能源。需要时，将其放下来，利用水轮机将动能转化成电能。但是，此类设施的典型额定功率为几百兆瓦，储存能力为几千兆瓦时，需要大量的资本支出，并且必须有合适的可用的水库库址。（从本书第 3 章可以看出，寻求便宜可靠的电能储存方式，将其用于各种不同的工况，是一个涉及大量工作的课题。）

目前相对来说缺乏储存是指，电能生产率必须与耗电率相匹配；换言之，发电量必须与用电需求相匹配。这取决于当前的技术，由于将各发电机组投入发电工况需要一定时间，因此，必须对用电需求进行预测；然后，按照计划启动机组，增加出力、降低出力或停机。从下面关于备用容量的讨论可以看出，不管供电的市场结构如何，在某个点上，发电计划必须协调，确保在"实时"状态下，既不会过多也不会过少。一般地，发电计划会青睐那些最便宜且具有足够的"响应"及"备用"的机组（考虑各机组启停频率及其输出调节速度方面的限制）。给定需求预测、可用发电机组、发电成本或价格以及技术限制后，可利用"机组组合"和"经济调度"软件，推导出一套最佳方案，其结果可与各机组操作人员进行沟通。（例如，参见 Wood 和 Wollenberg，1994。）

目前，世界上任何合理规模的电力系统都是采用交流电。这一方面是出于历史原因，同时也是因为经过输电和配电后，可以利用变压器的电磁感应原理，方便地将电力转换成不同的电压等级。（电力在较高电压等级下传输，损失较小，然后再转换回具有较低绝缘要求的低压等级，供最终消耗。）若发电量超过用电需求，将会导致频率上升，系统中的电压和电流在此频率上保持交流状态，实际上，过多电能进入系统后会使同步发电机转速上升，引起系统动能增加。另外，若发电量不足，不能满足用电需求，将会导致动能被吸收，以满足电力需求，因此，系统频率会下降。

若设计中，接入系统的大部分设备不必仅在某个频率限值内运行，则系统频率波动就不是个问题。对于世界上几乎所有大型电力系统中能够持续提供电能的大型汽轮发电机组来说，更是如此。电力系统运行人员所提供的系统频率与接入系统的电厂设计人员和运行人员假设的系统频率之间的一致性是通过设置系统频率的规定限值来实现的，通常为标称值的±1%。由于各发电机组可靠运行至关重要，而系统扰动将会导致系统频率波动（见本节后面关于扰动和响应方面的讨论），接入输电系统的发电设备一般要求能够在系统频率的规定限值外运行，通常为标称值的±3%。此类要求一般在系统具体的电网规程中进行规定，各电网用户，如发电机等，必须遵守该规程；该规程通常由系统运行人员来执行。

2.2.1　系统频率控制的作用

如上所述，若系统频率高于标称值，则说明进入系统的电能过多；若系统频率低于标称值，则说明进入系统的电能过少。由于在与系统频率控制相关的时域上，对于系统所有组成部分来说，频率都是相同的，因此，可以在系统中任何位置对频率进行测量。通过改

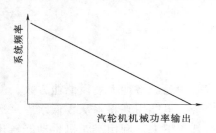

图2.2　典型的理想频率下垂特性（根据系统频率的实测值来调节发电机原动机的机械输出功率）。

变发电机的输出来控制系统频率是最简单易行的方法；至少对较小的波动响应，可通过调速器对适当装配的发电机进行调整，对各地实测的系统频率波动进行响应，实现系统频率的自动控制：当系统频率较低时，提高电能输入率；当系统频率过高时，降低电能输入率。根据频率偏差来改变输入功率，这种方法称为"下垂"法；一般地，其设置应保证空载和满载间发电机转速应有4%的下降（图2.2）。在许多发电机组上采用下垂特性使这些发电机组间可以共享频率变化的响应。

调速器对发电厂的物理效应取决于驱动汽轮发电机的蒸汽压力：打开阀门，让更多的蒸汽通过汽轮机（为了提高电能产量），或者关闭阀门，让更少的蒸汽通过汽轮机。同样的，对于水电站来说，通过增加或减少通过水轮机的水量来调节；对于风电机组，适当调整叶片的节距来改变转变成风力机动能的风动能数量，进而调整发电量。

一般地，始终能够对高系统频率进行响应，通过降低电能输出来实现。即便某些发电机只能在高于某些输出水平下稳定运行，在最恶劣工况下，可以跳开这些机组。此外，发电厂内的其他控制系统应对调速器动作做出响应，确保返回发电系统的蒸汽压力不会过大。

对低系统频率做出的任何响应均取决于是否能够提高电能输出，应至少有些发电机是可以提高出力的。这就意味着，有些机组不能始终在其最高功率输出下运行，即：应事先预留出某些"余量"。一般地，各发电机组应在其最大出力下，以最高效率运行；为了留出一定"余量"，一些发电机组应以降低后的出力运行，从而带来收入损失，其业主将获得相应补偿。（这就是尽管电网规程要求各风电场应该能够做出频率响应，而他们并不采纳的一个原因：降低出力后，对可再生能源的奖励或补贴产生的收入损失是相当可观的）。

对于蒸汽驱动的发电机组，上述自动低频响应很快就会枯竭：打开阀门让更多蒸汽通过，若没有生产出更多的蒸汽，将会导致返回发电机系统的压力下降。为了维持提高后的电力输出，就需要提供更高的燃料输入率，这就要求采取其他措施，该措施并不始终都是自动进行的。

2.2.2　响应和备用

上述讨论了发生扰动后，避免系统频率过度下降的注意事项，这就涉及了响应（由自动控制系统动作，能够在短时间内快速提高发电出力，在欧洲称作一次控制）和备用（不

能立即提升发电出力，只是缓慢提升发电出力，但是可持续更长时间）的区别。在英国，人们对一次响应（为了响应系统频率降低而提高发电量或降低需求，在第一个 0~10s 内释放并逐步增加，在下一个 20s 内可持续）和二次响应（为了响应系统频率降低而提高发电量或降低需求，自频率下降开始 30s 内完全可用，可至少再持续 30min）进行了区分（国家电网，2012）。

所需的响应和备用量以及实施速度取决于系统频率的变化速率。而系统频率的变化速率则取决于系统的总等效惯量，该等效惯量包括具有电气连接的所有旋转机械装置。用于非常大电力负荷的大型电力系统将有大量的发电机组在同时运行。尤其是当全部采用传统的蒸汽装置时，这些装置拥有非常大的旋转质量，这些旋转质量通过电磁力，作用在汽轮发电机组内部的空气间隙上，彼此互相作用，然后通过电网输送出去。同样的，接入系统的电动机负荷也是具有惯量的旋转质量。因此，满足较高用电需求的大型系统将由许多发电机组同时运行，并且其惯量比小型系统高很多。此外，一天中对任何同一系统的需求也不同，因此，运行中的发电量和惯量也不同。

一般地，系统频率控制方面面临的最大挑战就是系统中运行的发电出力突降，造成总的发电量和需求出现不平衡，导致系统频率相应下降。这通常是由一台或多台发电机组跳闸故障引起的。失去单台发电机组并非不常见，这可能是由发电机和电网间的电气连接出现故障导致的。但是，更常见的原因是发电站内部故障。若采用一台原动机来驱动一台以上发电机组，显然，原动机出现故障将会导致多台发电机组停止发电。这就是多台机组故障的最常见的单一原因，在很短的时间内，就会发生多重事件。提供足够的备用来应对所有可能的组合故障，其代价将异常高昂。系统运行人员将作出判断，做出备用裕度——为了提供低频安全而设置"余量"。一般地，该决策通常由操作人员代表整套系统集中做出，尽管分析软件工具负责通知，但是，反过来，该分析软件工具是根据需求和各台发电机的实时或历史测量数据输入进行分析的。如 Dent 等人（2010）所述，系统运行人员的判断是由风险评估通知的：在不同的时间范围内，不同数量发电机组不可用的可能性是多少呢？若备用容量不足，失去那些机组后会造成什么后果呢？这样，就能够进行成本—收益分析，将提供余量的成本（这就会强制发电机组提供备用容量，不能在其最高效率下运行）与不能满足需求的可能性及影响进行比较。

时间范围越大，不确定性就越高，风险也就越高——显然，有更多的时间来发生那些计划外的"不好的事情"；时间范围越小，系统运行人员就更加能够确定接下来会发生什么。另外，必须考虑其他许多发电机组（备用容量）需要最短时间来达到某个特定的出力水平。那些已经处于运行状态但带部分负荷的发电机组（"热备用"）由于受到原动机的限制而需要一定的爬坡速率。其他发电机组需要时间来准备好与系统同步。例如，一座处于冷态的燃煤发电厂需要 24h 来预热并发出足够电力，与系统同步，然后才能开始给系统输入电能。其他发电机组，如开式循环燃气轮机（OCGT）和水电机组，可快速启动，但是，若采用开式循环燃气轮机，其运行成本非常昂贵。

为了合理解决上述注意事项，系统运行人员经常考虑准备不同种类的备用容量，其提前投入时间和电能数量各不同。随着系统工况的变化，可用的备用容量或者投入使用或暂时退出。英国电力系统运行人员规定的种类有助于对扰动进行管理，如图 2.3 所示。响应（在欧洲部分地区称作"一次备用"）通过调速器动作自动进行。"快速备用"和"短时运行备用"（在欧洲通常称作"二次备用"和"三次备用"）由系统运行人员手动投入。其中，前者用于短时波动，在波动发生若干分钟内进行响应；后者用于大量系统馈入电源消失后，来恢复系统频率。例如，一台大型发电机组或一台互联装置用于从其他系统接入电力，在英国，这可能会导致系统频率从 50Hz 左右下降至 49.5Hz 左右。此外，"应急备用"是指提前数小时就准备好，以满足发电机组解列后或不能启动导致的实际需求。

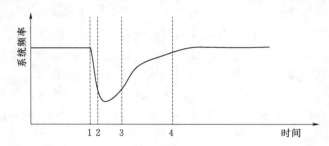

图 2.3　英国备用容量分类。在时间 1 处，出现了一些发电损失。在时间 2 和 3 之间，响应自动在数秒钟内动作来捕获系统频率的下降。在时间 3 和 4 之间（扰动发生后数分钟内），调用其他快速热备用，随后，调用"短时动作备用"，将系统频率恢复至正常水平。

2.2.3　可再生能源发电的影响

第 4 章针对可再生能源提出了一个问题：其波动性和不确定性。风力发电在下面这些问题上尤其具有挑战性：风速不固定，因此很难进行预测，并由此导致风电场出力不稳定。如需将系统频率始终维持在限值范围内，则必须提供充足的备用容量来应对波动，此时，需进行风险及成本—收益分析。但是，随着必要的通信、控制及信息处理逐步发展，可用来对数量庞大的各潜在参与方进行处理，柔性需求（消费者愿意适应当前环境来使用电力，例如降低或延迟电力消耗等）有望成为系统频率调节的重要贡献。

显然，良好的预测不仅是电力需求预测，而且可用的风电是备用容量最佳计划的先决条件。预测中误差越大，做出预测的时间就会越靠前；同样的，可调度的发电技术的范围就会越大，如图 2.4 所示。使用柔性需求来提供低频储备容量时，应考虑不同的时间，这是由于在某个点上，电力需求可能会被返回，即中断的负荷将会被储存起来。

Ernst（2012）中对风电预测技术进行了概述。本书中很多研究都以风电预测接入及不同时间范围内机组组合相关风险的定量分析为主题（例如 Gubina 等，2009）。良好的风电预测取决于提供给系统运行人员、可与先前若干小时内的其他出力共同使用的"实时"风电出力以及做出预测所用的趋势特征。在某些国家（如，爱尔兰和西班牙），风电场的运行人员有义务向系统运行人员提供风电场出力的实时信息。

能源储存为带部分负荷发电并提供备用容量的发电机组提供了一个备用方案。这也反映了抽水蓄能设施的使用程度：当电能相对便宜时，例如，风力很充足时，可以将能量储存起来，当与需求相比，电力供应突然出现短缺时，可以将储存的能量释放出来。随着储能技术的发展，包括分布式储能等在内，能量储存将在系统总体平衡方面发挥越来越重要的作用。

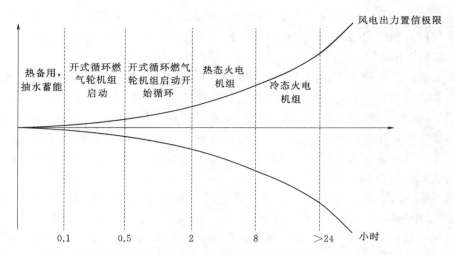

图 2.4 使用不同发电机组前不同时期及关注期内的备用要求（备用需求与可用发电量和
预测需求之间的平衡不确定性或波动性直接相关。）（CIGRE WGC1.3，2006）。

2.2.4 大型扰动管理

由上文分析可发现，尽管多台发电机组跳闸很罕见，但确实会发生。多台发电机组跳闸会导致系统频率发生偏离，不仅会超出规定限值，而且会超出发电机组稳定运行的工作范围。当供电量相对于需求量出现短缺而引起低频越限后，后果将是灾难性的：更多台发电机组跳闸将会使形势更加恶化，并可能导致系统频率不稳定甚至崩溃；换言之，会导致大面积停电。正如 IEEE 任务组（2007）和 CIGRE WG C1.17（2010）等描述的那样，这种情况已经在世界不同地区发生过很多次了。

为了防止系统不稳定，许多国家已经安装了低频减载（UFLS）装置（IEEE Task Force，2007）。该装置由许多继电器组成，当某地测得的系统频率低于特定阈值后，这些继电器将会动作，断开配电系统中的某些特定馈线。若控制动作为局部动作，为了避免当地电力潮流出现问题，一般地，会在系统周围装设很多这样的继电器，将其设置为不同的频率阈值。一般地，低频减载继电器的数量和分布以及频率定值的设计应确保：在系统频率的第一个定值处，整个系统将减载 5％；系统频率再下降一个步长，就再减载 5％，以此类推。降低总需求，使其靠近总发电量从而防止频率下降的理念不会导致减载太多，但是会使大量消费者非常不方便，并会引起过度纠正等问题。

如上所述，发电量突降（或负荷突升）后，具有较低惯量的系统，其系统频率下降得要比具有较高惯量的系统更快。那些具有较高惯量的大型陆地同步地区，如西欧或美国地区等，很少会出现高频或低频现象。（有个例外情况，如 2008 年欧洲发现的一个现象：由于其他原因，系统分裂成单独的电力孤岛后，整个系统在供需间具有很好的平衡，但各孤岛的平衡情况却不理想，这些孤岛向相邻地区输出电能或从相邻地区输入电能。）但是，各孤岛电力系统的运行人员，不管是与相邻地区电气隔离的孤岛还是只通过高压直流回路（HVDC，见第 6 章）接入相邻地区的孤岛，必须高度关注系统频率控制，即便部署了合理的备用容量计划方针，有时候也会出现频率越限。

2008 年 5 月，英国出现了一个此类事件。在 2min 内，两座彼此独立的发电厂发生故障，导致其厂内相应的两台大型发电机组跳闸，由此引起系统频率大幅度下降，并导致低频减载装置第一阶段保护动作。

表面来看，低频减载装置成功动作，挽救了系统，防止频率进一步降低，但后续调查采用模拟方法发现，该情况下，即便没有低频减载装置，该系统也会幸免于难。但是，人们注意到了两个意外情况：首次事件发生后某段时间内，频率进一步下降；输电系统发电机组出力提升响应比预期效果要好。后者是因为很多发电机组的调速器已经投运，其数量比预期的多；前者是因为系统频率下降后，很多接入该配电系统的小型发电机组（输电系统运行人员无法看到）也跳闸了。

长期以来，人们预计电力系统中接入配电系统的发电比例，即"分布式"或"嵌入式"、以较低电压等级接入的小型发电机组的比例，将会增加。20 世纪 90 年代，风电首次增长就属于这种情况。但是，焦点聚集在供电行业改革及发电所有制上的一个原因是，各大型发电站一直以来通过频率调节和电压调节，如 2.4 节所述，持续地将系统作为一个整体进行供电，这一方面是控制能力的法定要求（通过电网规范）驱动，另一方面是由于控制规定方面的商业"辅助服务"布置。迄今为止，分布式发电一直没有此类义务或奖励。此外，出于对与主电网隔离的配电网部分持续发电运行的安全考虑，当看起来与系统主要部分的连接失去后，这些配电网经常被随意跳开。

截至本书写作时，在大多数大型电力系统中，系统频率控制仍然停留在输电部分，分布式接入发电机组只在其最大可用出力下运行。现在，由于多种原因，这一布置正在发生改变：分布式接入发电机组逐渐增加，开始对整个系统行为产生重大影响；正如某些作者所建议的那样，若主电网接入发生故障后，配电网孤岛运行是可行的，则必须调节频率。此外，正如下文将讨论的那样，由于网络发热或电压方面的限制，有必要对某些分布式接入机组的运行情况进行限制。

若频率变化率非常高，导致采取纠正措施前，系统频率可能会超出限值，那么，随着风电机组的逐渐增长，不管其接入电压等级如何，这都会变成一个严重问题，尤其是在那些孤岛系统上，如英国、爱尔兰或地中海的岛屿等。写作本书时，那些仍在运行的老式风电机组具有较低惯量；而那些采用同步机械、通过背靠背风电机组满出力电压源变流器（即全功率变流器，FRC）接入主交流系统的新式风电机组对系统惯量一点也起不到"天然"作用，这是由于电力电子变流器可完全断开安装在任意一侧的机电系统。有人建议，可适当控制变流器，来合成一个类似惯量的响应，但是，这对孤岛系统来说，尤其是低负荷工况时，可能仍然会太慢（CIGRE C1.3，2006），或者，从转子上抽出过多的动能将会导致风电机组停机。

2.3　确保系统稳定

IEEE/CIGRE 稳定术语和定义联合工作组（Kundur 等，2004）指出，"电力系统是一个高度非线性系统，该系统在持续变化环境中运行"。如上文及本书其他部分所述，系统扰动确实存在。这些扰动包括发电机或电网设备停机以及电力需求的持续波动等。

IEEE/CIGRE 联合工作组（Kundur 等，2004）给电力系统稳定下的定义为"在给定初始运行条件下，经过物理扰动后，电力系统重新获得运行平衡状态的能力"。但是，该文件还指出，由于分析扰动影响所采用的方法及处理扰动的方式不同，也可采用各种不同的种类来定义电力系统稳定。如图 2.5 所示。

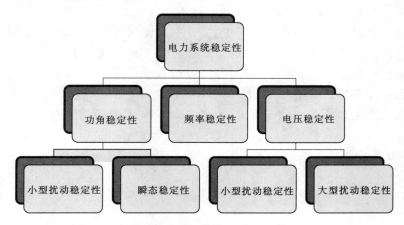

图 2.5　电力系统稳定性分类（Kundur 等，2004）。

如图 2.5 所示，电力系统稳定的一个方面就是频率稳定性。该问题关注系统频率是否保持在可接受限值内，2.2 节对该问题进行了讨论。

其他两个主要方面为电压稳定性和功角稳定性。前者与电压和无功控制密切相关，将在 2.4 节进行讨论；后者是人们想到电力系统稳定性问题时首先想到的第一要素，该问题与电力系统的机电子系统密切相关。

功角稳定性的瞬态问题与系统对大型扰动（如网络分支短路故障等）立即响应有关。也许从某个同步设备附近发生的故障（现代电力系统中大部分发电机组都是同步设备，但是，许多新型发电机组，如风电机组等，通过电力电子变流器来接入，其行为表现与同步设备大相径庭）及该故障对该设备运行的影响方面来看，更容易理解其直接后果。在第一近似中，该设备可用电抗后面的一个电压源来表示，然后，将其接入电网。电抗后面的电压源可取励磁电压 E，电网接入点处的电压可取 V（图 2.6）。

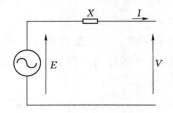

图 2.6　示意图，将发电机视为电抗后面的一个电压源。

发电机供给电网的电能为

$$P_e = \frac{EV}{X}\sin\delta \tag{2.1}$$

其中，X 为发电机电抗；δ 为机械功角，即端子电压 V 和励磁电压 E（例如，参见 Glover 等，2007）之间的夹角。用于 E、V 和 X 固定值的 P_e 和 δ 之间的关系如图 2.7 所示。

在稳态工况下，使转子在同步转速下转动的机械功率 P_{mech} 与 P_e 基本相等。（实际上，由于机械内部损失，P_e 略小于 P_{mech}。但是，为了对下面的讨论进行简化，假设忽略掉这些损失，因此，在稳态下，$P_e = P_{mech}$。）给定 E、V 和 X 值后，P_{mech} 的值就能决定 δ 的值。

一般地，发电机各端子通过一条或多条支路接入电网其余部分。在电网中，靠近发电机与电网连接处发生短路故障后，发电机端子处的电压 V 将会下降到零或接近零（取决于故障的性质和位置）。因此，发电机至电网的电力输出功率也为零或接近零。在这种条件下，假设输入机械功率保持不变，则 $P_{mech} > P_e$。该剩余输入功率就会导致转子加速，即转子会获得动能。上述同步加速度就意味着功角 δ 的增加。若电网保护装置正确动作（一般地，输电线路故障清除时间应小于 100ms），则故障将会很快"清除"，即应该隔离线路故障段，中断流入故障点的电流（见 2.6 节关于网络保护的讨论）。在这种情况下，假设故障期间 V 突然跌至零（意味着 P_e 也将变为零），且故障清除时，功角达到 δ_B，如图 2.8 所示。

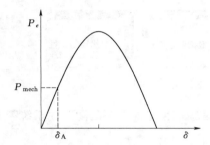

图 2.7　电能输出与功角 δ 的关系。

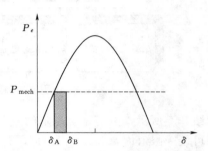

图 2.8　网络故障期间，同步转子的加速情况。

故障期间，故障发生在系统中时，发电机转子获得的总动能为输入功率 P_{mech} 和输出功率 P_e 的差值积分。因为故障期间，P_e 一直等于零，而 P_{mech} 为常数，P_{mech} 和 P_e 的差值积分可确定为图 2.8 中的阴影部分。

若发电机通过两条或以上线路接入电网，而故障只影响了一条线路（现在该条线路已经隔离），则现在应恢复端子电压 V。但是，端子电压的新值，即故障后值，则取决于电网其余部分的阻抗。尽管 P_e 现在又不是零了，该值也取决于发电机和电网其余部分之间的故障后阻抗。（若由于故障导致整个电网连接都中断，输入发电机的功率就不会下降，此时，就会依靠发电机和原动机保护来降低输入功率，使发电机安全停机。）

一般地，故障清除后，若 V 较低而主电网的网络阻抗 X 较高，则 P_e 可由图 2.9 中第二条曲线，即下面那根曲线来表示。若 $\delta = \delta_B$，则电气输出功率为 P_{eB}。若 P_{mech} 保持在其初始值（在大约 100ms 内，该假设不算不合理，故障清除一般需要 100ms，至少对于输电故障来说是这样），则当前的机械输入功率小于电磁功率。部分转子动能用来满足该差值，即转子转速下降，δ 也下降。若故障期间，δ 的变化使得 P_{mech} 再一次超过了 P_e 之前，先前所获得的所有动能都耗光了，则转子转速将会降至低于同步转速，δ 也会继续下降，直到 P_{mech} 再次超过 P_e，并再次

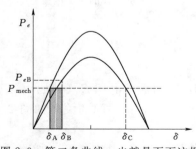

图 2.9　第二条曲线，也就是下面这根曲线，显示了故障清除后的电功率。

获得加速度——获得动能。另外，在 P_{mech} 再次超过 P_e 的点上，若转子转速仍然比同步转速高，即所获得的动能并未完全失去，更新后的加速度将会引起 δ 升高，直到机械磁极滑动，与系统完全失去同步为止。该状态为不稳定状态，此时，依靠发电机保护来安全停机，发电机对电力系统的馈入电也将失去。

δ 能确保 P_{mech} 大于 P_e 的点用 δ_C 表示，如图 2.9 所示。但是，P_e 大于 P_{mech} 期间的动能损失为这两者差值的积分。若达到 δ_C 之前 A_2 的面积大于 A_1，故障期间获得的所有动能（图 2.10 中 A_1 区）将会全部失去。当图 2.11 中 A_3 的面积等于 A_1 时，将达到最大功角。这就是"等面积准则"，该准则可用来确定故障后的峰值功角。

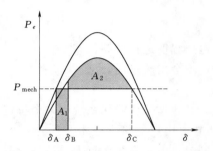 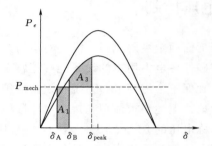

图 2.10 若 A_2 面积大于 A_1 面积，则可
确保功角瞬时稳定性。

图 2.11 利用等面积准则来
确定峰值功角。

一般地，实际发电机组都装设自动调压器（AVR）来改变励磁电压 E，以降低实测端子电压与某些选定参考值之间的误差。在故障工况下，当 V 下降到较小值，误差就非常大，增加励磁，使其达到最大值。这将降低电磁功率输出的幅值，使机械输出功率大于电磁输出功率，进而降低加速度和所获得的动能。这就意味着，为了获得稳定性而牺牲的损失减少了。（此外，故障清除时间越短，所获得的动能就越少，所需的损失就越小。）若避免了磁极滑动，相同的控制系统（和发电机内部的功率损失）还能减轻 δ 振荡，因此允许达到新的稳态值。

一般地，δ 首摆通常会使其达到最大值，并确定是否能够达到新的稳态，因此瞬态稳定性经常也称作首摆稳定性。但是，在某些情况下，尤其是控制系统调谐能力较差时，δ 后续摆动可能使其达到更高的不稳定值。

上述讨论中，假设电网可以吸收来自发电机的、任何等级的输出功率，并将在发电机连接处接收端提供恒定的强电压。但是，在实际的电力系统中，其他发电机组（和负荷）将针对变化做出一些响应，因此电压会发生变化。这种相互作用非常复杂，因此需要对系统中所有大型设备和网络周围电压和电流的变化进行详细模拟，以确定发生某些特定扰动后是否能获得稳定。这就涉及大量离散时间步长，逐个解的常微分方程组，并做出某些适当的非线性处理，如变压器铁芯饱和或达到控制装置限值等。

若励磁系统能够非常快速地做出响应，获得非常高的最大电压，则可促进发电机免受某个特定扰动的影响。但是，这些相同的特点将会使自动调压器对端子电压非常小的波动就非常敏感，因此，会导致输出功率波动。在某些工况下，当其他区域的一组发电机组做出相反的响应时，可能会引起某个特殊地区的一组发电机组在同一时间、沿一个方向做出响应。这会导致两个区域间出现功率振荡，通常是在非常低的频率下发生功率振荡（比系统标称频率低一些）。若这些振动的幅值增加，则可导致这两个区域彼此失步，形成电气隔离，反过来会引起不同电气岛的电力不足或过剩。这就是振荡或"小信号"不稳定的一个例子，这种情况通常采用在发电机上进一步添加控制回路来解决，称作电力系统稳定器（PSS）。该装置旨在减缓输出功率的变化。此外，可在某些可显示功率振荡的系统部件上，安装专业监控设备，使系统运行人员能够查看该工况何时出现，并采取适当纠正措施。一般地，该装置用来降低穿过功率振荡影响区域的功率转换。

2.4　电压控制

由于下面两个主要原因，需要对电力系统电压幅值进行控制：

（1）确保各电力用户的设备能够正常工作，不会出现过压现象。

（2）确保不会击穿电力系统各设备的绝缘。

一般地，上述要求体现在规定电压限值上，其典型值应确保系统中某个特定位置的电压应在标称电压的 5% 或 10% 范围内，尤其是电力用户的接入点上。此外，出于安全考虑，系统上所有位置均应实施最高电压限值，同时，电力系统运行人员还注意观察用户接入点以外的其他位置上的最低电压限值。尽管人们经常将事故后工况下，确保遵守上述限值视为确保"电压不稳定"裕度的一个非常好的替代方案，但是，实际上，它很难保证这一点。（下面将进一步描述电压不稳定问题）。

交流电力系统中大部分电源为"电压源"。也就是说，可以将它们看作一个可控的、具有波动输出电流的恒定电压。例如，对于同步发电机来说，一般都是这样。发电机动作产生感应电压，该电压与机械端子上的电压相互作用，产生一个网络电压。电压幅值主要由施加在机械转子上的电压确定，即励磁电压，这是励磁系统的一个特点。反过来，该电压由上面提到的控制系统——自动调压器进行设置，自动调压器对实测的端子电压和发电机运行人员设定的参考电压进行比较，调整励磁电压，使端子电压和参考电压的差值最小化。励磁系统和系统其余部分的工况决定发电机的电流［对发电机、励磁系统和自动调压器的完整描述，参见 Kundur（1994）］。

瞬时电压和电流决定了注入系统的网络功率，并且在稳态工况下，在一个基本正弦波形周期内，将注入平均功率。但是，应注意，不仅注入的电流幅值会波动，其相角与电压的关系也会出现波动。

发电机中电压和电流的关系由系统各负荷的电压与电流关系以及网络潮流来确定。某个特定负荷使用的电流由供应给它的电压和阻抗来确定。一般地，一个负荷具有感性，也具有容性，电流和电压的最终关系由它们的相对幅值来确定。若该负荷的网络阻抗为感性的，电流将滞后于电压；若该负荷的网络阻抗为容性的，电流将超前于电压。如需维持某个特定电压，则电源必须供应该电流。

有一种方法不仅可以方便地表示出稳态电压和电流幅值，而且可以表示出它们彼此的相角，即利用相量（用复数来表示）、视在功率［单位为伏安（V·A），为电压和电流的乘积］，其真值部分代表各相中电压和电流分量中能够做功的部分，称为有功功率［单位为瓦（W）]，垂直于它的分量称为无功功率［单位为乏（var）]。实际上，为了遵守无功功率符号规则，视在功率为电压和电流共轭的乘积。感性负荷将吸收无功功率，而容性负荷将产生无功功率。

施加的电压可表示为

$$v(t) = V_{max} \cos \omega x$$

流经分支回路通往电压的电流为

$$i(t) = I_{max} \cos(\omega t + \varphi)$$

式中：V_{max} 为频率 ω（单位为每秒弧度）下电压正弦波形的最大值；t 为时间；v 和 i 分别为电压和电流的瞬时值；I_{max} 为电流最大值；ω 为电压和电流的相角差。（正值表示电流超前电压，说明该回路为容性。）

然后，通过一系列三角代换（例如，见 Glover 等，2007），就可得到平均有功功率为

$$P = V_{max} I_{max} \frac{\cos\phi}{2}$$

$$= VI\cos\phi \tag{2.2}$$

其中

$$V = \frac{V_{max}}{\sqrt{2}} \tag{2.3}$$

为均方根（RMS）电压。

同样的，流入流出负荷的无功电流幅值为

$$Q = VI\sin\varphi \tag{2.4}$$

有功功率 P，无功功率 Q 和功率因数角 φ 彼此相关，视在功率 S 如图 2.12 所示。此外，P 与 S 的比值称为功率因数。

实际上，大型电力系统和电源很少与负荷布置在同一个地方，两者间由一些网络元件连接在一起。这些网络元件也具有感性和容性特点，前者是由导体中流经的电流发生变化后，会产生反向电流从而产生感应电压而引起的；后者是由导体对地电压充放电而引起的。这些影响通常在网络分支"π"模型中，由节点 i 和 j 间的串联阻抗 z_{ij} 和并联电纳 Y_{ii} 和 Y_{jj} 来表示，阻抗和电纳的值由导线性质、网络分支的长度及绝缘性质来确定（图2.13）。

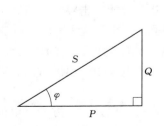

图 2.12　有功功率、无功功率
和视在功率的关系。

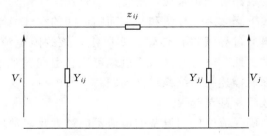

图 2.13　交流电网分支"π"形示意图。

电压控制的难点在于，流经网络分支的电流与接收端电压间的互动。随着负荷消耗的电能逐渐增加，网络必须承载的电流也必须增加以实现电力供应。网络分支中电流增加后，会导致分支电压下降，体现为由于电感效应，导致分支的无功损失增加。另外，分支电容（如图 2.13 所示，一般地，由两侧的两个电纳来表示）开始作为无功电源。

尽管电气负荷的性质不在本章讨论范围内，但是应注意，在电网供电点，即输配电（典型电压等级为 110kV 或 132kV）间的接口，或配电网的一次变电站等，综合负荷是由大量互联的电气设备组成的。一般地，这些负荷不仅仅是电阻性的，因此，施加电压后，所引出的电流就会出现失相，如上所述，这就说明除需要有功率外，它自身也需要无功功率。满足无功功率需求就意味着，所供应的电流幅值应大于仅满足有功功率需求时应供应的电流值。

实践中，发电机等电压源，不能供应无限制的电流。但是，可以通过接入电容器组（进入该装置的电流超前于端子电压）来产生其他无功功率。此外，若变压器装设了适当的监控系统及能够在满负荷状态下运行的调压机构，可以通过改变变压器的调压比来纠正实测电压和系统运行人员设定的参考电压之间的差值。

大部分负荷的第一近似值都将其表示为恒定阻抗，这样，当所供电压下降后，就会伴随着引出电流的下降，改变调压比来恢复配电系统中的电压后，就会使输配电接口处的综合负荷看起来像是恒定的电力负荷。若未能向其供应充足的无功功率，输配电接口处的电压就会下降。一般地，这就会导致该位置和附近电压源间出现较大的电压差，并且从该电压源引出的电流会增加。但是，这样还会导致电源和输配电接口间的架空线路和电缆供应的无功功率变少，串联无功损失增加，使情况变得更加恶劣。这种现象称为电压不稳，这就意味着网络周围必须配备充足的无功源，来产生无功功率，并进行适当输出。反过来，这就需要谨慎设置电压目标值，确保在临界条件下，无功功率不会枯竭。

2.5　电流控制

电流流过具有一定电阻的导体时会导致导体发热（除了超导体外，都会发热；而超导体的超导性也只在极低温下才会出现）。如果不把热量释放出去，导体温度就会升高。

架空线温度升高最显著的影响就是导线发生热膨胀，即导线变长。对于支撑导线的相邻铁塔间的线路各档距来说，这将会导致铁塔间弧垂增大，导线和其下面物体间的距离变小。若导线下降太多，导线和其下面物体间的空气绝缘就有可能被击穿，电流就会流向大地，而不再通过导线进行传输。实际上，该故障电流可能会非常大❶，并且造成人身伤害，导致"大地"电势升高（反过来可能会引起其他电流流经附近连接的电气设备），并会引起前面所描述的系统稳定性问题。在发电机、变压器或电缆中，温度过度升高可导致绝缘材料故障，甚至起火。

因此，确保流经任何设备的电流不应过大是非常重要的。但是，一方面，电流流动是至关重要的，因为人们习惯于从功率角度考虑特定位置和时间的负荷；另一方面，大部分

---

❶　故障检测及隔离详见第 3 章。

系统运行人员习惯于考虑电网周围的潮流，希望将这些潮流与各电网支路中相应的限值（从电流限值和额定工作电压引申出来的）进行比较。这些限值用伏安（V·A）表示，即视在功率对于高压系统来说，一般为数十或数百兆伏安（MV·A），同时，发热也是一个关键问题，经常用"热额定值"进行描述。

实际上，温度不是瞬时升高的，首先会吸收一部分热量。因此，一个特定支路可承受的最大电流（或视在功率）通常用不同的耐受时间来表示。例如，5min额定值高于20min额定值，而20min额定值又高于持续额定值。此外，电流和流经线路的可承受功率将取决于散热能力。当架空线路导线周围的空气温度或地下电缆周围的土壤温度较低时，电流和流经线路的可承受功率就会高些。因此，在一年中不同的时间内，额定值也不同，冬天的额定值比较高，夏天的额定值比较低。

当然，一天中温度会发生变化，每天的温度也不相同。那么，如何对一个额定值进行定义呢？一般地，采用保守方法进行设置，但是，由于某个冬天的温度可能会比往年平均温度高一些（或者线路下面的植被长得比预计高度高一些），始终存在一些内在风险。在特定的电力设施中，通过管理准确控制风险取决于相关政策和可用信息，从而有把握地描述风险的特性。

若流经某个电源（如发电机或相邻的系统输出部分）的功率非常高，可能会超过引自该电源的一个或多个分支的额定值，那么，显然应该降低潮流。这就意味着降低输出，即降低一台或多台发电机的出力。如需维持总体的供需平衡，则该出力降低值必须由其他电源的增加值来匹配。同样的，若多出的潮流用来为某个特定负荷供电，那么我们别无选择，只能降低该负荷。（在输电层级上，为了避免出现供电的物理中断，负责将潮流进一步降低供给终端用户的配电网运行人员可能会面临两种选择：若可行，重新配置其网络来降低某个位置的负荷，将其切换至他处；或者假设最终负荷的性质主要是一个恒定阻抗，此时，降低电压，这样，引出的电流就比较小。但是，只有电压仍然维持在容许限值内，且不包括特性系统的临界工况，才允许进行该操作。）

一般地，降低发电量意味着廉价的电源发电减少，取而代之的是更贵的电源。显然，这个结果很不理想，尤其是降低低碳电源的出力，如风电场等，用增加某些化石燃料发电站的出力来代替时。因此，网络规划人员试图利用适当的网络路线和导线对系统进行设计，一般地，设计中导线的具体额定值应确保少用次优电力调度。在实践中，需要在电力调度限制成本和增强关键支路额定值所需的实际网络设备成本之间进行权衡。一般地，总成本最低的方案往往会至少在某些限制时间段内，对发电调度施加一些限制。

若支路额定值是根据实际工况，而不是根据某个特定季节条件范围百分比确定的，则电力再次调度的范围将会降低。这就要求对关键支路进行适当的监控；对于若干公里长的架空线路，若不希望监控成本过高，也可只监控关键档距（最有可能突破限值的档距）。

许多研究人员、设备供应商及电力公司提出了各种不同的监控计划，来定量研究实时或动态额定值（Adapa等，2006；Cloet等，2010；Michiorri等，2009）。这些计划主要涉及以下方面：

（1）直接测量导线温度。

（2）根据导线张力测量结果，推导出导线高度。

（3）测量实际导线间隙。

（4）测量环境条件及在线使用额定值计算算法。

图2.14为苏格兰电能网公司（Scottish Power Energy Networks）在北威尔士对某架空线路热额定值的监测结果。其中，对于某个特定的架空线路导线型式，标准的、季节性静态额定值用虚线表示，同时标出了某个具体年份6月初两周内，动态计算出的实时额定值。从图中可以清楚地看到，夏天安全载流能力额定值显著提高。

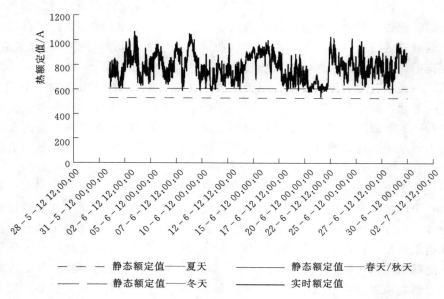

图2.14　提高额定功率转换能力过程中，实时额定值对架空线路的影响
（来源：苏格兰电能网）。

实际上，网络支路在较短持续时间内能承受的负荷比较长持续时间内能承受的负荷要高，这一点值得探讨和利用。在第1章，系统运行人员确保相对可靠供电的一种方式就是任何电厂项目（如架空线路或发电机组等）出现计划外停机都不会导致负荷供给消失或超过规定的系统限值。一个保守的方法就是，在任何计划外故障停机出现之前，其调度应保证，故障发生后不会出现超出限值的情况。关于支路负荷，这就意味着不仅应确保故障前的持续额定值，而且应确保故障后任何"可靠的"故障停机的持续额定值。换言之，应采取预防措施。该备选方案为，只有发生扰动后，方可采取重新调度的措施，即采取纠正措施。短期热额定值使其变得可能。例如，若潮流在5min内降低至一个更长时间的持续额定值内，则也可以允许功率超过5min故障后额定值。（尽管最终系统运行人员应努力再次挽救系统，即确保系统能够在进一步故障停机中幸免，但是，一般情况下，需将各潮流降至低于故障后持续额定值，以尽可能降低采取进一步措施的必要性。）

使用5min额定值取决于某些自动化响应，而这些自动化响应反过来又取决于实时监控。否则，若运行人员依赖于接收到的信息作出决策，那么，将系统挤压至20min额定值，将会更加明智。

现在，正在实施某些方案，来实现自动潮流管理（Currie 等，2010）。一般地，当特定的过载线路与具有足够再调度能力的特定发电机之间的关系非常清晰时，这些方案最为适用。当试图避免超出风电场出力限值时，该方案尤为适用，可作为增强电网的非常合算的方案。尤其是当一座风电场或一组风电场在其最高出力下仅运行相当短的时间时（Ault 等，2007）。

其他控制潮流（至少在一定程度上控制潮流）的方案可由移相变压器及一些柔性交流输电系统（FACTS）设备来执行。这些方法可修改支路两端电压间的相角差，即式（2.1）中的 δ，因此，可以重新分配各并联网络支路间的功率分配情况。柔性交流输电系统将在第 7 章进行详细讨论。

2.6 电力系统运行与协调控制

在实际的电力系统运行中，系统在很大程度上依赖自动化。频率响应及电压调节设备在上文进行了阐述，自动故障检测及隔离已经采用了数十年。然而，各控制装置的定值选择或各控制系统的控制参数之间需要协调，而协调控制反过来又依赖于保守定值（这些定值适用于系统可能运行的各种工况范围）或系统每隔一段时间更新的当前状态。

需在广泛的系统条件下合理设置保护定值，为保证运行安全，这可能是比较明智的动作过程。

实时协调需求应与频率调节、电压控制和潮流控制相结合。

在网状网络（如大部分输电系统）中，网络中任何特定支路上的准确潮流都取决于不同位置负荷和发电量的组合以及支路特点。只有不同节点上许多发电机的组合效应才可能导致过负荷；只有在特定的电力需求水平下，或者只有在某些停机条件下，才能根据其他机组的调度情况调度一台发电机。一台发电机组动作于缓解过负荷时，其效果取决于当时的网络配置情况。若存在具体的计划内停机，其效果可能会大打折扣。另外，在一条支路上采取特定动作处理过负荷时可能会引起其他支路过负荷。一般地，确定不同发电机组的发电量后，就可以判断是否会出现过负荷现象；但是，特定的发电调度可能会导致电压问题或稳定性问题。为了保证稳定运行，大部分传统热力发电机的原动机需在某个特定功率水平下运行。这就意味着，为了获得可用的无功功率，至少有一部分有功功率的生产成本必须被抵消，要求对其他发电机组的有功调度进行综合考虑，保持总体的供需平衡。

频率控制时必须确保为低频响应和备用留出足够裕度。而且，运行人员还必须确保进行频率控制时，不会引起潮流问题，即，为了纠正系统的低频问题而导致某些特定发电机组出力增加，从而引起任何支路出现过负荷现象。

上文提到，无功功率转换会在网络支路上产生更大的电流幅值，该电流幅值反过来将会引起更大的网络无功损失。因此，与无功负荷相距较远的无功电源经常是不起作用的。应谨慎设置电压目标值〔其结果要求发出（或者在低负荷工况下吸收）无功，从而增加从各网络支路获得的电容〕。多种电压控制装置可以对电压进行有效地调节，这些装置对波动的响应率不同，可实现粗粒度或细粒度控制。为了避免一个区域内装设的大量装置彼此干扰，这些装置必须实现协调配合。

因此，可以看出，可以逐一检查系统某个特定状态下的发热、电压和稳定性限值，这些限值中只有一个要求系统状态产生某些变化，必须遵守所有限值。

第 3 章指出，电力网络，尤其在输电电压下，经常配置多重保护装置，当任何保护装置发生故障后，可以提供备用保护。但是，其设置应保证，最具判别能力的装置应首先动作，以免计划外停机的不必要扩大化。

对控制变量波动的响应包括：持续动作的控制系统〔见 Kundur（1994），其中描述了一些范例〕；离散动作，如开断或闭合一个或多个断路器，如隔离故障网络支路，切入（切断）电容器组等；按照预编程顺序，通过适当通信，自动跳开一台发电机或重新配置网络连接情况。通过对各控制装置的设计，也可实现一定程度上的协调配合。例如，那些与目标值偏差更大的控制状态，其影响速度比小偏差控制状态更高些，只需微调一次，系统就可稳定下来。

如上所述，为遵守系统限值并满足电力需求，需要对整套控制系统进行适当的定值设置，尤其是发电机的功率输出及电压目标值设置。随着系统工况发生变化（例如，由于电气负荷波动、发电机被迫停机或网络支路故障等），系统运行人员必须确保始终维持限值。这就要求所有的关键系统状态必须完全可见。实际上，这并不是要求测量一切，而是要求测量足够且最少的实测状态组〔通过监控和数据采集（SCADA）系统进行采集，该系统还允许发送某些控制定值〕。利用这组实测量可以推导出其他信息。实践中，测量值一般对误差非常敏感。对一个单独的、前后一致的状态组进行推导时，应更信任那些不易产生误差的测量值。

随着电力系统中采用了越来越多的可选有功变量，系统状态的可能组合数量也随之增加。此外，为了不限制可再生能源发电，避免新建不受欢迎的架空线路，最好让电力系统在靠近其限值的参数上运行，这就要求更加准确地把握这些限值。更精确、更普适的监控系统可以促进实现这一目标，但同时要求充分理解网格系统中大量系统状态间复杂的交互情况。对于某些呈放射状运行的电力系统，如大部分配电系统，交互情况不太复杂，但是，由于历史原因，可用的测量和通信设备比较少。随着柔性或响应负荷（其中，电力消费者可接受影响，改变其需求，这对引自风电场等的电源波动来说尤其有用）等配电系统的发展，越来越多的发电方式嵌入在配电系统中（如光伏电池等），这时就必须做出判别，确定是否需要将那些通过广泛监控收集的信息返回至同一个地方，做出集中、协调的决策，或者某些分散控制形式是否能够通过适当的编程逻辑装置来实现。若程序编写能够确保在大范围工况下做出正确响应，尤其是那些需要保证安全的关键工况时，则对可靠通信的需求就会降低，其响应速度可能比集中方法更快，这样，就建议采用分散式解决方案。尤其是在用来降低故障导致的供电中断次数的网格化电网结构中，协调的需求就会对分散化范围提出非常严格的限制。

2.7 测量、监控和通信

2.7.1 测量和监控概述

上述电网所需的控制操作功能要求提供足够的测量、监控和通信。由于意外故障的影响，输电网过去一直并将继续处于全面监督、控制及保护中。其中，在现地和远程装设（昂贵的）电压互感器和电流互感器以及配套的通信设备和 SCADA 系统等测量设备，测量设备具有一定程度的冗余，从而提供全面的测量。

相反地，配电电压等级测量（一般为 33kV 及以下）极其稀少，但是这一局面在将来需要有所改观。直到近期，配电网本质上几乎都是被动的。也就是说，除了对故障做出响应，配电网运行人员没有按照分钟—分钟或者甚至小时—小时做出过主动决策。（一般地，由于维护性停电而重新配置电网通常提前几天或数周做出计划。）在正常情况下，可以准确地预测网络下游测量位置的行为。相应地，不为保护系统配备昂贵的专用测量设备，出于经济考虑，只在某些位置装设测量装置（理想状态下，应在每个网络节点装设保护隔离设备，但是，实际情况不是这样）。通常情况下，只在一次变电站 11kV 出线等位置进行测量，集控中心的工程师可将其用于计量，估测当前及将来的负荷水平，检查是否存在过负荷，并长期监控系统性能。在某些情况下，除了计量用途，配电系统几乎没有装设任何可用的测量设备。

近来为了更全面地掌握系统和装置行为，提供更多测量的要求越来越多。如今，该趋势主要受到两方面的推动：嵌入配电网的小规模发电［有时称作分布式发电（DG）］；由于改造或更换过程中的资金限制，或城区可用土地的限制等，需要更好地利用现有网络资产。此外，电动车出现了意外增长，电加热应用越来越多，若不妥善管理（如通过电动车的智能充电），将会在某些关键时刻增加网络负荷。因此，需要提供更多的测量来全面了解网络的状态，实现对电厂工况的监控，改进具有更高识别及稳定等级的保护设备。电压和电流仍然是关注的焦点，但是，监控其他参数（如温度、振动、局部放电活动等）的功能逐渐出现，并快速增长。

1. 电压和电流测量

如前文所述，主要测量参数仍然是电压和电流，根据电压和电流可以推导出其他许多测量（如有功功率、无功功率、频率、谐波畸变等）。电压互感器（VT）和电流互感器（CT）基于电磁感应原理。

对于电压互感器，低于十几千伏（kV）的电压等级可采用传统绕制的互感器（整个系统相电压通过一次绕组降低）；超过十几千伏（kV）的电压等级，从经济角度看，一般禁止使用绕制变压器，需要采用电容分压器将电压降至适当水平（10kV 以上），然后使用绕制变压器将该中压转变成监控保护装置的标准输入电压（在三相系统中，典型值为线电压 110V）。调谐电路应避免在互感器的感性元件和容性元件间产生谐振，并应将整个回路在系统频率下的阻抗调至最低［即 $1/\omega(C_1 + C_2) = \omega L_1$］，这样，当从二次端子引接电流时，测量误差可实现最小化。电容式电压互感器的布置如图 2.15 所示，该图展示了电容分压器、调谐电感及传统绕制

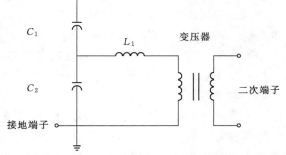

图 2.15　电容式电压互感器示意图（由 Cedars 采用 OmniGraffle 软件绘制，发布在维基百科公共域）。

的互感器，其二次端子提供输出电压，该电压将作为监控保护功能的输入。

同样的，电流互感器也采用传统的互感器技术；对于电流互感器，一次绕组就是导体本身，二次绕组布置在铁芯周围，一次导体（或绕组）穿过铁芯。一次系统中没有电压降，因此，电流互感器可作为一个电流源。电流互感器的输出通常为标准值，其额定一次电流通常为1A或5A，电流互感器的变比范围很大，从5∶1至2000∶1（或者更高）。

电流互感器跟其他互感器一样，在非常高的磁通水平下容易出现电磁回路饱和，将造成损坏并产生测量误差，互感器饱和后，损失和测量误差将会变得非常大，从而导致保护不动作或误动作等问题。不同用途的电流互感器（例如计量，作为保护的相反用途），其结构也不同：由于保护用电流互感器要求在远远高于额定电流的电流（例如，最高至额定电流的30倍）下提供准确测量，这就要求铁芯的横截面积必须大很多，以避免出现饱和。因此，保护用电流互感器不可避免地要比计量互感器的体积大，并成为电站中比较昂贵的设备（电压互感器也是这样）。

有很多关于电流互感器和电压互感器性能方面的标准，例如 IEC 60044 和 IEEE C67.13.6—2005。

如上所述，传统的电流互感器和电压互感器是电站中相对昂贵的设备。考虑到电力传输等级以及电力中断后的后果，在输电网方面投资是非常合算的。但是，如何对配电系统进行经济合理的测量将是始终面临的一个挑战。一些研究人员提出了备用（通常称为非传统）方法，来传感电压和电流，其中，许多方法采用了光或光/电磁组合的传感技术，这些方法是基于罗戈夫斯基线圈、偏振测定、干涉测量、磁滞伸缩及压电机构（Jiao 等，2006；Niewczas 和 McDonald，2007）。此类传感器使电力系统内部测量的成本降低，且是一种满足测量要求的经济合理的解决方案，下节将详细讨论该问题。传统的电流互感器和电压互感器具有典型的受限带宽；而非传统的电流互感器和电压互感器能够克服该限制。最后，IEC 制定了关于电子式电流互感器和电压互感器（即直接以数字形式提供输出的装置）的标准，并规定了这些装置如何接入数字式变电站（IEC，2002，2003）。这些以数字形式提供输出的装置为某些功能远程和/或以多种方式使用数据提供了机遇。

2. 相量测量装置

近年来，相量测量装置（PMU）一直是人们关注的焦点。这些装置通常与传统电压互感器（有时候也与电流互感器）连接在一起，采用由全球定位系统（GPS）提供的精确的时间参考信号，因此，可以在非常广泛的地理区域内，为系统监视、控制和保护功能提供精确的时间同步电压（和电流）测量。相量测量装置的应用非常广泛，建议将其安装在下列场合（Phadke 和 Thorp，2008）：

（1）广域监控系统（WAMS）：实时潮流监视、不稳定性控制和探测。

（2）扰动后的分析及诊断。

（3）电力系统稳定器性能分析及调谐。

（4）保护，包括主电源消失、失步、低频减载等。

尽管这些装置非常昂贵，但是他们具有无限潜力，毫无疑问，他们将在参数测量上发挥非常重要的作用。有许多可用的相量测量装置，目前，相量测量装置标准化工作、输出参数格式和其他装置（如相量数据集中器，PDC 等）的开发与标准化（Adamiak 等，

2011；IEEE，2006）正在进行中，以研发大规模的相量测量装置系统。目前，已安装的相量测量装置数量显著增长，并且预计该增长在将来仍将持续。

将相量测量装置布置在电力系统中，其最佳数量、最佳布置及功能开发仍然是主要的研究课题，有关这方面的更多信息详见 Madani 等（2011）。

2.7.2　远期测量和监控要求

如本书所论，需要提供更加广泛、更加准确的系统参数可视度，以实现将来系统的有效监视、控制和保护。这些测量参数（和/或通过状态估计估算的参数）是只在现场配置（例如，装设在发电机控制系统中），还是集中配置（例如，用于电压集中监视和管理、发电调度、馈线发热限值监视和越限纠正等），还存在争议。但毫无疑问，随着生产商在该领域不断研制出相关产品，将会出现集中系统和分散系统的不同种类和组合。

随着分布式发电的广泛引入，配电网开始使用储能装置及柔性交流输电系统（FACTS）。为了实现分布式发电的安全可靠利用，故障后迅速恢复切断的负荷，消纳不同种类的负荷（如电动车和热力泵等），需要采用与输电系统相似级别的可视度及控制水平。但是，由于回路非常长，变电站数量众多，且配电网负荷很大，这就意味着需要智能电网的功能来最大限度地降低对人工监控的依赖性。这些智能电网功能，如需求侧管理等，对输电系统运行人员接入波动性极高的可再生能源发电具有非常高的价值。在任何情况下，都将需要大量的测量装置。

在某些情况下，需要定期进行测量，分辨率并不高；但是在另外一些场合下，可能需要进行连续测量，分辨率要求非常高。此外，许多智能电网功能能够共享由同一个测量设备采集的参数，但是，这要求广泛使用通信技术，而标准通信可以利用若干生产商提供的设备来实现不同功能间的参数共享。此外，除了模拟量测量外，还应利用通信实现远程设备控制，状态变化通信、指示和报警。

2.7.3　通信要求

互联网技术，能够为智能电网通信提供经济合理的方案，提供电力系统监视、控制和保护应用要求的低延时性和高安全性（在某些情况下，在分组交换网络中具有确定性延时）（Alcatel‐Lucent，2010）。

例如，互联网协议/多协议标签交换（IP/MPLS）提供面向连接的保证服务，该服务能够改善传统互联网协议和互联网分组通信中的不确定性行为。互联网协议/多协议标签交换方案的缺点是，该方案要求采用专用的通信介质，标准的企业路由器一般不能实施互联网协议/多协议标签交换。对于电力系统来说，安装采用互联网协议/多协议标签交换路由器的专用通信设备是比较经济的，但是，对于那些使用现有家用路由器的民用电压等级来说，目前还不能使用互联网协议/多协议标签交换技术。但是，随着成本持续下降，市场上已经推出了针对低压智能电网的此类产品。

远程家用能源监视和控制已经应用在智能计量和需求侧管理方案中，这项技术将来也可能会应用到智能电网的其他功能中。

人们提出并论证了若干不同的通信协议和通信介质，用于智能表计和中央数据处理/采集点之间的信息传递，目前主要有无线上网（Wi‐Fi）、通用分组无线业务（GPRS）、紫蜂协议（ZigBee）、电力线载波和蓝牙等技术。智能电网通信技术的综述及比较参见阿维亚网络公司（Aviat Networks）。此外，还有多功能计量接口（剑桥咨询有限公司（CambridgeConsultants Ltd），2012），该接口可通过外围设备将表计接入不同的通信系统中。

尽管已经有许多试验性应用，但是，在实现智能电网之前，仍然有许多工作要做，必须继续统一标准，允许不同生产商生产的设备有效共同运行。

参考文献

Adamiak, M. G. , Kanabar, M. , Rodriquez, J. and Zadeh, M. D. (2011). Design and implementation of a synchrophasor data concentrator. *IEEE PESD Conference of Innovative Smart Grid Technologies – Middle East(ISGT Middle East)*, 17 – 20 December 2011.

Adapa, R. , Douglass, D. A. and Reppen, D. N. (2006), 'Applying Dynamic Thermal Ratings in System Operations' , Paper C2 – 306, CIGRE Session, Paris.

Alcatel – Lucent(2010), *Dynamic Communications for Smart Grid: Driving Smarter Energy Management and Usage* [pdf]. Available at: http://enterprise. alcatellucent. com/private/images/public/si/pdf_powerUtilities. pdf(Accessed 19 August 2012).

Ault, G. W. , Bell, K. R. W. and Galloway, S. J. (2007), 'Calculation of economic transmission connection capacity for wind power generation' , *IET Renewable Power Generation*, 1(1), 61 – 69.

Aviat Networks (n. d.), *Smart Grid Wireless Technology Comparison Chart*. Available at: http://us. aviatnetworks. com/solutions/smart – grid – solutions/(Accessed 19 August 2012).

Cambridge Consultants Ltd (2012), *Universal Metering Interface*. Available at: http://umi. cambridgeconsultants. com/(Accessed 19 August 2012).

CIGRE WG C1. 3 (2006), *Electric Power System Planning with the Uncertainty of Wind Generation*, Technical Brochure 293, CIGRE, Paris.

CIGRE WG C1. 17 (2010), *Planning to Manage Power Interruption Events*, Technical Brochure 433, CIGRE, Paris.

Cloet, E. , Lilien, J. – L. and Ferrieres, P. (2010), 'Experiences of the Belgian and French TSOs using the "Ampacimon" real – time dynamic rating system' , Paper C2 – 106, CIGRE Session, Paris.

Currie, R. A. F. , Ault, G. W. , Foote, C. E. T. , McNeill, N. M. and Gooding, A. K. (2010), Smarter ways to provide grid connections for renewable generators, 2010 IEEE Power and Energy Society General Meeting, Minneapolis, 25 – 29 July 2010.

Dent, C. J. , Bell, K. R. W. , Richards, A. W. , Zachary, S. , Eager, D. , Harrison, G. P. and Bialek, J. W. (2010), 'The Role of Risk Modelling in the Great Britain Transmission Planning and Operational Standards', *Proc.* 11*th International Conference on Probabilistic Methods Applied to Power Systems*, Singapore, 14 – 17 June.

Ernst, B. (2012), Wind power prediction. In: Ackermann, T. , ed. , *Wind Power in Power Systems*, Wiley, Chapter 33.

Glover, J. D. , Sarma, M. S. and Overbye, T. J. (2007), *Power Systems Analysis and Design*, Nelson.

Gubina, A. F. , Keane, A. , Meibom, P. , O'Sullivan, J. , Goulding, O. , McCartan, T. and O'Malley, M. (2009), 'New tool for integration of wind power forecasting into power system operation' , *IEEE Power Tech*, Bucharest.

IEC(2002), IEC 60044 – 8. Instrument transformers – Part 8: Electronic current transformers, Geneva: International Electrotechnical Commission.

IEC(2003), TR 61850 – 1 Communication networks and systems in substations – Part 1: Introduction and o-verview, Geneva: International Electrotechnical Commission.

IEEE(2006). IEEE Standard C37. 118—2005: IEEE Standard for Synchrophasors for Power Systems, Piscataway, IEEE.

IEEE Task Force on Blackout Experience, Mitigation and Role of New Technologies, Report, Blackout Experiences and Lessons (2007), *Best Practices for System Dynamic Performance, and the Role of New Technologies*, Final Report, IEEE.

Jiao, B. , Wang, Z. , Liu, F. and Bi, W. (2006), 'Interferometric fiber – optic current sensor with phase conjugate reflector', *IEEE International Conference on Information Acquisition*, 20 – 23 August 2006.

Kundur, P. (1994), *Power System Stability and Control*, McGraw Hill.

Kundur, P. , Paserba, J. , Ajjarapu, V. , Andersson, G. , Bose, A. , Canizares, C. , Hatziargyriou, N. , Hill, D. , Stankovic, A. , Taylor, C. , Van Cutsem, T. and Vittal, V. (2004), 'Definition and classification of power system stability IEEE/CIGRE joint task force on stability terms and definitions'. *IEEE Transactions on Power Systems*, 19(3), 1387 – 1401.

Madani, V. , Parashar, M. , Giri, J. , Durbha, S. , Rahmatian, F. , Day, D. , Adamiak, M. and Sheble, G. (2011), 'PMU placement considerations – A roadmap for optimal PMU placement', *IEEE Power Systems Conference and Exposition(PSCE)*, Phoenix, 20 – 23 March 2011.

Michiorri, A. , Taylor, P. C. and Jupe, S. C. E. (2009), 'Overhead line real – time rating algorithm: description and validation', *Proc. IMechE Part A: J. Power and Energy*, 24(3), 293 – 304.

National Grid(2012), *The Grid Code*. Available at: http://www. nationalgrid. com/uk/Electricity/Codes/gridcode/gridcodedocs/(Accessed 15 August 2012).

Niewczas, P. and McDonald, J. R. (2007), 'Advanced optical sensors for power and energy systems'. *IEEE Instrumentation and Measurement Magazine*, 10(1), 18 – 28.

Phadke, A. G. and Thorp, J. S. (2008), *Synchronized Phasor Measurements and Their Applications*. New York: Springer.

Wood, A. J. and Wollenberg, B. F. (1994), *Power Generation, Operation and Control*, Wiley.

第3章 输配电网保护

C. BOOTH and K. BELL，University of Strathclyde，UK

DOI：10.1533/9780857097378.1.75

摘　要：本章描述了电力系统在故障期间的运行状况，阐述了电力系统保护的要求。介绍了电力系统保护的组成及典型方案。概述保护将面对的未来挑战，对分布式发电对保护的影响进行具体分析。

关键词：电力系统保护；故障

3.1　引言

所有电力系统都要求具有自动检测故障或异常状况，并随后隔离故障设备的功能。故障类型可能是短路或部分短路、开路、不平衡状况或其他意外情况，例如从主电网断开后，系统的一个元件在孤岛模式下的操作［电源损失（LOM）］。

短路是最常见的故障类型，并且是潜在的最具破坏性的故障类型，其结果是，过电流对载流电厂造成热损伤和机械损伤。如果故障不能被迅速排除，可能会影响系统的整体稳定性，并增加部分系统或整个系统崩溃的风险。历史上，很大比例的系统停电，源于保护的误操作（可能是不必要的）（Atputharajahand Saha，2009）。

故障的出现是不可避免的，因为电力系统受自然现象（例如雷暴）、绝缘老化及人为错误的影响。保护装置并非为阻止故障的发生，而是对故障做出响应并将故障的影响降至最低。故障的后果及其他意外状况，包括过电流、电压和/或频率下降或发生偏差，都可以被保护装置测量并用于检测系统中的故障。

本章描述了电力系统在发生故障期间的运行状况、检测故障的方法、保护系统的关键要素、保护系统的性能要求以及电力系统设备保护最常用的部件、方法和方案；在电力系统包含更多分布式发电（及存储）的情况下，对该领域当前研究和新兴研究面临的挑战和解决方法加以概述。

本章主要对保护方案的主要概念和基本操作进行说明，未提供运行的详细理论。有几本教材专门讲解保护，建议读者参考这些教材，查阅该领域的详细信息（Anderson，1999；Alstom，2011）。

3.2　故障检测和隔离

如果电力系统发生故障，一般会导致故障附近的电压和电流发生显著改变。保护系统可以检测到这些故障，启动相关设备来隔离网络中的故障要素。本节的其他部分概述了电力系统在发生故障期间的运行状况，以及如何检测故障并进行隔离。

3.2.1 电力系统短路

电力系统的短路是不可避免的，系统保护必须检测这些故障的存在并做出适当的反应，通常是以一个断路器或多个断路器跳闸的形式，中断所有从故障电流源头流向故障位置的故障电流。短路通常涉及绝缘和电弧击穿，因此必须迅速从系统中排除，将其对电厂和周围设备的物理损坏降至最低，并减少因发电机不稳定而造成的系统完整性风险。

图 3.1 为部分电力系统的简单单线图示。

若上述系统出现短路，在本案例中，假设是由于图 3.2 所示位置的相对地故障（假设本图底部的线条为复合中性线/接地回线路径）。

此故障电路中的电流仅受到电源短路容量和故障阻抗的限制，即线路 1 和线路 2 的累计阻抗。假设该系统可靠接地，且故障阻抗及回线路径都可以忽略（实际情况中并非如此），那么故障点的电压为零。在实际情况中，故障阻抗和回线路径都需要考虑在内，这通常要求使用模拟软件，在大型互联电力系统内，对故障电流（及压降）进行合理精确的估计，以检测不同位置的故障。

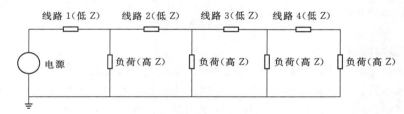

图 3.1　部分电力系统的简单单线图示。

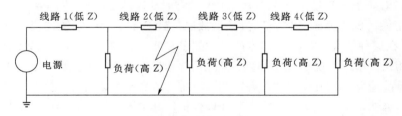

图 3.2　故障电力系统的简单单线图示。

3.2.2 系统内故障检测

通过电压、电流检测或同时检测两者实现系统内故障检测。可以使用继电器进行检测，通过电流互感器（CT）和/或电压互感器（VT）的输出端获得数据。继电器用于确定故障是否出现在系统内，如果是，则应采取相应措施（任何被认为是必要的）来响应检测到的故障。数字式继电器（也就是微机型）逐渐取代了机电式和电子式，但依然有很多老式的继电器仍在使用，尤其是系统中电压等级较低的区域。

电流互感器和电压互感器直接从输配电系统进行测量，并为其继电器提供标准化输入。通常情况下，电压互感器为 110V 线电压（额定输入电压），电流互感器为 1A 或

5A（电流互感器电流额定值）。电流互感器和电压互感器在很大的比例范围内都可用，电压互感器变化范围为 11kV：110V 到 750kV（或更高）：110V，电流互感器在变比为 2000：1 或更高时可用。电流互感器和电压互感器的性能遵循一定标准（IEEE，2005）。近年来常规电流互感器和电压互感器的安装和运行相对保持不变，且大部分基于电磁感应原理；"非常规"电流互感器和电压互感器，主要采用光学传感技术，应用越来越广泛。IEC 61850 标准（分部分出版）包含数字式保护继电器的测量数据规定，允许电流传感器、电压传感器和继电器通过数字式变电站/程序母线进行通信。IEC（2003）对该标准进行了介绍。图 3.3 所示为保护系统的主要部件，展示了保护继电器如何持续监测来自测量互感器的电流（和/或电压）的输入量（直接获得的或通过一些通信系统获得的）。当保护继电器监测到故障的存在时，当满足适当的条件，发送信号跳闸相关断路器。在某些情况下，也可按照图 3.3 所示通信。特定保护系统可用于与其他保护继电器交换测量数据，远程跳闸其他断路器，或发送操作指示和报警等信息，并记录远程位置的故障信息。

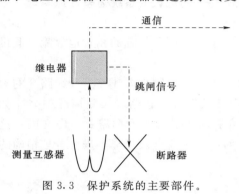

图 3.3 保护系统的主要部件。

3.2.3 系统故障隔离

输电系统中互联互通，若输电线出现故障，则须断开故障线路两端的断路器。如果该线路是多终端线路，则当检测到故障时，必须断开所有线路终端的断路器；且须对其他系统组件进行保护，例如发电机、母线和电源变压器等，通常有专门的保护装置，必要时跳闸断路器将故障设备进行隔离。

习惯上，对于配电系统［例如英国 33kV（有时 132kV）及以下的系统］的故障，故障电流从"上游"输电系统"向下"流动到故障位置，上游输电系统连接发电机（故障电流的电源）。在这种情况下，只有紧连故障位置的"上游"断路器需要在故障事件中跳闸。但是，这种相当简单的情况被一个事实复杂化了，即配电系统中连接的分布式电源越来越多，这意味着故障电流从故障的"上游"和"下游"位置都可以流动，这要求更复杂更昂贵的保护系统。当然，也必须对分布式电源加以保护，其保护系统必须与电网保护相协调，以确保相邻电网发生故障时，发电机可以迅速从系统中断开（在某些情况下保持连接）。

分布式发电的出现或储存也会影响电网的故障程度。在一些情况下，会对电网保护产生不利影响，有可能会导致失去协调、保护设备对电网故障不操作，或保护设备对故障进行伪操作（正常情况下它们不应做出该动作）。电源损失（或防孤岛）保护在大多数分布式发电机的公用事业网中也是必需的，公用事业网可以与供电系统同时运行，这也使整体保护功能复杂化了，将在 3.8 节中加以讨论。

3.3 保护系统的要求

保护系统必须满足以下要求：①迅速自动断开发电厂的故障项目或部分电网；②将无

故障设备的断开范围降至最低,以确保最高可用性和供电安全;③故障事件后,将系统其他部分发生过载的可能性降至最低。

保护系统满足这些要求的程度可以用四个相关参数加以描述——鉴别力、稳定性、灵敏度和操作时间。

(1)鉴别力是基于电力系统参数(例如电流、电压等),保护系统判断是否对给定的被测系统状态进行操作的能力,即是否向相关断路器发送跳闸信号。鉴别力高的保护系统可以识别出,区内故障(例如输电线)与区外故障(例如与被保护项目直接相邻的电线故障)截然相反。其在应该进行操作时操作,且绝不会在不应该进行操作的时候操作。

(2)稳定性是保护系统在特定故障条件下保持不动作的能力,因为此故障由其他保护系统负责跳闸。此外,也有可能存在正常的系统瞬变,例如电动机启动和变压器的励磁涌流,对于这些保护系统不应该进行任何操作。因此,这种情况下的稳定性与鉴别力相关,稳定的保护系统绝不会在不应该进行操作的时候操作。

(3)灵敏度是在故障或不理想状况仅有微小差异时保护系统鉴别故障或其他意外状况的能力。例如,如果保护方案基于一次侧电流,则敏感的保护方案会对轻微高于系统额定电流的电流进行操作,相反,不敏感的保护方案仅会对电力系统特定部分中,接近最大可能故障电流的电流进行操作。敏感度好的保护系统通常在应该进行操作的时候操作。

(4)操作时间指从故障开始到保护继电器向断路器发送跳闸信号的总时间。不能简单地说操作时间短就是好的或操作时间长就是差的,因为在这种情况下长短是相对的。所有的操作时间必须足够短,以确保发电厂、设备和人员的安全,但在保护系统操作中故意延时有益于在特定应用中的故障识别(本节后文中加以描述)。

图3.4可用于阐明鉴别力、稳定性和灵敏度的概念。该图描述了两条连续的线路,每条线路配置相对简单的过载电流保护,这是一种典型的配电系统保护类型。该图也说明了保护系统的组件,在本例中,包含测量(电流)互感器、保护继电器和断路器。继电器检测待清除故障,向断路器发送信号,对断路器进行操作。

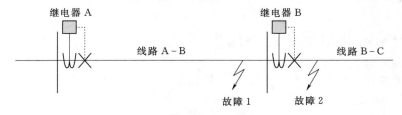

图3.4 多节径向馈线保护配置。

对于图中所示的故障,两个保护系统的灵敏度都必须足够高,以检测被其保护的馈线上发生的故障,但是其灵敏度不会对暂时过载或短期瞬时过载电流进行误操作,例如电动机启动或变压器励磁涌流。此外,在图示案例中,继电器A必须足够灵敏,以检测两条馈线上的故障,因为如果线路B-C上的故障因保护系统B发生故障而未能清除时,继电器A必须进行操作(即使有一段延时)。

确保保护系统具有足够灵敏度具有挑战性。例如电阻故障,如果故障电流通过紧密接触带电导体并接地的植被返回电源,就可能导致故障电流不会比最大负载电流高很多(实际上在有些情况下可能会较低)。在这种情况下,可能需要一种替代的保护方法,如检测三相之间的不平衡,来实现这种故障类型的检测。

鉴别力和稳定性可以通过考虑位置 1 和位置 2 处的故障进行解释。故障 1 可以由继电器 A 清除,故障 2 可以由继电器 B 清除,以尽可能地提高对用户的供电有效性,并只隔离系统中的故障元件。继电器 A 必须能够识别出是故障 1 还是故障 2:对于故障 1,继电器 A 能够相对快速地进行操作;而对于故障 2,继电器 A 在一段延时之后才会进行操作。在这段延时过程中,如果所有功能正确,则继电器 B 会清除故障,继电器 A 不会进行操作,但是会在继电器 B 清除故障之后重新设定。

同样,对于故障 1,继电器 B 必须保持稳定,不得进行任何操作。在本案例中这并不难,假设故障电流仅在图示系统中从左向右流动,则电源为继电器 A 的"上游",这是不包含分布式电源的配电系统中特有的。但是,如果系统与分布式电源互联和/或具有分布式电源,则继电器 B 可能须进行相应操作。

稳定性和鉴别力同样具有挑战性。例如,若故障发生位置非常接近位置 B(例如在其任意一侧数米处),则必须解决这些问题:两个继电器如何识别这些位置,如果只测量电流强度,故障恰好位于继电器 B 的"后面",继电器 B 如何保持稳定。此外,大型电动机启动、变压器通电时吸收大量励磁涌流,也是对保护系统鉴别力和稳定性的挑战。

每种保护类型的操作时间、灵敏度、鉴别力和稳定性特点,将在本章后文中详细讨论。

保护系统可以相对简单和便宜,也可以非常复杂和昂贵。对于应用于特定项目或电力系统发电厂的保护系统,其复杂性(及由此产生的费用)的选择主要根据两个因素:①故障的费用;②供电安全的期望等级。

故障费用为发电厂潜在费用、供电中断的收入损失、更换装置(如发电)成本及用户商誉损失费用之和。这表明故障费用越高,提供充足保护要投入的费用越高。通常这意味着待保护发电厂的额定功率越高,保护系统的复杂性和费用越高。

3.4 保护系统的组成和基本原理

保护系统由若干部分组成,其配置允许保护方案根据单元式保护和非单元式保护运行。

3.4.1 保护系统的组成

大多数保护系统包含下列主要子系统:

(1) 测量/监测电力系统条件的设备(如电流互感器和电压互感器)。

(2) 将从测量设备处得到的信号转换为对电力系统状态的判断,若其认为发生故障或意外状况,随之采取措施的设备(即保护继电器)。

(3) 断路器和其他开关设备,即从保护继电器收到信号后,断开并隔离发电厂故障的设备。

(4) 获得测量数据、发送跳闸信号及与远程位置进行数据通信/信息传递的通信系统。

3.4.2 保护系统的基本原理

所有保护系统遵循两种主要的保护基本原理。

1. 单元式保护

单元式保护的原理是保护系统仅在保护区域检测主系统故障并对其做出响应，并对区外故障不响应。图 3.5 是一种简单的单元式保护系统。单元式保护系统一般包括保护继电器，保护继电器在保护区域的每一个终端或者边界监测系统主要工况。继电器测量一些参数（通常为电流的幅值、相位）并与单元式保护系统内其他继电器测量到的参数进行比较。如果不满足定值，例如测量到的电流不相等或测得电流的矢量和不等于零（忽略与被保护线有关的电容充电电流），则保护继电器保护区域内将开启隔离进程。由于需要对保护区域内每个"终端"的参数进行比较（或其他功能），单元式保护都要配置继电器和继电器通信设备，这些通信设备可以基于多种原理。

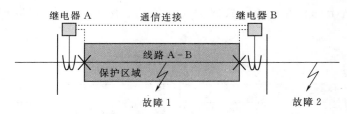

图 3.5　单元式保护系统（电流差动保护）。

对于上述系统，保护区域是明确规定的。检测区域界定为测量点之间，而保护区域界定为断路器之间；通常，电流互感器和断路器几乎在完全相同的位置。如果，上述系统中的每个继电器，将其测量到的电流幅值与其他继电器测量的电流（一种电流差动保护）进行比较，那么对于故障 1，电流将不相等，继电器会跳闸。

对于故障 2，所测得的电流都将远远超过正常负载电流，电流仍将相等，保护继电器将保持稳定。单元式保护系统提供高水平的鉴别力和稳定性，确保保护系统仅对保护区域内的故障进行操作，而对区外故障保持不动作。单元式保护的主要缺点是不具备后备保护功能，且通信设备费用很高。此外，对通信设备的依赖提高了对通信连接可靠性的要求，有时需要使用多重通信系统，这进一步增加了成本。由于缺少后备能力，通常在单元式保护的基础上还要安装非单元式保护。

2. 非单元式保护

图 3.6 是一种简单的非单元式保护系统。单元式保护和非单元式保护的主要区别是，独立非单元式保护不会单独保护系统中的指定部分（区域）。

在图 3.6 中，保护区域（区域内阴影深度所示）涵盖故障 1，但在第二段线路上，保护区域逐渐"褪色"，保护范围可能覆盖故障 2，但不确定。非单元式保护的保护区域可以通过改变继电器设置加以改变（更多详情见本节继电器设置部分），但非单元式方案总是显示这样的特征：保护系统的反应随故障位置的改变而改变。在上述案例中，如果保护继电器为过流继电器，那么它将快速对故障 1 进行操作，但随着故障位置沿着系统向右侧移动更远，延时会增长，故障 2 的操作延时会相对更长，当故障沿着第二段线路进一

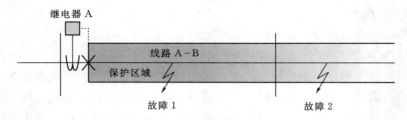

图 3.6 非单元式保护系统（过流保护）。

步移动时，操作停止。

阻抗保护（或距离保护）也是一种非单元式保护，但是与持续减少操作时间相比，它具有阶梯式的特点。从与继电器测量点的距离算起，当故障位置从一个区域（非确切定义的）向另一个区域移动时，它以固定延时进行操作。

互联电力系统上的相邻非单元式保护在其各自的保护区域上有部分重叠，如图 3.7 所示。

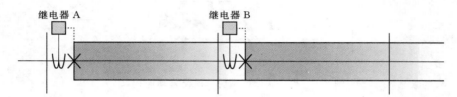

图 3.7 非单元式保护布置（过流）中的保护重叠区。

当保护系统的一个元件出现故障时，这种重叠可用于提供后备保护。但是，必须满足选择性或鉴别力的标准，并且距离故障最近的非单元式保护应一直在其他非单元式保护之前跳闸，直到最近保护进行了操作，且主保护（即距离故障最近的继电器）操作失败时才可进行操作（以后备模式）。与单元式保护相比，非单元式保护不提供高水平的鉴别力和稳定性，但正如前述的那样，它可以提供有价值的后备保护功能。

3.5 保护技术综述

通过测量电流互感器和电压互感器的输入量，保护继电器使用若干技术可以检测系统中的故障。通过前文中对单元式保护和非单元式保护的讨论，可知两种保护都是必需的。输电网同时需要单元式和非单元式（并联），单元式保护提供高水平的鉴别力和稳定性，非单元式保护作为后备。但根据设置不同，非单元式保护也可以非常快速地进行操作。在配电网和用户侧，通常采用非单元式保护。

下文对用于保护电网和设备的三种主要故障检测和保护类型进行了总结，在操作时间、鉴别力和稳定性方面对其应用和操作特性进行说明。

3.5.1 过流保护

顾名思义，过流保护是基于电流幅值的保护类型，如果测得的电流幅值超过整定值，则可认定存在故障。它是一种非单元式保护，它的不具备明确的保护区域。对于不同等级的故障电流，过流继电器可能会以不同的延时进行响应，即从初始故障检测到向相关断路器发送跳闸命令之间的延时不同。这一特点通常用于确保更接近测量点（说明故障相对接近继电器）的故障可以实现相对快速的反应和跳闸，若测得的电流值较小（仍高于整定值，说明有故障，但可能测距继电器位置更远），跳闸之前有一段较长的延时。

较长的响应时间通常允许另一台距离故障更近的继电器（或其他继电器）首先将断路器跳闸，通过该项操作，较长延时继电器，将会检测到故障清除和电流下降。可配置若干继电器在电网中提供主保护和后备保护。两条连续馈线的过流保护如图3.8所示。

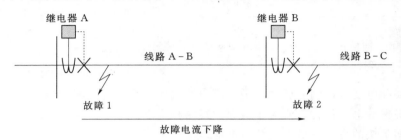

图 3.8　两条连续馈线的过流保护。

假设继电器 A 和继电器 B 是标准过流继电器，它们就会具备如图 3.9 中所示的操作特性。这种时间—电流特性根据（IEEE，1997）和不同模式的标准特征进行标准化，并提供了可用的方程式。标准反时限过流保护的简化时间—电流特性如图 3.9 所示。

在图 3.9 中，如果测得的电流超过整定值（或"拾取"）电流，继电器就会动作，操作时间根据逆特性随着测量电流的增加而减少。相应地，随着故障位置从故障电流的电源处逐渐变远，故障电流幅值下降，这种继电器在配电系统中应用非常广泛。

影响过流继电器动作的参数有两个。第一个是"拾取"或"插头"设置，改变继电器开始动作的位置等级，有效地改变图 3.9 的特性曲线。第二个是"时间"或"时间倍数"设置，改变继电器超过拾取电流时的跳闸时间。

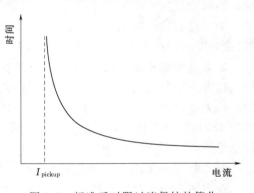

图 3.9　标准反时限过流保护的简化时间—电流特性。

由于故障电流随着与故障点距离的增加而逐渐减小，可以配置若干继电器来有效保护一系列馈电区域，距离最近的上游继电器动作隔离故障，而将其他上游继电器的动作时间设置得相对较长，以便在继电器未成功清除障碍时提供后备保护。

图 3.8 中，继电器 A 和继电器 B 的特性曲线如图 3.10 所示，可以看出故障 1 和故障 2 故障电流幅值（横坐标）。

由图 3.10 可知，并考虑图 3.8 所示的位置 1 和位置 2 处的故障，因为故障电流源与故障点之间的阻抗上升，很明显故障 1 的电流比故障 2 的电流更大。如果正确配置继电器，那么在同一幅反时限曲线图上标示时，继电器 A（上游继电器）的特征曲线将会一直

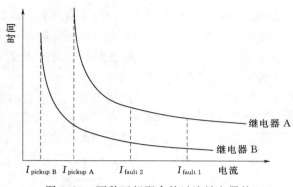

图 3.10 两种互相配合的过流继电器的
时间-电流特性曲线。

处于继电器 B（其他位于更下游的保护装置）的特征曲线"之上"，这种图一般使用重对数图尺。继电器的这种特性曲线永远不应相交；如果相交，则不能保证所有故障情况下的适当协调能力。在这些案例中，对于来自继电器 B 的下游故障，继电器 A 和继电器 B 可能动作，或者继电器 A 可能在继电器 B 之前动作，这些显然都是不可取的情况。

考虑到可能被要求与其他下游保护设备（例如配电变压器的低压侧保护、用户装置保护系统等）相配合，过流继电器设置的总方针是确保继电器仅在电流大于被保护线路额定功率的 125%～150% 时才开始动作，预计动作时间最快的可能是最下游的继电器。

过流保护方案的主要目的是相对快速地清除故障，但是尤其对使用多个继电器的多节馈线来说，缺点是保护的动作时间会随着故障位置与电源处距离的缩短而增加；这一缺点是由故障相对较高的故障电流导致的。因此，距离电源较近的故障，其故障电流比下游位置的故障电流更高，被隔离之前将会在系统上维持相对较长时间，会导致故障点永久物理损坏的风险增加、电压不足的时间持续增加，以及局部系统中供电的中断。

为了缓解这一问题并增强保护方案的整体性能，反时限过流保护通常与瞬时过流（或"高设置"）保护一起使用。并通常作为过流功能嵌入相同的保护继电器装置，并被设定为：如果故障确实是在被保护线路（且不在下一条线路）上，则瞬间对故障电流进行操作。这种方案仅适用于相邻继电器位置的故障等级有较大差异的系统。瞬时过流继电器的拾取设置（显然，没有时间设置）在一般情况下设置为下一个下游继电器位置的故障电流的约 130%；选择这种设置是为了确保瞬时元件不会对下一条线路的故障进行操作。更多信息见 Alstom（2011）的第 9 章。

图 3.11 展示了图 3.10 的电路布置，但在继电器 A 上除了逆元件，还增加了瞬时元件。

在本案例中，过电流等于图 3.11 上线路 A-B 上继电器 A_{inst} 左边所有故障（假设短路电路故障阻抗为零）电流。故障会导致继电器 A 瞬时操作，且不会延时操作，但如果不使用瞬时元件，则导致延时。这解决了前文中提到的对于更靠近电源的故障进行长时间延时操作的问题，尽管这种设置瞬时元件的方法意味着继电器 A 仍将对向着被保护线路末端（即继电器 A_{inst} 和变电站 B 之间，延时如图 3.11 上半部分所示，为 I_{fault2} 和继电器 A_{inst} 之间的继电器 A 的时间—电流特性曲线部分）的故障进行操作。

配电网很复杂，考虑到其电路容量和经济情况，过流保护继电器和断路器不能用于电网的每一部分。图 3.12 所示为典型的英国配电网，并标出了其所使用的保护配置。

在图 3.11 中，过流继电器用在每条馈线顶端，在 33kV/11kV 配电变电站（图中 R-A、R-B 和 R-C）连接到主 11kV 母线。这些与下游杆装式自动重合闸装置（图中 PMAR-A、PMAR-B 和 PMAR-C）相协调，支柱上具有保护装置，用一定尺寸的熔

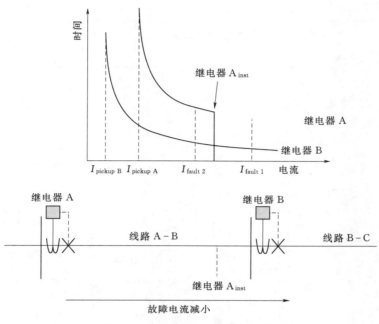

图 3.11 瞬时过流保护操作解释。

断器与上游保护相配合，或使用分段断路器，分段断路器通常嵌入软件内来检测故障电流的流动，并在检测到预设数量的自动重合意图后通过断开（上游断路器断开）来隔离电网中的故障部分。也有不能中断故障电流的开关（图中示为空箱子），但可用于改变电网配置。电网中的"NOP"开关表示"常开节点"。

很多故障是暂时性的，例如在狂风中导体碰撞、闪电引起对地面的闪络、植物或动物引起的相与相和/或相与地之间的接触，自动重合闸通常用于架空线路（在馈线顶端布置继电器和杆装式自动重合闸）。一旦故障电流中断，随后恢复供电时，故障电弧或接触将不复存在，系统会恢复到正常运行状态。有些故障（例如由动物或植物引起的）可能需要多次重合闸，从而将引起短路的残骸有效烧毁，因此，多次重合闸通常采用多种（越来越长）持续时间的重合尝试，用于清除故障影响。

如果自动重合闸数次尝试失败，系统保持故障状态，则保护将该故障视为永久性故障，在系统修复之前需要采取补救措施。

图 3.12 可用于描述两种状况下自动重合闸的操作。如果故障 1（来自下游杆装式自动重合闸-A）在本质上是暂时的，则系统的操作很简单。杆装式自动重合闸-A 会快速跳闸，中断故障电流的流动，过流继电器 R-A 开始动作（以便为杆装式自动重合闸-A 提供后备保护）但不会跳闸，杆装式自动重合闸-A 在这开始之前开始操作。因为故障是暂时的，假设故障电流在第一次中断后清除，杆装式自动重合闸-A 将在预设延时之后再次成功接通，系统会回到正常运行状态。

假设故障 2（支柱 C4 上）是永久故障，则杆装式自动重合闸-C 将打开并重新接通数次。如果用熔断器保护支柱，且熔断器尺寸正确，则故障电流存在、（未成功的）重合闸

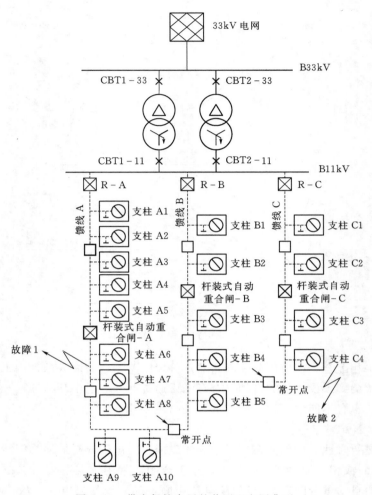

图 3.12　带有保护布置的英国配电网典型。

尝试期间，熔断器会熔化，随后当 C4 熔断器隔离支柱上的永久性故障后，重合闸会操作成功。正如前文已述，许多电网操作者正使用"智能"分段断路器来代替熔断器，如果其中一个断路器代替保险丝用于保护 C4，则它将会使用其内在逻辑，在预设数量的重合闸尝试（当杆装式自动重合闸-C 打开的期间）失败后断开，隔离故障元件并允许重合闸随后操作成功。如果有其他原因，熔断器/分段断路器动作未能成功，则杆装式自动重合闸-C 将仅在其最大数量的重合试图耗尽后进行锁定。Gers 和 Holmes（2004）对配电网保护情况进行了全面回顾。

在输电系统中，过流保护继电器通常用作"最后一道防线"，不要求与系统中其他继电器进行协调配合，设置允许清除馈线故障，通常清除时间少于 1s。过流继电器的动作条件为最低故障等级，例如在最少馈入条件下，清除馈线远端故障。

过流保护用于为输电系统的变压器、发电机和母线提供保护，是配电系统中这些设备的主要保护方式。

3.5.2 阻抗保护或距离保护

阻抗保护和距离保护以测量电流和电压的幅值和相位为基础。它依据以下事实：如果系统中发生故障，则测得的阻抗（由测得的电压和电流得来）将会下降，如果测得的阻抗低于一定临界值，则在靠近继电器处存在需要跳闸的故障。

距离保护可归类为非单元式保护，不具有定义保护区域的明确界限。但可以使用通信设备来增强距离保护功能，有效地将距离保护从非单元式改变为单元式，清晰界定保护区域，成为通信继电器之间的主保护。通常，在现代数字继电器中，使用傅里叶变换可以计算电压和电流的幅值和相位，从而实现从继电器的测量点来测量复杂系统阻抗。

被保护线路的阻抗用于计算继电器参数，确定系统中是否存在故障。如果存在，确定相对于继电器位置的大体故障位置（或距离）。例如，假设已经出现零故障阻抗的故障，如果一台保护单一输电线的测距继电器测得的阻抗等于（已知）线路阻抗的90%，可以推测线路上存在故障，从测量终端算起，大致位于线路长度90%处。

测量误差及故障阻抗的变化意味着故障的准确位置总是会有一定程度的不确定性，因此，通常将测距继电器设置为：如果故障阻抗低于被保护线路阻抗的80%，测距继电器立刻响应。由于假设电流和电压测量中有最大5%的误差，继电器计算中有5%误差，线路阻抗计算有5%误差，则累计最大误差20%，因而使用80%。

测距继电器通常具有若干单独设置，可以用于保护系统中的不同元件，所使用的典型设置为：对于区域1，使用主要被保护线路阻抗的80%（瞬时操作）；对于区域2，使用线路阻抗的125%～150%（延时操作，例如500ms）；对于区域3，使用线路阻抗的200%～250%。

必须注意在设置保护定值时要确保继电器的"到达范围"不会通过输电线保护从配电变压器延伸到配电系统。例如，如果从主要保护线路向前连接的线路非常短，或者如果有一台变压器为连接在被保护线路的终端的配电系统供电，则可能要求区域2和区域3减小，来阻止保护系统对配电系统故障进行错误操作，或对"远离"继电器的第三或第四线路的故障（永远不得对其进行响应）进行错误操作。

图3.13所示为简单距离保护的保护区域，和每个区域的继电器检测到故障后进行操作的时间延迟。

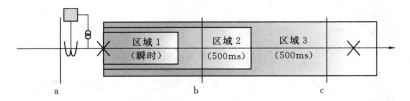

图 3.13　检测到故障后，距离保护的保护区域。

在上述案例中，如果被保护的输电线具有复数阻抗 8+j20Ω（相当于阻抗幅值为21.5Ω，相位为68.2°），假设设置策略为将区域设置为到达设置的80%、125%和220%，则区域设置将分别为 6.4+j16Ω、10+j25Ω 和 17.6+j44Ω。

图3.14说明了在复数阻抗平面，三个区域的区域界线。假设 B 位置出现零故障阻抗

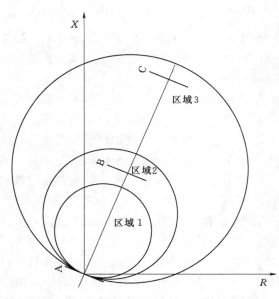

图 3.14　复数阻抗平面中距离保护区域的界线。

故障，则继电器（A 位置）测得的阻抗将为 8+j20Ω，区域 2 的继电器将在 500ms 延时后跳闸。区域界线之所以是圆形的，有其历史原因。当使用机电式继电器时，它们仅会有效测得电流和电压的幅值（不比较相关的相位），因此仅能确定阻抗的幅值，在如图 3.14 所示的阻抗平面图上，该阻抗相当于一个圆。这种圆形特征也有其优点，在一定程度上可以检测到电阻式故障。例如，如果线路 1 中间的故障具有电阻元件，则测得阻抗的位置可能位于图 3.14 所示交叉点的附近，仍能够被检测到。现代微机继电器能够通过测量电压和电流的幅值和相位，来确定测得阻抗的实部和虚部，因此理论上用软件可以实现任何型式的特征。图 3.15 是通用距离保护特征合集，这些特征在现代距离保护继电器中都可以实现。

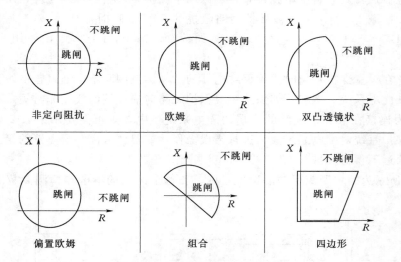

图 3.15　通用距离保护特征合集。

　　事实上，出于安全原因，距离保护仅对 80％ 的线路进行保护（使用瞬时跳闸反应），为了克服这一缺点可以使用若干方法。所有方法均要求被保护线路的每一个终端都具有距离保护继电器，两端均监测线路，并可以互相通信。尽管有多种方法，但本书仅介绍其中一种方法。

　　本书说明的特定方式指加速距离保护，或者允许式欠范围传输跳闸保护。图 3.16 为距离保护的基本配置和操作。

　　故障位于被保护线路上，但是由区域 2 的继电器 A 和区域 1 的继电器 B 检测。一旦

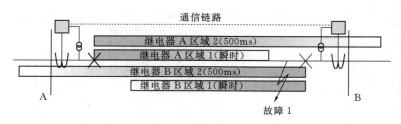

图 3.16　距离保护中使用通信装置加强保护性能。

在区域 1 中检测到局部故障，每一台继电器向其他继电器发送一条加速信号，加速保护动作。每一台继电器监测其通信链路，以确定是否从其他继电器接收到加速信号。如果继电器在区域 2 检测到故障，并且接收到了加速信号，那么通常它将撤销区域 2 相关的延时，立即进行跳闸，从而加速清除位于（接收到加速信号的）继电器保护线路末端最后 20％处的故障。

这种（区域 2 和接收加速信号）逻辑用于防止误操作（例如如果一台继电器错误发送加速信号），从而增加系统的安全性。

还有其他使用通信设备加强距离保护的操作，关于这些方案的更多信息见Alstom（2011）第 12 章。

距离保护是保护输电线路的一个主要方式，为输电系统中的变压器、发电机和母线提供后备保护；在某些情况下，为配电系统提供主保护和后备保护。

3.5.3　差动保护

差动保护基于持续比较测量量（通常为电流，但某些情况下也使用电压）来确定被保护设备上是否存在故障。这是一种单元式保护，鉴别力和稳定性高，但是不具有任何固有后备功能，尽管现代多功能继电器会涵盖过流保护作为后备保护。差动保护依赖继电器之间的通信来实现保护功能。

在保护区域边界处［包括被保护线路的末端、被保护母线的端子、电力变压器的高压（HV）端子和低压端子以及被保护发电机绕组端子端等］测量参数并对测量结果进行比较。如果两次测量的幅值和/或相位存在差异，则被保护设备上存在故障，命令进行跳闸。与非单元式保护相比，这种保护方式没有刻意对不同方案的操作采用延时，这些方案通常可以非常快速地跳闸。

差动保护可用于单一继电器保护，如图 3.17 所示，可用于各装置（例如母线、变压器、发电机）的单项保护，或用于相对较短的线路，可在继电器和电流互感器之间直接连接。一般情况下，多重继电器保护用于相对较长线路的保护，电流互感器和继电器不可直接连接，如图 3.18 所示。

图 3.17 和图 3.18 所示的两种保护方案的操作原则相同；只是操作方式不同。单一继电器方案又称为循环电流方案，在这种方案中，很明显输送到继电器的电流 $\dot{I}_{relay}$ 是 $\dot{I}_1$ 和 $\dot{I}_2$ 的矢量和。对于无故障状况和区外故障，该值为零；而对于内部故障，该值为非零（图 3.17，$\dot{I}_{relay} = \dot{I}_1 - \dot{I}_2$）。

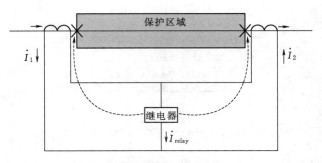

图 3.17 单一继电器电流差动保护。

图 3.18 双继电器电流差动保护。

对于区外故障，$\dot{I}_1$ 和 $\dot{I}_2$ 的值比正常情况大得多，但其幅值和相位仍然相等，所以 $\dot{I}_{\text{relay}} = \dot{I}_1 - \dot{I}_2 = 0$ 这种状况仍然成立。对于内部故障，$\dot{I}_1$ 和 $\dot{I}_2$ 的值不同。如果故障电流仅有一个来源（例如图的左侧），则 $\dot{I}_1$ 为故障相的故障电流，而 $\dot{I}_2 = 0$。测量电流明显不同，$\dot{I}_{\text{relay}}$ 将为非零，继电器将跳闸。如果系统互联，故障电流从被保护区域的两端输入，则 $\dot{I}_1$ 和 $\dot{I}_2$ 的值将会再次不同，但是 $\dot{I}_2$ 将为非零，并与 $\dot{I}_1$ 有 180° 相位差。测量电流再次明显不同，$\dot{I}_{\text{relay}}$ 将为非零，继电器将跳闸。对于图 3.18 所示的配置，保护主要原理相同，但是相对于继电器直接测量电流，该些数值是局部测量并作为代码与其他继电器通信以进行比较。

差动保护有些仅比较电流的幅值，有些比较幅值和相位，还有一些仅比较测得电流的相位。

差动保护主要关注的领域为：对于区外故障情况，如果电流互感器测得的电流比正常值高出很多，该方案误操作的可能性较大。降低这种风险的方法称为偏压，这意味着如果测得电流的绝对水平较高，操作所需的差动电流就会增加。

图 3.19 说明了偏压的概念。如上所述，在测量电流较大时，则引起跳闸的差动电流就很大，图的右侧"跳闸"和"不跳闸"区域的倾斜边界特征说明了这一点。注意三种情况（无故障、内部故障和区外故障），在图上分别标为 1、2、3。很明显，区外故障导致差动电流的错误测量（因为在大电流下，电流互感器会产生误差），这将在非偏压情况中引起跳闸。引入偏压可消除跳闸的风险。可以通过现代继电器的软件算法来引入偏压。在机电式继电器中，使被测电流通过一个绕组，以此实现偏压，这样当被测电流上升时，可以抑制继电器进行操作（即直接阻止携带差动电流或操作电流的线圈）。

在图 3.19 中应注意，有一项特征的元件是非偏压的（右侧分图的曲线源头）。这是非

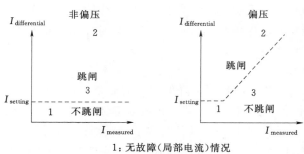

1：无故障（局部电流）情况
2：内部故障情况
3：区外故障情况

图 3.19　使用偏压来增强差动保护的稳定性。

常必要的，因为有此非偏压元件，差动电流即使很小，例如额定负载电流下的电流互感器误差和线路充电电流，将不会引起保护的误操作。

现代差动继电器的主要设置包括差动电流（非偏压部分的差动电流值），引入偏压处（倾斜特征）的被测电流（即其在图中 X 轴上的起始点）及用于规定偏压特征坡度的值（例如，如果已知电流互感器误差相对较大，则可能要求边坡较陡）。

差动保护是输电线中变压器、发电机及母线（将以配电电压、使用费单元式方案保护这些部件）的主要保护方式。如果故障（未能迅速清除）的后果十分严重，足以抵消安装差动保护的费用，或系统的性质要求使用差动保护，则在配电系统中使用差动保护。关于差动保护的更多信息见 Alstom（2011）。

3.6　典型保护方案及深层考虑

这部分概括了英国不同电压等级所使用的典型保护配置。

1. 用户层（400V，英国）

熔断器保护用于保护连接本地用户的低压电网。应注意，熔断器是一种卓越的装置，起到组合电流互感器、保护继电器和断路器的作用，同时还可以限制故障电流。

用户层也使用小型断路器，这种断路器具有可选的过流跳闸特征。当检测到不平衡（说明存在接地故障，电源电流通过地面回流，并且未通过中性点）时，残余电流装置会测量带电中性线电流并进行跳闸，这种残余电流装置广泛用于保护用户电路及个人装置。相邻的非单元式保护装置在系统范围基础上提供后备保护。

2. 配电层（11kV、33kV 和 132kV，英国）

尽管熔断器正逐渐被分段断路器和其他断开装置所取代，但它仍然很普遍，尤其是在 11kV 中，用于保护连接到主馈线的支柱。分段断路器和其他断开装置可以断开故障部分（但不中断故障电流），通常作为配电自动化方案的一部分。对于从 33kV/11kV 主变电站发出的主要的 11kV 馈线，如 3.5.1 节所述，过流继电器通常与自动重合闸、熔断器和/或分段断路器一同使用，如果故障位于下游装置上，则过流继电器检测和中断故障，熔断器和分段断路器隔离故障部分。

132kV 电压等级可视为配电网或输电网，在 132kV 电压等级下，使用类似于输电网保护的保护形式。电流差动保护和/或距离保护（有时使用通信）通常作为主保护，距离保护和过流保护通常作为后备保护。

3. 输电层（275kV 和 400kV，英国）

输电层装置损坏及部分电网利用率降低的影响非常大，因而一般情况下，在输电电压下，使用复杂、昂贵的保护方案。保护装置必须迅速动作，以便保持系统稳定性（这个问题随着系统电压和容量上升），并且必须具备高水平的鉴别力，以便将非故障设备误断和停电的风险降至最低。输电网的每一个部分都由不止一个保护系统进行保护。通常情况下，使用两个（或者三个）主保护系统，一般配置一个差动保护和一个距离保护，单项输电系统装置也使用一个（或多个）额外的后备保护系统。专用断路器失灵保护也可以作为后备保护，在被保护断路器接收命令跳闸后检查电流流动情况，如果电流仍在流动，则断路器失灵保护会直接跳开其他所有需隔离故障的断路器，并利用通信装置来跳开远程断路器。

概括起来，对于输电线或装置上的故障，至少配置两个（有时三个）主保护检测故障，并"比赛"跳闸断路器，通常在故障出现 70~80ms 之内。如果断路器在收到主保护的跳闸命令时未能断开，则相邻距离保护、后备过流保护和断路器失灵保护将会一起操作，通过跳闸其他断路器来进行补救，所有动作均在 500ms 之内。使用这种冗余配置，可以将非操作导致的灾难性系统故障的发生频率降至最低（但是，这些事件偶尔还是会发生）。

3.7 发电机保护及其与公用事业电网接口的标准要求

在英国，关于发电机的连接有多种标准，包含分布式发电建议操作的主要文件是 G59/2（能源网络协会，2011），该文件概括了当发电机连接到英国许可配电网运营商的电力系统时，发电机（不同容量且以不同的电压等级连接）操作、控制和保护的若干规定和建议。全世界的公用事业公司均使用电网规范和其他类似文件来规定发电机（及系统中的消费者和其他用户）的连接和操作标准。

从保护的角度出发，G59/2 建议以发电机和配电网运营商系统之间的接口保护为中心，推荐了若干保护功能和设置，现总结如下：

（1）使用各种不同的可选方法——电压矢量位移、频率变化率、中性点电压位移。

（2）电网故障的短路过流保护和后备保护。

（3）逆功率保护。

（4）欠电压、过电压及频率保护。

（5）相不平衡保护。

（6）同步要求。

除了以上总结的保护要求，该文件还包括连接应用程序和配置、接地、连接设计、电能质量、稳定性、孤岛模式下的操作、控制、试验和调试方面的信息。

在英国，标准的主要目标是确保分布式发电不在孤岛模式下进行操作，因为这会导致孤岛模式在没有意向性接地连接（因而无法检测到接地故障）、两个非同步系统可能重合及系统故障率水平过度变化等情况下进行操作。

因此，G59/2 规定，提供适当形式的电源损失保护。一般情况下，这种保护以系统频率监测为基础，当被测频率产生变化，就表示该系统不再是并网系统。电源消失保护非常重要，因为，如果允许系统在孤岛模式下进行操作（非故意地），则系统中的孤岛元件可能与主系统不再同步，如果孤岛和主系统再次连接（假定不带电），会导致孤岛的重合闸断路器和/或发电机因不同步重合而损坏，会出现安全危害。孤岛与主系统重新连接的断路器的识别也具有不确定性，但在所有断路器上安装同步检测设备在经济上也是不可行的。此外，非故意造成的孤岛系统可能会在非故意接地的发电机下继续运行，从而无法检测到接地故障，进而导致系统危机。另外，孤岛的故障程度可能明显降低，这意味着保护系统可能无法清除孤岛的所有故障。

3.8　未来趋势：分布式发电和储能对保护的影响

尽管由于篇幅所限，不能对分布式发电的渗透情况及储能增加时将会出现的潜在问题或可能遇到的问题进行详细解释，但是，本章对主要问题进行了介绍，并就每个潜在问题，为读者提供了参考指导。

随着分布式发电在配电网中的渗透率不断增加，要确保不会对电网保护操作产生不利影响，这一点是非常重要的。此外，分布式发电单元本身也必须具备在特定情况下"穿越"电网故障的能力。如前所述，现有若干标准和建议，例如英国 G59/2（能源网络协会，2011）及欧洲和与分布式发电和分布式发电—公用事业接口保护相关的其他地区的各种电网规范（Eirgrid，2011；EON Netz，2006）。这些标准有些是明确的，有些还在完善中，从研究和行业团体的活动可以清楚地发现，人们对于未来电网的能力、大型分布式发电（和储能）的渗透率仍有担忧，仍需对其进行充分保护，并应对电网保护的鉴别力、协调性、操作速度和稳定性给予特殊关注（Brahma 和 Girgis，2004；Dysko 等，2007；Laaksonen，2010）。

此外，分布式发电接口保护也是一个研究重点，研究人员对分布式发电接口相关的能力进行报告，以确保在所有情况下正确动作，并具备保护识别力、选择性和稳定性，能够穿越并减少不必要的断开，并最终对电源损失保护引入永久关注，作为潜在问题研究（Jennett，Coffele 和 Booth，2012）。在输电层，通常通过功率变流器接口增强大型风电场的连接，并对系统的稳定性产生影响，这个问题已经引起了人们的关注；例如，正如3.2 节所述，通过减少的系统惯性可以得到更快的保护动作时间，以便在故障发生时和故障发生后保持系统稳定性。基于频率的电源损失保护也会因分布式发电增加而受到影响（因为输电层变流器接口的风电连接增加）。系统惯性减少可能会导致非电源损失事件发生时，频率变动的幅值增加，进而导致电源损失保护误动作。解决方法可以是降低电源损失保护的敏感度，但是也可能引起问题，导致实际发生电源损失事件时，保护不动作，而这显然是人们不愿意看到的。可再生能源渗透的增加也可能引起系统故障率水平下降（或在某些情况下上升），因此可能需要修改保护设置。

在分布式发电应用越来越广泛，储能单元对故障电流的影响越来越大的情况下，图3.20 阐述了由此产生的保护相关问题。

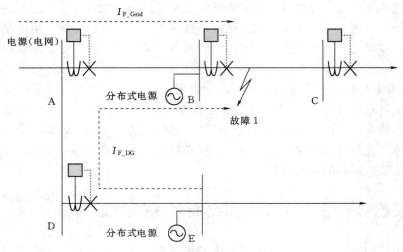

图 3.20　分布式发电对保护的潜在影响。

由图 3.20 可以看出，如果不连接分布式电源，则故障电流仅来自于电网，该电流的幅值将受到电源阻抗及到故障点的路径阻抗的抑制。B 处的过流保护将动作以清除故障，如果需要，A 处的保护将提供后备保护。

然而，B 处和 E 处的分布式电源可能会增大故障电流，从而减少 A 处保护动作时间，但其配合可能会成为一个问题。继电器 A 测得的故障电流可能会妨碍 A 处的瞬时保护设置，导致 A 处因 B 处之外的故障而进行不必要的跳闸。此外，如果 B 处存在重要的分布式电源，则可减少电网提供的电流，在极端情况下，或许会导致 A 处对故障 1 的"盲目"保护，从而损害后备保护操作。

最后，故障期间，如果电网保护未能快速清除故障，则 B 处和 E 处（以及故障周围其他所有位置）都可能出现电压不足，进而导致分布式电源出现不必要的"交感性跳闸"问题。此外，若分布式电源产生了不必要的移动，导体上来自分布式电源上游的负荷会上升至过载水平，导致更多跳闸，并可能产生大范围故障。这些问题仍是研究重点，该领域研究人员已经提出许多解决方案，包括使用定向保护、通信保护和自适应方案等（Hussain，Sharkh，Hussain 和 Abusara，2010）。

分布式发电的广泛应用以及故障等级上升，推动了故障电流限制技术的发展，包括使用超导材料（输送到超过临界电流水平的电阻状态）、饱和磁路、快断熔断器和开关装置。一些装置已经在世界范围内作为原型机进行安装（Xin 等，2009）。

参考文献

Alstom(2011), *Network Protection and Automation Guide*. Available(via download request)at:<http://www.alstom.com/grid/products－and－services/Substation－automation－system/protection－relays/Product－configurator－eCORTEC/>(Accessed August 19,2012).

Anderson, P. M. (1998), *Power System Protection*. Piscataway, Wiley－IEEE Press.

Atputharajah, A. and Saha, T. K. (2009), Power system blackouts－literature review. *International Conference on Industrial and Information Systems(ICIIS)*, Sri Lanka,28－31 December.

Brahma S. M. and Girgis, A. A. (2004), 'Development of adaptive protection scheme for distribution systems with high penetration of distributed generation,' *IEEE Transactions on Power Delivery*, vol. 19, pp. 56 – 63.

Dysko, A., Burt, G. M., Galloway, S., Booth, C. and McDonald, J. R. (2007), UK distribution system protection issues. *IET Journal on Generation, Transmission & Distribution*, vol. 1, no. 4, pp. 679 – 687.

EirGrid (2011), *Eirgrid Grid Code*. Available at: < http://www. eirgrid. com/media/Grid% 20 Code% 20Version%204. pdf >(Accessed 15 August 2012).

Energy Networks Association(2011), G59/2 – 1 *Recommendations for the Connection of Generation Plant to the Distribution Systems of Licensed Distribution Network Operators*. London: Energy Networks Association.

EON Netz(2006), *Grid Code, High and extra high voltage*. Bayreuth: EON Netz.

Gers, J. M. and Holmes, E. J. (2004), *Protection of Electricity Distribution Networks*. 2nd ed. London: Institution of Engineering and Technology.

Hussain, B., Sharkh, S. M., Hussain, S. and Abusara, M. A. (2010), Integration of distributed generation into the grid: Protection challenges and solutions. *10th IET International Conference on Developments in Power System Protection (DPSP 2010). Managing the Change.* Manchester, 29 March 2010 – 1 April 2010.

IEC(2003), TR 61850 – 1 *Communication Networks and Systems in Substations – Part 1 :Introduction and Overview*, Geneva: International Electrotechnical Commission.

IEEE(1997), IEEE Std C37. 112 – 1996: IEEE Standard Inverse – Time Characteristic Equations for Overcurrent Relays, Piscataway, IEEE.

IEEE(2005), IEEE Std C57. 13. 6 – 2005: IEEE Standard for High – Accuracy Instrument Transformers, Piscataway: IEEE.

Jennett, K., Coffele, F. and Booth, C. (2012), Comprehensive and quantitative analysis of protection problems associated with increasing penetration of inverter – interfaced DG. *11th International Conference on Developments in Power Systems Protection*, Birmingham, 23 – 26 April 2012.

Kundur, P., Paserba, J., Ajjarapu, V., Andersson, G., Bose, A., Canizares, C., Hatziargyriou, N., Hill, D., Stankovic, A., Taylor, C., Van Cutsem, T. and Vittal, V. (2004), Definition and classification of power system stability IEEE/CIGRE joint task force on stability terms and definitions. *IEEE Transactions on Power Systems*, vol. 19, no. 3.

Laaksonen, H. J. (2010), Protection principles for future microgrids. *IEEE Transactions on Power Electronics*, vol. 25, pp. 2910 – 2918.

National Grid(2012), *The Grid Code* available at < http://www. nationalgrid. com/uk/Electricity/Codes/ gridcode/gridcodedocs/>(Accessed 15 August 2012).

Xin, Y., Hui, H., Gong, W. Z., Ye, F., Wang, J. Z., Tian, B., Ren, A. L. and Zi, M. R. (2009), Superconducting cable and superconducting fault current limiter at Puji Substation. *International Conference on Applied Superconductivity and Electromagnetic Devices*, Chengdu, China, 25 – 27 September 2009.

第 4 章 分布式能源的并网

K. KAUHANIEMI，University of Vassa，Finland

DOI：10.1533/9780857097378.1.108

摘　要：本章讨论了如何将分布式能源成功并入电网方面的技术问题。首先确定了分布式能源对电力系统运行和保护的影响，然后介绍了由这些影响带来的技术要求。此外，本章还讨论了相关的电网规范和标准。

关键词：分布式发电；电力系统；电网互联

4.1　引言

在过去的 15 年中，人们对小规模可再生能源的兴趣迅速增长。其主要原因是担心全球气候变化及减少化石燃料二氧化碳排放的要求。从电力分布的角度来看，使用当地的小型发电机就意味着从传统的集中型系统向分散型系统转变。这就面临一些技术挑战，本章将会对这些问题加以讨论。

分布式发电，有时也称为嵌入式发电（Jenkins 等，2000），主要是指连接到配电网的小型发电机。比较典型的技术挑战是模块化发电机组，其尺寸相对较小（从 10kW 到 10～20MW），位置靠近能源消费点。许多发电技术是以不可持续获得的一次能源为基础的，一个很好的例子就是风电。为了使这些能源所供电能的安全性更高，需要装设良好的储能设备。同时，考虑到分布式发电和储能设备，这里最好采用术语"分布式能源"。通常，包含客户功率消耗管理的需求响应也包含在分布式能源中（Rahimi 和 Ipakchi，2010）。

本章的重点在于将分布式能源成功地接入电网所涉及的技术问题。本章首先介绍了不同的分布式能源技术及其对电网的影响；接着，讨论了分布式能源机组对电网连接的要求。此外，本章还介绍了与标题相关的各种电网规范和标准。本章还重点介绍了配电网，在配电网中，分布式能源接入将会引起系统运行和保护方面的某些重要变化。

4.2　分布式能源技术

目前存在多种分布式发电技术，但它们处于不同的发展阶段。例如，风电正处于迅速发展阶段，而燃料电池仍有待突破。另外，当地可再生能源（如废弃物或木材等）的使用促进了更小规模的传统发电技术，以小型热电联产电厂（CHP）的型式投入应用。接下来将简单介绍一些最有意思的发电技术，以备参考，然后对储能技术进行概述。

　　风电技术正迅速发展，单机容量已经由不足 1kW 增加至 5MW。在 1MW 以下的功率范围内，其典型设计为采用定转速失速调节风力机和异步发电机。为了承受机械应力，大部分 1MW 以上的风力机均配有变速系统，将电力电子设备与变桨控制相结合。在过去的几年中，这在新装设备中已经广泛应用（Ackermann，2005）。有若干方式来实现变速功能，最普遍的是双馈感应发电机（DFIG）和带全功率变换器（FPC）的永磁发电机。在双馈感应发电机中，只有一部分功率反馈回功率变换器，而在具有全功率变换技术的系统中，所有功率都通过变换器馈送到电网中。双馈感应发电机早已广泛应用，而全功率变换器正成为更加普遍的解决方案（Troedson，2009）。一座采用全功率变换器的典型风电场包括一台永磁同步发电机（PMSG）、一套交流/直流变换器（发电机变换器）、直流中间回路（通常为电容器）和直流/交流变换器（电网变换器），如图 4.1 所示。

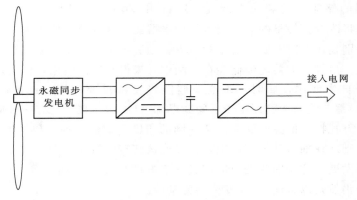

图 4.1　风电场的全功率变换器概念示例。

　　光伏系统由太阳电池组成，太阳电池分组接入大型组件中，即为太阳电池板。这种硅基太阳电池将日光辐射直接转换为电能。这些电池采用串并联连接，以获得所需的输出。光伏组件输出的直流电几乎与太阳光强度成正比（Jayarama，2010）。电流首先通过直流/直流变换器馈入电网中，达到所需的电压水平后，用直流/交流变换器来获得适当的交流输出。

　　往复式内燃机（ICE）已经历了 100 多年的发展，被视为最早的分布式发电技术。现在，往复式内燃机的应用仍然非常广泛，并且是最廉价的分布式发电方案（Masters，2004）。往复式内燃机的适用范围非常广泛，从 1kV·A 的小型机组到数十兆瓦的大型电厂，都可采用。往复式内燃机通常以柴油或天然气为燃料。一般情况下，同步发电机都装设往复式内燃机，也有些情况采用感应发电机。

　　一座基本的热电联产电厂包括一套由锅炉和汽轮机组成的系统。在锅炉中，给水在高压作用下转变为干蒸汽；再将干蒸汽传送到汽轮机后膨胀，继而驱动发电机产生电能。湿蒸汽离开汽轮机，然后进入热冷凝器，与加热系统中的水进行热交换。目前，有数种不同型式的蒸汽锅炉，几乎可以使用所有的燃料。热电联产电厂通常以热需求为驱动，电能只是一个副产品。因而输出电功率的可控性通常是受限制的。

微型汽轮机代表了一种新的模块化发电技术，这种技术也可以在热电联产电厂模式下运行。每生产 1kW·h 的电能，一台微型汽轮机会产生 2kW·h 热量。一台典型的微型汽轮机包括安装于同一轴上的汽轮机、压缩机以及一台高速发电机转子。该转轴可加速至 100000r/min。所产生的高频交流电需要整流为直流，然后再转换回电网频率下的三相交流电。

燃料电池通过氢和氧之间的电化学反应产生电能。这种电池转换效率很高，其副产品是水和热量，这也是人们热衷于这项技术的主要原因。所有的燃料电池均产生直流电，输出电压由电池电压和串联的电池数量确定。此外，电压随负荷的变化而变化，在一定程度上也随时间变化而变化，这取决于燃料电池堆的服务年限。为了获得交流输出，需要装设一台直流/交流变换器。

目前，并网储能装置仍然没有得到非常广泛的应用，这主要是由于经济方面的原因。但是，最近开展的储能收益和成本调查（Eyer 和 Corey，2010；Schoenung，2011）指出，这种情况即将改变。最早的储存技术是抽水蓄能，这种技术使用大型蓄水池。飞轮也可用于储能，特别是在短时需要大功率的地方。随着移动应用及电动汽车的发展，蓄电池技术正迅速发展。尽管目前蓄电池储能在电网中并未得到广泛应用，但是，将来的智能电网将大量接入可再生能源，届时，蓄电池储能将发挥重要作用（Divya 和 Østergaard，2009）。传统上，蓄电池储能已经用于不间断电源（UPS），现在还有一种储能技术可实现大规模（若干百万瓦特）的并网储能。从并网的角度看，储能通常以电网接口处的直流/交流变换器为基础。在抽水蓄能应用中，直接连接旋转电机在早期很常见，但其发展趋势却朝着变速应用发展，这是因为变速应用具有更好的可控性（Suul 等，2008）。在这些应用中，电网接口仍然是以直流/交流变换器为基础。

从电网的角度来看，分布式能源技术可分为两类：第一类，电网接口以电力电子器件（功率变流器）为基础；第二类，旋转电机产生交流电。此外，通常采用两种型式的旋转电机，即同步发电机和异步发电机。与并网相关的大部分问题都可以只考虑这三种电网接口技术（功率变流器、同步发电机和异步发电机），而忽略一次能源。电网接口技术的划分并不是十分明确，但为了方便，本书中还是采用了这种划分方法。此外，还有一些技术并不适用于这种分类，例如双馈感应发电机或直驱式永磁发电机。

4.3 分布式能源对电网的影响

分布式能源仅对配电网影响较大，因为传统上在配电网中很少装设发电设备。配电网通常采用单向潮流，即电流从高压输电网流向中压电网，然后再流向低压电网和用户。传统配电网系统的一个关键特点就是采用径向拓扑结构，只采用了相对较少的备用连接。这时，尽管也采用局部环状拓扑结构，系统还是会一直沿径向运行。这就意味着，应在系统的某些地方装设断路器，这样运行拓扑才会一直沿径向运行。也更容易管理系统不同部分的电压等级，进而简化保护装置。

如果配电系统中装有发电设备，则电流流动的方向可能会根据功率平衡情况而改变，即根据生产的电流与消耗的电流之间的差值改变。因此，配电系统中的发电设备使系统配置总是保持为非径向，实际上是接近网状系统，类似于高压输电网。

除了改变配置，配电网中的发电设备还可能会引起以下若干电能质量问题：①电压等级过高；②电压变化过大、过于频繁；③谐波。

电压等级过高是指系统中的潮流方向发生逆转，这会引起沿馈线方向出现反向电压降，从而导致用户侧的电压升高，超出允许限值。该问题将在图 4.2 中加以阐述。

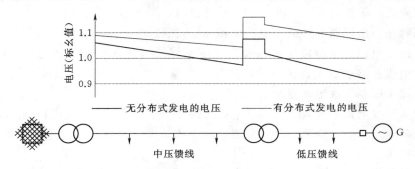

图 4.2　分布式发电对配电系统电压等级的影响。

只有当与发电机规模相比，电网较弱的情况下，电压上升才会成为一个问题。因此，布置在电网中的发电机规模有特定的限值，该规模取决于电网的特征。但是，如果发电机积极参与电网电压控制，则这类电压问题就会减轻，即可通过产生或消耗适当数量的无功功率实现。当然，所采用的发电技术必须能够实现这一目的或为实现该目的而配备相关装置，而且监管部门和能源市场环境也必须允许这一行为。

发电机型式不同，其功率输出可能会发生较大的不可控变化。在风电场中，这种变化可能由风速变化引起。功率输出的变化会引起电网电压的相应变化。弱电网中的电压变化大于具有较高短路水平的强电网。发电机组的启停也可能引起电压变化。用户经历的快速电压变化称为电压闪变，电能质量标准中规定了明确的限值。即使在设计阶段，也必须考虑发电厂可能出现的闪变。

如果发电机组的电网接口是以功率变流器为基础，则必须考虑到可能出现的谐波。变换器输出的电流总会包含谐波，应将其过滤掉。通常使用无源滤波器，无源滤波器包含串联电感和并联电感。尽管对谐波进行了过滤，但是特定频率下的共振也会导致电网中的谐波增加。

除了电压波形畸变，供电中断也可视为电能质量问题。由于供电中断会对现代社会中很多活动产生消极的影响，因此，对电力系统可靠性的要求越来越高。分布式能源对电力系统可靠性的影响非常复杂，如 Dugan 所述（2002）。一旦发生电网故障，当地发电设备可作为后备电源，这样就可以提高供电可靠性。另外，系统越复杂就越容易发生故障，该问题仍存在争议。最后，保护系统在维持供电可靠性方面发挥着主导作用。

保护系统可确保将系统故障的影响降至最低。现代微机型保护继电器（现在通常称为智能电子设备，IED）是保护系统的"大脑"。它们负责对故障进行检测、定位，并断开系统的故障部分。如果没有考虑分布式能源的影响，则分布式能源与电网的连接可能会对保护系统的正确操作产生不利影响。并网会引起一些问题，尤其是在径向结构的配电网中。径向结构系统可采用相当简单的保护理念。尤其在过流保护中，可以假定故障电流的唯一来源是在保护设备后面。如果在电网中加入分布式发电设备，情况就不同了。电网中的故障电流有若干种来源，因此，需要采用更为复杂的保护系统设计。

研究表示，分布式发电会给配电网保护带来一些潜在问题。最常见的问题为（Kauhaniemi 和 Kumpulainen，2004）：①馈线误跳；②发电装置误跳；③保护失灵；④故障电流增大或降低；⑤孤岛效应；⑥禁止自动重合闸；⑦非同步重合闸。

这些问题是否出现取决于电网的特征和分布式能源两方面。在短路故障中，分布式能源机组产生故障电流，该故障电流主要取决于电网接口技术（或发电机型式）和电网配置。同步发电机能够馈送大量持续故障电流，而基于功率变流器的系统可能会受控，此时，可将其输出限制为额定电流的 2～3 倍（Loix 等，2009）。

将一台大型发电机组或若干小型发电机组连接到中压馈线后，变电站馈线保护继电器检测到的故障电流可能会降低，从而可能会阻止或延误过流继电器动作（保护失灵），也称为保护欠范围。

典型的误跳如图 4.3 所示。馈线 2 出现短路故障，但由于馈线上的发电机组馈送了过电流，馈线 1 开始处的继电器也跳闸了。一般情况下，误跳（联跳）是由同步发电机引起的，同步发电机能够馈送持续短路电流。完好馈线的误跳可以通过装设带方向的电流继电器来解决，但必须对母线保护做出相应变更。对于所有接有大量分布式发电设备的馈线来说，从主馈线继电器（主变压器的二次侧过流继电器）和电弧保护继电器到各馈线继电器之间，应设置转接跳闸。

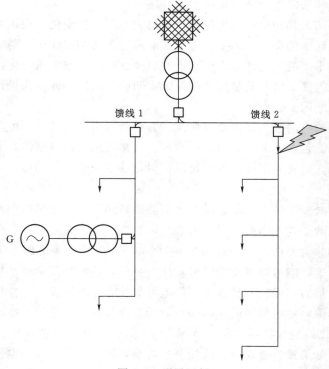

图 4.3　误跳示例。

如果突然断网，部分配电网可能变为孤岛状态，由当地发电机发电继续保持运行。我们不希望发生这种情况，尤其是考虑到维修人员的安全时，更是如此。因此，断网保护（LOM）或反孤岛保护是必要的。电网规范通常会对断网保护提出特殊要求。断网保护一般以检测异常系统的电压或频率为基础。孤岛运行后，发电量应立即与系统孤立部分的功率消耗实现匹配，但通常会引起系统孤岛的电压和频率出现偏差和瞬变。但是，如果系统孤岛的功率偏差接近零，则基于电压和频率的无源断网法就无法检测到孤岛效应，这种现象称为检测盲区（NDZ）。孤岛效应检测时间和检测盲区可利用有效检测方法缩短或减小，但也会降低电能质量和系统稳定性（Lee 和 Park，2009）。配置断网保护的一个理想方法是转接跳闸方案，这就要求在变电站和发电机组之间具有通信链路。更多关于断网方法的详细说明可参阅 Geidl（2005）。

断网保护问题与自动重合闸问题紧密相关。保护继电器的自动重合闸可处理出现在架空线路馈线上的大量瞬时故障。当自动重合闸将电压断开几百毫秒后，故障电弧就可能会熄灭。如果馈线上存在发电机来维持电压，则自动重合闸无法排除故障。

从电网运行的角度看，维持系统稳定性至关重要。即发电量必须与耗电量持续匹配。幸运的是，系统具有一定的灵活性，所以一旦发生某些重大变化，例如因系统某部分故障等，系统仍可以在短暂瞬变后达到新的平衡。但是，如果系统变化非常大，则可能会危及系统稳定性，进而导致更大范围的断电。最近，随着一些国家分布式能源（尤其是风电）数量的上升，分布式能源对系统稳定性的影响开始成为一个重要问题。早期，分布式能源的发电机组受到保护，不受电网故障的危害，因此，当电压下降到低于某些临界值时，发电机组就会跳闸。这是断网保护的一部分，也阻止了异常电压对发电机组引起的任何损害。从系统稳定性的角度看，当分布式能源数量非常多时，这种保护行为并无益处。当系统中出现严重的三相短路故障后，在较大范围内就会出现电压下降，这可能导致单一故障引起大量分布式能源损失的情况。发生故障期间，有必要维持尽可能多的发电机运行。基于这个原因，许多电网公司规定故障不脱网运行（FRT）或低电压穿越（LVRT）要求。这些将在 4.5 节中进一步讨论。

从电网运行的角度看，分布式能源技术的间歇性也很关键。例如，风电场的输出取决于风速，在无风时段，输出会降至零。该输出不可控，且通常不与耗电模式相匹配。唯一的方法是当超出电力系统消纳能力时，限制分布式能源发电机组的输出功率。这实际上造成了分布式能源所有者的能源销售损失。对此，可采用储能装置来储存生产过剩的电能。

4.4 分布式能源与输配电网的连接

为了降低分布式能源对电网的不利影响，电网公司通常会针对并网制定规则，以规范的形式发布，将在 4.5 节进一步讨论。这一部分聚焦于将分布式能源连接到输电网或配电网中时，需要考虑的各种技术要求。

将分布式能源连接到输电网或配电网中时，其要求通常与常规发电厂的要求相同。发电机组应该能够根据系统状态，通过调节其有功功率和无功功率来参与电网控制功能。但是，这对于特定型式的分布式能源（例如风电等）来说，可能无法实现。因此，在要求方面通常会区别对待。实际上就是要根据系统状态，风电场发出的有功功率可能会被限制，低于其可用功率。另外，可能会根据有功功率交换来确定无功功率的最低限值（Ackerman，2005；de Alegría 等，2007）。

输电系统通常要求控制电压等级。在输电系统中，发电机应通过调整其无功功率输出来响应电压变化。在配电网中，电压控制传统上非常简单。由主变电站的有载调压开关（OLTC）控制电压，沿线电压降应设计得很低，以到达用户侧时保持适当的电压水平。如果不采取额外措施，分布式能源会加剧电压变化。当配电系统运营商（DSO）也使用分布式发电机组进行电压控制时，需要装设一套有功电压控制系统。该系统可以监测系统状态，并在系统的不同位置之间传送控制和测量信号。这种先进的电压控制系统是由Caldon 等（2004）提出的，图 4.4 对该系统进行了描述。在该系统中，主调节器以测得的平均电网电压为基础，调整有载调压开关来控制其电压定值，为分布式发电机组提供功率因数参考值。这种辅助服务有个先决条件，就是已经开发了适当的管控和商业配置（Peças Lopes 等，2007）。

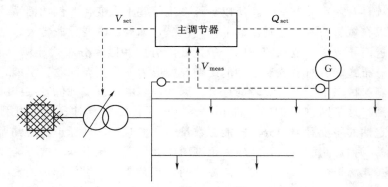

图 4.4　包含分布式发电的配电网的电压协调控制系统。

分布式能源引起的保护问题主要出现在配电网中。4.3 节已经确定了这些问题，并针对这些问题提出了解决方案。当分布式发电机组连接到电网时，通过精心设计所需的保护系统，可以避免大部分问题。在很多情况下，保护系统需要安装新的设备，并采用更多先进的保护功能。最后，这也会对电网公司人员的培训提出更高要求。

尤其是在接有大型分布式发电机组时，电网公司可能会要求分布式发电机组与电网公司中央控制室之间装设适当的通信设备。如计费测量是由远程读表采集的，还需要各种电网控制和管理功能，各种状态信息和电压、电流和功率的在线测量。另外，远程连接或断开发电机组的功能也是必要的。为了确保互通性以及电网公司的监控与数据采集（SCADA）系统与分布式能源机组的控制系统更容易互联，最近已制定了专用通信标准。IEC 61400 - 25 适用于风电场，IEC 61850 - 7 - 420 适用于各种类型的分布式发电系统。

总结分布式能源对电网连接的要求，可以确定以下三类要求：①运行要求；②保护要求；③通信要求。

运行要求与分布式发电机组的常规运行相关。它们规定了不同系统状态下的发电机输出。对于维持电网保护的安全运行来说，保护要求是非常必要的。一个基本要求就是，分布式发电机组故障不应影响电网。另外，从系统稳定性的角度来看，如果电网其他地方存在故障，分布式发电机组应能为电网提供支持。还应提出通信要求，以确保系统运行人员能够获得执行控制和操作任务所需的所有信息。

4.5　电网规范和标准

电网规范是一套规则、要求和程序，以实现高效、经济和协调的电网规划、开发和运行。输电网规范是由输电系统运营商（TSO）制定的，配电网规范是由本地配电系统运营商制定的。跨区域电网规范对于大型互联电力系统保持运行一致性是很必要的。在这基础上，电网规范是若干输电系统运营商合作制定的。此外，输电网规范的特定方面也应在配电网规范的考虑范围之内。不同国家的配电系统运营商制定的配电网规范的执行情况有所不同。但在国家水平甚至国际水平上，实现规则的一致性是非常有益的。因此，各规范应尽量以国际标准为基础。

实际上，电网规范涵盖的范围很广泛，包括规划、运行、测量和数据交换等。本书着眼于分布式能源的并网。为此，一般情况下，电网规范应包括单独的并网规范。并网规范为各发电机组的连接制定了全面要求，包括待连接发电机组的技术、设计和运行要求。此外，还对其他许多问题做出了详细要求，例如通信和自动化系统及规划和协议程序。

过去，电网规范未考虑小规模发电和分布式资源特征。但是，在过去的 10 到 20 年间，这种情况发生了改变，特别针对分布式能源和分布式发电制定了新的规范。有时，还单独为某种特定型式的发电厂制定了特殊规范，例如风电场（Altín 等，2010）。在特殊并网技术规范方面，有一个很好的例子，即丹麦规范《低于 100kV 的风力机并网——风力机特点和控制方面的技术规程》。该规范是专门为风电场制定的（Elkraft and Eltra，2004）。谈及风电并网时，也会经常参考各国指南。后来，很多国家在制定规范时都以丹麦和德国的规范作为基础（de Alegría 等，2007）。

同样值得注意的是，由于相关技术已快速发展且分布式能源数量持续上升，这些规范也定期进行修订。根据电网中分布式资源的数量，各国的发展阶段各不相同。从制造商角度看，这样衡量各国发展是不恰当的，因为在不同的市场区域，技术要求各不相同。在欧洲，输电系统运营商和欧洲输电系统运营商网络（ENTSO-E）联合会正在制定一套协调的电网并网规范。编写本书时，可使用该规范的草拟版本（ENTSO-E，2011）。它将大大降低欧洲国家规范的可变性，但也应考虑本地电网的特征。例如，对于不同区域有不同限制，遗留部分问题以便地方输电系统运营商可以根据自身情况修改。

从技术的角度看，并网规范可确保所连接的发电机组作为整个系统的一部分运行，而不会降低系统的安全性、可靠性和稳定性。这也是输电系统运营商或配电系统运营商的关注焦点。另外，分布式能源所有者的主要目标是实现最低成本。这最好是通过简单、标准化的解决方案来实现，例如《CERTS 微电网概念》中推荐的即插即用概念（Lasseter 等，2003）。但是，这些解决方案不容易实现，尤其是在配电网中，这是因为并网点的特征可能会根据位置的不同发生彻底改变。

标准化可以协调不同国家之间的电网规范，因而在降低分布式能源的技术壁垒方面具有重要意义。在电网规范中，只参考待采用的标准是非常方便的。分布式发电互联最早的标准是 IEEE 标准 1547（IEEE，2003），适用于配电网中 10MV·A 以下的发电机组。在欧洲，对于额定值为每相 16A 的机组，其标准为连接低压电网发电机标准 EN 50438（2007），对于三相系统，对应额定功率为 11kV·A 的发电机组。欧洲电子技术标准化委员会（CENELEC）也为每相 16A 以上的机组制定了标准，并规定了连接中压配电网的发电机的要求。在欧洲，不同国家的配电系统有一定区别，因此有必要说明一些国家差异。一般情况下，这些差异在相关标准的附录中进行介绍。

除了一般并网标准，不同型式的发电机也有特定标准。目前，已经编制完成了许多标准，如风电标准等。这些规范不仅规定了并网的许多方面，还规定了整个发电厂的很多方面。除此之外，还规定了不同测量方法和试验程序的标准，以确认其是否符合要求。

由于电网规范数量繁多，且这些规范不断演变，因此只介绍规范中规定的关键要求。重点关注分布式发电运行和保护的相关要求。从电网运行角度看，对发电机组的一般要求如下：①可以限制有功功率输出；②可以通过一定的爬坡速率或在短时内控制有功功率；③可以实现以系统频率为基础的有功功率控制；④无功功率必须可调节至零（并网点）或在系统电压的基础上可控。

此外，规范还规定了在系统频率和电压下发电机的运行范围。图 4.5 说明了规定正常运行范围的原则。在该范围外还存在一些区域（图中灰色方框）。在这些区域内，发电机必须至少在特定时间内（例如 30min）保持连接。关于运行范围的更为复杂的例子，可参阅北欧电网规范（Nordel，2007）。

以上所述条件适用于正常运行状态。在非正常运行状态、干扰或故障工况下，也有相应的容错和保护要求。由于短路故障会引起系统电压下降，这一定程度上在整个系统中都可能发生，因此发电机应可以承受短时电压下降。不脱网运行要求通常会对此加以规定，即给出电压—时间曲线，如图 4.6 所示。不脱网运行曲线本质上规定了发电机在电压下降期间应保持连接的条件。电压下降从 t_0 处开始，只要电压在曲线之上，发电机就应保持连接。从 t_0 到 t_1 之间的时间通常为 150ms，这是保护继电器典型的动作时间，在这段时间内，发电机必须承受最低电压 V_{min}。根据规范要求，该最低电压可能从 0 到 0.25（标幺值）不等（Altín 等，2010）。在曲线上，t_1 与 t_2 之间的斜率范围通常是从下降开始处的 1s 到 1.5s。同样应注意的是，很多规范采用更为复杂的曲线，请参阅 Altín 等（2010）。此外，电网规范还会包含在电压下降期间发电机输出参数的要求。例如，可能规定，发电机在电压下降期间应发出一定数量的无功功率（Tsili 等，2008）。同样值得

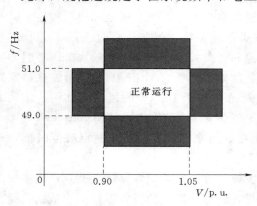

图 4.5　电网规范中规定正常
运行范围的原则。

注意的是，不脱网运行和断网是相关的，因为它们都规定了异常电网状态下分布式发电机组的行为。早期断网是主要关注点时，不脱网运行要求首先应用于风能资源丰富的地区［欧洲风电协会（EWEA），2005］，该要求在近期得到广泛应用（Tsili 等，2008）。不脱网运行要求在很多地区适用于连接高压电网的风电场（Tsili 等，2008），但不适用于仅采用断网要求的小型机组，如国内的光伏装置。

对于很多型式的分布式能源，有功功率输出控制主要取决于一次能源的功率有效性。但是，从电力系统的角度看，持续保持电力生产和电力消耗之间的平衡是很有必要的。系统频率与额定值之间的偏差可以表征任何系统的不平衡，因此，发电机的功率控制可以以频率测量为基础。在互联电力系统中，必须一直保持足够的发电机组参与一次调频，一次调频仅以频率下降为基础，即当频率偏离额定频率 f_0 时，发电机的输出功率与该偏离成比例改变（图 4.7）。

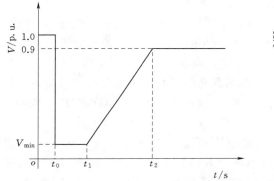 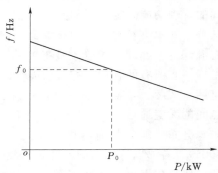

图 4.6　规定不脱网运行要求的电压—时间曲线。　图 4.7　发电机有功功率的频率下降控制。

如果分布式能源以不可控制的一次能源（例如风能或太阳能）为基础，实现频率下降控制会非常复杂。原则上，可用功率和实际输出之间必须一直存在一定的差值。否则，如果参与一次调频没有货币性补偿，则对分布式能源所有者来说就意味着收益损失。

应优先选择在靠近用户的地方生产无功功率，因此希望无功功率输出等于零或者等于局部的无功功率消耗。从系统控制的角度看，调节目标是在系统的各个部分将电压保持在规定的限值内，且电压可以由无功功率进行控制。如果电压过高，则可以用发电机消耗无功功率；如果电压低于目标值，则发电机应通过向电网注入无功功率来提高电压。由于无功功率不依赖于一次能源的类型，如果需要，任何型式的分布式发电机组均可配备适当无功功率控制装置。电网规范规定了根据有功功率输出水平调节无功功率输出的控制范围。

如前文所述，分布式发电机组保护被视为未定，尤其是在配电网。相关标准一般仅规定电压和频率范围，超出该范围，必须断开发电机。除此之外，可能会要求特定的断网保护：当与主电网断开连接时，应将发电机从局部电网断开。因此，保护功能通常包括：①欠压保护和过压保护；②欠频保护和超频保护；③断网保护。

规范和标准中规定了这些保护功能的设置范围及最长动作时间。关于断网保护，至少规定了检测和隔离的最少时间，有时也推荐或要求特定型式的保护功能（Strâth，2005）。

这些要求包含在规范和标准中，具体要求取决于分布式发电机组的规模及电压等级。对于接入低压电网的发电机组，其要求与高压电网的发电机组略有区别。在低压电网中，主要关注点是保持良好的电能质量并确保安全。因此，人们通常认为谐波要求比功率可控制性更重要。另外，这些要求一直包括断网保护，而不脱网运行要求依然很少延伸到低压电网。

4.6　挑战和未来趋势

根据不同的发展阶段，分布式能源的增长为工业带来了不同形式的挑战。此处的发展阶段表示电网中分布式能源的相对数量。对于一定的区域，该数量可以由渗透程度来表征（Gomes 等，2009），渗透程度表示局部发电量与区域总耗电量的比例。在发展的最初阶段，引入第一批分布式发电机组，系统运营商必须采用适当的规范和指南。在这一阶段，主要关注点是使并网尽可能地简单，不要危及电网的安全运行。在第二阶段，渗透程度提高，因此系统运行必须考虑分布式能源。考虑到功率和能量管理以及电压控制，需要为不同的管理功能制定规则和实施办法。在第三阶段，分布式发电机组被视为系统的有机组成部分，即本书经常提及的有源配电网（Chowdhury 等，2009）。这意味着系统中存在大量有源元件，处理上述管理任务。除了分布式发电机组，用户主动参与也具有关键作用。最后，当所有的管理和控制功能都以现代信息和电信技术为基础时，就实现了未来的智能电网。实际上，就是与一次系统平行存在一个通信网，该通信网可实现系统中所有智能节点间的无缝通信。

未来分布式能源最有趣的技术之一是微电网概念，该概念是由 Lasseter 首次提出的（2001）。自那以后，人们就开始研究微电网，并将其引入很多国际项目中。近来，电力工业的研究焦点更多地转向智能电网，而微电网被视为智能电网的一个模块（Giga，2010；Colson 和 Nehrir，2011）。微电网提供了一种实现智能电网自我修复的方式。当主电网中出现故障时，微电网可以以孤岛状态继续运行。如果被隔离的微电网具有足够的发电能力，这将成为可能。此外，为了确保微电网运行稳定，就必须具备具有快速响应特点的发电能力，储能系统可以非常方便地实现这一点。除了技术困难之外，微电网发展中可以预见的障碍还有立法、缺乏标准、高成本等（Chowdhury 等，2009）。尽管如此，最新消息表明了微电网已有从试点和研究装置向商业项目推进的趋势（Pike Research，2011）。显然，微电网将在相当长的一段时间内作为一个特殊的解决方案，适用于偏远地区或具有大量本地可再生能源的小型社区。

为了实现上文描述的未来情景，考虑到其他并网规则和技术，必须确保不存在其他障碍影响分布式能源的使用。这些规则和技术解决方案的基本原则应优先以国际标准为基础，这些标准允许使用全球兼容系统解决方案和设备，尽量减少为当地要求量身定制的昂贵解决方案。最终的解决方案为即插即用式电网互联，这可能是未来智能电网采用的技术之一。在实践中，这需要定义并开发一个接口，该接口不仅可以交换电能，还可以交换管理、控制和能源市场数据。

4.7　结论

本章从技术角度介绍了分布式能源的电网互联。电网互联的一个主要关注点是允许分布式发电机组运行，而不会影响输配电网的任何运行要求或安全要求。从电网运行的角度看，正常运行状态和故障运行状态都必须考虑在内。在正常运行状态下，主要目标是保持系统稳定；为了实现这一目的，分布式发电机组需配备有功功率和无功功率控制设备。如果在故障期间，大量分布式能源从电网断开，则也可能会失去运行的稳定性。为了避免这种现象，分布式发电机组需要满足特定的不脱网运行要求。考虑到系统的安全运行，分布式能源并网点的保护系统应与电网保护兼容，这一点也是至关重要的。还应注意，在很多情况下，必须对配电网保护系统进行重新设计，以便在分布式能源连接后仍能保持安全运行。这样的保护系统通常比传统上用于配电网的保护系统稍微复杂。但是，这也可以视为迈向未来智能电网的第一步，在未来智能电网中，分布式能源会在电网管理功能中发挥积极作用。

4.8　更多信息来源和建议

在关于分布式发电的第一批书籍中，有一本叫《嵌入式发电》，该书由 Jenkins 等（2000）编写。关于风电技术的综合评述见 Ackermann（2005）。由于大多数分布式能源是基于并网逆变器的功率变流器，可参见 DERlab 近期所著的并网变流器白皮书（Strauss，2009），以获得更多信息。Chowdhury 等人（2009）的书对未来微电网和有源配电网进行了讨论。

系统运营商出版的电网规范中，最著名的当属丹麦规则（Elkraft 和 Eltra，2004）和德国规则。BDEW 出版了德国规则的最新版本，现在还出版了英译本（BDEW，2008）。关于分布式能源互联的第一标准是 IEEE 标准 1574（IEEE，2003）。对于连接低压电网的分布式能源机组，还有 EN 标准 50438（EN 50438，2007）。

更多信息来源，可参见相关组织和研究项目等维护的网站。推荐以下网站：

（1）DERlab -欧洲分布式能源实验室 e. V.：http：//www. der – lab. net/。

（2）美国能源部能源效率和可再生能源（EERE）：http：//www. eere. energy. gov/。

（3）智能电网欧洲技术平台：http：//www. smartgrids. eu/。

同样值得注意的是，到目前为止，可以从相关输电系统运营商和配电系统运营商的网站上获得关于电网规范和指南的信息，最新标准可以从标准化组织 IEC、欧洲电子技术标准化委员会和 IEEE 处获得。

参考文献

Ackermann T(ed.)(2005),*Wind Power in Power Systems*,Hoboken,John Wiley and Sons Ltd.

Altín M,Göksu O,Teodorescu R,Rodriguez P,Jensen B – B and Helle L(2010),'Overview of recent grid codes for wind power integration',*12th International Conference on Optimization of Electrical and E-lectronic Equipment(OPTIM)*,1152 – 1160,20 – 22 May 2010,Brasov,Romania.

BDEW(2008),Technical guideline:generating plants connected to medium – voltage network – guideline for generating plants'connection to and parallel operation with medium – voltage network,June 2008 issue,A-vailable from：http：//www. bdew. de/bdew. nsf/id/DE_7B6ERD_NetzCodes_und_Richtlinien/$file/BDEW_RL_EA – am – MS – Netz_engl. pdf(Accessed 28 February 2011)．

Caldon R, Turri R, Prandoni V and Spelta S(2004), 'Control issues in MV distribution systems with large – scale integration of distributed generation', *Proceedings of Bulk Power System Dynamics and Control – VI*, 583 – 589, 22 – 27 August 2004, Cortina d'Ampezzo, Italy.

Chowdhury S, Chowdhury S P and Crossley P(2009), *Microgrids and Active Distribution Networks*, The Institution of Engineering and Technology, Stevenage, Herts, United Kingdom.

Colson C M and Nehrir M H(2011), 'Algorithms for distributed decision – making for multi – agent micro-grid power management', *IEEE Power and Energy Society General Meeting*, 1 – 8, 24 – 29 July 2011, San Diego, CA, USA.

de Alegría I M, Andreua J, Martín J L, Ibañez P, Villate J L and Camblong H(2007), 'Connection require-ments for wind farms: A survey on technical requirements and regulation', *Renewable and Sustainable Energy Reviews*, 11, 1858 – 1872.

Divya K C and Østergaard J(2009), 'Battery energy storage technology for power systems – An overview', *Electric Power Systems Research*, 79, 511 – 520.

Dugan R C(2002), 'Distributed resources and reliability of distribution systems', *IEEE Power Engineering Society Summer Meeting*, 106 – 108, July 2002, Chicago, IL, USA.

Elkraft and Eltra (2004), Wind turbines connected to grids with voltages below 100kV – Technical regulations for the properties and the control of wind turbines, Regulation TF 3. 2. 5, Available from: ht-tp://www. wt – certification. dk/Common/Regulation% 20for% 20Windturbines% 20TF% 203. 2. 6. pdf (Accessed 28 February 2011).

EN 50438(2007), Requirements for the connection of microgenerators in parallel with public low – voltage networks, CENELEC, BS EN 50438:2007 published by BSI, London, UK, ISBN 978 0 580 54535 1.

ENTSO – E(2011), *ENTSO – E Draft Requirements for Grid Connection Applicable to all Generators*, 27 October 2011, Available from: https://www. entsoe. eu/fileadmin/user_upload/_library/news/Network_ Code_on_ Connection_ Requirementsapplicable_ to_ all_ Generators_ –_ working_ draft. pdf (Accessed 5 January 2012).

EWEA(2005), *Large Scale Integration of Wind Energy in the European Power Supply: analysis, issues and recommendations*, European Wind Energy Association, Available from: http://www. ewea. org/ fileadmin/ewea_documents/documents/publications/grid/051215_ Grid_ report. pdf (Accessed 4 January 2012).

Eyer J and Corey G(2010), Energy storage for the electricity grid: Benefits and market potential assessment guide, SAND2010 – 0815, Sandia National Laboratories, Albuquerque, New Mexico, USA and Livermore, California, USA, Available from http://www. sandia. gov/ess/publications/SAND2010 – 0815. pdf (Ac-cessed 9 July 2013).

Giga O M(2010), *Microgrids: Building blocks of the Smart Grid*, Available from: http://gigaom. com/ cleantech/microgrids – building – blocks – of – the – smart – grid/(Accessed 5 January 2011).

Gomes P, Martins A C B, Zani C R and Sardinha S L A(2009), 'Connection requirements and Grid Codes for distributed generation', *CIGRE/IEEE PES Joint Symposium on Integration of Wide –Scale Renewable Resources Into the Power Delivery System*, 1 – 12, 29 – 31 July 2009, Calgary, Canada.

IEEE(2003), IEEE standard for interconnecting distributed resources with electric power systems, IEEE Std 1547 – 2003, The Institute of Electrical and Electronics Engineers, Inc. , NewYork, USA, ISBN 0 – 7381 – 3720 – 0.

Jayarama R P(2010), *Science Technology of Photovoltaics*, Hyderabad, India, Global Media.

Jenkins N, Allan R, Crossley P, Kirschen D and Strbac G(2000), *Embedded Generation*, London, The Insti-tution of Electrical Engineers.

Kauhaniemi K and Kumpulainen L(2004), 'Impact of distributed generation on the protection of distribution networks', *Eighth IEE International Conference on Developments in Power System Protection*, Amsterdam, Netherlands, 315 – 318, 5 – 8 April 2004.

Lasseter B(2001), 'Microgrids(distributed power generation)', *IEEE Power Engineering Society Winter Meeting*, 146 – 149, 28 January – 01 February 2001, Columbus, OH, USA.

Lasseter R, Akhil A, Marnay C, Stevens J, Dagle J, Guttromson R, Meliopoulous A S, Yinger R and Eto J(2003), 'Integration of distributed energy resources: The CERTS MicroGrid concept', Available from: http://certs. lbl. gov/pdf/50829. pdf(Accessed 28 February 2011).

Lee S – H and Park J – W(2009), 'New Islanding detection method for inverter – based distributed generation considering its switching frequency', *IEEE Industry Applications Society Annual Meeting*, 1 – 8, 4 – 8 October 2009, Houston, TX, USA.

Loix T, Wijnhoven T and Deconinck G(2009), 'Protection of microgrids with a high penetration of inverter – coupled energy sources', *CIGRE/IEEE PES Joint Symposium on Integration of Wide – Scale Renewable Resources into the Power Delivery System*, 29 – 31 July 2009, Calgary, Canada.

Masters G M(2004), *Renewable and Efficient Electric Power Systems*, Hoboken, Wiley.

Nordel(2007), *Nordic Grid Code* 2007, Available from: https://www. entsoe. eu/fileadmin/user_upload/_library/publications/nordic/planning/070115_entsoe_nordic_NordicGridCode. pdf(Accessed 28 February 2011).

Peças Lopes J A, Hatziargyriou N, Mutale J, Djapic P and Jenkins N(2007), 'Integrating distributed generation into electric power systems: A review of drivers, challenges and opportunities', *Electric Power Systems Research*, 77, 1189 – 1203.

Pike Research(2011), *Microgrid Deployment Tracker* 4Q11, Available from: http://www. pikeresearch. com/research/microgrid – deployment – tracker – 4q11(Accessed 5 January 2012).

Rahimi F and Ipakchi A(2010), 'Demand response as a market resource under the smart grid paradigm', *IEEE Transactions on Smart Grid*, 1, 82 – 88.

Schoenung S (2011), *Energy Storage Systems Cost Update*, SAND2011 – 2730, Sandia National Laboratories, Sandia National Laboratories Albuquerque, New Mexico, USA and Livermore, California, USA. Available from http://prod. san – dia. gov/techlib/access – control. cgi/2011/112730. pdf(Accessed 9 July 2013).

Stråth N(2005), *Islanding Detection in Power Systems*, Licentiate thesis, Lund University.

Strauss P(ed.)(2009), *International White Book on the Grid Integration of Static Converters*, European Distributed Energy Resources Laboratories (DERlab) e. V. , Available from: http://www. derlab. eu/media/pdf/docs/DERlab_D2. 8_whitebook_static_converters_rev0. pdf(Accessed 28 February 2011).

Suul J A, Uhlen K and Undeland T(2008), 'Variable speed pumped hydropower for integration of wind energy in isolated grids – case description and control strategies', *Proceedings of Nordic Workshop on Power and Industrial Electronics, NORPIE* 2008, Espoo, Finland, 9 – 11 June 2008, Espoo, Finland.

Troedson A(2009), *PM Generator and Full Power Converter – The New Drive Train Standard*, Next Generation Utilities Summit, White Paper, Available from: http://www. ngusummitapac. com/media/whitepapers/The_Switch_NGUAPAC. pdf(Accessed 6 January 2012).

Tsili M, Patsiouras C and Papathanassiou S(2008), 'Grid code requirements for large wind farms: A review of technical regulations and available wind turbine technologies', *Proceedings of EWEC'08*, Brussels, 31 March – 3 April 2008, Brussels, Belgium.

第二部分
输配电网材料和技术的发展

第5章 输配电网设备新材料的发展

J −L. BESSÈDE，*Schneider Electric*，*France*

DOI：10.1533/9780857097378.2.133

摘　要：在过去数十年中，输配电网发展大大推动了材料工程领域的研究。本章回顾了高压应用中最新材料的使用情况，重点为断路器。第1节将讨论开关设备原理及材料在这个过程中所起到的作用，回顾弧及材料相互作用对高压断路器室耐用度的影响。本章也将讨论电弧触头材料，介绍了复合材料绝缘、热塑性绝缘和酯油。本章最后一节根据输配电网的研究，阐述了在新材料发展的过程中预计会遇到的挑战及未来趋势。

关键词：高压开关设备；断路器；弧触头；触头材料；碳触头；复合绝缘子；绝缘；酯油；生态化设计

5.1 引言

自40年前首次获得专利以来，六氟化硫高压断路器经历了重大发展（Dufournet等，2003）。尽管材料已经进行了大量优化（Aeschbach等，2002），人们仍在继续进行大量研究，寻找弧触头的新技术和新材料，以实现廉价且良好的开关性能。

电气关断装置可以应用不同的原理（Browne，1984）。断路器可在电网正常操作条件下处理电流，并在故障状态下确保必需的关断性能，因而优化材料及设计非常必要。

图5.1所示为大电流时的切换操作情况。在鼓风装置中，电流被两个分开的触头切断。然后，电流通过电弧之前，被气体吹断，会使电弧冷却下来。在六氟化硫装置中，使用活塞和汽缸压缩气体，进而实现升压。对于大电流关断，电弧可用于产生超压，而这种超压对于产生用于冷却电弧的高效气流是必要的，从而实现电流关断。这种强超压产生于气体膨胀；它将该体积与主要用于小电流关断的压缩体积之间的阀门关闭。可以通过热效应及电弧横截面显著减少喷嘴气体排放时所产生的喷嘴堵塞效应来产生中断电流所必需的超压。

为了优化热气膨胀的区域并预测断路器是否运行成功，现使用复杂的数值计算程序（Robin‑Jouan 和 Kairouani，2002）。

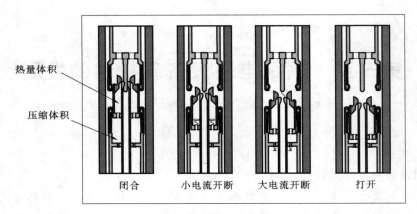

热量体积

压缩体积

| 闭合 | 小电流开断 | 大电流开断 | 打开 |

图 5.1 自吹式关断原理（输配电）。

5.2 开关设备材料：属性、类型和性能

5.2.1 概述

在断路器的电弧室中，主要部件是喷嘴和弧触头。所用材料都是为该设计目的专门挑选的，必须能够处理开关运行期间施加的应力，即必须承受高温（大电流可能超过数千开尔文）、高压或高电气强度和气体分子灭磁导致的紫外线辐射，还必须承受其他电弧成分，例如喷嘴侵蚀和室壁消融产生的金属蒸汽和物质。

在这种极具腐蚀性的环境中，弧触头需具备足够的导电性、良好的机械性能和低摩擦系数，以及在电弧开关阶段良好的耐热性。

触头材料的微观结构之所以会影响灭弧的性能，是因为电弧的存在：一方面导致从触头中的金属离子与绝缘气体混合；另一方面与紫外线辐射相互作用而导致喷嘴消融（Ferry 等，1996）。

5.2.2 触头材料和部件

电触头允许电流从一个导体流向另一个导体，因此所用的触头材料必须柔软、具有高导电性及抗氧化性。电触头和触头材料可以有很多不同的使用形式，且具有广泛的电气应用。

在选择电触头和触头材料时，电流、导电系数、电阻率、抗张强度、挠曲长度、外直径、长度、宽度和厚度都是需要考虑的重要参数。良好的触头材料包括铝、铜、金、镍、银和锡（表 5.1）。

5.2.3 绝缘

电器开关的电绝缘子所用的材料必须能够阻挡流经电绝缘子的电流。电绝缘子将电导体分隔开，并改变电流的方向。这种非导电材料为设备提供电气、机械和散热功能。

绝缘子可以为固态、液态和气态。最常用的绝缘材料有玻璃、瓷、聚合材料、六氟化氯和碳氟化合物（如六氟乙烷和八氟环丁烷）。选择电气绝缘材料的关键因素是电阻率、介电强度（击穿电压）和介电常数（相对介电常数）。

表 5.1

材　料	密度 /(g/cm³)	比容量(300K) /[J/(mol·K)]	电阻率(300K) /(nΩ·m)	热导率(300K) /[W/(m·K)]
铝	27	24.20	28.20	237
铜	8.94	24.44	16.78	401
银	10.49	25.35	15.87	429
镍	8.91	26.07	69.30	90.9
锡	5.77～7.37	27.11	115	66.8

绝缘子还必须能够传递电气设备产生的热量。

5.3　先进开关设备材料的发展和影响

5.3.1　电弧材料

在电弧室中，不同的材料与电弧相互作用会影响触头和喷嘴的侵蚀率，反过来将影响高压断路器的机械和电气耐用度，也会通过触头腐蚀（液滴、金属蒸汽和其他成分）造成表面污染。这些叠加效应会对电弧室的性能产生不利影响（Aeschbach 等，2002）。

考虑到以上材料要求，可供选择的电弧材料范围非常狭窄。铜/钨（W－Cu）材料在高压领域非常普遍。这些材料是复合结构，以钨为骨架，以铜填充。图 5.2 展示了基体中铜/钨材料的微观结构。材料表面的孔洞均以铜填充，从而提高材料的导电性。

弧触头的碳材料也已经应用了 20 多年。为了提高弧触头的性能，必须开发诸如铜/碳复合材料（C－Cu）等新技术。这些材料的微观结构和铜/钨材料的微观结构不同。

图 5.3 展示了三个方向交织的碳纤维构成的复合材料；气孔以铜填充，从而提高材料的导电性。

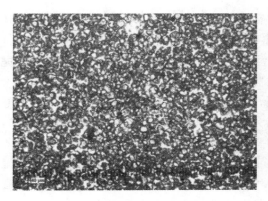 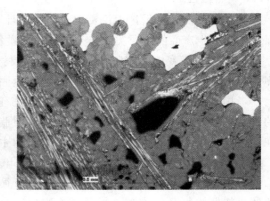

图 5.2　铜/钨材料的微观结构。　　图 5.3　铜/碳复合材料的微观结构（白色区域表示铜）。

5.3.2　复合绝缘子

对于高压断路器，复合绝缘子越来越多地代替了陶瓷绝缘子。实际上，复合绝缘子轻便有弹性，不会因撞击而炸裂，具有良好的抗震性能，还不会污染环境。但是，人们对这类绝缘子的老化尚未充分了解，其气密性难以控制。绝缘子的设计及触头材料的选择必须经过深思熟虑，因为在形成电弧时，触头的金属液滴和喷嘴材料会与分解、受污染的六氟化硫接触（Domejean 等，1997）。

高压断路器所用的复合绝缘子一般包括一条复合材料管、金属法兰和弹性硅棚，如图5.4 所示。复合材料由玻璃纤维和环氧树脂构成，棚由硅橡胶制成。

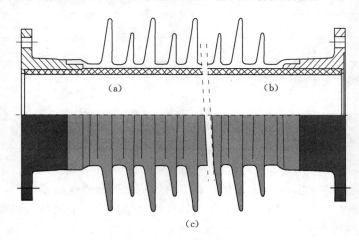

图 5.4　复合绝缘子结构。
（a）复合材料管；（b）金属法兰；（c）弹性硅棚。

绝缘子的使用寿命为 30 年，在其使用寿命内，绝缘子必须满足温度要求并经得起高压工况，并承受机械应力。因此，这些绝缘子的资格审查程序非常苛刻，IEC 61462 国际标准中有所说明。

5.3.3　热塑性绝缘子

日益增长的环保设计倡议要求在产品设计阶段就考虑环境问题（Froelich，2000）。在环保设计中，生产商的主要关注点是提高高压设备的再循环能力，这对于聚合材料尤为重要。

在气体绝缘变电站（GIS）中，热固性材料-环氧树脂用于生产支承绝缘子。为了提高其再循环能力，最好用热塑性材料代替热固性材料（Huet 等，2005）。

考虑到材料的主要物理、机械和电气特征，聚乙烯对苯二酸酯（PETP）是一种良好的候选材料，可以替代当前以铝填充环氧树脂为基础的解决方案。正如已经指出的那样，在运行条件下，当存在六氟化硫时，材料的主要电气性质不受老化影响。晶态聚乙烯对苯二酸酯呈现出良好的电气性能和热性能（Shugg，1995），市场上可以买到厚板形式的聚乙烯对苯二酸酯。聚乙烯对苯二酸酯也是可循环的。因此，使用聚乙烯对苯二酸酯可以避免环氧树脂再循环能力差、模具成本高以及易收缩等缺点。

聚甲醛（POM）或聚醚酰亚胺（PEI）等热塑性材料也可用于高压开关设备。但是，这些材料非常昂贵，并且必须使用注塑成型法生产。

聚乙烯（PE）主要用于高压和中压聚合物绝缘电缆（以交联材料交叉链接聚乙烯的

形式，XLPE）。但是，作为高压开关设备支承绝缘子，聚乙烯缺少必要的机械特征。

聚酰亚胺（PI），如卡普顿（Kapton），在很大程度上也可以使用，但是这种产品仅能以薄膜的形式使用。

5.3.4 酯油

油断路器在电力系统中具有重要作用。由于其对移动部件的润滑功能及其耐火性，在一些情况下，断路器油可作为灭弧介质。

将触头浸入油中不会影响电弧形成，但电弧的热量会使周围游离在碳和气态氢中的油立即挥发。用油作为灭弧介质还有以下优势：形成的氢有助于灭弧，还可以将裸露的带电触头与容器的接地部分隔离起来。

因为酯油具有环境优势且介电强度高，因而绝缘性能好，在电力设备中已经取代了矿物油。酯类油对水生生物无毒，易生物降解，与矿物油相比，其挥发性更低、闪燃点更高。IEC 61009 对电气用途的酯油规格进行了规定。

5.4 挑战和未来趋势

在过去的 10～20 年间，全球的电力市场和供电行业取得了显著的进步。但人均能源消耗的增长、世界人口的增长及电网的老化增加了线路拥堵并降低了电能质量。此外，能源管制，包括国内市场拆分、温室气体减排计划，以及可再生能源使用的增加，也改变了目前电网的运转方式。对于电网领域寻找新方案和新技术而言，这种变化是一种驱动力，鼓励提高能源效率和成本效益，以及建设环保的基础设施。本节简单回顾了输配电网开关材料的三大进展。

5.4.1 模拟

大短路电流的关断取决于电流过零瞬间的吹气强度（用压力 V_t 时的体积表征）（Dufournet，2002）。

5.4.2 纳米材料的应用

纳米技术在各种经济成分中越来越重要，包括在能源生产领域。该领域集中研究几百纳米到几纳米尺寸的结构，具有很多潜在应用，例如新导电材料、新绝缘材料及涂料，以及高性能电介质。

在原子水平创造结构和材料的能力促进了轻便材料的发展，提高了稳定性和功能性，而这反过来也提高了能源生产的效率。近期的发展包括阻燃能力的提高，对表面电弧的抵抗能力、生物降解能力及抗腐蚀能力的增强，机械性能和介电性能提高。实际上，很多领域可以有效应用纳米技术。纳米复合材料具有先进的性能，使用纳米填料代替微填料，展示出引人注目的特质，包括对表面放电的抵抗能力及抗腐蚀能力的增强。诸如纳米金刚石等纳米结构可用作电解质中的微粒物质来提高导热率，反过来又提高了电力变压器的功率密度。油回收也一直在探索使用纳米结构。但是，纳米材料也存在一些限制，目前纳米材料的实际应用尚无成套参数。纳米结构缺乏规范，其纯度、质量和再现性尚且不足，目前仅能进行相对小规模的生产。尽管纳米复合材料具有巨大的潜力，但将纳米材料用于关键应用之前，需要充分理解其性质及长期老化性能。

5.4.3　环保设计

环保设计的目的是，在产品的整个生命周期内（从原材料提取到最终处置），减少产品和系统对环境的影响，提供解决方案来满足涉及电力系统运行和发展的用户需要，并确保供电安全（Directive 2005/32/EC，2005）。

未来实践以及日益增长的环保举措，将为具有环保优势的产品和服务带来发展，例如更广泛的再循环能力、更低的能源消耗和更长的生命周期（Froelich，2000）。

参考文献

Aeschbach, H. , O. Visata, D. Dufournet, J – L. Bessede and J. Blatter(2002), *Arcing – Contact/Insulating – Wall Interactions in High Voltage Circuit Breakers*, Proceeding of 21st International Conference on Electrical Contacts, Zurich, Switzerland, September 2002, pp. 511 – 517.

Browne, T. E. (1984), *Circuit Interruption: Theory and Techniques*, New York, Marcell Dekker.

Domejean, E. , P. Chevrier, C. Fievet and P. Petit(1997), Arc – wall interaction modeling in a low – voltage circuit breaker, *Journal of Physics D: Applied Physics*, vol. 30, 2132 – 2142.

Dufournet, D. , P. Kirchesch and C. Lindner(2003), *Switching Technologies for HV Switchgear*, 4th International Conference on Power Transmission & Distribution Technology, Changsha, Hunan Province, China, 14 – 16 October 2003.

Dufournet, D. , J. M. Wilieme and G. Montillet(2002), Design and implementation of a SF_6 interrupting chamber applied to low range generator circuit breakers suitable for interruption of current having a non – zero passage, *IEEE Transactions on Power Delivery*, vol. 17, no. 4, 963 – 968.

Ferry, L. , G. Vigier and J – L. Bessede(1996), Effect of ultraviolet radiation on polytetraflouroethylene: morphology influence, *Polymers for Advanced Technologies*, vol. 7, 493 – 500.

Froelich, D. (2000), *Towards Eco – design of Products*, MEIE 2000 2nd European Conference on Industrial Electrical Equipment and Environment, Paris, June 2000, pp. 107 – 109.

Huet, I. , H. Aeschbach, C. Tschannen, K. Pohlink and J. L. Bessede(2005), *Application of the Concepts of Eco – Design to a Gas Insulated Substation* 72.5kV, IEEE General Meeting, San Francisco, USA, June 2005.

Robin – Jouan, Ph. and N. Kairouani(2002), *Numerical and Experimental Analysis of the Propagation of Hot Arc Plasma in High Voltage Circuit – breakers*, Proceedings Congress Gas Discharges, Liverpool, UK, September 2002, pp. 103 – 105.

Shugg, W. T. (1995), *Handbook of Electrical and Electronic Insulating Materials*, 2nd Ed. , Willey – IEEE Press.

第6章 高压直流输电系统

D. VAN HERTEM，*University of Leuven*，*Belgium*
M. DELIMAR，*University of Zagreb*，*Croatia*

DOI：10.1533/9780857097378.2.143

摘 要： 高压直流技术已广泛应用于长距离大规模电力传输，并用来连接不同的同步区域或实现海底连接。近来，高压直流技术经历了一次再发展。在欧洲，可再生能源发电迅猛增长，能源系统得到解放，投资兴建新的架空输电系统困难重重，这些都推动了高压直流的发展。在中国、印度和巴西等国，能源消耗增长迅速，能源需求量非常大，尤其是在边远地区，也推动了高压直流输电的发展。高压直流输电采用电力电子变换器连接交流和直流电网。目前有传统的线路换相变换器（LCC）和电压源变换器（VSC）两种型式的高压直流转换设备；前者采用晶闸管，后者采用绝缘栅双极型晶体管（IGBT）。电网换相变换器的可用额定容量最高，但是电压源变换器可提供更好的控制能力，更容易接入交联聚乙烯（XLPE）电缆，实现双向功率传输。高压直流输电被看作是未来的输电技术，不仅可用来连接可再生能源，而且可用来连接新建骨干电网。该新建骨干系统有望采用直流电网的形式，其大部分组件将采用电缆连接。

关键词： 高压直流（HVDC）；电力传输；电网发展

6.1 引言

与传统的交流输电系统不同，高压直流输电系统用直流来大规模传输电力。

早期的电力系统大部分都是基于直流。19世纪90年代中期，人们发明了交流电机和变压器，然后就爆发了著名的"电流战争"，该"战争"不仅涉及爱迪生和特斯拉，而且涉及欧洲及北美的许多公司，这些公司只投资一种系统型式，导致他们希望看到另一种型式的衰落。19世纪90年代早期，交流系统取得了胜利，电力系统的发展主要依赖交流技术。但是直流技术并未因此而消亡，近年来直流系统在现代电力系统中发挥着越来越重要的作用。

高压直流允许在不同步的交流系统间进行电力传输，可以通过控制潮流来提高系统稳定性，有助于防止出现交流电网的典型故障。在远距离输电方面，由于高压直流系统损失更小，因此可能更廉价。对于（水下）电力电缆，高压直流可避免出现由电缆电容导致的问题。

第一个远距离电力传输系统采用直流技术。米斯巴赫-慕尼黑输电系统始建于 1882 年，该系统将位于 Miesbach 附近的蒸汽发电机组与德国慕尼黑的玻璃宫连接在一起，世界上第一次国际电力展就是在这里举办的。2.5kW 的电能通过 2kV 直流线路成功地进行传输，传输距离为 57km（Arrillaga，1998）。

但是，由于（与直流相比）交流系统可以轻松地改变电压等级，能够形成旋转磁场并可以轻松地中断交流电流，因此，交流成为主要的输电技术。

20 世纪 50 年代，直流技术"卷土重来"。安装在高压直流线路上的早期商业装置包括俄罗斯莫斯科与卡西拉（Kashira）之间的一条长 100km、200kV 的 30MW 线路和瑞典哥特兰岛（Gotland）与瑞典大陆之间的一条长 98km 的线路，这两条线路分别建于 1951 年和 1954 年（Hingorani，1996）。

当今世界上最长的高压直流线路为向家坝—上海的 6400MW 线路，该线路长 2071km，连接向家坝与上海（中国）。该线路于 2010 年投入运行。另一条线路为里约—马德拉线路，该线路将亚马逊与圣保罗区连接起来。该直流线路的长度超过了 2500km。该系统于 2012 年竣工。❶

欧洲电力系统中已经涌现了大量的高压直流线路，而且，在不远的将来会建设更多的高压直流线路（图 6.1）。

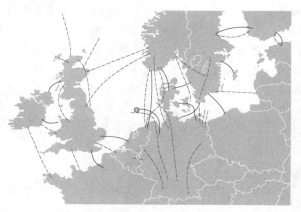

图 6.1　北欧已安装的高压直流系统（实线部分）和拟建
的高压直流线路（点划线部分）清单。

［来源：改编自 J. Messerly，《高压直流，欧洲》，维基共享资源（J. Messerly，
'HVDC Europe'，Wikimedia Commons）。在创作共享-相同方式
共享（Creative Commons Attribution‐ShareAlike）下发布。］

6.1.1　高压直流输电系统的传统应用场合

现有的高压输电系统主要由交流线路构成，直流线路只占一小部分。在下面三种重要

---

❶　关于上述工程的更多信息参见主要生产厂家的网站：ABB（http：//www. abb. com/hvdc）；阿尔斯通电网（http：//www. als‐tom. com/grid/products‐and‐services/engineered‐energy‐solutions/hvdc‐transmis‐sion‐systems/）和西门子（http：//www. energy. siemens. com/us/en/power‐trans‐mission/hvdc/index. htm）

场合下，相比于交流系统，人们更青睐高压直流系统。

（1）连接不对称网络。显然，具有不同频率的系统是不能使用交流进行连接的。即便是在相同频率下，不同步的系统也不能采用交流技术进行连接。相反地，高压直流能够利用直流链路来分离两个系统，实现连接。在某些情况下，可采用背靠背式高压直流连接，利用两个换流站直接实现彼此间的连接。

（2）采用长距离电缆。随着交流电缆长度的增加，充电电流也会增大。在某个点上，该充电电流就会以无功电流的形式"充满电缆"，从而导致线路中不能流过更多的"有用"电流。因此，长电缆连接需要沿整个电缆长度进行无功补偿。一般采用并联电抗器进行无功补偿。对于海底电缆，安装补偿装置至关重要。

（3）远距离输送大规模电能。诚然，近距离输送电能时，交流系统便宜得多，但是，远距离输送电能时，高压直流更加经济。对于陆地输电系统，两者的"成本相同点"落在400～800km 范围内；对于海底电缆，两者的"成本相同点"落在 40～80km 范围内。此外，如上文所述，直流连接没有长度限制。

6.1.2 高压直流技术的兴起

尽管高压直流投入使用已经 50 多年了，但是其应用一直受到限制。最近，各相关领域的不断发展和完善驱动了高压直流技术的发展。

在发达国家，尤其是在欧洲，能源政策制定旨在建立一个更能可持续的能源系统，该能源系统应具有竞争力，经济合理，同时还应有足够的供电可靠性。因此，可再生能源（尤其是风电和太阳能发电，这些能源可从大自然中获得）发电就获得了显著增长。这些不可调度的分布式发电能源（如风电、热驱动式热电联产等）渗透程度越来越高，导致国际电网的不确定性越来越大。能源发电的波动使流经网状电力系统的电力产生波动。此外，大型、集中式可再生能源通常布置在远离负荷中心的地方（如海上风电场等），因此，需要加装输电线路。电力领域放开后，更多的市场参与方开始活跃起来。这就导致发电和负荷规划分离，输电距离增加，系统运行人员（自由）控制程度下降。此外，市场运作中，发电按小时供电，负荷基于价格刺激，这也增加了能源流的波动性。

由于系统在接近其限值的工作点运行，因此，这些发展增强了对输电的需求，但是，对新输电线路的投资却非常匮乏，这主要是因为对新建架空线的反对以及在获得许可方面的调控问题。

人们将高压直流视为一种潜在的解决方案，这是因为交流方案不适用时，高压直流电缆方案可能适用。例如，法国和西班牙间的 IENLFE 项目。经过 20 年的努力，终于获得相关许可后，最终决定采用基于电压源变换器的高压直流线路。该新建回路大约长60km，采用了地下电缆（Labra Francos，2012）。

还有一个例子，就是最近海上风电项目的发展情况。海上风电场的位置离岸边越来越远，对于这些系统来说，高压直流是最经济、技术最合理的方案。目前，有若干个此类项目正在建设中（如 Borwin 1 和 2、Dolwin 1 和 2 等），还有更多项目正在规划中。

有些国家，如中国、印度及巴西等，其经济发展会引起能源消耗的快速增长，此时，人们将高压直流看作远距离大规模电力传输的可行方案。这些国家的快速发展正驱动着高压直流朝着更大型系统发展，不仅电力规模（功率和电压）变得更大，而且线路变得更长。

6.2 选择交流还是直流

架设新的输电线路之前，电网所有者或投资方必须首先确定采用何种技术：交流还是直流。交流系统拥有众所周知的优点：可采用经典的架空线路，为大功率电力传输提供廉价、可靠的方案。采用1000kV及以上的特高压时，交流系统能够实现长距离大规模地电力输送。特高压交流系统出现于20世纪70年代，目前中国和日本正在规划安装。但是，电压等级越高，铁塔就越大，因此就需要占用更多的空间，可见度就越高。目前，人们非常反对修建架空输电线路，因此此类投资很难获得批准（许可证）(Van Hertem, 2010)。

在输电系统投资技术适用性方面，与高压直流相比，特高压交流的接受度逐渐下降，其技术原因如下：

（1）直流线路损失更小（没有集肤效应，也没有邻近效应）。

（2）实践中，直流系统没有长度限制。而采用交流电缆时，数十公里长的线路就算长距离了（在各种传输电压等级下）。

（3）在更长的距离范围内，直流系统的修建及运行费用更低。

（4）直流系统不会产生各种电磁场。

（5）高压直流可提供固有的有功功率控制，使其使用更加灵活（可控），可用来缓解系统中其他地方出现的过负荷现象。

（6）交流电缆内须流经持续的较高放电电流，因此限制了其长度。

（7）电压等级非常高时，很难架设较长的交流电缆，而且其造价也非常高。

（8）事实上，海上资源以及主大陆以外的连接是不可能采用交流的。

针对直流与交流电缆，进行了一个简单的经济性比较（图6.2）。在相同的绝缘水平及相同的损耗下，直流连接可传输的功率（三条直流回路、六根电线）为交流链路（两条交流回路、六根电线）的1.5（架空线）～3倍（电缆）。在相同的功率传输下进行比较时，直流链路的损耗为交流线路的0.3（电缆）～0.7倍（架空线）。但是，与相应的交流变电站相比，电力电子变换器的损耗明显高得多。

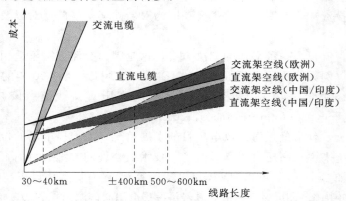

图6.2 交直流技术比较，用于架空线和电缆线路。欧洲和中国/印度成本方面的区别是基于架空线上的补充要求，在欧洲这通常会引起附加成本或路径迂回。

但是，高压直流系统也还有许多缺点：

（1）电力电子变换器非常昂贵。

（2）电力电子变换器损耗非常大（每个变换器为 0.8%～1%）。

（3）高压直流会产生谐波，需要将其过滤掉；需要进行无功补偿，且可能会引起换相故障。

（4）控制高压直流链路时会使系统运行变得更加复杂，尤其是采用多种装置、多个区域受到影响时。

（5）多终端配置甚至整个电网更复杂。

6.3　高压直流配置

不对称的单极链路或简单的单极在较高直流电压下只有一个导体，并利用大地或大海作为返回路径。在许多情况下，会采用单独的返回线，该线也称为金属返回线，可避免正常运行过程中电流流经大地。由于在正电压下，电晕效应比负电压下更加显著，因此，采用架空线（且电流主要沿单一方向流动）时，单极链路一般在负极性下运行。

尽管采用单导体及大地或大海返回回路的系统在技术上和经济上都非常简单可行，但是，由于大地中的金属管道可能会出现腐蚀效应，并且会给生物带来潜在的负面环境影响，因此，很少采用这种系统。目前实践中采用了数个单极配置，其中有波罗的海电缆（连接德国和瑞典的电力系统）及意大利和希腊间的 GRITA 连接。

Basslink 线路连接澳大利亚与塔斯马尼亚岛（2005 年投入使用），该链路也是带金属返回回路的单极型。此外，瑞典和波兰之间的线路（SwePol）也是这种型式。

基于电压源变换器的高压直流出现后，就引入了对称单极。该配置采用单极（每端用一个单独的变换器）及中性点接地连接。这样，输电线路的电压大小相等，方向相反（在双极配置中）。任一单独线路停电后，大地不能用作返回线。

在现代大功率高压直流输电中，双极链路是最常采用的拓扑结构。每端装有两个具有相同额定值的变换器。在这两个变换器之间，中性点可在一侧或两侧接地。采用两侧接地时，正常运行过程中，没有电流流经大地，两个变换器对称运行。若一条线路出现故障断线，另一个回路仍可保持运行，系统可在一半出力下运行。此时，大地可作为应急导线。

装有金属返回线系统的优点是，金属返回线只需在非常低的电压（数千伏，RI）下进行绝缘。这显著降低了该返回线周围的绝缘材料需求量，进而降低了成本。但是，需要与下列方面平衡考虑：传输功率相同的情况下，单导线"欠压"的最高额定电压（及绝缘）必须是双极设置中双导线的两倍。金属返回线常用作备用连接，这样，当双极链路中一个模块或一个电缆进行维护或发生故障后，仍能传输 50% 的功率。当采用分级部署时（先单极配置，后双极配置），也可采用该方案。

在背靠背连接方案中，两个变换器彼此相邻布置。其典型应用就是隔开两套独立的电力系统。这两套系统无需同步，可在不同的额定频率下运行。由于导线非常短，在高压直流背靠背式电站中，可自由选择中间回路的直流电压。因为距离短，线路电阻低，所以，可保持相当低的直流电压。这样，就可采用小一些的阀厅，避免阀门并联切换。因此，高

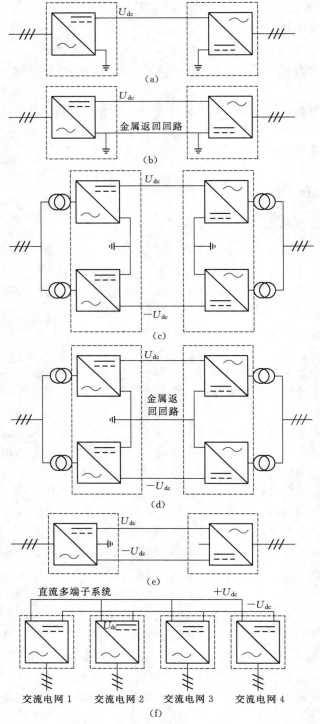

图 6.3　高压直流系统的可能配置。

（a）单极；（b）带金属返回回路的单极；（c）双极；（d）带金属返回
回路的双极；（e）对称单极；（f）多终端。

压直流背靠背式电站采用具有最高可用额定电流的阀门。

多终端连接具有多重（并联）连接，其中，电能可从直流系统中注入或接出。多终端高压直流部分将在6.6节进行更加详细的介绍。

6.4　高压直流设备及部件

高压直流系统采用电力电子变换器，即整流器，将三相交流电转化成直流电。然后，采用直流回路将电能输送到另一个电力电子变换器中，该变换器（即逆变器）再将直流电转化成交流电。本节将介绍所采用的不同部件和技术及其限制。

6.4.1　两种变换器技术

变换器可将直流转换成交流，也可将交流转换成直流，因此是直流系统中最重要的部件。电力电子交直流变换器（用于输电系统）可分为电流源型变换器（CSC）和电压源型变换器（VSC）（图6.4）。区别在于电力电子变换器（阀门式还是开关式）及操作方式。此外，技术方式的选择也会对直流母线电压和电流及所需设备产生影响。

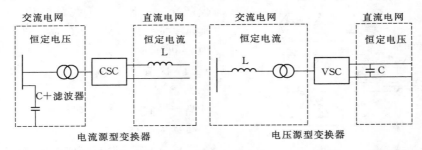

图6.4　用于高压直流系统的电流源型变换器（线路换相变换器）和电压源型变换器。

在高压直流应用中，电流源型变换器应用更普遍。变换器利用晶闸管作为开关设备。通常将采用这种拓扑结构的装置称为基于线路换向变换器的高压直流（LCC HVDC）或传统的高压直流（图6.5）。

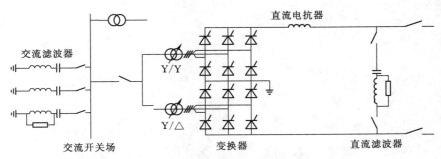

图6.5　基于线路换相变换器的高压直流系统配置。

电压源型变换器技术也可用于变速气动系统。但是，只有当自激式电力电子部件，如用于足够高额定功率的可关断晶闸管（GTO）和绝缘栅双极型晶体管（IGBT）等发展起来后，随着数字信号处理器（DSP）的运算能力不断提高，才有可能将该技术应用于输电领域。第一套基于电压源型变换器的高压直流系统建于 20 世纪 90 年代末（Arrilaga，2011）。

这两种技术具有不同的设置，所采用的设备也不相同，因此单独对其进行描述。

6.4.2 基于线路换相变换器的高压直流

1. 变换器

各线路换相变换器利用晶闸管阀来实现从交流向直流、从直流向交流的转化。各晶闸管可通过脉冲开断，但是所通过的电流需要过零，以关闭晶闸管。图 6.6（a）描述了基于线路换相变换器的高压直流系统的基本连接回路：将一台交流变压器接入一个 6 脉冲晶闸管桥。该 6 脉冲晶闸管桥的电压波形如图 6.7 所示。为了减少交流系统中的谐波，需要加装谐波滤波器。此外，也可利用更高阶脉冲，如 12 脉冲、18 脉冲甚至 24 脉冲的变换器，来大幅减少谐波。大部分基于线路换相变换器的高压直流配置都采用 12 脉冲变换器 [图 6.6（b）]，该变换器可消除 5 次、7 次、17 次、19 次、…、$(6k \pm 1)$ 次谐波。

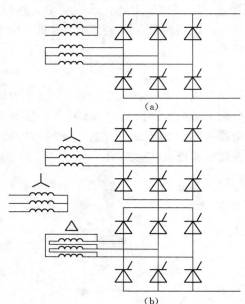

图 6.6　基于线路换相变换器的高压直流系统变换器的配置。
（a）6 脉冲换向器；（b）12 脉冲换向器。

2. 晶闸管

晶闸管阀需完成下列任务：

（1）连接交直流侧。

（2）打开后可传导额定电流（在同一个换流臂内没有并列运行），最高可传导 4.5kA 的电流。

（3）不传导电流时，可闭锁高电压（最高可关断 10kV 额定电压）。

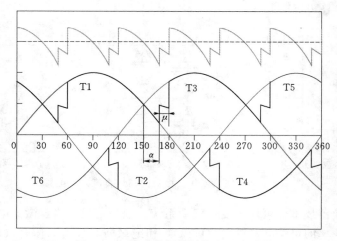

图 6.7　6 脉冲晶闸管桥的电压波形。

（4）通过触发角来控制直流电压。

（5）允许出现故障，鲁棒性好。

由于高压直流装置的直流电压比单个晶闸管的最大闭锁电压高，因此应将若干个晶闸管串联在一起。同样的，单个晶闸管的通流能力要求若干晶闸管应并联在一起，但是，实际中并不需要这样做。一般地，这些晶闸管安装在模块里，堆叠在一起，以便于维护。

3. 变压器

理论上，高压直流装置中，并非一直需要装设变压器。但实际上高压直流装置中都安装了变压器，以对独立于交流系统的直流输电电压进行优化。此外，安装变压器后，就可以通过最优电压控制利用调压开关降低损耗，并利用带更高脉冲数的整流器限制短路电流。

可根据具体情况，采用不同的变压器和整流器，来获得技术、经济方面的最优方案。由于尺寸限制，变压器的选择通常取决于可用的运输方式、终端位置、施工现场或上述因素的组合情况。

4. 滤波器和无功补偿装置

一条基于线路换相变换器的高压直流线路要求装设若干滤波器和无功补偿装置。由于各变换器触发角延迟问题，电流始终滞后于电压，因此，该基于线路换相变换器的高压直流线路一直在消耗无功。若附近没有发电机可补偿该无功，则应加装电容器，如静止无功补偿器（SVC）或静止同步补偿器（STATCOM）。此外，晶闸管的投切会在电力系统中引起非常严重的谐波畸变，必须通过装设其他滤波器来消除这些谐波。这些装置造价非常高，在变电站中所占空间也非常大。

在直流侧，应装设另外一台滤波器来稳定电流。该滤波器由一台大型直流电抗器构成。

6.4.3 基于电压源型变换器的高压直流

用于大功率场合的新型自励式半导体开关的发展，尤其是IGBT的发展，使基于电压源型变换器的应用开始出现，并提供了新的高压直流技术（图6.8）。

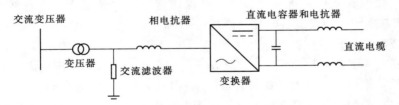

图6.8 基于电压源型变换器的高压直流系统配置。

基于电压源型变换器和基于线路变换器的高压直流都可以实现全有功功率控制。基于电压源变换器的高压直流技术的另一个好处是能够独立于有功潮流控制（在操作限值内）控制两个终端的无功功率。此外，基于电压源控制两个终端的无功功率变换器的高压直流链路控制的动态控制远远优于基于线路换相变换器的高压直流链路控制。这种控制改进有可能实现与弱电系统的连接，甚至可以为海上风电场提供旋转磁场。由于晶闸管不能实现换向整流，因此，除非有强大的交流电网，否则采用基于线路换相变换器的高压直流时，不可能采用这种改进后的控制系统。

目前，已安装高压直流线路最高额定功率为 400MW，电压为 ±200kV。随着更多装置不断投运，该限值仍在不断提高。目前，基于电压源型变换器的高压直流装置的装机容量最高已达到 1.2GW，并进行了规划。但是，基于电压源型变换器的高压直流装置造价更高，损耗更大。在最新的基于电压源型变换器的高压直流装置中，其损耗在满负荷下每台变换器约为 1%，而基于线路换相变换器的系统中，每台变换器的损耗约为 0.8%。

第一台基于电压源型变换器的高压直流装置于 1997 年投入运行。其额定功率为 3MW，采用 ±10kV 直流电压，该机为原型机。目前，全世界大概装有 10 台有功装置，还有若干新建项目仍在建设或规划中。

1. IGBT 阀

尽管理论上也可采用其他半导体阀，如 MOSFET 或 GTO 等，但是，基于电压源型变换器的高压直流一直采用电压驱动式 IGBT 技术。目前，IGBT 最高可达 6kV，但实际上通常采用具有较低额定值的阀门。可根据额定电流，将若干 IGBT 并联在一起（通常采用 2 个、4 个或 6 个）。根据所需的直流电压，可将若干 IGBT 串联在一起。对于一个 150kV 的换流站，这就意味着需要装设大约 300 个串联部件。为了减少由 IGBT 故障导致的停机次数，应在该串联链中接入冗余部件。在 Cross Sound VSC HVDC（美国纽约）装置中，经过七年运行实测，其 IGBT 平均年故障率为 0.25%（Dodds，2010）。

为了改善其电磁兼容性，采用钢铝外壳对阀门进行屏蔽。应对各 IGBT 进行水冷处理，以有效散热。

2. 电压源变换器

第一批基于电压源型变换器的高压直流变换器采用了 PWM 调制，与传统的变速驱动非常相似。这些变换器的操作频率可高达 2kHz。高频可大幅度减少谐波，因此，无需采用三绕组变压器（如带有 12 脉冲配置的变压器等）。但是，由于每次切换操作都有损耗，因此切换频率越高，总损耗就越大。操作损耗是现有换流站中最重要的损耗。图 6.9 描述了一个两电平三相桥。

在切换装置中并联接入续流二极管，确保实现逆向电流能力，防止施加逆相电压。IGBT 在电网基本频率的固定倍数（一般高于 20 倍）下切换。对于一个两电平换流桥来说，交流电压波形来自正负直流脉冲，如图 6.9（b）所示。为了降低输出电压的谐波畸变，可采用更高等级的变换器桥。第二代基于电压源型变换器的高压直流配置中采用了一个三电平中性点钳位，如澳大利亚的 Murray 链路和美国的 Cross Sound 电缆。

当前的趋势是朝着多电平变换器发展，多电平变换器包括许多串联连接的电池，这些电池可单独切换各部件，以获得三相波形。多电平变换器不仅可以降低交流信号的谐波含量，而且由于其可以减少各开关的操作次数，因此还可以大幅度减少损耗。但是，由于多电平开关的操作不同，随着电压水平的快速提高，变换器会变得越来越复杂。这些具有更高电平的变换器具有下列优点：

（1）自由度增加（波幅）。

（2）操作次数更少。

（3）各开关电压更低。

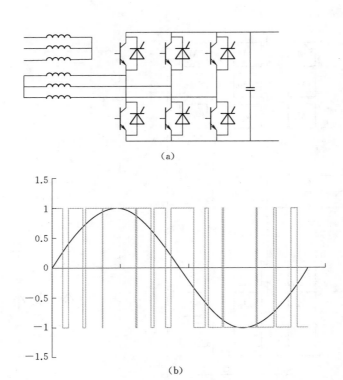

(a)

(b)

图 6.9 （a）6 脉冲桥，用于基于电压源型变换器的高压直流变换器及 PWM 信号；
（b）交流电压波形，来自两电平换流桥的正负直流脉冲。

（4）功率损耗更小。

近期，基于电压源式变换器的高压直流设备制造三大厂家（ABB、阿尔斯通和西门子）都在朝着多电平变换器拓扑发展，其电力电子电平不同，但是在交直流电网侧的运行方式基本相同。这些电压源型变换器的不同实施方案分别在 Jacobson（2010）、Alstom Grid（2011）和 Dorn（2008）中进行了详细论述，并且 Glasdam（2012）和 Ahmed（2011）还对它们进行了对比回顾。本章只对其不同拓扑结构及原理进行了简短描述。

传统的两电平或三电平变换器可在高频下切换全部（或一半）直流电压。这些高频下的高压步长会导致更大损耗，对滤波器的要求更高，并对变压器提出额外要求。

模块化多电平变换器（MMC 或 M2C）是由 Lesnicar 和 Marquardt（Lesnicar，2003）提出来的，西门子首先将其引入到高压直流中。由于该变换器与传统拓扑相比具有很多优点，因此，现在应用越来越广泛。模块化多电平变换器的主要部件称为子模块。子模块的数量可随着电平数的增减而增减，以获得所需的输出电压。

模块化多电平变换器技术 ［图 6.10（a）］ 可单独对各子模块进行操作，因此，其电压步长非常小。这些单独的电压不仅非常小，而且所需的频率也大幅降低（原来为 1～2kHz，降低为 100～150Hz），这两点都会对损耗及设备产生积极影响。ABB 研发的级联式两电平拓扑采用与模块化多电平变换器拓扑相似的理念。其中一个重要的区别在于，该级联式拓扑与传统两电平变换器一样，在阀门中采用了暗装式 IGBT。

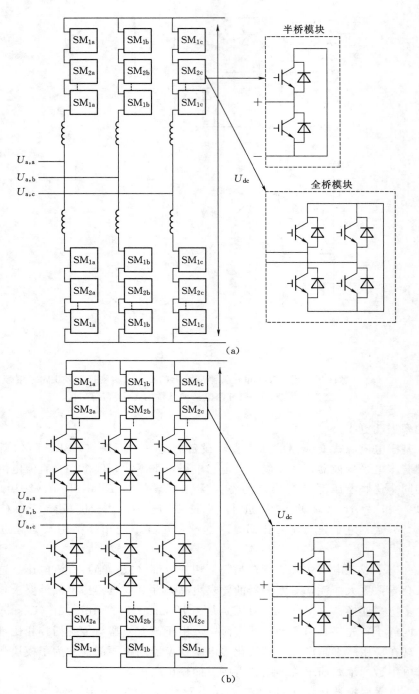

图 6.10　原理图。

（a）电压源型变换器多电平变换器，该变换器可利用标准的半桥或全桥模块；（b）混合式多电平变换器。

　　阿尔斯通已经对多电平拓扑实现了商业化，称为"MaxSine"。阿尔斯通还提出了第二代变换器［图 6.10（b）］，该变换器是一个混合式变换器。其试图利用模块化多电平变换器的优点（损耗小、对设备要求低）以及传统式两电平变换器的优点（电力电子部件少），将具有较低切换频率的两电平变换器作为主要切换部件，并为剩余的正弦波增加一个多电平变换器。

尽管不同的多电平设计所采用的部件及内部控制机制（部件切换）不尽相同，但其系统特性基本相似。变换器拓扑在持续发展变化。一个潜在发展趋势就是用全桥变换器取代半桥变换器［图 6.10（a）］。全桥变换器能够在故障期间对电流进行限制，但是，其成本更高昂，损耗更大。

3. 交流设备

电压源型变换器所传输的交流波形更加干净，会对所需的设备产生如下影响：首先，无需采用 12 脉冲变压器配置，因此，无需采用特殊的三绕组变压器；此外，变压器无需处理谐波，因此可采用常规变压器。

但是，需要为变压器配置调压开关进行电压控制。

与基于线路换相变换器的高压直流不同，基于电压源型变换器的高压直流不会产生低次谐波，只需过滤高频 PWM 信号，因此可采用单一的、相对较小的滤波器来过滤。因此对滤波器的要求不高，与基于线路换相变换器的高压直流相比，可以大幅度降低基于电压源型变换器的高压直流装置的影响。

需要加装一个交流电抗器，该线圈采用串联布置，典型阻抗约为 0.15p.u.，主要采用强制风冷进行冷却。该交流电抗器有两个主要功能：①可作为高频切换信号的过滤器；②可协助进行电压控制。

交流电抗器可闭锁 PWM 信号，避免其进入电力系统，限制短路电流的上升速率，为潮流控制提供恒定的基频。各终端的功率交换控制情况将在 6.5 节进行详细介绍。

6.4.4 线路和电缆

实际工程中既采用直流架空线，也采用电缆。对交直流架空线进行比较时，由于绝缘子上的积尘以及导线周围空气的恒定极化效应，直流线路对闪络更加敏感。采用高压直流时，可降低对通行权（RoW）方面的要求。

在给定工作电压下，架空线的允许负荷受到热膨胀（及相应的弧垂）和导线退火温度的限制。与之相比，电缆主要受到绝缘子材料老化的限制。为了确保电缆和架空线具有相同的使用寿命，电缆的工作温度必须低于架空裸导线的温度。

此外，电缆产生的热量必须通过绝缘子（绝缘子几乎一直采用具有良好电气及隔热性能的绝缘材料）进行传递，直埋时必须通过周围的土壤进行传递。

对于电缆以及架空线来说，导电材料可采用铜或铝。铜的导电率更高，因此电缆更细；而铝的密度较低，每千克成本也更低。对于架空线来说，低密度特别重要，因为密度低可以减轻其重量。

目前，这两种材料的相对价格使铝成为更受欢迎的选择，对于架空线来说更是如此，架空线几乎很少采用铜。铜仍然用于具有较高额定功率的电缆连接，以避免电缆过粗。

由于电缆系统对热力要求比架空线苛刻得多，对于相同的功率，电缆必须具有更大的导线截面。因此，电缆电阻一般都比相同额定值下的架空线电阻低。

由于电缆的间距更窄，因此电感一般更低。但是，随着导线与地线（避雷线）之间的距离变小，电缆的电感会变得更高。因此，电缆的充电电流会大幅度升高，甚至升高到使400kV 系统必须每隔 20～40km 就需要装设一套无功补偿装置。当然，直流连接时，电感、电容和充电电流就不那么重要了。因此，高压直流的一个主要应用场合就是不可能进行架空连接时的长距离互联，例如长距离海底电缆等。

高压直流连接中主要采用整体浸渍电缆、自容式充液电缆和挤出型电缆三种型式的电缆（Peschke，1999）。

1. 整体浸渍（MI）电缆

整体浸渍电缆是高压直流系统中最常用、最可靠的电缆方案。绝缘材料为纸，采用高黏度化合物进行浸渍。这些电缆最高可用于直流 500kV，最大电缆截面积为 2500mm²。截面积越大，电缆就越重（30～60kg/m），就越难进行安装。对于陆地电缆来说，其单段最大长度不受生产限制或电缆的无功特性限制，而是受电缆盘的最大重量及最大直径的限制。这就意味着，最粗的电缆，其长度限制在 1km 左右。可采用接头将各根电缆连接起来。各根电缆的连接费用占成本中的很大一部分，也是敷设工艺中的一个重要组成部分，对电缆可靠性发挥着非常重要的作用。由于海底电缆可以敷设在特殊的电缆船上，因此，海底电缆可以长很多（长达 100km）。

2. 自容式充液电缆（SCFF）

自容式充液电缆也采用纸作为绝缘材料，但是不采用高黏度油，而是采用低黏度油进行浸渍。该电缆可用于非常高的电压（可用于 600kV，已用于 500kV）和较短连接，其中，没有液压限制，以便在过热瞬间对电缆进行冷却。自容式充液电缆的最大可用截面积为 3000mm²，最大截面下，其典型重量为 40～80kg/m。单根导线的直径最大可达到 160mm。

3. 挤出型电缆（XLPE）

在高压直流应用方面，特别是基于电压源型变换器的高压直流应用方面，一个最新进展是，开始采用挤出型电缆（XLPE）。与充油式电缆相比，这些电缆目前只能用于相对较低的电压等级（已安装用于 200kV，可用于 320kV），只有在无需逆转电缆的电压极性时潮流方向可以改变，方可使用。这一点非常重要，因为挤出型电缆（一般为聚乙烯材料）可能会出现电荷不均匀分布问题，这会导致在磁场的作用下电荷在绝缘材料内部发生移动。这些电荷积聚在绝缘材料内部局部区域（空间电荷），尤其是那些会使电压极性发生快速逆转的电荷，会引起较高的局部应力，进而加速绝缘材料的老化。直流交联聚乙烯电缆的主要问题详见 Terashima（1998）：①高温下直流击穿强度非常低，主要取决于绝缘厚度；②当极性发生逆转后或当反极性雷击叠加在直流预应力上后，直流击穿强度就会急剧下降。

挤出型电缆的这些特性使其不适用于那些电压极性定期发生变化的系统中。由于基于线路换相变换器的高压直流是通过改变电压极性来实现功率逆转的，因此，交联聚乙烯电缆不太适用于这种型式的高压直流中。但在基于电压源型变换器的高压直流系统中，电压独立于潮流方向，始终保持同一极性。这样，挤出型电缆就更适用于基于电压源型变换器的高压直流应用中。

使用交联聚乙烯电缆还具有下列优点：①更轻；②弯曲比更小；③无环境风险（如溅

油等）；④安装维护更简单、快速；⑤更便宜。

目前，除了一个基于电压源型变换器的高压直流方案以外，其他方案都采用了交联聚乙烯电缆。该特例情况就是赞比亚和纳米比亚之间的卡普里维（Caprivi）系统，该系统的架空线采用了交联聚乙烯电缆。采用电缆连接的主要原因如下：①道路通行权（RoW）占用少，可见度低，可更快地获得批准；②与充油式电缆相比，基于电压源型变换器的高压直流电缆（交联聚乙烯电缆）造价更低，缩小了价格差；由于架空线更容易遭受雷击，因此需要为电压源型变换器装置加装额外保护，这些保护也是非常昂贵的。

与线路换相变换器不同，基于 VAS 的系统不具备清除直流线路故障的能力。线间故障或线对地故障会导致电压源型变换器直流电容器发生放电。在交流保护清除直流故障之前，故障电流会通过续流二极管得以维持。电缆可降低此类电力中断的次数。

尽管雷击可能会损坏电力电子装置，但无需针对雷击加装额外保护；尤其是这些电缆对环境和社会的影响比较低时，这也是一个主要卖点。

交联聚乙烯电缆可以就近安装，因此，可以直接在地面上"拖动"电缆，非常直接地进行敷设安装。

6.4.5 额定值

图 6.11 给出了高压直流系统的额定电流，并描绘了线路换相变换器和电压源型变换器系统以及如交联聚乙烯电缆和整体浸渍电缆架设的架空线。应注意，一般地，电压和电流的依赖关系需要分别进行处理。由于电力电子变换器有望能够处理更高的电压等级，无需对变换器设计进行创新性变更，因此，电压限值主要与电缆技术有关；而电流限值受到流经电力电子部件的最大电流的限制。

尽管基于线路换相变换器的高压直流普遍采用架空线，但是，基于电压源型变换器的高压直流系统也有，即赞比亚和纳米比亚之间的卡普里维线路。如图 6.11 所示，对于具有较高额定功率的

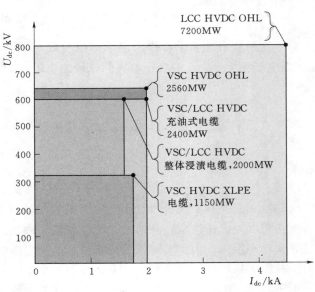

图 6.11 高压直流系统的额定电流。

电压源型变换器高压直流来说，电缆的电压限值是一个限制因素。对于直流交联聚乙烯电缆来说，正在研发更高的电压等级（高达 500kV）。由于具体数值受到安装及环境条件的限制，上述数值为表征性数值。特别是对于电缆，额定值取决于许多因素，如采用的埋设方式（直埋、海底敷设、隧道敷设等）和材料（铜材或铝材）。由于充油式电缆需要定期充油，因此，不适用于长距离传输（Van Hertem，2010）。

6.5 高压直流的运行

高压直流输电可实现自由控制，使系统运行人员能够根据电网实际情况，对控制装置进行优化。本节将讨论变换器运行、整个输电线路及其在动态稳定性方面发挥的作用。

6.5.1 高压直流系统控制

用一个简单的直流网络来代表高压直流方案。线路换相变换器和电压源型变换器的工作原理不同。其中，线路换相变换器在恒定电流下运行，而电压源型变换器在恒定电压下运行（在正常稳态运行时）。图 6.12 所示为简化的线路换相变换器和电压源型变换器连接方案。

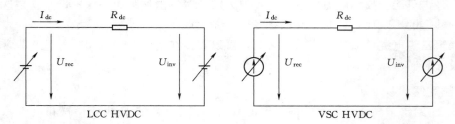

图 6.12 简化的直流系统，分别表示线路换相变换器和电压源型变换器链路。

对于这两套系统来说，欧姆定律都是有效的：流经直流线路的电流等于整流器电压 U_{rec} 和逆变器侧电压 U_{inv} 的电压差再除以线路电阻，即

$$I_{dc} = \frac{U_{rec} - U_{inv}}{R_{dc}} \tag{6.1}$$

流经直流系统的电流可以用类似的方式来表示

$$P_{loss} = P_{rec} - P_{inv} \tag{6.2}$$

或

$$(U_{rec} - U_{inv}) I_{dc} = U_{rec} I_{dc} - U_{inv} I_{dc} \tag{6.3}$$

线路换相变换器系统是通过改变各晶闸管的触发角，进而改变直流线路两侧的电压。反馈回路将电流保持恒定，并通过改变触发角来改变流经直流线路的功率。这种运行方式容易导致功率反向。为了实现该目的，需要改变电压的极性。但这会给电缆系统带来附加应力，就要求采用特殊的功率反向方案。因此也不可能采用交联聚乙烯电缆。

由于各节点的电压通过改变内环控制回路的电流来保持恒定，因此，基于电压源型变换器的高压直流系统运行采用线路换相变换器系统的双运行模式。因为电压源型变换器可以采用 IGBT 开闭阀门进而确定波形。

此外，直流线路交流侧的动作行为在线路换相变换器和电压源型变换器上是不同的。因为晶闸管桥的配置流向线路换相变换器的电流始终滞后于电压。变换器始终消耗无功，是关断角的函数。无功需要在电网的其他地方进行补偿。一般地，采用电容器组、SVC 或 STATCOM 进行无功补偿。

交流侧电压源型变换器的动作可与同步系统进行比较。变换器侧的交流电压全面控制

幅值和相角。变换器侧的各交流波形可
单独生成，以获得所需的运行状态。图
6.13 所示为一个简化的等效电路。感性
输电线路上功率传输的基本公式为

$$P = \frac{U_{\text{grid}} U_{\text{vsc}}}{X} \sin\delta \qquad (6.4\text{a})$$

$$Q = \frac{U_{\text{grid}}^2}{X} - \frac{U_{\text{grid}} U_{\text{vsc}}}{X} \cos\delta \qquad (6.4\text{b})$$

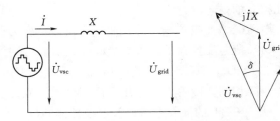

图 6.13 电压源型变换器端等效电路及相量图。
电压源变换器端的动作与同步系统相似。

式中：U_{grid} 为系统电压有效值；U_{vsc} 为变
换器产生的正弦波电压有效值；X 为变换器和电网（即交流相电抗器和变压器）间的交
流回路阻抗；δ 为电压 U_{grid} 和 U_{vsc} 之间的角度。

式（6.4）表明，由于 δ 和 U_{vsc} 都可以通过变换器控制装置来改变，因此有功和无功
都可以由电压源型变换器线路进行控制。显然，实际的变换器控制方案复杂得多，涉及开
关控制，流经变换器的电流、功率或直流电压控制器，其他与电网相关的变换器，必要的
限制装置以及异常行为的特殊控制方案等。

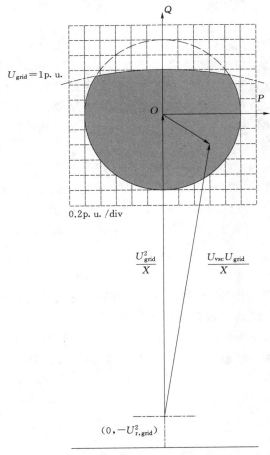

图 6.14 电压源变换器的 PQ 圆。

直流线路和交流输电系统间交换的有
功功率可通过改变交流电压和电压源型变
换器电压间的相角来修改。修改电压源型
变换器电压的有效值只对有功潮流产生非
常微小的影响。因此，交流系统电压的控
制独立于有功潮流控制。如式（6.4b）所
示，无功功率与电压幅值的关系更加直
接，而与电压相角差的关系不那么直
接（电压相角差保持相对较低时，电压幅
值接近 1p. u.）。

可以改写式（6.4），在 PQ 平面（图
6.14）中描述一个圆。只要在该圆内，基
于电压源型变换器的高压直流系统就可以
传输所需的有功和无功功率。显然，基于
电压源型变换器的高压直流端子可以在所
有四个象限内运行。在第一象限，该端子
可向系统发出有功和无功功率（作为电容
器）。在第二象限，该端子可吸收有功，
发出无功。在第三象限和第四象限，该端
子可吸收无功（用作电感装置），同时可
以从电网吸收有功或向电网发出无功。两
端的有功功率交换为 $P_{\text{Terminal1}} - P_{\text{Terminal2}} = P_{\text{Loss}}$。但是，直流线路两侧的无功输出是

彼此独立的。

电压源型变换器线路的控制受变换器下列物理特性的限制：

（1）流经变换器的最大电流。变换器和电网侧的阻抗保持恒定时，该部件会产生最大电压 $\Delta U = U_{vsc} - U_{grid}$。在图 6.14 中，最大电流由 O 周围的圆来表示。由于变换器阻抗间的电压降相同，随着电网电压升高，最大潮流也增加。

（2）IGBT 的最大电压以及变换器侧的最高交流电压 U_{vsc}。

（3）直流电缆可以承受的最高直流电压和电流。

除了设计特性，电网侧的电压 U_{grid} 也会对功率控制范围产生影响。在正常的电网工况下，半导体的电压可在 0.9～1.1p.u. 间波动。

基于电压源型变换器的高压直流线路具有先进的可控性，因此更适用于小型系统，例如风电场等。电压源型变换器对交流电网的影响更小（正确控制后）。另外，与线路换相变换器相比，电压源型变换器的影响更小，这一点对空间非常昂贵的海上应用场合来说尤其重要。

6.5.2 高压直流输电线路的运行

与交流线路相反，高压直流线路完全可控。流经线路的潮流（采用基于电压源型变换器的高压直流时，还有端电压）此时就是一个变量，该变量可以由线路所有者或运行人员设置。这样，高压直流线路就允许运行人员根据运行目标对系统进行调整。可能的目标包括损耗最小化、保持固定传输、紧急事件的影响最小化等。

由于高压直流线路会对流经系统的潮流产生根本性影响，电网规划中必须考虑线路控制。涉及多个运行人员（直接或间接）时，这就变成了一个须纳入考虑的重要参数。当线路不仅由输电系统的运行人员控制，而且由商业投资方控制时，这一点尤其重要。由于流经高压直流线路的潮流可能会发生大幅度变化，这些变化对电力系统运行安全的潜在影响就必须纳入考虑。

相邻地区间的多条高压直流线路会相互影响，这就使得高压直流线路控制变得更加复杂。此外，当多个运行人员值守、设定其线路的控制定值时，局面就变得更加复杂。

尽管如此，高压直流线路自由度更大，使得电网运行人员在保持运行安全的同时，有时间来根据当前情况对系统进行调整（如若干时间内，来自某个地区的风电或太阳能发电馈入等）。复杂程度越高，灵活性就越大。

6.5.3 对系统稳定性的贡献

高压直流连接具有极大的动态性，与交流系统相互作用。这里不详细讨论高压直流系统的动态问题，但需要仔细研究高压直流与系统其他地方的相互作用。通过适当的控制，高压直流线路一般能够改善电力系统的整体动态行为。例如，基于电压源型变换器的高压直流线路的电压控制可用来减缓交流侧的振荡，可通过对流经线路的潮流进行适当控制，为其他不同区域提供频率支持。

6.6 高压直流电网

在电能传输领域，基于电压源型变换器的高压直流的出现是一个转折点。借助它可以实现远程能源（如海上风电场等）的接入，采用长电缆接入那些原来不能利用传统交流连接或基于线路换相变换器的高压直流连接的地区，使用基于电压源型变换器的高压直流来实现这些连接目前正处在部署阶段。

这一发展的下一阶段就是直流电网。直流电网就是具有多个接入单个直流回路的端子的直流系统。直流电网的最简单形式就是一个多端子系统，也可能是网孔状的直流电网。与点对点直流线路相比，直流电网的优势在于，减少了所需的变换器数量，这样，投资成本就下降了。在许多人看来，基于电压源型变换器的高压直流电网是将来发展可持续能源供应的一个关键驱动力〔例如，见 Desertec（2007）和 Woyte（2008）〕。

不管潜力如何，基于电压源型变换器的高压直流电网仍然面临许多问题。例如，尚不清楚海上风电场电网连接的最佳配置或布置，直流电网中电压源型变换器控制器的实际控制如何实施（Jovcic，2011）。一些具体的焦点问题包括输电系统的保护、可靠性以及控制等。

6.7 未来趋势

高压直流的发展呈现在不同领域。第一次演化是在设备额定功率的提高。对于架空线路系统来说，电流限制与变换器电压有关；对于电缆系统来说，电流限制与电缆电压有关。交联聚乙烯电缆以及其他型式的电缆也可用于不断升高的额定值，即采用更好的绝缘材料以提高电缆额定电压来实现。输电系统的电缆要求采用大量的绝缘材料，绝缘材料的厚度〔反过来就是允许电压梯度（kV/cm）〕是最重要的，这样，在安装及生产过程中，可以对电缆系统进行管理。有利于电缆技术的进一步革新包括绝缘材料的发展，该材料能够很好地对电绝缘，但对热来说确是很好的导体。

第二次演化与高压直流换流站有关。尤其是基于电压源型变换器的高压直流变换器仍处于研发过程中，其目标是降低损耗，使设计方案更廉价。

第三次发展是阀门采用了新的半导体材料。除了对现有阀门进行改进以外，新型的电力电子阀门也在研发中。宽带隙半导体装置在持续研发过程中，并有望取代输电系统中现有的电力电子设备。与传统的电力电子部件相比，这些半导体装置具有下列优点：在相同的层厚度下，能够耐受更高的反向电压；导电损耗更小；结温更高；受温度影响更小；切换速度更快。这些装置采用的主要材料为碳化硅（SiC）和氮化镓（GaN），已经针对这两种材料进行了小规模测试，但是还没有在输电电压等级下投入商业应用。

研究人员对基于电压源型变换器的高压直流如何以更加动态的方式进行控制和利用非常感兴趣。尤其是对于具有较低惰性的系统控制，如海上风电场等，对电压源型变换器端进行优化控制可带来更高收益，使运行更加稳定。

第四次演化是高压直流电网的发展。许多研究人员、输电系统运行人员和其他相关方都在考虑海上电网，甚至是基于高压直流技术的泛欧超级电网（也称为泛欧电力高速路系统 2050）。若该项目成功，该直流电网将成为欧洲电力传输的骨干电网（Van Hertem，2010；Cigré B4 - 52，2012）。

6.8 结论

本章介绍了高压直流输电系统。首先，给出了高压直流发展的驱动因素，主要包括那些旨在建立可持续的、具有竞争力的电力系统的方针政策，以便提供充足的供电安全性。同时，传统投资已变得非常困难。在研发领域，驱动力主要是能源消耗的快速增长，这就要求新建输电线路。因为量大、距离长，高压直流成为首选技术。

本章主要描述了高压直流的两个主要技术：传统技术为基于线路换相变换器的高压直流，该技术仍然是应用最广的。目前，该技术具有最高的可用额定功率。另外，基于电压源型变换器的高压直流更加动态，可使用交联聚乙烯电缆，这种技术更加适用于海上风电场等场合，并详细介绍了高压直流系统所需的设备。

高压直流系统为电网运行人员提供了补充控制，使运行人员能够对电网运行进行优化处理，但是系统运行会变得更加复杂。

高压直流不是一项新技术，该技术在 19 世纪就已经出现，早期的电力系统是基于直流技术的。随着时间的推移，交流技术占据了主导地位；但是在 20 世纪 50 年代，高压直流技术开始在那些无法用交流线路连接的电力系统中发挥重要作用。但该技术仍然是一种"特殊"方案。近年来，高压直流变得日益重要。基于电压源型变换器的高压直流的发展使建设高压直流电网变得可能。高压直流电网可用于将来的海上电网，连接主要的可再生能源，甚至发展成为输电系统的新骨干。

参考文献

ABB, 'It's time to connect – Technical description of HVDC Light technology,' ABB, Tech. Rep., 2006, (Last checked on 07/11/2008). [Online]. Available: http://www.abb.com/hvdc.

Ahmed, N., Haider, A., Van Hertem, D., Zhang, L., Nee, H. – P., 'Prospects and challenges of future HVDC SuperGrids with modular multilevel converters,' Proceedings of the 2011 – 14th European Conference on Power Electronics and Applications(EPE 2011)EPE 2011.

Andersen, B. R., 'VSC Transmission,' Cigré Workgroup B4: HVDC and power electronics, Tech. Rep. 269, Apr. 2005, working group B4. 37.

Alstom Grid, HVDC – VSC: transmission technology of the future, Thinkgrid magazine ♯8, 2011.

Arrillaga, J. (1998), High Voltage Direct Current Transmission. Institution of Engineering and Technology(IET). p. 1. ISBN 978 – 0 – 85296 – 941 – 0.

Arrillaga, J., Liu, Y. H., Watson, N. R., *Flexible Power Transmission: The HVDC Option*, John Wiley & Sons, ISBN 978 – 0 – 47005 – 688 – 2.

Asplund G., (convenor Cigré B4 – 52), 'HVDC grid feasibility study', 2012, Cigré Working group B4 – 52(In preparation).

Bahrman, M. P., Johnson, B. K., 'A brief look at the history of HVDC to help understand its bright future.' IEEE Power and Energy Magazine, vol. 5, no. 2, pp. 32 – 44, Mar. /Apr. 2007.

Bahrman, M. P., Johnson, B. K., 'The ABCs of HVDC transmission technologies,' IEEE Power and Energy Magazine, vol. 5, no. 2, pp. 32 – 44, Mar. /Apr. 2007.

Beerten J., 'Modelling and Control of HVDC Grids, PhD dissertation,' 2013, KU Leuven.

Desertec Foundation, 'Clean power from deserts—the DESERTEC concept for energy, water and climate security, whitebook. 'Trans – Mediterranean Renewable Energy Cooperation(TREC),2007.

Dodds,S. , Railing, B. , Akman, K. , Jacobson, B. , Worzyk, T. , Nilsson, B. , 'HVDC VSC(HVDC Light) transmission – Operating experiences', Cigré sessions 2010, paper B4 – 203, Paris.

Dorn,J. , Huang, H. , Retzmann, D. , 'A new Multilevel VSC Topology for HVDC Applications,' CIGRE Paris Session 2008.

Henry S. , (convenor Cigré JWG C4/B4/C1), 'Influence of Embedded HVDC Transmission on System Security and AC Network Performance' Working group Cigré JWG C4/B4/C1(In preparation).

Hingorani, N. G. , 'High – voltage DC transmission: a power electronics workhorse,' Spectrum, IEEE, vol. 33, no. 4, pp. 63 – 72, Apr 1996. doi: 10. 1109/6. 486634. URL: http://ieeexplore. ieee. org/stamp/stamp. jsp?tp= &arnumber=486634&isnumber=10407.

INELFE – Europe's first integrated onshore HVDC interconnection P. Labra Francos, S. Sanz Verdugo, H. Fernández Álvarez, S. Guyomarch, J. Loncle, IEEE PES general meeting 2012, San Diego.

Jacobson B. , P. Karlsson, G. Asplund, L. Harnefors, T. Jonsson: 'VSC – HVDC Transmission with Cascaded Two – Level Converters', Cigré sessions 2010, paper B4 – 110, Paris.

Jakob Glasdam, Jesper Hjerrild, Łukasz Hubert Kocewiak, Claus Leth Bak, 'Review on Multi – Level Voltage Source Converter Based HVDC Technologies for Grid Connection of Large Offshore Wind Farms', IEEE PES Powercon 2012.

Jovcic, D. , Van Hertem, D. , Linden, K. , Taisne, J. – P. , Grieshaber, W. , 'Feasibility of DC Transmission Networks,' in Proceedings of the IEEE PES Innovative Smart Grid Technologies Europe 2011, Manchester, United Kingdom, December 2011.

Lesnicar, A. , Marquardt, R. , 'An innovative modular multilevel converter topology suitable for a wide power range,' Power Tech Conference Proceedings, 2003 IEEE Bologna, vol. 3, 2003, p. 6.

Peschke, E. , von Olshausen, R. , 'Cable systems for high and extra – high voltage' 1999, Pirelli, ISBN: 3 – 89578 – 118 – 5.

Terashima, K. , Sukuki, H. , Hara, M. , Watanabe, K. , 'Research and development of $+/-$ 250 kV DC XLPE cables,' IEEE Transactions on Power Delivery, vol. 13, no. 1, pp. 7 – 16, Jan. 1998.

Van Hertem D. , Ghandhari M. , Delimar M. , 'Technical limitations towards a SuperGrid – A European prospective,' Energy Conference and Exhibition(EnergyCon), 2010 IEEE International vol:1, IEEE ENERGYCON edition, Bahrain, December 18 – 23, 2010.

Woyte, A. , De Decker, J. , Vu Van, T. , 'A North Sea electricity grid[R] evolution – electricity output of interconnected offshore wind power: a vision of offshore wind power integration,' Greenpeace – 3E, 2008.

第7章　现代柔性交流输电系统设备

K. WANG and M. L. CROW，Missouri University of Science and Technology，USA

DOI：10.1533/9780857097378.2.174

摘　要：本章介绍了目前世界范围内使用的主要柔性交流输电系统设备。现代柔性交流输电系统设备基于电压源型变换器（VSC）概念，在基本频率下，向电力系统注入可控交流波形，进而改变母线或输电线的潮流。本章回顾了三种主要的现代柔性交流输电系统设备：静止同步补偿器（STATCOM）、静止同步串联补偿器（SSSC）和统一潮流控制器（UPFC），并为每种装置提供了状态空间非线性模型及典型的控制方式。本章简要总结了包括线间功率控制器和以电压源型变换器为基础的高压直流系统在内的柔性交流输电系统设备的未来趋势。

关键词：柔性交流输电系统；电力电子；电力系统控制；电压源型变换器

7.1　引言

在大型输电系统中，使用以电力电子器件为基础的装置可以克服目前机械控制输电系统的缺陷。这些灵活控制的电网有助于延迟建立更多输电线的需要，或将该需要降至最低，并允许相邻电力公司和区域经济可靠地交换电力。

在输电系统的分散控制中，柔性交流输电系统设备具有更多的灵活性。由于垂直并网的公用事业结构正被逐步淘汰，大电力系统的集中控制将不再是唯一选择。输电供应商不得不寻找本地控制的方式来解决一些潜在问题，例如系统中的不均匀潮流（回流）、瞬时和动态不稳定性、次同步振荡以及动态过电压和欠电压。

在电力系统中使用柔性交流输电系统设备可以克服目前机械控制输电系统的缺陷。通过促进大电力输送，这些互联的电网有助于将扩大电厂的需求降至最低，并允许相邻电力公司和区域交换电力。由于行业向着更具竞争力的态势发展，电力将作为商品进行买卖，因而大电力系统内柔性交流输电系统设备将持续发展。由于电能传输越来越频繁，电力电子装置的应用更加频繁，以确保系统的可靠性和稳定性，并提升沿各送出回廊的最大电力输送。

大功率电子工业的迅速发展使柔性交流输电系统设备对于电力公司可行并具有吸引力。实践已证明，柔性交流输电系统设备对于控制潮流和抑制电力系统振荡是有效的（Hingorani 和 Gyugyi，1999；Zhang 等，2010）。

目前，柔性交流输电系统设备的多种装置已应用于日本、巴西、美国和世界上其他地区。

本章首先简要总结电压源型变换器。电压源型变换器是现代柔性交流输电系统的主要结构组件。介绍了导电模式和脉冲宽度调制转换策略。然后聚焦于更流行的柔性交流输电系统设备：静止同步补偿器、静止同步串联补偿器和统一潮流控制器。最后介绍了多种混合应用。

7.2 电压源型变换器

现代柔性交流输电系统设备的主要构件是电压源型变换器。电压源型变换器包括一个提供恒定直流电压的电压电源（电池或电容器）。功率注入或吸收是由直流电流出入变换器的方向控制的。大部分柔性交流输电系统控制器使用三相全波电压源型变换器来连接变换器的直流和交流端。图 7.1 所示为典型的三相变换器。尽管可以单独触发晶体管开关，典型理想的开关模式为 $a_1 = \overline{a}_2 = a$，$b_1 = \overline{b}_2 = b$，$c_1 = \overline{c}_2 = c$。交流电压波形可通过开关模式的选择进行合成。例如，如果 $a = 1$（开），$b = 1$（开），$c = 0$（关），则变换器的拓扑如图 7.2 所示。请注意，在这种拓扑中，$V_{ab} = 0$，$V_{bc} = V_{DC}$，$V_{ca} = -V_{DC}$（突出显示）。产生的线间电压波形如图 7.3 所示。因为线线电压有六种不同的电压等级，因此通常称为"6 脉冲"运行。开关状态见表 7.1。

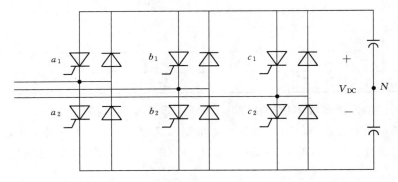

图 7.1　三相全波电压源变换器。

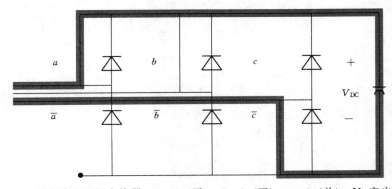

图 7.2　三相全波电压源变换器，$a = 1$（开），$b = 1$（开），$c = 0$（关），V_{ca} 突出显示。

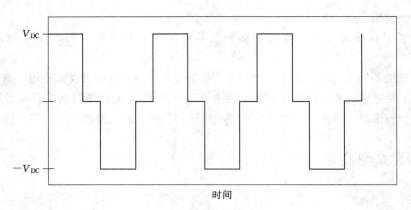

图 7.3　6 脉冲变换器的线电压。

表 7.1　　　　　　　　　　　　开 关 状 态

开　关			电　压		
a	b	c	V_{ab}	V_{bc}	V_{ca}
0	0	0	—	—	—
0	0	1	0	$-V_{DC}$	V_{DC}
0	1	0	$-V_{DC}$	V_{DC}	0
0	1	1	$-V_{DC}$	0	V_{DC}
1	0	0	V_{DC}	0	$-V_{DC}$
1	0	1	V_{DC}	$-V_{DC}$	0
1	1	0	0	V_{DC}	$-V_{DC}$
1	1	1	—	—	—

如果采用三角形接线或不接地 Y 形连接变压器将变换器接入交流系统，则电压中不存在零序分量，所有 3 次（$3n$）谐波均会被抑制，仅留下 $6n\pm1$ 次谐波，振幅为 1/5、1/7 等。因此，二次变压器的相电压会缺少 3 次谐波（图 7.4）。相应的线电压为

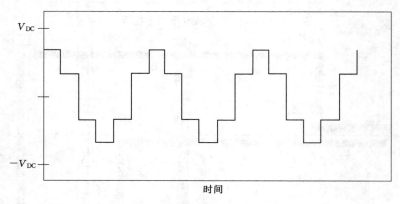

图 7.4　6 脉冲变换器的相电压。

$$V_{ab} = \frac{2\sqrt{3}}{\pi} V_{DC} \left[\cos(\omega t) - \frac{1}{5}\cos(5\omega t) + \frac{1}{7}\cos(7\omega t) - \frac{1}{11}\cos(11\omega t) + \frac{1}{13}\cos(13\omega t) - \cdots \right] \quad (7.1)$$

基波的均方根值为

$$V_1 = \frac{\sqrt{6}}{\pi} V_{DC} = 0.78 V_{DC} \quad (7.2)$$

其中，相电压为

$$V_{ab} = \frac{2}{\pi} V_{DC} \left[\cos(\omega t) + \frac{1}{5}\cos(5\omega t) - \frac{1}{7}\cos(7\omega t) - \frac{1}{11}\cos(11\omega t) + \frac{1}{13}\cos(13\omega t) - \cdots \right] \quad (7.3)$$

接入与第一台变换器产生 $30°$ 相位移的变换器，可以进一步降低谐波含量。如果这两台变换器的输出电压相加，则可得到 12 脉冲阶梯波形，谐波阶数近似为 $12n \pm 1$，振幅为 1/11、1/13 等。图 7.5 所示为这种配置，两台 6 脉冲变换器并联在同一条直流母线上，其中：一台变换器二次侧为不接地 Y 形连接；另一台变换器二次侧为 △ 形连接，其匝数为 Y 形连接的 $\sqrt{3}$ 倍。输出线电压如图 7.6 所示。由于谐波频率更高，过滤谐波所需的无源元件变得更小更便宜。因此，应尽可能地提高频谱中的谐波频率。将 12 脉冲变换器组合为 24 脉冲变换器，就可以进一步降低谐波并达到更高的电压。两台 12 脉冲变换器，其中一台变换器相移为 $15°$，可以产生 24 脉冲波形，谐波阶数为 $24n \pm 1$，振幅为 1/23、1/25 等。类似地，可以使用更小的变换器和各种相移的变压器构建 48 脉冲变换器。谐波随着脉冲数量上升而显著增加，变压器的磁配置变得更加复杂。

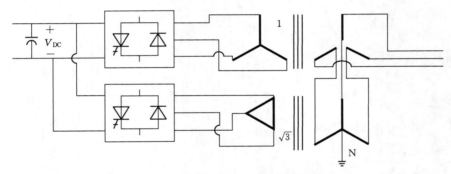

图 7.5　12 脉冲电压源型变换器。

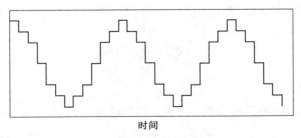

时间

图 7.6　12 脉冲变换器的线电压。

使用变换器的脉冲宽度调制（PWM）开关也可以降低谐波含量。这只有在电力电子设备的变换器开关足够快的情况下才能实现。这种方法目前在极高压电压源型变换器上尚未实现，但是在配电层的设备上是可行的。在脉冲宽度调制开关控制的 6 脉冲变换器中，可以通过改变电压脉冲的宽度来控制输出电压。产生的谐波含量由调制频率决定，将谐波移入千赫兹范围，使滤波设备的费用大大降低。脉冲宽度调制开关的缺点是，如果在设备进行导电时进行切换（即"硬切换"），可能产生相当大的有效功率损耗，继而降低变换器的效率。

最普通的脉冲宽度调制方法是"正弦三角"法，在这种方法中，三角载波波形叠加在参考三相正弦曲线波形上，如图 7.7 所示。每当三角载波波形通过参考正弦曲线波形时，开关便被激活。这样产生的波形依然是三级波形（电压等级分别为 V_{DC}、0 和 $-V_{DC}$），但是可以两级之间迅速切换，如图 7.8 所示。使用适当的低通过滤器过滤高频波形，产生如图 7.9 所示的波形，即为正弦曲线。使用多级脉冲宽度调制开关变换器可以实现进一步细化（Corzine，2002）。

柔性交流输电系统的多级变换器的优势为：减少注入电力系统的谐波、因电压降低使电力电子元件的应力降低、降低转换损耗。多级变换器也适用于各种脉冲宽度调制策略，从而提高效率和控制。

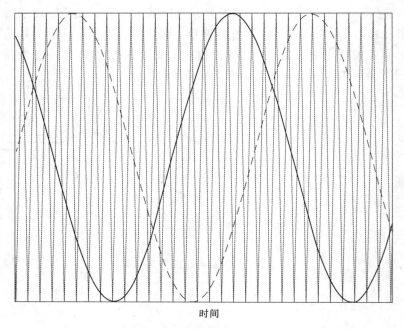

时间

图 7.7　参考波形和三角载波波形。

7.2.1　级联型变换器

级联多级柔性交流输电系统变换器如图 7.10 所示。这种变换器使用若干串联全桥来合成阶梯波形。由于每个全桥可以具有三种转换组合的输出电压，因而输出电压等级的数量为 $2N+1$，其中 N 为每相中全桥的数量。变换器的腿是相同的，因此是模块化的。

级联型变换器具有几项十分吸引人的特点（Rodriguez 等，2002）。特点之一是易于控制来缓和电荷平衡问题，而这一问题对很多多级变换器有害。电荷不平衡来源于不同电

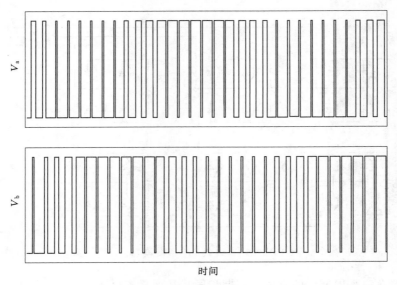

图 7.8 脉冲宽度调制开关 V_a 和 V_b 波形。

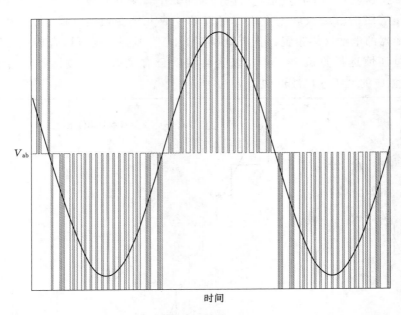

图 7.9　6 脉冲变换器的脉冲宽度调制线间电压、预过滤（正方形痕迹）
和后过滤［平滑（正弦曲线）痕迹］。

压等级的多重直流电源充电和放电。直流电压不平衡会降低电压输出质量；严重时，会导致整个功率转换系统崩溃。输出电压呈阶梯波形，通过改变每半个循环周期的多重 H 桥的占比来得到。由于在每半个循环周期中，每块电池的导电时间不同，电池会有不同的充放电间隔。在级联型变换器中，引入旋转切换方案可以缓和不平衡现象。在旋转切换方案中，每个电压源的导电周期与随后的半循环周期中的相邻电压源交换（Du 等，2006）。因

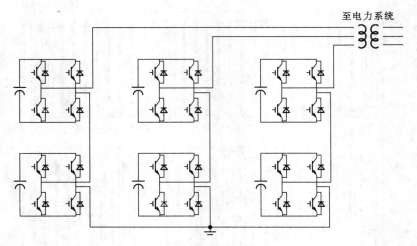

图 7.10　级联型多级变换器。

而每个电容器在完整周期内的充放电周期相同，从而平衡电压。

级联型变换器还有一个特点是它可以进行重新配置来开发变换器拓扑的模块性。一个具有不同电压等级的五级级联型变换器可以转变成九级变换器（Liu 等，2000）。例如，如果五级变换器的电池这样布置：直流电压 V_1 和 V_2 不等，则可以合成九级阶梯输出电压波形。通过谨慎选择直流电源，九级变换器就会有优秀的谐波性能。当 $V_1 = 0.6V$、$V_2 = 0.4V$，相应的九级输出波形如图 7.11 所示。

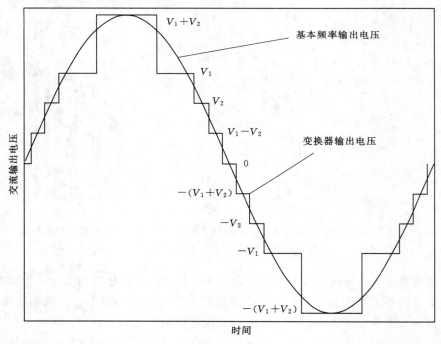

图 7.11　五级级联型变换器构成的九级波形。

118

7.2.2 二极管箝位变换器

如图 7.12 所示，二极管箝位多级变换器使用一串电容器来将直流侧电压划分为多个等级。一般情况下，N 级二极管箝位多级逆变器每相具有 $2(N-1)$ 个主开关和 $2(N-1)$ 个主二极管。每个相脚的开关通过功率二极管连接到不同的电压等级点，这些不同的电压等级点由直流电容器设置。运行时，每个相脚中相邻的开关（三级变换器）为"开"，提供单独的电压等级，因而不同的开关组合可以合成线电压波形。由于电容器存在电荷不平衡的可能，因而在工业应用中，二极管箝位变换器的使用频率比级联型变换器低。但是，

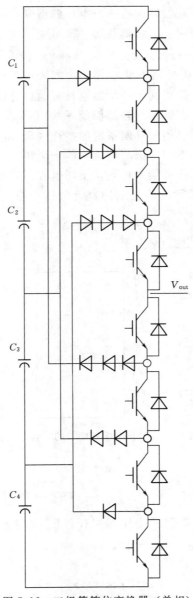

图 7.12 二极管箝位变换器（单相）。

电荷平衡方式的研究进展使得二极管箝位变换器更具有吸引力（Lin，2000；Peng，2000）。最常用的电荷平衡方式是引入一个外部平衡电路或使用空间矢量调制（Botao 等，2002；Marchesoni 和 Tenca，2002）。

7.3　静止同步补偿器（STATCOM）

静止同步补偿器是一种并联柔性交流输电装置，主要用于无功功率控制。静止同步补偿器由电感（滞后）和电容（超前）两种固定运行模式。静止同步补偿器已经广泛应用于改善电力系统运行。静止同步补偿器包括一个电压源型变换器及与其并联的变压器。静止同步补偿器的功能类似于旋转同步电容器或静止无功补偿器（SVC），通常用于为电压支持提供无功补偿（IEEE Power Engineering Society FACTS Application Task Force，1996）。静止同步补偿器通过从线路中抽取（或注入）可控的无功电流来实现这一目的。与传统静止无功发电机相比，静止同步补偿器也具有通过直流电容器的充放电与线路交换有功功率的能力。但是，除非有可用的外部储能系统（例如电池），否则必须将有功功率控制在平均值为零，不为零时仅用于补偿系统的损耗（Schauder 和 Mehta，1993）。

通过注入与线电压正交的不同幅值的电流，静止同步补偿器可向电力系统注入无功功率。静止同步补偿器与静止无功补偿器相同，不用电容器或电抗器组来产生无功功率，但它用一台电容器作为逆变器运行维持恒定的直流电压。静止同步补偿器的等效电路如图7.13 所示。

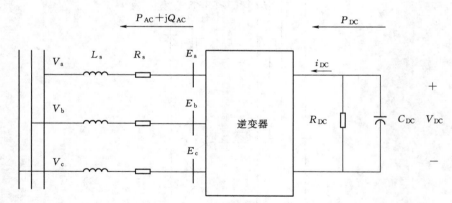

图 7.13　静止同步补偿器的等效电路。

基频电路的回路方程为

$$\frac{\mathrm{d}}{\mathrm{d}t}i_{abc} = -\frac{R_s}{L_s}i_{abc} + \frac{1}{L_s}(E_{abc} - V_{abc}) \tag{7.4}$$

式中：R_s 和 L_s 为静止同步补偿器的变压器损耗；E_{abc} 为逆变器交流侧相电压；V_{abc} 为系统侧相电压；i_{abc} 为相电流。

基频静止同步补偿器电压公式为

$$E_a = kV_{DC}\cos(\omega t + \alpha) \tag{7.5}$$

式中：V_{DC} 为直流电容器电压；k 为调制增益；α 为注入的电压相位角。

这个模型可通过将其转化为同步旋转参考坐标系来进行简化。在参考坐标系中，d 轴一直与瞬时系统电压矢量一致，q 轴与其正交。

动态模型发展的第一阶段是转换，即将三相矢量从 abc 坐标系转换为两轴正交静止坐标系。

$$\begin{bmatrix} V_\alpha \\ V_\beta \\ 0 \end{bmatrix} = C_1 \begin{bmatrix} V_a \\ V_b \\ V_c \end{bmatrix}, \begin{bmatrix} I_\alpha \\ I_\beta \\ 0 \end{bmatrix} = C_1 \begin{bmatrix} I_a \\ I_b \\ I_c \end{bmatrix} \tag{7.6}$$

其中

$$C_1 = \begin{bmatrix} \dfrac{2}{3} & \dfrac{-1}{3} & \dfrac{-1}{3} \\ 0 & \dfrac{\sqrt{3}}{3} & -\dfrac{\sqrt{3}}{3} \\ \dfrac{\sqrt{2}}{3} & \dfrac{\sqrt{2}}{3} & \dfrac{\sqrt{2}}{3} \end{bmatrix}$$

且

$$C_1^{-1} = \frac{3}{2} C_1^T$$

如果三相系统是平衡的，则零序分量为零，瞬时功率可按照 $\alpha\beta$ 数量解释为

$$P = \frac{3}{2}(V_\alpha I_\alpha + V_\beta I_\beta) \tag{7.7}$$

$$Q = \frac{3}{2}(V_\alpha I_\beta - V_\beta I_\alpha) \tag{7.8}$$

第二阶段为转换，即将 $\alpha\beta$ 矢量从两轴正交进行转换。

$$\begin{bmatrix} V_d \\ V_q \end{bmatrix} = C_2 \begin{bmatrix} V_\alpha \\ V_\beta \end{bmatrix}, \begin{bmatrix} I_d \\ I_q \end{bmatrix} = C_2 \begin{bmatrix} I_\alpha \\ I_\beta \end{bmatrix} \tag{7.9}$$

其中

$$C_2 = \begin{bmatrix} \cos\theta & \sin\theta \\ \sin\theta & \cos\theta \end{bmatrix}, \theta = \omega t$$

且

$$C_2^{-1} = C_2^T$$

注意母式 C_2 是随时间变化的，因为 dq 轴不是固定的，而是以同步频率 ω_s 旋转的。类似地，按照 dq 数量，瞬时功率变为

$$P = \frac{3}{2}(V_d I_d + V_q I_q) \tag{7.10}$$

$$Q = \frac{3}{2}(V_d I_d - V_q I_q) \tag{7.11}$$

图 7.14 展示了 abc、$\alpha\beta$ 和 dq 参考坐标系下的相量。abc 和 $\alpha\beta$ 参考坐标系的轴是静止的，但相量是变化的。dq 坐标系的轴是旋转的，但相量是恒定的。

在图 7.13 所示的 dq 参考坐标系中，等效电路模型的非线性静止同步补偿器状态方程如下

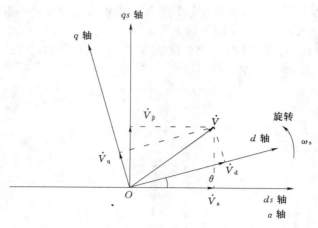

图 7.14　同步旋转 dq 参考坐标系

$$\frac{1}{\omega_s}\frac{d}{dt}i_d = -\frac{R_s}{L_s}i_d + \frac{\omega}{\omega_s}i_q + \frac{k}{L_s}V_{DC}\cos(\alpha+\theta_i) - \frac{V_i}{L_s}\cos\theta_i \tag{7.12}$$

$$\frac{1}{\omega_s}\frac{d}{dt}i_q = -\frac{R_s}{L_s}i_q + \frac{\omega}{\omega_s}i_d + \frac{k}{L_s}V_{DC}\sin(\alpha+\theta_i) - \frac{V_i}{L_s}\sin\theta_i \tag{7.13}$$

$$\frac{C_{DC}}{\omega_s}\frac{d}{dt}V_{DC} = -k\cos(\alpha+\theta_i)i_d - k\sin(\alpha+\theta_i)i_q - \frac{V_{DC}}{R_{DC}} \tag{7.14}$$

式中：i_d 和 i_q 为注入的 dq 轴静止同步补偿器电流；V_{DC} 为直流电容器电压；R_{DC} 为转换损耗；R_s 和 L_s 分别为耦合变压器的电阻和电感。

静止同步补偿器均方根母线电压是 $V_i\angle\theta_i$。静止同步补偿器在母线 i 的功率平衡等式为

$$0 = V_i(i_d\cos\theta_i + i_q\sin\theta_i) - V_i\sum_{j=1}V_jY_{ij}\cos(\theta_i-\theta_j-\phi_{ij}) \tag{7.15}$$

$$0 = V_i(i_d\sin\theta_i - i_q\cos\theta_i) - V_i\sum_{j=1}V_jY_{ij}\sin(\theta_i-\theta_j-\phi_{ij}) \tag{7.16}$$

其中，求和部分代表潮流方程式，$Y_{ij}\angle\phi_{ij}$ 为导纳矩阵的第 i 行、第 j 列元素，n 为系统中母线的数量。第一组（分别）代表静止同步补偿器注入的有功功率和无功功率，右侧的功率总和为系统的潮流方程式。注意式（7.15）和式（7.16）代表静止同步补偿器状态与电力系统的唯一耦合。

静止同步补偿器的控制目的是提供独立的无功支持，并维持直流电容器的电压恒定。通过调节脉冲宽度调制开关命令改变调制指数和式（7.15）中的相位角是较好的方法。静止同步补偿器动态控制有各种控制方法（Schauder 和 Mehta，1993；Lehn 和 Iravani，1998；Rao 等，2000；Sahoo 等，2002；Wang 等，2002；Liu 等，2003；Dong 等，2004；Soto 和 Pena，2004；El‐Moursi 和 Sharaf，2005；Cheng 等，2006；Jain 等，2006；Lu 和 Ooi，2007；MohagheghiI 等，2007；Saeedifard 等，2007；Song 等，2007，2009；Sternberger 和 Jovcic，2009；Hatano 和 Ise，2010；Liu 和 Hsu，2010；Spitsa 等，2010；Wang 和 Crow，2011），大部分方法应用了传统线性控制技术。在这种技术中，电压源型变换器平均值模型的非线性方程式在特定均衡中实现线性化（Schauder 和 Mehta，

1993；Lehn 和 Iravani，1998；Rao 等，2000；Liu 等，2003；Dong 等，2004；El - Moursi 和 Sharaf，2005；Cheng 等，2006；Saeedifard 等，2007；Sternberger 和 Jovcic，2009；Hatano 和 Ise，2010）。

Schauder 和 Mehta（1993）最早提出了比例—积分（PI）静止同步补偿器控制结构。报告显示，对参数进行微调时，无论是在二级变换器中还是在多级变换器中比例—积分控制器表现出令人满意的性能（El - Moursi 和 Sharaf，2005；ChengI 等 2006，Saeedifard 等，2007；Hatano 和 Ise，2010）。比例—积分控制器的缺点是，其性能会随运行条件的改变而降低，尤其是突加载荷变化或附近发生短路故障等大型干扰出现时。

为了补偿运行条件的改变，各种控制方法在广泛的运行条件上表现出令人满意的性能（Sahoo 等，2002；Liu 等，2003；Soto 和 Pena，2004；Lu 和 Ooi，2007；Song 等，2007，2009；Spitsa 等，2010；Wang 和 Crow，2011）。其中一个方法是适应性地改变比例—积分控制器的增益来响应运行条件的改变。人们已经提出了一些智能技术来适应静止同步补偿器比例—积分控制器增益，例如人工免疫（Wang 等，2002）、类神经网络（Mohagheghi 等，2007）和粒子群优化（Liu 和 Hsu，2010）。文献中报道了适应性控制和线性鲁棒控制（Jain 等，2006；Spitsa 等，2010；Wang 和 Crow，2011）。Jain 等（2006）提出了基于梯度的负载电导估计，用以说明负载变动。Spitsa 等（2010）提出了计算一整套容许反馈收益的概念。

图 7.15 所示为一种易于实施的控制。在这种控制中，输入信号 V_{DC} 和 Q 与参考值相比较，用于计算 i_d 和 i_q 中的误差信号。基于比例—积分的控制用于产生控制信号 k 和 α。实际上，触发角 α 和调制增益 k 受 i_d 和 i_q 变化的影响。但是，由于 α 与 i_q 变化的关联更强而 k 与 i_d 变化的关联更强，因此可以忽略交叉耦合（$K_d = K_q = 0$），从而提出了解耦控制方法。

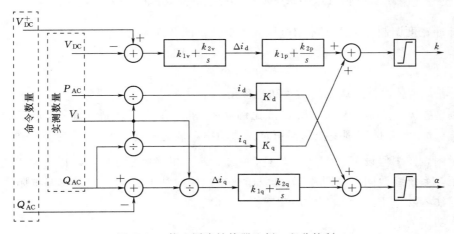

图 7.15   静止同步补偿器比例—积分控制。

7.4   静止同步串联补偿器（SSSC）

静止同步串联补偿器是一种以电压源型变换器为基础的串行柔性交流输电设备，可以提供独立于线路电流的电容补偿或电感补偿（Larsen 等，1994；Gyugyi 等，1997）。一般情况下，静止同步串联补偿器具有与静止同步补偿器相同的电力电子拓扑结构。但是，它通过串联耦合变压器并入交流电力系统，这与静止同步补偿器的并联变压器相反。串联变压器用于注入单独控制的电压，与线路电流正交，目的是提高或降低线路的整体无功电压降落，继而控制输送的功率。实质上，静止同步串联补偿器可视为一种可控的有效的线路阻抗（Gyugyi 等，1997）。由于静止同步串联补偿器具有电压源型变换器拓扑，因而直流电容器用于维持直流电压，使静止同步串联补偿器有能力按照最大功率的固定比例提高或降低线路上输送的功率，而不受相位角的支配。静止同步串联补偿器有能力产生或吸收无功功率，这使周围电力系统不受传统次同步共振的影响。

图 7.16 所示为输电线中性点位置的静止同步串联补偿器。输电线仿效集总阻抗，连接发送端母线，其电压为 $V_s\angle\theta_s$，接收母线的电压为 $V_R\angle\theta_R$。电压 $V_1\angle\theta_1$ 和 $V_2\angle\theta_2$ 为静止同步串联补偿器每一侧的中性点电压，$V_{inj}\angle\theta_{inj}$ 为静止同步串联补偿器控制器注入的电压。

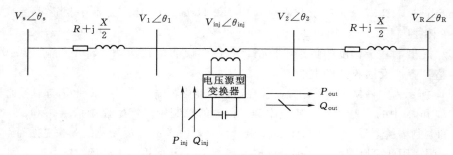

图 7.16 双母线系统及中点静止同步串联补偿器。

当脉冲宽度调制开关用于控制电压源型变换器的转换时有

$$V_{inj}=kV_{DC}=k_{tr}m_aV_{DC} \tag{7.17}$$

$$\theta_{inj}=\theta_1+\alpha \tag{7.18}$$

式中：k 和 α 为脉冲宽度调制的增益和相移角。

调制增益 k 与调制指数 m_a 和 k_{tr} 成比例，m_a 和 k_{tr} 取决于调制方法和串联耦合变压器绕线比例。m_a 和 α 的范围受控制器恒定无功功率容量的限制。图 7.17 为静止同步串联补偿器相量图，图中假设 $\dot{V}_S=\dot{V}_R=\dot{V}$，且 $\delta=\theta_S-\theta_R$。相移角 α 参照 θ_1，因为它无法实现注入的电压与系统参数同步。图 7.17 可用作获得控制方法的基础。如果忽略电阻损耗，则可以确定注入功率 P_{inj}、Q_{inj} 和输出功率 P_{out}、Q_{out}。

注入功率为

$$S_{inj}=V_{inj}\angle\theta_{inj}\left(\frac{V\angle\delta-V\angle0°}{jX}\right)^*=P_{inj}+jQ_{inj} \tag{7.19}$$

$$P_{inj}=\frac{V_{inj}V}{X}[\sin\theta_{inj}-\sin(\theta_{inj}-\delta)]$$

$$=\frac{V(E_q-E_q\cos\delta+E_d\sin\delta)}{X} \tag{7.20}$$

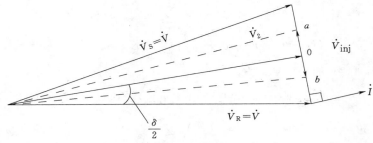

图 7.17 静止同步串联补偿器相量图。

$$Q_{inj} = \frac{V_{inj}}{X} \left[V\cos(\theta_{inj} - \delta) + V_{inj} - V\cos\theta_{inj} \right]$$

$$= \frac{VE_d\cos\delta + VE_q\sin\delta - VE_d + V_{inj}^2}{X} \tag{7.21}$$

其中

$$E_q = V_{inj}\sin\theta_{inj}, E_d = V_{inj}\sin\theta_{inj}, V_{inj}^2 = E_d^2 + E_q^2$$

由于 $P_{inj} = 0$，式（7.20）表示 $\theta_{inj} = \pm(\pi/2) + (\delta/2)$。类似地，输出功率为

$$P_{out} = \frac{V^2\sin\delta + VV_{inj}\sin\theta_{inj}}{X}$$

$$= \frac{V^2\sin\delta + VE_q}{X} \tag{7.22}$$

$$Q_{out} = \frac{V_{inj}^2 + 2VV_{inj}\cos(\delta - \theta_{inj})}{2X}$$

$$= \frac{2VE_q\sin\delta + 2VE_d\cos\delta + V_{inj}^2}{2X} \tag{7.23}$$

注意，补偿的静止同步串联补偿器电压相量 V_2 将仍然保持在图 7.17 的线路 ab 上，这是因为注入电压 V_{inj} 必须总是与电流 I 垂直。相量图和上述关系形成了一个框架，在这个框架中发展了静止同步串联补偿器的系统控制方案。

当静止同步串联补偿器模型转换为 dq 坐标系时，与静止同步补偿器类似。在图 7.16 所示的 dq 参考坐标系中，等效电路模型的非线性静止同步串联补偿器状态方程式为

$$\frac{1}{\omega_s}\frac{d}{dt}i_d = \frac{R_s}{L_s}i_d + \frac{\omega}{\omega_s}i_q + \frac{k}{L_s}V_{DC}\cos(\alpha + \theta_i) - \frac{1}{L_s}(V_2\cos\theta_2 - V_1\cos\theta_1) \tag{7.24}$$

$$\frac{1}{\omega_s}\frac{d}{dt}i_q = \frac{R_s}{L_s}i_q - \frac{\omega}{\omega_s}i_d + \frac{k}{L_s}V_{DC}\sin(\alpha + \theta_i) - \frac{1}{L_s}(V_2\sin\theta_2 - V_1\sin\theta_1) \tag{7.25}$$

$$\frac{C_{DC}}{\omega_s}\frac{d}{dt}V_{DC} = -k\cos(\alpha + \theta_1)i_d - k\sin(\alpha + \theta_1)i_q - \frac{V_{DC}}{R_{DC}} \tag{7.26}$$

式中：$V_1\angle\theta_1$ 和 $V_2\angle\theta_2$ 为静止同步串联补偿器的终端电压；i_d 和 i_q 为注入 dq 静止同步串联补偿器的电流；V_{DC} 为直流电容器电压；R_{DC} 表征转换损耗；R_s 和 L_s 分别为耦合变压器的电阻和电感。

静止同步串联补偿器发送端（母线 1）的功率平衡方程式为

$$0 = V_1(i_d \cos\theta_1 + i_q \sin\theta_1) - V_1 \sum_{j=1} V_j Y_{1j} \cos(\theta_1 - \theta_j - \Phi_{1j}) \qquad (7.27)$$

$$0 = V_1(i_d \sin\theta_1 - i_q \cos\theta_1) - V_1 \sum_{j=1} V_j Y_{1j} \sin(\theta_1 - \theta_j - \Phi_{ij}) \qquad (7.28)$$

接收端（母线 2）的功率平衡方程式为

$$0 = V_2(i_d \cos\theta_2 + i_q \sin\theta_2) - V_2 \sum_{j=1} V_j Y_{2j} \cos(\theta_2 - \theta_j - \Phi_{2j}) \qquad (7.29)$$

$$0 = V_2(i_d \sin\theta_2 - i_q \cos\theta_2) - V_2 \sum_{j=1} V_j Y_{2j} \sin(\theta_2 - \theta_j - \Phi_{ij}) \qquad (7.30)$$

式中：求和部分代表潮流方程式；$Y_{ij} \angle \Phi_{ij}$ 为导纳矩阵在第 i 行、第 j 列的元素；n 为系统中母线的数量。

静止同步串联补偿器的潮流控制能力受恒定运行期间纯无功功率补偿能力的限制。以脉冲宽度调制为基础的静止同步串联补偿器控制的传统方式，是使用调制指数 m_a 来调整补偿阻抗，而使用相位移来实现直流电容器充放电（Rigby，1998）。由于 m_a 和 α 相互作用，因此，引入两种新的限制解耦控制变量 ΔE_d 和 ΔE_q 来实现控制目的，其中

$$\Delta P_{inj} = \frac{V}{X}[\Delta E_q(1 - \cos\delta) + \Delta E_d \sin\delta]$$

正常运行下，相邻母线之间的相位角相对较小。因此，由于 δ 小，则 $1 - \delta \approx 0$，且

$$\Delta P_{inj} \approx \frac{V}{X} \Delta E_d \sin\delta \qquad (7.31)$$

由于直流侧缺乏有功功率源，应将有功功率控制在接近零来维持电压源型变换器电容器直流电压的恒定，这一点非常重要。维持直流电压恒定非常重要，因为它直接影响静止同步串联补偿器的控制速度和效果。从式（7.31）可以看出，ΔE_d 是影响注入的有功功率的主要因子，因此，ΔE_d 可用于调整直流电容器的电压，使其接近参考值。将直流电压控制和输电线有功潮流控制结合起来，则静止同步串联补偿器的限制解耦比例—积分控制算法为

$$\Delta E_q = k_{1p} \Delta P_{out} + k_{2p} \int \Delta P_{out} dt \qquad (7.32)$$

$$\Delta E_d = k_{1q} \Delta V_{DC} + k_{2q} \int \Delta V_{DC} dt \qquad (7.33)$$

在执行中，这些数量与最初的运行点相结合，并转换为调制指数 $m_a = k/K_{tr}$ 和相移 α，即

$$m_a = \frac{\sqrt{E_d^2 + E_q^2}}{k_{tr} V_{DC}} \qquad (7.34)$$

$$\alpha = \begin{cases} \arcsin\left(\dfrac{E_q}{\sqrt{E_d^2 + E_q^2}}\right) - \theta_1 & E_d > 0 \\ \pi - \arcsin\left(\dfrac{E_q}{\sqrt{E_d^2 + E_q^2}}\right) - \theta_1 & E_d < 0; E_q > 0 \\ -\pi - \arcsin\left(\dfrac{E_q}{\sqrt{E_d^2 + E_q^2}}\right) - \theta_1 & E_d < 0; E_q < 0 \end{cases} \qquad (7.35)$$

其中，

$$E_q = E_{q0} + \Delta E_q, E_d = E_{d0} + \Delta E_d, E_{q0} = k_{tr} m_{a0} V_{DC} \sin(\alpha + \theta_1)$$

且

$$E_{d0} = k_{tr} m_{a0} V_{DC} \cos(\alpha + \theta_1)$$

图 7.18 对这种控制进行了总结。

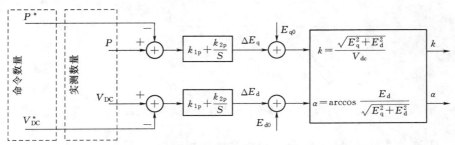

图 7.18 静止同步串联补偿器比例—积分控制。

7.5 统一潮流控制器（UPFC）

统一潮流控制器是最通用的柔性交流输电系统设备。它是并联分支和串联分支（静止同步补偿器和静止同步串联补偿器）的组合，通过直流电容器连接。串联变换器注入幅值和相角可控的电压，并与输电线相连，因此可以为输电线提供有功和无功功率。串联变换器提供从串联分支和损耗提取的有功功率，并可以独立为系统提供无功补偿。由于统一潮流控制器是静止同步补偿器和静止同步串联补偿器的组合，因此可用于这些设备的控制功能之一或两者兼备。统一潮流控制器可提高或降低线路上输送的有功功率，在任意一段增加电压幅值（即电压支持），和/或减少或增加线路电阻（即线路补偿）。

为了理解统一潮流控制器的基本能力，考虑图 7.19 所示的双母线交流输电系统，其中，V_S 为发送端电压，V_R 为接收端电压，X 为相邻输电线路的线路阻抗。为了简单起见，假设线路电阻可以忽略。按照惯例，统一潮流控制器安装于发送端母线。

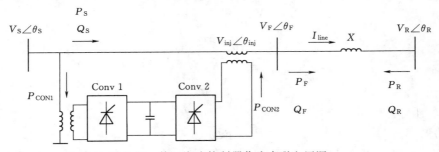

图 7.19 统一潮流控制器作为串联电压源。

通过注入可控幅值和相位的串联电压源 V_{inj}，变换器 2（静止同步串联补偿器）可以实现有功功率和无功功率控制。电压 V_F 是位于统一潮流控制器串联变换器线路端的虚拟母线电压。统一潮流控制器本身不能产生或吸收有功功率。因此，变换器 1（静止同步补偿器）必须通过公共直流线路来补偿变换器 2 与输电系统交换的有功功率。如果忽略统一潮流控制器损耗，则 $P_{conv2} = P_{conv1}$。这种关系说明了统一潮流控制器的功率平衡限制。由于幅值和相位的可变性，统一潮流控制器可视为可变串联电压源，具有任意幅值和相位角 $\dot{V}_{\text{inj}}=V_{\text{inj}}\angle(\delta+\rho)$，其中，$0{\leqslant}V_{\text{inj}}{\leqslant}V_{\text{inj}}^{\max}$ 且 $0{\leqslant}\rho{\leqslant}\pi$，如图 7.20 所示。

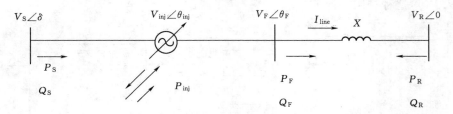

图 7.20　统一潮流控制器作为可变串联电压源。

图 7.21 展示了统一潮流控制器双母线系统的相量图。在以 $\dot{V}_{\text{S}}$ 为圆心、以 V_{nmax} 为半径的虚线圆范围内，电压 $\dot{V}_{\text{F}}$ 可以自由控制。三角区域（$\dot{V}_{\text{S}}O\,\dot{V}_{\text{R}}$）代表未补偿的接收端有功功率 P_{r0}，三角区域（$\dot{V}_{\text{F}}O\,\dot{V}_{\text{R}}$）代表补偿的有功功率 P_{r}，三角区域（$\dot{V}_{\text{S}}\dot{V}_{\text{R}}\dot{V}_{\text{F}}$）代表注入功率 P_{conv2}。

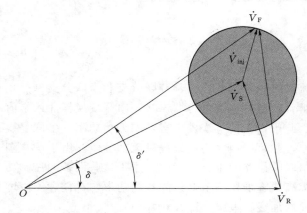

图 7.21　统一潮流控制器相量图。

有功功率 P_{inj}（$=P_{\text{conv2}}$）为统一潮流控制器变换器 2 注入系统的有功功率。因此，统一潮流控制器吸收或提供的有功功率总和必须为零。这样，$P_{\text{inj}}=P_{\text{conv2}}=P_{\text{conv1}}$。

接收端复数功率为

$$
\begin{aligned}
S_{\text{R}} &= \dot{V}_{\text{R}}\left(\frac{\dot{V}_{\text{S}}+\dot{V}_{\text{inj}}-\dot{V}_{\text{R}}}{\mathrm{j}X}\right)^{*} \\
&= \dot{V}_{\text{R}}\left(\frac{\dot{V}_{\text{S}}-\dot{V}_{\text{R}}}{\mathrm{j}X}\right)+\dot{V}_{\text{R}}\left(\frac{\dot{V}_{\text{inj}}}{\mathrm{j}X}\right)^{*} \\
&= S_{\text{R}}^{0}+\dot{V}_{\text{R}}\left(\frac{\dot{V}_{\text{inj}}}{\mathrm{j}X}\right)^{*} \\
&= P_{\text{R}}+\mathrm{j}Q_{\text{R}}
\end{aligned}
\tag{7.36}
$$

式中：S_{R}^{0} 为接收端未补偿复数功率，$S_{\text{R}}^{0}=P_{\text{R}}^{0}+\mathrm{j}Q_{\text{R}}^{0}$；$P_{\text{R}}^{0}$ 为接收端未补偿有功功率，$P_{\text{R}}^{0}=(V_{\text{S}}V_{\text{R}}/X)=\sin\delta$；$Q_{\text{R}}^{0}$ 为接收端未补偿无功功率，$Q_{\text{R}}^{0}=(V_{\text{S}}V_{\text{R}}\cos\delta-V_{\text{R}}^{2})/X$；$P_{\text{R}}$ 为接收端有功功率，$P_{\text{R}}=P_{\text{R}}^{0}+(V_{\text{R}}V_{\text{inj}}/X)\sin(\delta+\rho)$；$Q_{\text{R}}$ 为接收端无功功率，$Q_{\text{R}}=Q_{\text{R}}^{0}+(V_{\text{R}}V_{\text{inj}}/X)\cos(\delta+\rho)$。

接收端有功功率 P_{R} 和无功功率 Q_{R} 在 P-Q 平面形成一个圆，半径为 $V_{\text{R}}V_{\text{inj}}/X$，圆心为 $S_{\text{R}}^{0}=P_{\text{R}}^{0}+\mathrm{j}Q_{\text{R}}^{0}$，即接收端未补偿复数功率。类似地，发送端复数功率为

$$S_S = \dot{V}_S \left(\frac{\dot{V}_S + \dot{V}_{inj} + \dot{V}_R}{jX} \right)^*$$

$$= \dot{V}_S \left(\frac{\dot{V}_S - \dot{V}_R}{jX} \right)^* + \dot{V}_S \left(\frac{\dot{V}_{inj}}{jX} \right)^*$$

$$= S_S^0 + \dot{V}_S \left(\frac{\dot{V}_{inj}}{jX} \right)^*$$

$$= P_S + jQ_S \tag{7.37}$$

式中：S_S^0 为发送端未补偿复数功率，$S_S^0 = P_S^0 + jQ_S^0$；P_S^0 为发送端未补偿有功功率，$P_S^0 = (V_S V_R / X)\sin\delta$；$Q_S^0$ 为发送端未补偿无功功率，$Q_S^0 = (V_S^2 - V_S V_R \cos\delta)/X$；$P_S$ 为发送端有功功率，$P_S = P_S^0 + (V_S V_{inj}/X)\sin(\delta+\rho)$；$Q_S$ 为发送端无功功率，$Q_S = Q_S^0 + (V_S V_{inj}/X)\sin(\delta+\rho)$。

发送端有功功率 P_S 及无功功率 Q_S 在 P-Q 平面上形成一个圆，半径为 $V_S V_{inj}/X$，圆心为 $S_S^0 = P_S^0 + jQ_S^0$，即发送端未补偿复数功率。注入功率为

$$S_{inj} = \dot{V}_{inj} \left(\frac{\dot{V}_S + \dot{V}_{inj} - \dot{V}_R}{jX} \right)^* = P_{inj} + jQ_{inj}$$

$$P_{inj} = \frac{V_R V_{inj}}{X}\sin(\delta+\rho) - \frac{V_S V_{inj}}{X}\sin\rho \tag{7.38}$$

$$P_{inj} = \frac{V_{inj}^2}{X} + \frac{V_S V_{inj}}{X}\cos\rho - \frac{V_R V_{inj}}{X}\cos(\delta+\rho)$$

注入功率的运行特点是在 P-Q 平面上为一个圆，其半径为 $(|\dot{V}_S - \dot{V}_R| |\dot{V}_{inj}|)/X$，圆心为 $(0, V_{inj}^2/X)$。

最后，虚拟母线复数功率为

$$S_F = \dot{V}_F \dot{I}_{line}^* = S_S + S_{inj}$$

$$P_F = \frac{V_S V_R}{X}\sin\delta + \frac{V_R V_{inj}}{X}\sin(\delta+\rho) \tag{7.39}$$

$$Q_F = \frac{V_S^2 - V_S V_R \cos\delta}{X} + 2\frac{V_S V_{inj}\cos\rho}{X} + \frac{V_{inj}^2}{X} - \frac{V_R V_{inj}\cos(\delta+\rho)}{X}$$

在 P-Q 平面上成椭圆形运行特点，圆心为 $(P_S^0, Q_S^0 + (V_{inj}^2/X))$。

统一潮流控制器模型是静止同步补偿器（STATCOM）模型和静止同步串联补偿器模型的组合

$$\frac{1}{\omega_s}\frac{d}{dt}i_{d1} = -\frac{R_{s1}}{L_{s1}}i_{d1} + \frac{\omega}{\omega_s}i_{q1} + \frac{k_1}{L_{s1}}V_{DC}\cos(\alpha_1+\theta_1) - \frac{V_1}{L_{s1}}\cos\theta_1 \tag{7.40}$$

$$\frac{1}{\omega_s}\frac{d}{dt}i_{q1} = -\frac{R_{s1}}{L_{s1}}i_{q1} - \frac{\omega}{\omega_s}i_{d1} + \frac{k_1}{L_{s1}}V_{DC}\sin(\alpha_1+\theta_1) - \frac{V_1}{L_{s1}}\sin\theta_1 \tag{7.41}$$

$$\frac{1}{\omega_s}\frac{d}{dt}i_{d2} = -\frac{R_{s2}}{L_{s2}}i_{d2} + \frac{\omega}{\omega_s}i_{q2} + \frac{k_2}{L_{s2}}V_{DC}\cos(\alpha_2+\theta_1) + \frac{1}{L_{s2}}(V_1\cos\theta_1 - V_2\cos\theta_2) \tag{7.42}$$

$$\frac{1}{\omega_s}\frac{d}{dt}i_{q2} = -\frac{R_{s2}}{L_{s2}}i_{q2} - \frac{\omega}{\omega_s}i_{d2} + \frac{k_2}{L_{s2}}V_{DC}\sin(\alpha_2+\theta_1) + \frac{1}{L_{s2}}(V_1\sin\theta_1 - V_2\sin\theta_2) \tag{7.43}$$

$$\frac{C_{DC}}{\omega_s}\frac{d}{dt}V_{DC} = -k_1\cos(\alpha_1+\theta_1)i_{d1} - k_1\sin(\alpha_1+\theta_1)i_{q1} - k_2\cos(\alpha_2+\theta_1)i_{d2}$$

$$-k_2\sin(\alpha_2+\theta_1)i_{q2} - \frac{V_{DC}}{R_{DC}} \tag{7.44}$$

式中：电流 i_{d1} 和 i_{q1} 为并联电流的 d、q 轴分量；电流 i_{d2} 和 i_{q2} 为串联电流的 d、q 轴分量；电压 $V_1\angle\theta_1$ 和 $V_2\angle\theta_2$ 分别为并联和串联电压的幅值和相角；统一潮流控制器分别受并联和串联输出电压源变换器不同的相位角（α_1，α_2）和幅值（k_1，k_2）控制；L_{s1} 和 L_{s2} 为并联和串联变压器的电感；R_{s1} 和 R_{s2} 为并联和串联变压器的电阻；R_{DC} 为代表变换器损耗的电阻；ω、ω_s 为母线和同步频率（弧度）。

在式（7.40）~式（7.44）的基础上，人们提出了很多不同的统一潮流控制器控制方法。统一潮流控制器的效率取决于门控（电压源型变换器合成参考波形的能力），也取决于参考波形幅值和相位的精确度。该精确度为统一潮流控制器的内部控制，是控制器将变换器系统级定位点精确转换为并联和串联注入电压的能力。统一潮流控制器的大部分内部控制方法都是以线性控制技术为基础（Gyugyi 等，1995；Liu 等，2007）。这些控制来自小扰动线性化，这些小扰动线性化是关于电压源型变换器平均值模型非线性方程式的平衡。因此，线性控制策略的反馈增益可能不得不随运行条件而变化；否则，电压源型变换器的非线性可能会引起线性化区域外控制器性能的降低。

人们进行大量努力研究对运行条件改变进行补偿，以便控制器可以在广泛的运行条件下展现令人满意的性能（Dash 等，2000，2004；Al - Awami 等，2007；Ray 和 Venayagamoorthy，2008）。据报道，许多智能技术已经适应性地改变了统一潮流控制器的比例—积分控制器增益，例如模糊逻辑（Dash 等，2004）、类神经网络（Dash 等，2000；Ray 和 Venayagamoorthy，2008）和粒子群优化（Al - Awami 等，2007）。

一项最简单的实施方法是图 7.22 所示的解耦比例—积分控制。该控制调节转换信号

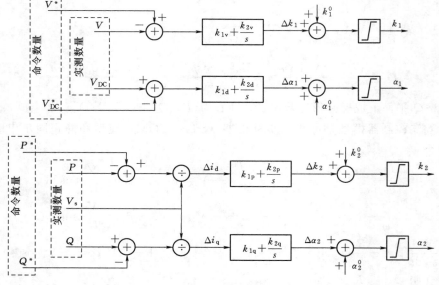

图 7.22 统一潮流控制器比例—积分控制。

参考来追踪有功和无功功率输出、发送端母线电压幅值和直流线路电压。这种控制对于变化缓慢的参考值效果良好。

7.6 混合式柔性交流输电系统（FACTS）技术

电压源型变换器在应用和拓扑方面具有相当大的灵活性。采用不同的方式来连接变换器和输电线路，可实现多种混合拓扑。最新提出的两种混合控制器为线间潮流控制器和多端高压直流系统。

7.6.1 线间潮流控制器

电压源型变换器是现代柔性交流输电系统设备的基本部件。统一潮流控制器表明，通过一个公共直流线路，可以将单独的并联和串联变换器互相连接，产生更好的灵活性和可控性。线间潮流控制器（IPEC）最初是由 Gyugyi 等（1999）提出的，由相邻线路上连接的两个或多个静止同步串联补偿器模型构建而成，这些线路可共享一条发送端母线，但不共享接收端母线，如图 7.23 所示。线间潮流控制器的文献比静止同步补偿器、静止同步串联补偿器和统一潮流控制器少得多。已发表的文章涵盖潮流和限制等诸多方面（Zhang，2003；Zhang 等，2006），以及与其他柔性交流输电系统设备的对比（Arabi 等，2002）。在线间潮流控制器中，只有一条线路能够同时控制有功功率和无功功率（称为主变换器），而其他所有线路只能控制有功或只能控制无功（称为从属线路）。可以预计线间潮流控制器将用于解决复杂的输电网拥堵管理问题，这是输电公司在输电开放环境中所面临的一大问题。纽约电力局马西山变电站安装的可转换静止补偿器（CSC），作为项目主体，将提高功率输送能力，将现存输电网的利用率最大化（Arabi 等，2002）。

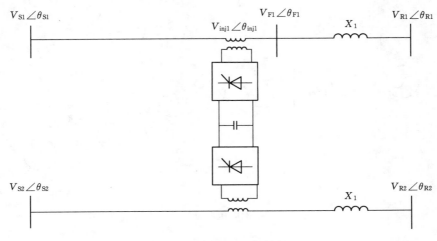

图 7.23 线间潮流控制器。

7.6.2 多端高压直流系统

基于电压源型变换器的另一种应用是高压直流输电系统。以电压源型变换器为基础的高压直流系统（如图 7.24 所示）的发展迎来了新的机遇。与传统的以半导体阀流管为基础的高压直流系统相比，电压源型变换器高压直流系统具有以下特点：①易于进行多端连接；②有能力在其终端单独控制有功潮流和无功潮流；③可以选择控制其终端母线电压而非无功功率；④如果使用适当的脉冲宽度调制技术，可以大大降低谐波过滤的费用；⑤电压源型变换器高压直流系统的构建和试运转比传统半导体阀流管为基础的高压直流系统使用的时间短（Zhang，2004）。目前，电压源型变换器高压直流系统的容量限制在 300～500MW，但是，如果有更大的绝缘栅双极晶体管（IGBT）开关和以新兴碳化硅为基础的高温开关，则新型电压源型变换器高压直流系统的容量将快速超过传统高压直流系统容量。这表示在未来交流电网中，电压源型变换器高压直流系统将具有新角色。

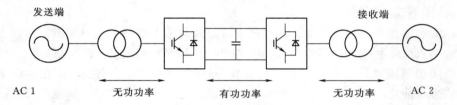

图 7.24　基于电压源型变换器技术的高压直流系统。

电压源型变换器高压直流模型的一项最有前途的应用是开发多端（M‐VSC‐HVDC）装置（Zhang，2004）。多端装置为两个或多个变换器直接连接到一条公共直流线路并布置在同一座变电站中。图 7.25 展示了具有一个发送端子和两个接收终端的三端子型多端电压源型变换器高压直流系统。请注意，由于有功功率和无功功率可以从任意一段流入，因此多端电压源型变换器高压直流系统的"发送"和"接收"端符号仅作参考。

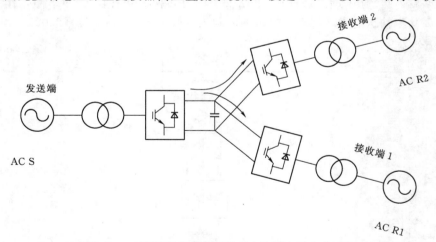

图 7.25　三端子型多端电压源型变换器高压直流系统。

7.7　结论

本章在电压源型变换器概念的基础上，对现代柔性交流输电系统设备进行了介绍。对电压源型变换器和各种转换方案和多级拓扑进行了介绍。对三种主要柔性交流输电系统设备（静止同步补偿器、静止同步串联补偿器和统一潮流控制器）进行了深入介绍，介绍了基频状态空间模型和简单控制策略。此外，还引入并简单介绍了两种混合设备：线间潮流控制器和多端高压直流系统。以电压源型变换器为基础的现代柔性交流输电系统设备具有相当大的潜力，可以提高更加复杂的输电网的稳定性和动态可控性。

参考文献

Al – Awami, A. , Abdel – Magid, Y. and Abido, M. A. (2007). A particle swarm – based approach of power system stability enhancement with unified power flow controller. *International Journal of Electrical Power and Energy Systems*, 29(3), pp. 251 – 259.

Arabi, S. , Hamadanizadeh, H. and Fardanesh, B. B. (2002). Convertible static compensator performance studies on the NY state transmission system. *IEEE Transactions on Power Systems*, 17(3), pp. 701 – 706.

Botao, M. , Congwei, L. , Wang, Z. and Fahai, L. (2002). New SVPWM control scheme for three – phase diode clamping multilevel inverter with balanced DC voltages. Annual conference of the IEEE Industrial Electronics Society, November, pp. 903 – 907.

Cheng, Y. , Qian, C. and Crow, M. L. (2006). A comparison of diode – clamped and cascaded multilevel converters for a STATCOM with energy storage. *IEEE Transactions on Industrial Electronics*, 53(5), pp. 1512 – 1521.

Corzine, K. (2002). Multilevel converters. In: T. Skvarenina, ed. *The Power Electronics Handbook*. Boca Raton: CRC Press.

Dash, P. K. , Mishra, S. and Panda, G. (2000). A radial basis function neural network controller for UPFC. *IEEE Transactions on Power System*, 15(4), pp. 1293 – 1299.

Dash, P. K. , Morris, S. and Mishra, S. (2004). Design of a nonlinear variable – gain fuzzy controller for FACTS devices. *IEEE Transactions on Control Systems Technology*, 12(3), pp. 428 – 438.

Dong, L. , Crow, M. L. , Yang, Z. and Atcitty, S. (2004). A reconfigurable FACTS system for university laboratories. *IEEE Transactions on Power Systems*, 19(1), pp. 120 – 128.

Du, Z. , Tolbert, L. M. and Chiasson, J. N. (2006). Active harmonic elimination for multilevel converters. *IEEE Transactions on Power Electronics*, 21(2), pp. 459 – 469.

El – Moursi, M. S. and Sharaf, A. M. (2005). Novel controllers for the 48 – pulse VSC STATCOM and SSSC for voltage regulation and reactive power compensation. *IEEE Transactions on Power Systems*, 20(4), pp. 1985 – 1997.

Gyugyi, L. , Schauder, C. and Sen, K. K. (1997). Static synchronous series compensator: a solid state approach to the series compensation of transmission lines. *IEEE Transactions on Power Systems*, 12(1), pp. 406 – 417.

Gyugyi, L. , Schauder, C. , Williams, S. and Rietman, T. (1995). The unified power flow controller: a new approach to power transmission control. *IEEE Transactions on Power Delivery*, 10(2), pp. 1085 – 1097.

Gyugyi, L. , Sen, K. K. and Schauder, C. D. (1999). The interline power flow controller concept: a new approach to power flow management in transmission systems. *IEEE Transactions on Power Delivery*, 14(3), pp. 1115 – 1123.

Hatano, N. and Ise, T. (2010). Control scheme of cascaded H – bridge STATCOM using zero – sequence voltage and negative – sequence current. *IEEE Transactions on Power Delivery*, 25(2), pp. 543 – 550.

Hingorani, N. G. and Gyugyi, L. (1999). *Understanding FACTS: Concepts and Technology of Flexible AC Transmission Systems*. Piscataway, NJ: IEEE Press.

IEEE Power Engineering Society FACTS Application Task Force(1996). *FACTS Applications*. Piscataway, NJ: IEEE Press.

Jain, A. , Joshi, K. , Behal, A. and Mohan, N. (2006). Voltage regulation with STATCOMs: modeling, control and results. *IEEE Transactions on Power Delivery*, 21, pp. 726 – 735.

Larsen, E. , Clark, K. , Miske, S. and Urbanek, J. (1994). Characteristics and rating considerations of thyristor controlled series compensation. *IEEE Transactions on Power Delivery*, 9(2), pp. 992 – 1000.

Lehn, P. W. and Iravani, M. R. (1998). Experimental evaluation of STATCOM closed – loop dynamics. *IEEE Transactions on Power Delivery*, 13(4), pp. 1378 – 1384.

Lin, B. – R. (2000). Analysis and implementation of a three – level PWM rectifier/inverter. *IEEE Transactions on Aerospace and Electronic Systems*, 36(3), pp. 948 – 956.

Liu, C. H. and Hsu, Y. Y. (2010). Design of a self – tuning PI controller for a STATCOM using particle swarm optimization. *IEEE Transactions on Industrial Electronics*, 57, pp. 702 – 715.

Liu, F. , Mei, S. , Lu, Q. , Ni, Y. , Wu, F. F. and Yokoyama, A. (2003). The nonlinear internal control of STATCOM: theory and application. *Electrical Power & Energy Systems*, 25, pp. 421 – 430.

Liu, L. , Zhu, P. , Kang, Y. and Chen, J. (2007). Power – flow control performance analysis of a unified power flow controller in a novel control scheme. *IEEE Transactions on Power Delivery*, 22(3), pp. 1613 – 1619.

Liu, Y. , Zhao, Z. , Qian, C. and Zhou, X. (2000). A novel three – phase multilevel voltage source converter. Proceedings of the 2000 Power Electronics and Motion Control Conference, Beijing, China.

Lu, B. and Ooi, B. T. (2007). Nonlinear control of voltage – source converter systems. *IEEE Transactions on Power Electronics*, 22(4), pp. 1186 – 1195.

Marchesoni, M. and Tenca, P. (2002). Diode – clamped multilevel converters: a practical way to balance DC – link voltages. *IEEE Transactions on Industrial Electronics*, 49(4), 752 – 765.

Mohagheghi, S. , del Valle, Y. , Venayagamoorthy, G. K. and Harley, R. G. (2007). A Proportional – Integrator type adaptive critic design – based neurocontroller for a static compensator in a multimachine power system. *IEEE Transactions on Industrial Electronics*, 54, pp. 86 – 96.

Peng, F. (2000). A generalized multilevel inverter topology with self – voltage balancing. IEEE 2000 Industry Applications Conference, October 8 – 12, Rome, Italy.

Rao, P. , Crow, M. L. and Yang, Z. (2000). STATCOM control for power system voltage control applications. *IEEE Transactions on Power Delivery*, 15(4), pp. 1311 – 1317.

Ray, S. and Venayagamoorthy, G. K. (2008). Wide – area signal – based optimal neurocontroller for a UPFC. *IEEE Transactions on Power Delivery*, 23(3), pp. 1597 – 1605.

Rigby, B. (1998). An improved control scheme for a series – capacitive reactance compensator based on a voltage – source inverter. *IEEE Transactions on Industry Applications*, 34(2), pp. 355 – 363.

Rodriguez, J. , Lai, J. S. and Peng, F. Z. (2002). Multilevel inverters: A survey of topologies, controls, and applications. *IEEE Transactions on Industrial Electronics*, 49(4), pp. 724 – 738.

Saeedifard, M. , Nikkhajoei, H. and Iravani, R. (2007). Space vector modulated STATCOM based on a three – level neutral point clamped converter. *IEEE Transactions on Power Delivery*, 22(2), pp. 1029 – 1039.

Sahoo, N. C. , Panigraph, B. K. , Dash, P. K. and Pan, G. (2002). Application of a multivariable feedback linearization scheme for STATCOM control. *Electric Power Systems Research*, 62, pp. 81 – 91.

Schauder, C. and Mehta, H. (1993). Vector analysis and control of advanced static VAR compensators. *IEE Proceedings, Generation Transmission and Distribution*, 140(4), pp. 299 – 306.

Song, E. , Lynch, A. F. and Dinavahi, V. (2009). Experimental validation of nonlinear control for a voltage source converter. *IEEE Transactions on Control Systems Technology*, 17, pp. 1135 – 1144.

Song, Q. , Liu, W. and Yuan, Z. (2007). Multilevel optimal modulation and dynamic control strategies for

STATCOMs using cascaded multilevel inverters. *IEEE Transactions on Power Delivery*, 22 (3), pp. 1937 – 1946.

Soto, D. and Pena, R. (2004). Nonlinear control strategies for cascaded multilevel STATCOMs. *IEEE Transactions on Power Delivery*, 19(4), pp. 1919 – 1927.

Spitsa, V. , Alexandrovitz, A. and Zeheb, E. (2010). Design of a robust state feedback controller for a STATCOM using a zero set concept. *IEEE Transactions on Power Delivery*, 25(1), pp. 456 – 467.

Sternberger, R. and Jovcic, D. (2009). Analytical modeling of a square – wave – controlled cascaded multilevel STATCOM. *IEEE Transactions on Power Delivery*, 24(4), pp. 2261 – 2269.

Wang, H. F. , Li, H. and Chen, H. (2002). Application of cell immune response modelling to power system voltage control by STATCOM. *IEE Proceedings, Generation Transmission and Distribution*, 149 (1), pp. 102 – 107.

Wang, K. and Crow, M. L. (2011). Power system voltage regulation via STATCOM internal nonlinear control. *IEEE Transactions on Power Systems*, 26(3), pp. 1252 – 1262.

Zhang, X. P. (2003). Modelling of the interline power flow controller and the generalised unified power flow controller in Newton power flow generation, transmission and distribution. *Proc. Inst. Elect.* , 150 (3), pp. 268 – 274.

Zhang, X. P. (2004). Multiterminal voltage – sourced converter – based HVDC models for power flow analysis. *IEEE Transactions on Power Systems*, 19(4), pp. 1877 – 1884.

Zhang, X. – P. , Rehtanz, C. and Pal, B. (2010). *Flexible AC Transmission Systems: Modeling and Control*. Berlin: Springer – Verlag.

Zhang, Y. , Zhang, Y. and Chen, C. (2006). A novel power injection model of IPFC for power flow analysis inclusive of practical constraints. *IEEE Transactions on Power Systems*, 21(4), pp. 1550 – 1556.

第8章　纳米电介质材料及其在输电设备中的作用

G. C STEVENS，*GnoSys Global Ltd*、*University of Surrey*，*UK*
A. S. VAUGHAN，*University of Southampton*，*UK*

DOI：10.1533/9780857097378.2.206

摘　要：本章首先描述了纳米电介质的特性，随后研究了材料系统具有的特性范围以及对输电应用中的高压电气设备的作用。实现材料特性显著提高，继而优化控制纳米粒子分布，则粒子-聚合物基质界面和工艺将发挥重要作用。本章还描述了制备材料和优化纳米电介质特性的方法，讨论了纳米电介质对提高高压设备性能的作用。

关键词：纳米电介质；纳米材料；结构；特性；设计；工艺；复合材料；介电常数；耐压特性；电树；耐热性；局部放电电阻；电晕电阻；机械特性；热导率；空间电荷；电击穿；结构-特性关系；设计准则；高压交流电；高压直流电；吸水性

8.1　引言

介电材料是构成电气和电子设备的重要元素，其尺寸小到集成电路中微观场效应的晶体管，大到多吨位超级电网变压器。随着技术的发展，电气和电子设备对电介质的需求日益增加。例如，19世纪后半叶初期传输几千伏电能的电缆当时依靠天然材料绝缘[1]，而采用合成聚合材料的现代电缆可传输高达500kV的交流电，这种电缆需要使用高精度超净聚合物，其可在超过10kV/mm的电场强度下可靠运行长达几十年。然而，依然存在技术挑战。例如，在与直流线路相连时在很多输电应用中需要有创造性综合（各类）物理特性的材料，近几年来正是这种需求激发了人们对纳米电介质的兴趣。

纳米复合材料包括主体基质内纳米级填料。通常，纳米电介质这一术语指纳米复合材料，这种材料的介电特性是其关键特性。从技术上讲，这些材料通常包括分布在聚合物基质内尺寸在1~1000nm的纳米级无机填料。更广义上讲，它与纳米级材料中一种或多种结构元素有关，包括有机和无机聚合物、低聚体、树形分子、其他结构以及无机填料。这些元素在体积上随机分布，通过聚合工艺和自行组合达到结构上的整齐排列，或可能会形成伪格，结构具有一系列排列形式。

纳米复合材料的发展始于20世纪80年代后期[2]丰田公司的工作，这项工作是将多层状黏土材料扩散到聚合物主体，从而将主要黏土破碎分散在铝硅层中。最终形成了宏观物理特性较好的纳米结构复合材料，特别是机械性能和渗透性能。从此以后，人们对主体基质内基于纳米填料复合材料的兴趣呈指数上升。此外，1986年知识数据库的ISI网络在有纳米复合材料的两篇论文中也证明了这一点。2006年和2009年发表的3021篇和4952篇论文中都能找到纳米复合材料这一术语。原因是将纳米填料加入基质树脂中不仅能够提高材料性能，而且还能生成新材料系统，这种材料系统具有采用传统方式无法得到的综合特性。性能提高则填料负载水平较低（1%～10%），最终通过使用纳米填料添加剂的组合可设计出独特的材料。柔性有机显示设备就是介电特性直接影响技术进步的例证，这些设备需要将柔性、具有高介电常数、低漏电流栅介电层特性的薄膜晶体管与较高功率密度发生器结合，其中介电材料必须具备较高的电击穿强度、较高的热导率、较高的局部放电（PD）阻力、较低的介电损失、良好的热稳定性和良好的机械特性等特征。

本章首先描述了纳米电介质的特性，随后研究了此类材料系统具有的特性范围以及对输电应用中的高压电气设备的作用。实现材料特性显著提高，继而优化控制纳米粒子分布，则粒子-聚合物基质界面和工艺将发挥重要作用。但是什么是最优工艺？回答这一问题需要解决材料科学中一项最根本的挑战，也就是了解化学、处理、材料结构和材料特性之间的关联性。接下来研究了制备和优化纳米电介质的方法。最后概述了这一战略可能存在的缺陷，以便突出所面临的挑战。

8.2　纳米电介质

本节探讨了纳米电介质的基本结构、纳米粒子和基质之间的相间区域重要性以及提高物理特性、空间电荷控制以及高压性能改进的方法。

8.2.1　结构要素

结合所有材料类型，纳米电介质的宏观性能由其结构决定，即取决于其组成成分和工艺历史。例如，对于黏土质纳米复合材料，填料由薄片组成，这种薄片在一维上是纳米级的而在二维上是微米级的，由于系统中含有碳纳米管（CNT），填料在二维上是纳米级的而在一维上是微米级的。氧化铝或二氧化钛类金属氧化物粒子在三维上均是纳米级的。因此人们立刻从纳米维度上考虑纳米复合材料，这对特性和潜在应用领域有直接影响。例如，薄片系统已被认为属于聚合物一类，可用来改进包装领域应用的阻气性特性。此外由于导电阶段纵横比较高，加入碳纳米管可形成一种材料，这种材料的电渗透阈值低至0.0025%[3]。如果注意到界面之间的分散现象，类似计划也有望用来提高绝缘聚合物的热导率。

但在现实中，正如Lewis[4,5]所言，将这些材料认为是简单两相系统的观点不够充足，确定任何纳米复合材料的一项关键特征是纳米填料和基质之间的界面。因此，至少需要一个相间区域[6]，在这一区域中结构和化学特性通常不是组成复合材料的简单叠加。任何两个化学性质各不相同的材料之间的界面，是纳米粒子巨大的比表面积，这就意味着填料的体积百分比较低，形成相间区域的材料碎片在一种纳米复合材料中非常大，如图8.1所示，该图是根据直径为2.5～16nm的颗粒随机分布形成的相间体积分数图。对于直径是16nm的纳米粒子，如果各粒子周围的相间距离只有10nm厚，则接近总材料体积的

50％，因为复合材料占纳米填料体积的 5％。针对球体规律排列较少的现实情况之前已经得出了类似结论[5,7]。

8.2.2　介电常数

电介质对交流电场的响应可以用介电常数来表征，其中实数部分 ε' 与电介质中储存的能量有关，而虚数部分 ε'' 与分散能量的不同过程有关。例如，系统内和所施加场中两极之间的耦合。利用这种方法同样也能提供更多有用的信息[8,9]。

纳米电介质和模型中早已认识到相间的潜在重要性，例如 Tanaka 之前就提出过[10]，并已得到发展。如图 8.2 所示，设想嵌入在基质中的一个纳米粒子将被结构上完全不同的三层包围，重叠在一个散开的古依—恰普曼电荷层。最靠近纳米粒子的两层可能由固定物质组成，这些物质要么以共价形式结合在一起，要么彼此之间与内邻发生强烈互相作用。在这些较大的固定壳和平静的基质之间有一个自由体积增加而且链型移动能力不断增强的区域。所有各类特征都对三相电介质特性具有明显的影响作用。

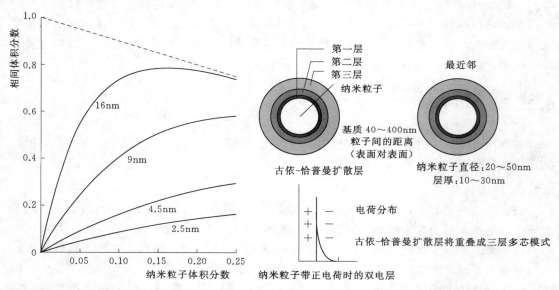

图 8.1　不同直径球形纳米粒子的相间体积分数。　　图 8.2　纳米电介质的芯壳层界面模型。

所有复合材料系统特征分析基于混合规则的概念，也就是说对于由两种材料（材料 A 和 B）组成的复合材料，目标特性将位于材料 A 和材料 B 所显示的价值之间。人们对复合材料系统中的 ε' 已经提出了很多方案[11,12]，但是这些方案都表明介电常数实数部分发生纳米级的变化。如果是纳米复合材料，而且纳米填料比例较低时（低于 5％），结论截然不同。例如，对于聚丙烯多面体低聚倍半硅氧烷（POSS）系统，介电常数的实数部分从未填料时的 2.33 下降到 5％填料时的 2.19，又再次上升到 10％填料时的 2.33。Srisuwan等人[14]研究了基于聚酰亚胺和二氧化硅混合物的纳米复合材料的介电特性，研究结果表明纳米硅的占比从 0.06％增加到 5.58％，而 ε' 从 3.27 减少到 2.26。Andritsch 等[15]开展的最新研究设计出了一个环氧基质中一系列不同功能纳米填料的介电效应，详细展示了各类复合物类型 ε' 局部最小值的形式。在文献资料中也可找到类似特性的其他示例[16-20]。虽然假设认为这种效应在某种程度上与纳米复合材料中的界面效应有关，但没有找到能够解释上述特性的量化理论。

8.2.3　分子松弛

除了可测量与介电常数有关的频率以外，介电谱作为一种研究极性材料中分子动态的强大技术，认为界面的存在从很大程度上影响着分子的移动性。Nelson等[21]对比了纳米级和微米级填料含量为10％的树脂和二氧化钛复合物的介电效应，研究结果表明这两种系统具有明显不同的性能，特别是在微米级复合材料参数的中频范围内没有看到明显的重要离散峰，而在纳米复合材料中看到了宽峰，随着温度的升高频率逐渐变高。数据解释了纳米复合材料中的聚合物增强了玻璃化转变的移动性。更有趣的是本书也认为固化程度对 ε' 的测量值有影响，这就说明这一参数值随着交联密度增大而增大。聚乙烯/硅系统的案例表明改变表面化学特性使之具有硅的表面化学特性，界面的性质会对材料的介电谱产生显著影响[22]。

但是，如果不考虑纳米硅的表面化学性，会发现所有纳米复合材料比微米级填料物质具有明显的减弱链移动性迹象。Sengwa等[23]研究了蒙脱土（MMT）填充的聚酯（乙烯醇）/聚酯（环氧乙烷）混合纳米复合材料的介电特性，结论是聚合物基质中均匀分布的蒙脱土会抑制聚合物链条的运动。与之相反，对含有纳米硅的聚甲基丙烯酸甲酯（PMMA）基系统的研究表明聚甲基丙烯酸甲酯及其纳米复合材料具有相当的分段运动特性。但是，纳米复合材料可明显加速物理老化[24]。文献资料已经提出了与纳米复合材料固有的介电效应有关的其他大量研究[24-29]，但是对已经报道的大量效应较为全面的讨论远远超过本论题的范围。然而，其他外在作用也值得一提，这些外在作用很有可能在纳米电介质实践应用中发挥重要作用[30]。与水树有关的论题提供了图解依据，其中局部亲水杂质的出现已被认为具有渗透导电性，建议采用"水贝"对此做出解释[31]。张先生和Stevens[32]对比了吸水性对基于两种聚合物的氧化铝纳米复合材料介电效应的影响，其中一种聚合物——环氧树脂很容易吸水，而聚乙烯却不容易吸水。结果发现聚乙烯中氧化铝的存在导致介电损耗峰值较低，随着纳米氧化铝含量的增加频率也增大，具体如图8.3所示。Frechette等[33]表示水的存在导致介电常数中实部和虚部显著增加，而且使含有微石英和层状铝硅酸盐纳米黏土的环氧树脂基复合材料的介电损耗增大。

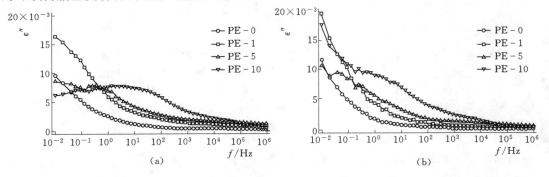

图 8.3　吸水性对填料含量在0～10％之间的纳米氧化铝填充聚乙烯宽频介电效应的影响。
（a）温度：10℃；（b）温度：70℃。

8.2.4 短期介质击穿

介电应用中所用材料的关键特性是材料能够耐受外加电场。为了突出这一点，最简便的方法是将击穿过程理解为短期破坏模式，这样可测量材料的击穿强度，延长变化过程，使材料性能在破坏前逐渐退化。

许多论文中已经报道过聚乙烯基系统加入蒙脱土后对交流击穿强度的影响。例如，Green 等[34]表示蒙脱土的存在并不会严重影响聚合物的结晶化，反而会显著提高击穿强度，这一结果如图 8.4 所示。对于低密度聚乙烯（LDPE）/蒙脱土系统的类似性能提高也有过报道[35]。与之相反的是 Stefanescu 等[36]的报告表示对于含有蒙脱土和钛酸铜钙（CCTO）混合物的多功能聚甲基丙烯酸甲酯/陶瓷复合材料，其击穿程度随着填料含量呈线性减少，他们认为这是因为系统中离子载体和两极物质的密度增大。

含有蒙脱土或钛酸钡环氧树脂基系统中击穿强度减小的类似情况也有过报道[37]。Roy 等[22]研究了交联聚乙烯（XLPE）/硅系统的直流击穿强度，证明了增加纳米硅可导致击穿强度增加，提高纳米粒子表面的化学性。相反，加入微米硅可显著降低性能。Smith 等[38]得到的耐受电压性能的类似结果如图 8.5 所示。

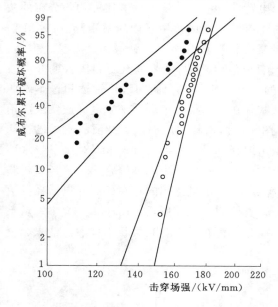

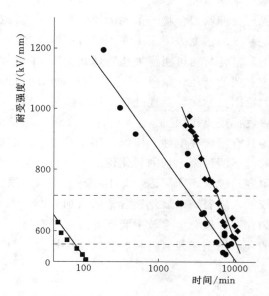

图 8.4 蒙脱土纳米填充物对聚乙烯短期电强度的影响。上图为威布尔概率图，图中比较了未填充（●）聚乙烯与含有 MMT 同类材料（20 片母料-○）的击穿性能。

图 8.5 根据交联聚乙烯未填充（■）、未处理纳米硅（●）和乙烯基处理过的纳米硅（◆）在对数时间下的击穿场强耐压结果（来源：Smith 等[38]论文改编）。

有类似报告报道了已确定含有不均匀分布纳米填料系统其击穿强度性能降低的情况[39,40]。大量研究表明将纳米电介质破坏的论题作为整体看待，很难推导出普遍适用的趋势，这是因为所看得见的效应在很大程度上很有可能依赖于纳米粒子的分散程度，对此很少有详细的研究。李先生等[41]的最新评论文章很好地总结了纳米电介质短期和长期的破坏性能。最终，使用纳米粒子来增强传统高填充微米复合材料开始受到关注。Imai等[42]的报告表明在环氧树脂的微米复合材料中分散层状硅酸盐可将击穿强度提高7％。

8.2.5　电树枝化

聚合物电介质的长期电击穿由树状分形物体（简称"树"）发展而来，由于充气小管内的局部放电活动，电树通过电介质的缓缓侵蚀不断成长。同样，电树的电介质击穿过程也可分成2个截然不同的阶段，即开始阶段和后续成长阶段。在一份含有不同维度（球面、纤维和分层）各类纳米粒子的低密度聚乙烯报告中研究了[43]树的开始时间（从局部放电活动开始）和开始到击穿的时间。在超过15kV电压下，与未填充低密度聚乙烯的系统相比，发现所有系统的开始时间都增加了，且击穿的时间缩短了。但是，这些影响并不能归因于纳米粒子的直接作用，而是导致聚合物/纳米填充物互相发生作用的聚合物形态学变化致使树的特性发生了变化。对此目前还没有详细的形态学研究，但这一结论应该引起关注。电压低于15kV时，含有纤维和层状纳米粒子的纳米复合材料中树的开始时间和开始到击穿的时间增大，但在含有硅胶的系统中这一时间缩短。

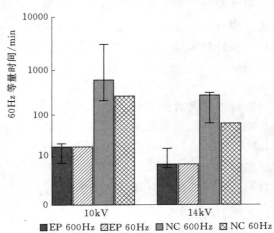

图8.6　含5％层状硅酸盐膨润土的环氧基纳米复合材料中（NC）中电树起始时间与无填充的环氧基树脂（EP）中电树起始时间比较，参考值分别为600Hz和60Hz，10kV和14kV。

如图8.6所示Raetzke等[44]对含有5％层状硅酸盐膨润土的环氧基纳米复合材料中电树起始时间和无填充的环氧基树脂中电树起始时间进行了比较，结果表明纳米填料的引入将电树起始时间提高了大约一个数量级。虽然本书举证说明了纳米粒子的加入有助于降低电树增长率，但是无法确定性分析分散的数据。在有关增加击穿时间的文献中，这种情况通常从妨碍电树增长的纳米填料粒子方面来解释[45]。由于技术上应用的大部分环氧树脂包含有大部分微米级填料，因此也对纳米增强微米复合材料做了研究。在该系统中，文献称含有5％～10％纳米氧化铝填料可显著增加电树起始时间，因此对电树结构有非常明显的作用[46]。同时也有增加层状硅酸盐对常规环氧树脂/二氧化硅微米复合材料的影响的文献[47]。同时，微米级二氧化硅的添加减少了电树起始时间，比起无填料树脂，每100份树脂含9.8部分纳米填料的性能得到显著提升。该研究也考虑到了各种材料对PD腐蚀的反应，证明了电树起始时间和PD电阻之间的相关性，因此作者最后得出的结论是电树形成过程包含由PD导致的电介质退化过程。

8.2.6　表面腐蚀和局部放电电阻

到目前为止，纳米电介质主要考虑整体性质，但是也考虑纳米复合材料对表面放电和电晕的反应，并且在很多系统中已取得显著提高。聚合物基材料表面暴露在高能环境中会降低系统的有机成分，因此，选择添加无机填料改善性能顺理成章。值得注意的是，即使非常少量的纳米填料也会产生惊人的效果。

例如，Maity 等[48]研究了环氧树脂基质添加纳米氧化铝或纳米二氧化钛的表面腐蚀效果，结果表明即使只加入 0.5 体积分数的填料，也能显著提高性能。作者认为这种效果与以下因素相关：纳米粒子本身抗电蚀，而且，当周围的环氧树脂被移除时，表面浓度会增加；紧密附着于纳米粒子的环氧树脂分子也具有抗蚀性；相邻颗粒之间的环氧基质被侵蚀，造成粗糙的表面形貌，并进一步抑制了基质降解。

如前所述，耐受腐蚀的稳定表层的形成似乎和聚合物和纳米填料中的界面相关。也有文献称通过硅烷偶联剂和纳米填料预处理来移除结合水可以提高性能，表明良好的表面黏结力和/或分散是重要因素[49-51]。其他多项研究表明纳米复合材料以及含纳米级和微米级填料混合物的材料都有相似的可提高性能的作用[52-55]。图 8.7 阐明了纳米粒子表面处理的效果和微/纳米混合物对环氧树脂材料连续表面放电抗腐蚀性的影响[56]。

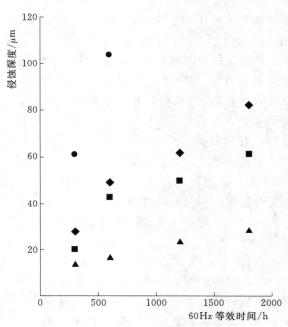

图 8.7 加入纳米填料、有机改性和混合微/纳米填料的环氧树脂酸酐固化物表明：根据暴露时间表面放电得到逐步改善（来源：参考文件 56 改编）。●—基础环氧树脂材料酸酐固化物；◆—有机改性纳米填料；□—可溶性纳米复合材料制剂；▲—微/纳米填料。

8.2.7 空间电荷

人们对长距离输电与日俱增的兴趣和建设泛大陆电网的愿望增加了对高压直流输电的兴趣。然而，当电介质长时间暴露在高压直流电场时，电荷可能由电极或电离中注入其他材料，进而发生电荷分离。造成系统内某个点上的局部场加强，加速材料老化，性能开始退化。因此，对电介质进行改进使之能抑制空间电荷积累，已引起了相当大的关注。Ishimoto 等[57]对比了低密度聚乙烯和含有微/纳米级氧化镁填料的低密度聚乙烯的空间电荷特性。在无填充样品中，施加 150kV/mm 的电场后通过样品观察到了大量正空间电荷，施加同样的电场后形成了负电荷，结果表明这些负电荷渐渐向正极移动。但在同类纳米复合材料中几乎未观测到电荷。其他关于添加纳米粒子的有利影响的论文已被收录在参考文献中[58-61]。取自 Chen 和 Stevens[58]著作的图 8.8 表明在聚酰亚胺中添加 10%的纳米钛能降低电晕电荷薄膜的内部空间电荷。

利用具有不同表面化学特性的纳米二氧化硅研究了线性低密度聚乙烯（LLDPE）加入纳米粒子后对空间电荷积聚的作用[62]。在这种情况下，无填充线性低密度聚乙烯空间电荷曲线显示出各相邻电极明显聚集了同极电荷，然而，在含未处理纳米二氧化硅的纳米复

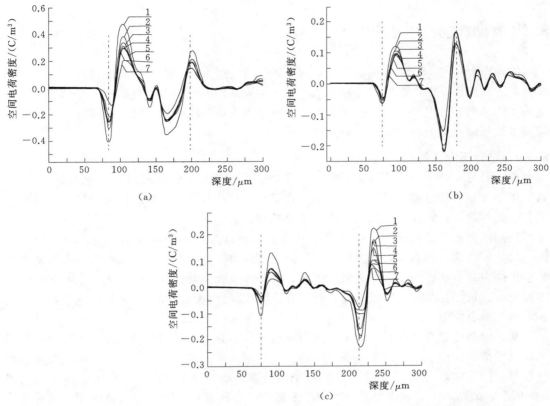

图 8.8 在移除表面电晕电荷和样本短路后，在空间电荷分布中加入纳米粒子的效果会在
聚乙烯中衰减。

(a) 纯 PI 薄膜；(b) PI/TiO$_2$ - 5wt%纳米复合膜；(c) PI/TiO$_2$ - 10wt%纳米复合膜。

注：短路后时间 (1)：10s；(2)：30s；(3)：50s；(4)：70s；(5)：90s；
(6)：210s；(7)：1790s，同样的等效时间 (10h)。

合材料中，具有破坏性的异极电荷则占主导地位。聚乙烯纳米黏土系统中也有相似的结果[63]。然而，已发现含有表面处理纳米二氧化硅的样品中同极电荷大减。纳米填料表面化学特性的变化直接影响载流子陷阱或其能量分布，并直接导致发生以上变化。作者也指出，纳米粒子在聚合物基质形态与纳米粒子所致变化有关的间接影响也可导致出现文献的效果。

Fabiani 等[64]研究了纳米填充物纵横比和乙烯/醋酸乙烯酯（EVA）基纳米复合材料介质响应的吸附水，研究结果表明：含有大纵横比层状硅酸盐系统的案例中，没有适当干燥的样品空间电荷增强。在乙烯/醋酸乙烯酯或水合氧化铝纳米复合材料中未出现类似情况。因此，作者表示组建渗透纳米填料网络对纳米电介质的介电效应有明显的效果。纳米粒子的纵横比越高，逾渗概率越大。显然，有诸多因素会影响观测到的状况，因此，并非所有结论都是在聚合物中加入纳米粒子从而形成空间电荷特性增强的证据。Smaoui 等[65]考察了环氧树脂/氧化锌纳米复合材料，得到的结论是与无填充聚合物相比，环氧树脂纳米复合材料样品中的空间电荷密度有所提升。

8.3 纳米电介质的发展

纳米电介质一个非常明显的特征是现有研究中大量文献证明存在相互冲突的情况。毋庸置疑，其原因是不同的材料处理方法产生了不同结构的材料，虽然表面上都相同。这也是未来纳米电介质发展中的一项重大挑战，这是因为纳米电介质可靠的技术应用关系到可靠的处理策略和能充分展示材料的方式。

8.3.1 纳米电介质的处理

现已研究出许多不同的方法来生成由聚合物基质和其中分散的纳米粒子组成的系统，最直接方法是将所选填料以纳米粒子的形式结合，并将其与所需的基质聚合物以固体形式混合，此过程为连续加工，比如挤压或者分批混合。

选用该方法的关键问题在于聚合物和纳米填料以及任何添加溶剂之间发生的相互作用。就任何混合过程而言，如果混合系统需达到热力学稳定，则混合系统的吉布斯函数必须小于两个单独部分的吉布斯函数。因此，除非加入表面活性剂，否则极性水和非极性油不能混合。该类比与聚合物纳米复合材料有许多共同之处，即都试图将极性纳米粒子引入到非极性聚合物中。

从技术角度而言，环氧树脂是一种重要的材料，有助于材料分散，如纳米氧化铝，因此硅烷增溶剂常用于增大两个成分之间的相互作用，从而减轻高剪切混合和声波降解法组合过程中的分散，可以包括或不包括用于调整系统黏度的溶剂[66-68]。上述效果示例如图8.9所示，该图展示了含未经表面处理纳米氧化硅的环氧基树脂和分布良好表面经过处理的纳米填充材料的树脂（溶胶—凝胶纳米二氧化硅系统）的透射电子显微镜（TEM）图像，形成了微簇级树枝状集合体[32]。

对管理聚合物和纳米填料相互反应发挥重要作用的区域和基于极性黏土样系统的纳米复合材料有关。由于黏土最初以片状集料的形式存在，纳米复合材料的处理必须破碎其原始对象，将组成层面（使其片状剥落）分散为主体基质。对于极性材料（如聚酰胺），固有黏土/基质相互作用对分散有所辅助；但如果是非极性聚合物（如聚乙烯），应改良填料和/或主体基质。

通常都是用类似表面活性剂的增溶剂分子替换夹层中的钠离子来改良黏土。即：增溶剂分子由极性头基组成，与黏土相互作用，再加上与聚合物相互作用的亲有机物质。必须仔细设计分子结构才能达到理想情况[69-71]。此外，让聚合物具有部分极性特征也是有利的，比如将顺丁烯二酸酐引入极性支柱[72-74]或利用带有极性单体的共聚作用[75-77]。虽然这样的化学改性使黏土片晶的处理和分散简单化，若合成的聚合物/纳米填料相互作用不足，则会发生重聚合[78]。

可能使纳米填料在聚合物基质中分散的一种方法是最初将聚合物分子向夹层扩散（嵌入），这样可减少层间附着性而且使相邻层更容易分开。这种方法所产生的问题是聚合物分子的体积庞大。因此，替代方法是将单体分散在夹层中并使它们在原位聚合。这种方法虽然引人注目但受到许多条件限制，如聚合催化剂和硅酸铝的兼容性（通常较低），以及填充物与聚合化学反应通常都不相容。虽然如此，这些问题仍然可以解决，而且已成功合

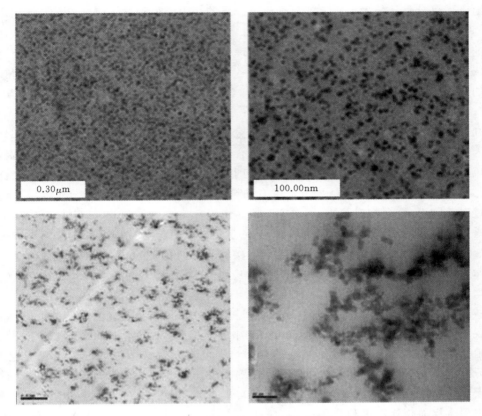

图 8.9　溶胶—凝胶分散过程中（上面显微照片）形成的含 5％ b. v. SiO$_2$ 的硬树脂
样品和环氧树脂中含 5％ b. w. 纳米氧化铝的低水平聚集树枝状合体
（下面显微照片）透射电子显微镜图像对比。

成了很多系统[79-81]。若合成的系统尚未稳定，而且在动力学上允许的情况下，还可以后期
合成再聚合。

上述原位生成聚合物分子构想的延伸是用溶胶—凝胶化学物在聚合物主体中形成纳米
粒子。适合的金属醇盐单体间反应形成纳米结构聚合物/陶瓷复合材料；在与硅发生氢键
作用的极性聚合物中从四烷氧基硅烷中原位生成纳米二氧化硅的方法已被广泛研究[82-84]。
对于非极性聚合物，兼容性再次成为问题，克服该问题的常用方法是使用两亲性溶剂，
即：将适用的化学功能通过硅烷偶联剂引入改变二氧化硅的相位，或聚合物的化学改
性[85-87]。用相似化学方法生成的纳米填料包括二氧化钛[88]、氧化铝[89]和氧化锆/二氧化硅[90]。
最后，有可能同时将聚合物聚合，用溶胶—凝胶化学形成纳米填料，前提是这两种聚合不
发生相互作用。从生产纳米结构环氧树脂的技术角度看，这一点至关重要[91-93]。

8.3.2　纳米电介质的特征描述

8.3.1 节重点探讨了采用主体基质生成均匀分布纳米粒子的方法。在对分解特性的讨
论中可以明显看出，如果这种方法没有实现，则纳米粒子的材料特性将被减弱而非增强。
为研究电介质效应，精力重点集中在界面的作用上，界面与粒子和基质相互作用以及分散

的问题密不可分。从技术上讲，如果纳米电介质的潜力能得到发挥，这将对了解纳米电介质相间区域以及确定纳米填料有深远的意义。此外，无法描述纳米电介质的重要特性也是棘手的问题，因为这一特性牵涉从材料的物理学到生产过程中的质量管理等实际问题，这些都依然无解。纳米复合材料的研究运用了各类不同的技术，每项技术都提出了对该系统互补的意见。为方便起见，以下按照光谱学、显微镜学和散射进行讨论。

1. 光谱学

红外线和拉曼光谱学都能提供关于分子振动模式的信息，由成分功能组和局部环境决定。因此，以上技术已用于研究很多纳米复合材料系统，并已证明光谱变化是对聚合物/纳米填料的相互作用的反应。在聚酰胺/有机黏土系统中，观察结果表明随着给聚合物中加入黏土，红外线有机黏土羟基带强度有所降低[94]。对于聚乙烯/蒙脱土纳米复合材料，已有过对蒙脱土/聚合物或蒙脱土/增容剂相互作用有关的 $960 \sim 1140 cm^{-1}$ 区域中增加红外线光谱的报道[95]。研究人员建议可将拉曼光谱学用于提供与分散排列和颗粒大小有关的信息[96]。对于含有 CNT 的纳米复合材料，sp^2 碳拉曼 G 和 D 带的位置变化与聚合物/CNT 相互作用相关[97]。Jeon 等[98]也提出在高密度聚乙烯/CNT 系统中接近 $266 cm^{-1}$ 的拉曼呼吸模态与单个 CNTs 相关，同时其他在 $232 cm^{-1}$ 的则源于聚合物。

核磁共振（NMR）光谱探查未配对的核自旋，也是特定靶核化学环境的敏感探针。在蒙脱土中作为杂质存在的 Fe^{3+} 影响聚合物中的质子弛豫时间，因此，蒙脱土分散越好，质子弛豫时间受影响越大，从而提供了一个纳米填料分散措施[99]。Arantes 等[100]运用 ^{13} 核磁共振碳谱研究丁苯橡胶（SBR）/二氧化钛纳米复合材料，报告发现峰位发生显著变化，这和聚合物/纳米粒子相互作用相关。电子自旋共振（ESR）光谱学（NMR 电子模拟）被用来探查界面相互作用和分子动力学的后续改变。对聚乙烯醇（PVA）中纳米多金属氧酸盐（POM）的光反应变色特性的 ESR 研究证明了 UV 激发期间 PVA 和 POM 之间的电荷转移[101]。Miwa 等[102]研究了含人工合成氟金云母的聚酯（丙烯酸甲酯）（PMA）顺磁标记的纳米复合材料，结果显示在分散性好的系统中，聚合物/纳米填料降低了局部链移动性，并形成向聚合物延伸 10nm 的刚性分界面区。最后，对 PMMA/高岭土系统的 X 射线光电子能谱学（XPS）的研究表明[103]，聚合物和纳米填料之间的氢键结合导致了氧气能量 1s 有 0.6eV 的增长，且硅 $2p$ 峰中的变化与剥落作用有关。

2. 显微镜学

由于纳米粒子的尺寸远远小于可见光波长，电子显微镜最常用于在实空间中探查纳米复合材料的结构。其中，纳米填料和周围母体聚合物之间的电子密度差异提供了易实现的对比机制，因此应用最为广泛的方法是图 8.9 中所示的透射电子显微镜法。已对很多有关纳米填料分散问题做了研究，如在 EVA/锌铝层状双氢氧化物（LHD）系统[104]中，醋酸乙烯酯共聚用单体含量对纳米填料集合的影响，以及在 PMMA[105] 中氧化锌纳米粒子的分布。明视场透射电子显微镜法适合纳米粒子位置成像，但却无法提供纳米粒子对半晶质母体形态的影响，或对不相容混合物不同相之间纳米填料区分的影响[106]。

另一种方法也可用来获得补充信息，即高分辨率的电子显微镜（HRTEM），这种方法直接显示了将增容剂移植到表面后 TiO_2 纳米粒子中 $1 \sim 5nm$ 厚不规则排列的表面层[107]；所选定区域的电子衍射（SAED）已用于显示系统中的聚苯乙烯和石墨纳米层[108]，处理工艺影响纳米填料的结晶度；含有多面体低聚倍半硅氧烷纳米粒子的乙烯基酯树脂研究中发现，过滤掉投射波束的能量能提高图像质量[109]。

与电子显微镜具有同样高分辨率的扫描电子显微术（SEM）不能成像，但相对简单的样品制备和观察大面积的能力可以补偿这种不足。然而，大多数情况下 SEM 中的成像取决于表面形貌，因此需要进行简单的样品制备来显示具有代表性的内表面，并确保所包括的表面特性能提供有意义的结构信息。能够满足上述两项要求而且最简单的样品制备方法便是冷冻断裂法，具体的做法是在材料玻璃过渡温度下断裂，如图 8.10 所示。这种方法已在许多纳米复合材料系统研究中取得成功[110-112]。

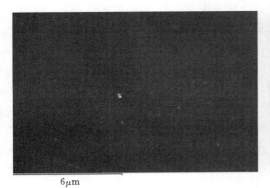 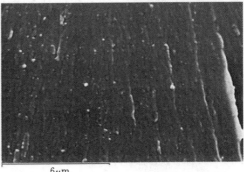

图 8.10　未填充环氧基树脂（左图）和含有纳米硅的系统（右图）断裂面表面纹理比较。
除了直接显示较大的纳米粒子以外，断裂工艺在后面的案例中
还能形成不同的表面纹理。

另一种替代方法是采用超薄切片机在样品上切口，然后蚀刻暴露的表面来揭露详细的结构，采用这种方法的含有蒙脱土的聚乙烯样品如图 8.11 所示[115]。王先生等[114]同时采用了冷冻断裂法和溶剂蚀刻法（暴露在沸腾的甲苯下）来观察合成橡胶韧化聚酯（聚对苯二甲酸）有机黏土三元纳米复合材料。采用这种方法的目的是要专门提取出橡胶相，重新观察两种聚合物之间基质的相结构和有机黏土的分隔，而 Green 和 Vaughan[115]采用了纯高锰酸蚀刻剂同时研究高密度聚乙烯/低密度聚乙烯的混合形态和系统内蒙脱土的分散形态；典型结果如图 8.11 中的 SEM 图像。

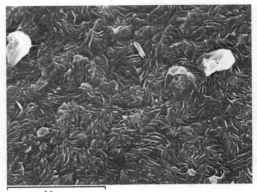

图 8.11　含有 MMT 的高锰酸钾蚀刻的聚乙烯混合物。大的 MMT 类晶团聚体和聚合物基质的叶片状结构清晰可见。该案例中聚乙烯的结晶化因纳米黏土的存在明显受到影响，无法清晰地将其中较小的聚合体与周围的聚合物薄片区分开。

3. 散射

散射法补充了上文所述的真实空间法，实质上提供了统计学代表数据。由于在记录

147

强度数据时相位信息丢失，不可能从衍射图样中推断出独特的真实空间结构。因此，对于有低定向度的系统，在使用布拉格方程式等理想方程式时应特别注意。例如，X 射线散射法通常用于研究黏土系统，估算出纳米黏土的聚合状态。而峰位的变化与单体、聚合物或增容剂分子的嵌入有关[116-118]，因此认为没有衍射峰时，硅酸盐晶层可完全呈片状剥落的结论仍然值得怀疑[119]。

Garea 等[120]采用广角 X 射线散射（WAXS）和 TEM 法研究了聚苯并恶嗪/蒙脱土纳米复合材料的结构。虽然广角 X 射线散射数据没有包括任何尖峰，但 TEM 方法清晰地显示了大量蒙脱土聚合体。小角度 X 射线散射（SAXS）与较低散射矢量下样品散射的辐射有关，因此可提供与较大结构尺寸有关的数据。从聚合物（甲基丙烯酸丁酯）/蒙脱土纳米复合材料乳胶得到的小角度 X 射线散射数据 Guinier 分析［绘图 $\ln I(q)q^2$ 和 q^2］已被认为能够提供蒙脱土薄片的厚度以及结构回转半径[121]。对于聚酯/剥脱的石墨纳米复合材料，$\log I(q)$ 和 $\log q$ 图表明石墨层和一个尺寸为 2.0～2.3 的分形结构共存[122]。X 射线散射是一种电子工艺，而中子散射是一种核工艺，后者与不同的对比机制有关。Jouault 等[123]采用小角度中子散射（SANS）法研究聚苯乙烯—硅纳米复合材料的结构。改正的散射密度对散射矢量重对数坐标图给出了与中间值 q 关联的 q^{-4}，表明纳米硅和基质之间有界限清晰的界面，而从更小散射矢量处得到的数据分析表明纳米硅以尺寸 2.5 的分形物形式存在。对聚氧化乙烯（PEO）/锂皂石水凝胶进行的类似实验表明分形物的尺寸在 2.6～2.8[124]。

8.4 高级电介质材料的影响

本节将讨论驱动纳米电介质材料研发的主要因素以及输配电系统中纳米电介质材料的影响和优点。

8.4.1 输配电方面的主要驱动因素

改进物理性质所产生的高压设备的性能和基于纳米介电材料的性能的关键设计驱动因素有以下方面：

（1）增强电气强度和耐受高电压应力特性可减小绝缘系统的尺寸和/或延长绝缘系统的寿命。后者受到材料质量和绝缘系统加工质量的影响。

（2）具有较高热稳定性和热导率的材料可利用较高的电流和耐热等级达到更高的电能密度。如果个别高压设备及其周围环境的传热条件不受约束，绝缘材料热性能的提高会对设备设计和运行产生显著影响。这将有利于提高网络的灵活性和柔性交流输电系统的能力，控制因相同电力密度下多个紧凑绝缘系统或相同踪迹下电力密度增加导致的设备体积。也有可能出现较大的应急过载额定功率。较高的热稳定性将支撑较高的热等级，例如从 F 级升至 H 级，随后可导致连续工作温度和最高工作温度升高。

（3）也有可能出现局部放电和表面电晕电阻增大，这种情况将支撑更多容错绝缘系统，延长绝缘系统的寿命。还可能实现更高的表面电介质应力，有利于缩小设备体积。

（4）一些情况下控制内部空间电荷及导电性的潜能将增大高压直流绝缘系统的容差能力，提高降低大电流放电和表面电晕风险的应力级别。

（5）静态和动态机械特性提高有利于增加静态和冲击机械强度，因而会提高零件的应力或减小零件的尺寸，特别是空气和气体绝缘开关设备、套管、电缆接头和终端的尺寸。

（6）提高多应力性能，将材料设计和设备设计集于一体，提高过载条件下的资产运行能力。

（7）对于特定材料类型，有可能在更高的点火温度和较低的热释放率下得到更高的耐火性能，从而提供具有低火灾风险的材料，降低附带火灾损坏的可能性。

8.4.2 潜在影响举例

高压设备得益于应用纳米材料时物理特性和性能的提高。以下示例均来自作者与设备制造商和政府就应用效益讨论后的最新思考：

（1）如果可以避免接近 $20kV/mm$ 的快速电击穿的阈值磁场，耐压特性将提高 $10\sim100$ 倍，电场强度将提高 $3\sim10$ 倍，电压应力可提高 $3\sim10$ 倍。

在开关设备中，如果不需要通过导线截面尺寸来遏制功耗，在这种情况下可以将导线绝缘厚度减少 $1.5\sim3$ 倍或将截面尺寸减小 $30\%\sim50\%$。

（2）将复合材料绝缘热导率从 $0.3W/(m \cdot K)$ 提高到 $0.5\sim1W/(m \cdot K)$，设备元件的电密度将提高 $1.5\sim2.0$ 倍。对于同样的额定功率，如果不存在严重的外部热损耗这一制约因素，复合材料热绝缘导电性的提高可让设备尺寸减小 25% 以上。

（3）屏障和套管所用的环氧树脂复合材料的局部放电和表面电晕电阻可以提高 $3\sim5$ 倍，使元件的寿命延长 2 倍或更长。对于具有相同寿命的元件，表面应力可提高 2 倍或更大。在限制飞弧的情况下，表面应力提高后可减小套管和绝缘子的尺寸。

（4）在发电领域，各类制造商已对涡轮发电机展开了研究，目标是重新设计云母带的主绝缘系统，因为这种绝缘系统和环氧树脂一起可以提高热导率，减小绝缘带厚度，同时也可以提高耐压特性。多功能分层式绝缘系统和套管中的绝缘系统及变压器中的隔离系统采用同一接地。

在主绝缘系统案例中，将热导率从 $0.3W/(m \cdot K)$ 提高到 $0.5\sim1W/(m \cdot K)$，将热等级从 F 级提高到 H 级，将场强从 $2.5kV/mm$ 提高到 $4kV/mm$ 或更大可显著增大定子额定电流，缩小发电机定子尺寸，而不受转子制约因素的影响。

所有案例中，采用已知的材料设计规则应用于实际，将激发人们探索新设备绝缘设计方案来优化设备的运行特性，包括通过协调实现多方面性能提高，如提高功率额定值和/或减小高压设备尺寸、提高电气应力相对于（延长）使用寿命和绝缘厚度。

8.4.3 潜在的运行效益

电力设备的效益来自特定容量和高压设备运行灵活性等的改进，例如：

（1）增大连续运行、倒闸运行和紧急运行的额定电流。

（2）采用高功率密度或小尺寸设备有助于网络强化、替换及改进。

（3）采用绝缘寿命长、过流和过载能力大的绝缘系统。

（4）提高网络运行时的灵活性，特别是应急过载条件下的灵活性。

（5）提高电力电子系统谐波阻抗，特别是配备高压直流技术的系统谐波阻抗。

（6）降低土建工程成本和整个寿命期内的投资和运营费，提高可靠性。

（7）提高网络设计、规划和审批的灵活性。

（8）提高留存资产价值和运营效率。

8.5 挑战和未来趋势

过去十年或更长时间内，由于纳米电介质材料确实发展良好，已从单纯的研究兴趣上升到实践应用阶段。但是，当务之急要解决以下三个重要问题：

（1）是否充分了解生产环境中可靠利用原始纳米电介质的机制？

（2）是否有足够的量化结构—工艺—特性关系信息来制定下一代纳米电介质绝缘系统设计的材料设计准则？

（3）是否充分了解所用设备的整个使用寿命期内原始介电质材料系统的长期性能？

本书经探索后表明纳米电介质具有增强特性，但是在实验室环境检测时所报告的数据有出入。原因是大多数系统没有确定最佳工艺路线，不同的工作人员使用不同的样品制备规范来生产材料，然后按照同一方式来描述。例如，可以说一块环氧树脂中有5wt％的纳米二氧化硅，而影响此类材料特性的因素包括：①纳米二氧化硅的平均尺寸；②纳米二氧化硅粒子的粒径范围；③纳米二氧化硅的纵横比；④纳米二氧化硅的结晶化和化学计算；⑤纳米二氧化硅的表面化学性和对界面区域的影响；⑥纳米二氧化硅表面化学特性对环氧树脂养护反应、最终网络化学特性和结构的影响。

上述因素并不全面，而且所列的因素可能都有影响，但是哪种因素影响较大？哪种因素可以忽略不计？如果找不出这些问题的答案，将很难在制造环境中可靠地使用纳米电介质，也很难确定材料供应商改变下一年供货的纳米粒子性质所造成的影响。为此，首先面临的挑战是想出合理的方法将其用于纳米电介质可靠再生产工艺的需求，以及开发合适特性化工具使原材料和成品复合物充分特性化。目前任何一项挑战都无法实现。

大多数纳米电介质的特性和纳米级物体宏观比表面积和对附近聚合物产生的影响有关。短期内，这种情况被认为是和宏观特性变化有密切关系，可以想到界面电荷的存在会导致空间电荷扩散。这是一个最主要的理想特性，例如应用于高压直流设备。但是这些界面稳定吗？对工艺的讨论表明需要相当大的费用投资来将纳米粒子有效地扩散到聚合物中，这是因为从热力学角度分析，纳米粒子和许多聚合物互不相容。这种情况下，界面如何老化，渗透分子（例如水）对过度延伸期有什么作用？如果是纳米黏土，需要大量两性分子增容剂来加速剥落，这种策略似乎与许多高压应用中使用超净材料的愿望背道而驰。

假设能够开发出特性化协议让纳米电介质的可靠工艺保持稳定数十年，则会给纳米电介质的灵活设计带来巨大的潜力。例如，迄今为止，很少有人尝试生产并研究多组分电介质。通常将一种单一纳米填料加入另一种单一聚合物中很复杂。但是，可以确定的是下一步将通过加入填料A和填料B一起发挥作用提高热导率，也就是说，提高表面放电电蚀的耐力。设计纳米粒子表面化学性的概念趋于成熟，但截至目前只是改变纳米粒子的表面，而不是大多数研究中所述的作为一种辅助工艺。但是，为了生产出纳米构造功能性材料，为什么在纳米粒子导入主基质前不能给纳米粒子做出标记？

8.6 结论

1994 年首次提出了纳米级电介质或纳米电介质这一术语，其研究领域依然处于相对初期。尽管制造和运行高压设备的行业依然持有保守主义思想，但这一概念已经迅速上升到要积极追求实践应用的层面，这一点很重要。本书已尽力阐明对这些复合材料系统了解的现状，这将提供很多可能性。如果认为纳米级电介质的概念没有巨大潜力，而且材料尚未得到可靠应用时，大部分重要问题依然悬而未决。

8.7 更多信息来源和建议

许多论文都有对大范围纳米复合材料中具体方面的论述，例如材料的子类（层状硅酸盐）或制备流程[125-129]。2000 年初人们真正开始讨论纳米电介质这一话题，之前几乎很少有论文采用更全面、批判和更新的方式对此进行论述。Tanaka 等[130]，Tanaka[131]、曹先生等[132] 提供了非常有趣的历史展望，Frechette 等[133] 关于复合材料的文章也融合了 2010 年积极从事纳米电介质研究的研究员提出的观点。随着 CIGRE 工作组 D1.24 活动，对纳米电介质的大量研究工作以著作形式出版[134]，该著作共 115 页，其中包括许多不同的方面，李先生等人的最近期论文专门针对介质击穿[135]。然而，与电介质关联度最高的当代参考作品当属 J. K. Nelson 编纂并于 2010 年首次出版的《介电聚合物-纳米复合材料》一书[136]。

参考文献

1. R. M. Black, *The History of Electric Wires and Cables*, Peter Perigrinus, London, 1983, 48 – 67.

2. S. S. Ray and M. Okamoto, Polymer/layered silicate nanocomposites: a review from preparation to processing, *Prog. Polym. Sci*. Vol. 28, 1539 – 1641, 2003.

3. J. K. W. Sandler, J. E. Kirk, I. A. Kinloch, M. S. P. Shaffer and A. H. Windle, Ultra – low electrical percolation threshold in carbon – nanotube – epoxy composites, *Polymer* Vol. 44, 5893 – 5899, 2003.

4. T. J. Lewis, Nanometric dielectrics, *IEEE Trans. DEI* Vol. 1, No. 5, 812 – 825, 1994.

5. T. J. Lewis, Interfaces: nanometric dielectrics, *J. Phys. D: Appl. Phys.* Vol. 38, 202 – 212, 2005.

6. T. Tanaka, M. Kozako, N. Fuse and Y. Ohki, Proposal of a multi – core model for polymer nanocomposite dielectrics, *IEEE Trans. DEI* Vol. 12, No. 4, 669 – 681, August 2005.

7. S. Raetzke and J. Kindersberger, Role of interphase on the resistance to highvoltage arcing, on tracking and erosion of silicone/SiO₂ nanocomposites, *IEEE Trans. DEI* Vol. 17, No. 2, April 2010.

8. N. G. McCrum, B. Read and G. Williams, *An elastic and dielectric effects in polymeric solids*, Wiley, New York, 1967.

9. F. Kremer, *Broadband Dielectric Spectroscopy*, Berlin: Springer, 2003.

10. T. Tanaka, M. Kozako, N. Fuse and Y. Ohki, Proposal of a multi – core model for polymer nanocomposite dielectrics, *IEEE Trans. DEI* Vol. 12, No. 4, 669 – 681, August 2005.

11. K. Lichtenecker and K. Rother, Die Herleitung des logarithmischen Mischungsgesetzes als allegemeinen Prinzipien der staionaren Stromung, *Phys. Zeit.* Vol. 32, 255 – 260, 1931.

12. S. – Hui X. , Bao – Ku Zhu, J. – B. Li, Xiu – Z. Wei and Z. – K. Xu, Preparation and properties of polyimide/aluminum nitride composites, *Polym. Test.* Vol. 23, 797 – 801, 2004.

13. M. Takala, M. Karttunen, P. Salovaara, S. Kortet, K. Kannus1 and T. Kalliohaka, Dielectric properties of nanostructured polypropylene – polyhedral oligomeric silsesquioxane compounds, *IEEE Trans. DEI* Vol. 15, No. 1, 40 – 51, February 2008.

14. S. Srisuwan, S. Thongyai and P. Praserthdam, Synthesis and characterization of low – dielectric photosensitive polyimide/silica hybrid materials, *J. Appl. Polym. Sci.* Vol. 117, 2422 – 2427, 2010.

15. T. Andritsch, R. Kochetov, P. H. F. Morshuis and J. J. Smit, Short term DC breakdown and complex permittivity of Al_2O_3 – and MgO – epoxy nanocomposites, 2010 *Ann. Rep. CEIDP, IEEE,* Piscataway NJ, 530 – 533, INSPEC Accession Number: 11851326.

16. N. Tagami, M. Okada, N. Hirai, Y. Ohki, T. Tanaka, T. Imai, M. Harada and M. Ochi, Dielectric properties of epoxy/clay nanocomposites – effects of curingagent and clay dispersion method, *IEEE Trans. DEI* Vol. 15, No. 1, 24 – 32, February 2008.

17. S. Singha and M. Joy Thomas, Dielectric properties of epoxy nanocomposites, *EEE Trans. DEI* Vol. 15, No. 1, 12 – 23, February 2008.

18. S. Singha and M. Joy Thomas, Permittivity and tan delta characteristics of epoxy nanocomposites in the frequency range of 1 MHz – 1 GHz, *IEEE Trans. DEI* Vol. 15, No. 1, 2 – 11, February 2008.

19. M. Roy, J. K. Nelson, R. K. MacCrone, L. S. Schadler, C. W. Reed, R. Keefe and W. Zenger, Polymer nanocomposite dielectrics – the role of the interface, *IEEE Trans. DEI* Vol. 12, No. 4, 629 – 643, August 2005.

20. S. Hui, T. K. Chaki and S. Chattopadhyay, Dielectric properties of EVA/LDPE TPE system: effect of nanosilica and controlled irradiation, *Polym. Eng. Sci.* Vol. 50, 730 – 738, 2010.

21. J. K. Nelson and Y. Hu, Nanocomposites dielectrics – properties and implications. *J. Phys. D: Appl. Phys.* Vol. 38, 213 – 222, 2005.

22. M. Roy, J. K. Nelson, R. K. MacCrone and L. S Schadler, Candidate mechanisms controlling the electrical characteristics of silica/XLPE nanodielectrics. *J. Mater. Sci.* Vol. 42, No. 11, 3789 – 3799, 2007.

23. R. J. Sengwa, S. Choudhary and S. Sankhla, Dielectric properties of montmorillonite clay filled poly(vinyl alcohol)/poly(ethylene oxide) blend nanocomposites, *Compos. Sci. Technol.* Vol. 70, 1621 – 1627, 2010.

24. V. M. Boucher, D. Cangialosi, A. Alegría, J. Colmenero, J. González – Irun and L. M. Liz – Marzan, Accelerated physical aging in PMMA/silica nanocomposites, *Soft Matter* Vol. 6, 3306 – 3317, 2010.

25. A. C. Comer, A. L. Heilman and D. S. Kalika, Dynamic relaxation characteristics of polymer nanocomposites based on poly(ether imide) and poly(methyl methacrylate), *Polymer* Vol. 51, 5245 – 5254, 2010.

26. B. Hallouet, P. Desclaux, B. Wetzel, A. K. Schlarb and R. Pelster, Analysing dielectric interphases in composites containing nano – and micro – particles, *J. Phys. D:Appl. Phys.* Vol. 42, 1 – 10, 2009.

27. P. Klonos, A. Panagopoulou, L. Bokobza, A. Kyritsis, V. Peoglos and P. Pissis, Comparative studies on effects of silica and titania nanoparticles on crystallization and complex segmental dynamics in poly(dimethylsiloxane), *Polymer* Vol. 51, 5490 – 5499, 2010.

28. A. C. Comer, D. S. Kalika, V. A. Kusuma and B. D. Freeman, Glass – transition and gas – transport characteristics of polymer nanocomposites based on crosslinked poly(ethylene oxide), *J. Appl. Polym. Sci.* Vol. 117, 2395 – 2405, 2010.

29. D. Prevosto, M. Lucchesi, M. Bertoldo, E. Passaglia, F. Ciardelli and P. Rolla, Interfacial effects on the dynamics of ethylene – propylene copolymer nanocomposite with inorganic clays, *J. Non –Cryst. Solids*

Vol. 356, 568 – 573, 2010.

30. J. – P. Crine, Electrical, chemical and mechanical processes in water treeing, *IEEE Trans. DEI* Vol. 5, No. 5, 681 – 694, 1998.

31. C. Zou, J. C. Fothergill and S. W. Rowe The effect of water absorption on the dielectric properties of epoxy nanocomposites, *IEEE Trans. DEI* Vol. 15, No. 1, 106 – 117, 2008.

32. C. Zhang and G. C. Stevens, The dielectric response of polar and non – polar nanodielectrics, *IEEE Trans. DEI* Vol. 15, No. 2, 606 – 617, 2008.

33. M. F. Fréchette, E. David, H. D. Martinez and S. Savoie, Post – heat treatment effect on the dielectric response of epoxy samples, *Annual Rept. IEEE – CEIDP* 705 – 708, 2009, INSPEC Accession Number 11059984.

34. C. D. Green, A. S. Vaughan, G. R. Mitchell and T. Liu, Structure property relationships in polyethylene/montmorillonite nanodielectrics, *IEEE Trans. DEI* Vol. 15, No. 1, 134 – 143, 2008.

35. F. Guastavino, A. Dardano, S. Squarcia, P. Tiemblo, J. Guzman, E. Benito and N. Garcia, Breakdown and electrical aging tests on different nanocomposite materials, *Proc. Conf. IEEE – ISEI* 529 – 533, May 31 – June 3, 2009, Montreal, QC.

36. E. A. Stefanescu, X. Tan, Z. Lin, N. Bowler and M. R. Kessler, Multifunctional PMMA – ceramic composites as structural dielectrics, *Polymer* Vol. 51, 5823 – 5832, 2010.

37. V. Tomer, G. Polizos, E. Manias and C. A. Randall, Epoxy – based nanocomposites for electrical energy storage. I: effects of montmorillonite and barium titanate nanofillers, *J. Appl. Phys.* Vol. 108, 074116, 2010.

38. R. C. Smith, C. Liang, M. Landry, J. K. Nelson and L. S. Schadler, The mechanism leading to the useful electrical properties of polymer nanodielectrics, *IEEE Trans. DEI* Vol 15, No. 1, 187 – 196, 2008.

39. A. S. Vaughan, S. G. Swingler and Y. Zhang, Polyethylene nanodielecterics: the influence of nanoclays on structure formation and dielectric breakdown, *Trans. IEE Jap.* Vol. 126, 1057 – 1063, 2006.

40. J. – W. Wang, Q. – D. Shen, C. – Z. Yang and Q. – M. Zhang, High dielectric constant composite of P（VDF – TrFE）with grafted copper phthalocyanine oligomer, *Macromolecules* Vol. 37, 2294 – 2298, 2004.

41. S. Li, G. Yin, G. Chen, J. Li, S. Bai, L. Zhong, Y. Zhang and Q. Lei, Short – term breakdown and long – term failure in nanodielectrics: a review, *IEEE Trans. DEI* Vol. 17, No. 5, 1523 – 1535, 2010.

42. T. Imai, F. Sawa, T. Nakano, T. Ozaki, T. Shimizu, M. Kozako and T. Tanaka, Effects of nano – and micro – filler mixture on electrical insulation properties of epoxy based composites, *IEEE Trans. DEI* Vol. 13, No. 1, 319 – 326, February 2006.

43. P. Tiemblo, M. Hoyos, J. M. Gómez – Elvira, J. Guzmán, N. García, A. Dardano and F. Guastavino, The development of electrical treeing in LDPE and its nanocomposites with spherical silica and fibrous and laminar silicates, *J. Phys. D: Appl. Phys.* Vol. 41, 125208, 8, 2008.

44. S. Raetzke, Y. Ohki, T. Imai, T. Tanaka and J. Kindersberger, Tree initiation characteristic of epoxy resin, and epoxy/clay nanocomoposite, *IEEE Trans. DEI* Vol. 16, No. 5, 1473 – 1480, October 2009.

45. G. Michael Danikas and T. Tanaka, Nanocomposites – a review of electrical treeing and breakdown, *IEEE Electr. Insul. M.* Vol. 25, No. 4, 19 – 25, July/August 2009.

46. T. Tanaka, A Matsunawa, Y. Ohki, M. Kozako and S. Okabe, Treeing phenomena in epoxy/alumina nanocomposite and interpretation by a multi – core model, *Trans IEE J A* Vol. 126, No. 11, 1128 – 1135, 2006.

47. Y. Chen, T. Imai, Y. Ohki and T. Tanaka, Tree initiation phenomena in nanostructured epoxy composites, *IEEE Trans. DEI* Vol. 17, No. 5, 1509 – 1515, October 2010.

48. P. Maity, S. Basu and V. Parameswaran, Degradation of polymer dielectrics with nanometric metal – oxide fi llers due to surface discharges, *IEEE Trans. DEI* Vol. 15, No. 1, 52 – 62, 2008.

49. P. Maity, S. V. Kasisomayajula, V. Parameswaran, S. Basu and N. Gupta, Improvement in surface degradation properties of polymer composites due to pre – processes nanometric alumina fillers, *IEEE Trans. DEI* Vol. 15, No. 1, 63 – 72, 2008.

50. S. Rätzke and J. Kindersberger, The role of the interphase on the resistance to high – voltage arcing and to tracking and erosion of silicone/SiO_2 nanocomoposite, *IEEE Trans DEI* Vol. 17, No. 2, 607 – 614, 2010.

51. I. Ramirez, E. A. Cherney, S. Jayaram and M. Gauthier, Nanofilled silicone dielectrics prepared with surfactant for outdoor insulation applications, *Trans. IEEE DEI* No. 15, 228 – 235, 2008.

52. M. Kozako, N. Fuse, Y. Ohki, T. Okamoto and T. Tanaka, Surface degradation of polyamide nanocomposites caused by partial discharges using IEC (b) electrodes, *IEEE Trans. DEI* Vol. 11, No. 5, 833 – 839, 2004.

53. M. Kozako, Y. Ohki, M. Kohtoh, S. Okabe and T. Tanaka, Preparation and various characteristics of epoxy/alumina nanocomposites, *IEE J. Trans. FM* Vol. 126, No. 11, 1121 – 1127, 2006.

54. A. H. El – Hag, L. C. Simon, S. H. Jayaram and E. A. Cherney, Erosion resistance of nano – filled silicone rubber, *Trans IEEE DEI* Vol. 13, No. 1, 122 – 128, 2006.

55. M. F. Fréchette, R. Y. Larocque, M. Trudeau, R. Veillette, R. Rioux, S. Pélissou, S. Besner, M. Javan, K. Cole, M. – T. Ton That, D. Desgagné s, J. Castellon, S. Agnel, A. Toureille and G. Platbrood, Nanostructured polymer microcomposites: a distinct class of insulating materials, *IEEE Trans. DEI* Vol. 15, No. 1, 90 – 105, February 2008.

56. T. Tanaka, Y. Ohki, M. Ochi, M. Harad and T. Imai, Enhanced partial discharge resistance of epoxy/clay nanocomposite prepared by newly developed organic modification and solubilisation methods, *IEEE Trans. DEI* Vol. 15, No. 1, 81 – 89, February 2008.

57. K. Ishimoto, E. Kanegae, Y. Ohki, T. Tanaka, Y. Sekiguchi, Y. Murata and C. Reddy, Superiority of dielectric properties of LDPE/MgO nanocomposites over microcomposites, *IEEE Trans. DEI* Vol. 16, No. 6, 1735 – 1742, December 2009.

58. J. – W. Zha, Z. – M. Dang, H. – T. Song, Y. Yin and G. Chen, Dielectric properties and effect of electrical aging on space charge accumulation in polyimide/TiO_2 nanocomposite fi lms, *J. Appl. Phys.* Vol. 108, 094113, 2010.

59. T. Takada, Y. Hayase, Y. Tanaka and T. Okamoto, Space charge trapping in electrical potential well caused by permanent and induced dipoles for LDPE/MgO nanocomposite, *IEEE Trans. DEI* Vol. 15, No. 1, 152 – 160, February 2008.

60. R. J. Fleming, A. Ammala, P. S. Casey and S. B. Lang, Conductivity and space charge in LDPE containing nano – and micro – sized ZnO particles, *IEEE Trans. DEI* Vol. 15, No. 1, 118 – 126, February 2008.

61. Y. Murakami, M. Nemoto, S. Okuzumi, S. Masuda, M. Nagao, N. Hozumi, Y. Sekiguchi and Y. Murata, DC conduction and electrical breakdown of MgO/LDPE nanocomposite, *IEEE Trans. DEI* Vol. 15, No. 1, 33 – 39, February 2008.

62. X. Huang, P. Jiang and Y. Yin, Nanoparticle surface modification induced space charge suppression in linear low density polyethylene, *Appl. Phys. Lett.* Vol. 95, 242905, 2009.

63. N. Fuse, Y. Ohki and T. Tanaka, Comparison of nano – structuration effects in polypropylene among four typical dielectric properties, *IEEE Trans. DEI* Vol. 17, No. 3, 671 – 677, June 2010.

64. D. Fabiani, G. C. Montanari and L. Testa, Effect of aspect ratio and water contamination on the electric properties of nanostructured insulating materials, *IEEE Trans. DEI* Vol. 17, No. 1, 221 – 230,

February 2010.

65. H. Smaoui, L. E. L. Mir, H. Guermazi, S. Agnel and A. Toureille, Study of dielectric relaxations in zinc oxide – epoxy resin nanocomposites, $J. Alloys Compd.$ Vol. 477, 316 – 321, 2009.

66. M. Iijima, N. Sato, I. W. Lenggoro and H. Kamiya, Surface modification of $BaTiO_3$ particles by silane coupling agents in different solvents and their effect on dielectric properties of $BaTiO_3$/epoxy composites, $Colloids Surf. A: Physicochem. Eng. Aspects$ Vol. 352, 88 – 93, 2009.

67. M. Kurimoto, H. Okubo, K. Kato, M. Hanai, Y. Hoshina, M. Takei and N. Hayakawa, Permittivity characteristics of epoxy/alumina nanocomposite with high particle dispersibility by combining ultrasonic wave and centrifugal force, $IEEE Trans. DEI$ Vol. 17, No. 4, 1268 – 1275, 2010.

68. E. Tuncer, I. Sauers, D. R. James, A. R. Ellis, M. P. Paranthaman, T. Aytu ğ, S. Sathyamurthy, K. L. More, J. Li and A. Goyal, Electrical properties of epoxy resin based nano – composites, $Nanotechnology$ 18 025703 6, 2007.

69. R. Suresh, S. Vasudevan and K. V. Ramanathan, Dynamics of methylene chains in an intercalated surfactant bilayer by solid – state NMR spectroscopy, $Chem. Phys. Lett.$ Vol. 371, 118, 2003.

70. Q. H. Zeng, A. B. Yu, G. Q. Lu and R. K. Standish, Molecular dynamics simulation of the structural and dynamic properties of dioctadecyldimethyl ammoniums in organoclays, $J. Phys. Chem. B$ Vol. 108, 10025, 2004.

71. T. D. Fornes, D. L. Hunter and D. R. Paul Nylon – 6, nanocomposites from alkylam – monium – modified clay: the role of alkyl tails on exfoliation, $Macromolecules$ Vol. 37, 1793 – 1798, 2004.

72. H. – S. Lee, P. D. Fasulo, W. R. Rodgers and D. R. Paul, TPO based Nanocomposites. Part 2. Thermal expansion behaviour, $Polymer$ Vol. 47, 3528, 2006.

73. L. Sz á zdi, B. Pukánszky, E. Földes and B. Puk á nszky, Possible mechanism of interaction among the components in MAPP modifi ed layered silicate PP nanocomposites, $Polymer$ Vol. 46, 8001 – 8010, 2005.

74. N. Hasegawa and A. Usuki, Silicate layer exfoliation in polyolefi n/clay nano – composites based on maleic anhydride modified polyolefins and organophilicclay, $J. Appl. Polym. Sci.$ Vol. 93, 464 – 470, 2004.

75. M. Pramanik, S. K. Srivastava, B. K. Samantaray and A. K. Bhowmick, Rubber – clay nanocomposite by solution blending, $J. Appl. Polym. Sci.$ Vol. 87, 2216 – 2220, 2003.

76. W. Gianelli, G. Camino, N. T. Dintcheva, S. Lo Verso and F. P. La Mantia, EVA – montmorillonite nanocomposites: effect of processing conditions, $Macromol. Mater. Eng.$ Vol. 287, 238 – 244, 2004.

77. Y. Tang, Y. Hu, J. Wang, R. Zong, Z. Gui, Z. Chen, Y. Zhuang and W. Fan, Infl uence of organophilic clay and preparation methods on EVA/montmorillonite nanocomposites, $J. Appl. Polym. Sci.$ Vol. 91, 2416 – 2421, 2004.

78. H. Fisher, Polymer nanocomposites: from fundamental research to specific applications, $Mater. Sci. Eng.$ C23, Vol. 23, No. 6 – 8, 763 – 772, 2003.

79. J. Tudor, L. Willington, D. O'Hare and B. Royan, Intercalation of catalytically active metal complexes in phyllosilicates and their application as propene polymerisation catalysts, $Chem. Commun.$ Vol. 2031, 1996.

80. A. Y. A. Shin, L. C. Simon, J. B. P. Soares and G. Scholz, Polyethylene – clay hybrid nanocomposites: in – situ polymerization using bifunctional organic modifiers, $Polymer$ Vol. 44, 5317, 2003.

81. F. Ciardelli, S. Coiai, E. Passaglia, A. Pucci and G. Ruggeri1 Nanocomposites based on polyolefins and functional thermoplastic materials, $Polym. Int.$ Vol. 57, 805 – 836, 2008.

82. M. Martina and D. W. Hutmacher, Biodegradable polymers applied in tissue engineering research: a re-

view, *Polym. Int.* Vol. 56, 145, 2007.

83. Z. H. Huang and K. Y. Qiu, The effects of interactions on the properties of acrylic polymers/silica hybrid materials prepared by the in situ sol – gel process, *Polymer* Vol. 38, 521, 1997.

84. P. Hajji, L. David, J. F. Gerard, J. P. Pascault and G. Vigier, *J. Polym. Sci. Part B: Polym. Phys.* Vol. 37, 3172, 1999.

85. T. Ogoshi and Y. Chujo, Synthesis of organic – inorganic polymer hybrids utilizing amphiphilic solvent as a compatibilizer, *Bull. Chem. Soc. Jpn.* Vol. 76, 1865, 2003.

86. C. – C. Chang, K. – H. Wei, Y. – L. Chang and W. – C. Chen, Synthesis of organic – inorganic polymer hybrids utilizing amphiphilic solvent as a compatibilizer, *J. Polym. Res.* Vol. 10, 1, 2003.

87. Y. Wei, D. Yang, L. Tang and M. G. K. Hutchins, Synthesis, characterization, and properties of new polystyrene – SiO_2 hybrid sol – gel materials, *J. Mater. Res.* Vol. 8, 1143, 1993.

88. A. H. Yuwono, J. Xue, J. Wang, H. I. Elim, W. L. Ji, Ying and T. J. White, Transparent nanohybrids of nanocrystalline TiO_2 in PMMA with unique nonlinear optical behavior, *J. Mater. Chem.* Vol. 13, 1475, 2003.

89. M. Li, S. Zhou, B. You and L. Wu, Preparation and characterization of trialkox – ysilane – containing acrylic resin/alumina hybrid materials, *Macromol. Mater. Eng.* Vol. 291, 984, 2006.

90. L. Delattre, M. Roy and F. Babonneau, Design of homogeneous hybrid materials through a careful control of the synthetic procedure, *J. Sol –Gel Sci. Technol.* Vol. 8, 567 – 570, 1997.

91. L. Matejka, J. Plestil and K. Dusek, Structure evolution in epoxy – silica hybrids: sol – gel process, *J. Non –Cryst. Solids* Vol. 226, 114, 1998.

92. L. Matejka, K. Dusek, J. Plestil, J. Kriz and F. Lednicky, Formation and structure of the epoxy – silica hybrids, *Polymer* Vol. 40, 171, 1998.

93. S. R. Davis, A. R. Brough and A. Atkinson, Formation of silica/epoxy hybrid network polymers, *J. Non – Cryst. Solids* Vol. 315, 197, 2003.

94. A. Al – Mulla, Development and characterization of polyamide – 10, 6/organoclay nanocomposites, *Int. J. Polym. Anal. Charact.* Vol. 14, 540 – 550, 2009.

95. S. Tzavalas and V. G. Gregoriou, Infrared spectroscopy as a tool to monitor the extent of intercalation and exfoliation in polymer clay nanocomposites, *Vib. Spectro.* Vol. 51, 39 – 43, 2009.

96. G. Gouadec and P. Colomban, Raman spectroscopy of nanomaterials: how spectra relate to disorder, particle size and mechanical properties, *Prog. Cryst. Growth Charact. Mater.* Vol. 53, 1 – 56, 2007.

97. A. W. Musumeci, G. G. Silva, J. – W. Liu, W. N. Martens and E. R. Waclawik, Structure and conductivity of multi – walled carbon nanotube/poly(3 – hexylthiophehe)composite films, *Polymer* Vol. 48, 1667 – 1678, 2007.

98. K. Jeon, L. Lumata, T. Tokumoto, E. Steven, J. Brooks and R. G. Alamo, Low electrical conductivity threshold and crystalline morphology of single – walled carbon nanotubes high density polyethylene nanocomposites characterized by SEM, Raman spectroscopy and AFM, *Polymer* Vol. 48, 4751 – 4764, 2007.

99. J. W. Gilman, S. Bourbigot, J. R. Shields, M. Nyden, T. Kashiwagi, R. D. Davis, D. L. Vanderhart, W. Demory, C. A. Wilkie, A. B. Morgan, J. Harris and R. E. Lyon, High throughput methods for polymer nanocomposites research: extrusion, NMR characterization and flammability property screening, *J. Mater. Sci.* Vol. 38, 4451 – 4460, 2003.

100. T. M. Arantes, K. V. Leao, M. I. B. Tavares, A. G. Ferreira, E. Longo and E. R. Camargo, NMR study of styrene – butadiene rubber(SBR)and TiO_2 nanocomposites, *Polym. Test.* Vol. 28, 490 – 494, 2009.

101. L. – M. Ai, W. Feng, J. Chen, Y. Liu and W. M. Cai, Evaluation of microstructure and photochromic be-

havior of polyvinyl alcohol nanocomposite films containing polyoxometalates, *Mater. Chem. Phys.* Vol. 109, 131 – 136, 2008.

102. Y. Miwa, A. R. Drews and S. Schlick, Detection of the direct effect of clay on polymer dynamics: the case of spin – labeled poly (methyl acrylate)/clay nanocomposites studied by ESR, XRD, and DSC, *Macromolecules* Vol. 39, 3304 – 3311, 2006.

103. Y. Li, B. Zhang and X. Pan, Preparation and characterization of PMMA – kaolinite intercalation composites, *Compos. Sci. Technol.* Vol. 68, 1954 – 1961, 2008.

104. M. Zhang, P. Ding, L. Du and B. Qu, Structural characterization and related properties of EVA/ZnAl – LDH nanocomposites prepared by melt and solution intercalation, *Mater. Chem. Phys.* Vol. 109, 206 – 211, 2008.

105. S. Hess, M. M. Demir, V. Yakutkin, S. Baluschev and G. Wegner, Investigation of oxygen permeation through composites of PMMA and surface – modified ZnO nanoparticles, *Macromol. Rapid Commun.* Vol. 30, 394 – 401, 2009.

106. D. H. Kim, P. D. Fasulo, W. R. Rodgers and D. R. Paul, Effect of the ratio of maleated polypropylene to organoclay on the structure and properties of TPO – based nanocomposites. Part II : thermal expansion behavior, *Polymer* Vol. 49, 2492 – 2506, 2008.

107. V. G. Ngo, C. Bressy, C. Leroux and A. Margaillan, Synthesis of hybrid TiO$_2$ nanoparticles with well – defined poly (methyl methacrylate) and poly (tertbutyldimethylsilyl methacrylate) via the RAFT process, *Polymer* Vol. 50, 3095 – 3102, 2009.

108. G. Chen, C. Wu, W. Weng, D. Wu and W. Yan, Preparation of polystyrene/graphite nanosheet composite, *Polymer* Vol. 44, 1781 – 1784, 2003.

109. G. Z. Li, L. Wang, H. Toghiani, T. L. Daultonc and C. U. Pittman Jr, Viscoelastic and mechanical properties of vinyl ester(VE)/multifunctional polyhedral oligomeric silsesquioxane(POSS) nanocomposites and multifunctional POSS – styrene copolymers, *Polymer* Vol. 43, 4167 – 4176, 2002.

110. M. L. Cerrada, C. Serrano, M. Sánchez – Chaves, M. Fernández – García, F. Fernández – Martín, A. deAndrés, R. J. Jiménez Riobóo, A. Kubacka, M. Ferrer and M. Fernández – García, Self – sterilized EVOH – TiO$_2$ nanocomposites: interface effects on biocidal properties, *Adv. Funct. Mater.* Vol. 18, 1949 – 1960, 2008.

111. H. Zhou, Y. Chen, H. Fan, H. Shi, Z. Luo and B. Shi, Water vapor permeability of the polyurethane/TiO$_2$, nanohybrid membrane with temperature sensitivity, *J. Appl. Polym. Sci.* Vol. 109, 3002 – 3007, 2008.

112. S. Filippi, C. Marazzato, P. Magagnini, A. Famular, P. Arosio and S. V. Meille, Structure and morphology of HDPE – g – MA/organoclay nanocomposites: effects of the preparation procedures, *Eur. Polym. J.* Vol. 44, 987 – 1002, 2008.

113. R. H. Olly, Selective etching of polymeric materials, *Sci. Prog.* , Vol. 70, No. 277 17 – 43 Part: 1 1986.

114. K. Wang, Y. Chen and Y. Zhang, Effects of organoclay platelets on morphology and mechanical properties in PTT/EPDM – g – MA/organoclay ternary nanocomposites, *Polymer* Vol. 49, 3301 – 3309, 2008.

115. C. D. Green, A. S. Vaughan, G. R. Mitchell and T. Liu, Structure property relationships in polyethylene/montmorillonite nanodielectrics, *IEEE Trans. DEI* Vol. 15, No. 1, 134 – 143, February 2008.

116. Y. Hu, L. Song, J. Xu, L. Yang, Z. Chen and W. Fan, Synthesis of polyurethane/clay intercalated nanocomposites, *Colloid Polym. Sci.* Vol. 279, No. 8, 819 – 822, 2001.

117. S. – K. Yoon, B. – S. Byun, S. Lee and S. – H. Choi, Radiolytic synthesis of poly(styrene – co – divinylbenzene)– clay nanocomposite, *J. Ind. Eng. Chem.* Vol. 14, No. 4, 417 – 422, 2008.

118. E. M. Moujahid, F. Leroux, M. Dubois and J. – P. Besse, In situ polymerisation of monomers in layered

double hydroxides, *C. R. Chimie* Vol. 6, No. 2, 259 – 264, 2003.

119. Y. Cai, Y. Hu, L. Song, L. Liu, Z. Wang, Z. Chen and W. Fan, Synthesis and characterization of thermoplastic polyurethane/montmorillonite nanocomposites produced by reactive extrusion, *J. Mater. Sci.* Vol. 42, No. 14, 5785 – 5790, 2007.

120. S. A. Gârea, H. Iovu, A. Nicolescu and C. Deleanu, A new strategy for polyben – zoxazine – montmorillonite nanocomposites synthesis, *Polym. Test.* Vol. 28, No. 3, 338 – 347, 2009.

121. Z. Sedláková, J. Pleŝti, J. Baldrian, M. Ŝlouf and P. Holub, Polymer – clay nanocomposites prepared via in situ emulsion polymerization, *Polym. Bull.* Vol. 63, No. 3, 365 – 384, 2009.

122. H. Kim and C. W. Macosko, Morphology and properties of polyester/exfoliated graphite nanocomposites, *Macromolecules* Vol. 41, No. 9, 3317 – 3327, 2008.

123. N. Jouault, P. Vallat, F. Dalmas, S. Said, J. Jestin and F. Boué, Well – dispersed fractal aggregates as filler in polymer – silica nanocomposites: long – range effects in rheology, *Macromolecules* Vol. 42, No. 6, 2031 – 2040, 2009.

124. P. Schexnailder, E. Loizou, L. Porcar, P. Butler and G. Schmidt, Heterogeneity in nanocomposite hydrogels from poly (ethylene oxide) cross – linked with silicate nanoparticles, *Phys. Chem. Chem. Phys.* Vol. 11, No. 15, 2760 – 2766, 2009.

125. D. R. Paul and L. M. Robeson, Polymer nanotechnology: nanocomposites, *Polymer* Vol. 49, No. 15, 3187 – 3204, 2008.

126. B. Z. Jang and A. Zhamu, Processing of nanographene platelets(NGPs)and NGP nanocomposites: a review, *J. Mater. Sci.* Vol. 43, No. 15, 5092 – 5101, 2008.

127. P. K. Sudeep and T. Emrick, Polymer – nanoparticle composites: preparative methods and electronically active materials, *Polym. Rev.* Vol. 47, No. 2, 155 – 163, 2007.

128. F. Ciardelli, S. Coiai, E. Passaglia, A. Puccil and G. Ruggeri, Nanocomposites based on polyolefins and functional thermoplastic materials, *Polym. Int.* Vol. 57, No. 6, 805 – 836, 2008.

129. G. Kickelbick, The search of a homogeneously dispersed material – the art of handling the organic polymer/metal oxide interface, *J. Sol – Gel Sci. Technol.* Vol. 46, No. 3, 81 – 290, 2008.

130. T. Tanaka, G. C. Montanari and R. Mülhaupt, Polymer nanocomposites as dielectrics and electrical insulation – perspectives for processing technologies, material characterization and future applications, *IEEE Trans. DEI* Vol. 11, No. 5, 763 – 783, 2004.

131. T. Tanaka, Dielectric nanocomposites with insulating properties, *IEEE Trans. DEI* Vol. 12, No. 5, 914 – 928, October 2005.

132. Y. Cao, P. C. Irwin and K. Younsi, The future of nanodielectrics in the electrical power industry, *IEEE Trans. DEI* Vol. 11, No. 5, 797 – 807, October 2004.

133. M. F. Fréchette, A. Vijh, L. Utracki, M. L. Trudeau, A. Sami, C. Laurent, P. Morshuis, T. Andritsch, R. Kochetov, A. Vaughan, É. David, J. Castellon, D. Fabiani, S. Gubanski, J. Kindersberger, C. Reed, A. Krivda, J. Fothergill, S. Dodd, F. Guastavino and H. Alamdari, Nanodielectrics – a panacea for solving all electrical insulation problems?, *Proc 2010 ICSD, IEEE*, Piscataway NJ, 130 – 158, July 2010.

134. T. Tanaka, M. Fréchette, A. Krivda, A. S. Vaughan, P. Morshuis, G. C. Montanari, Y. Tanaka, J. Castellon, S. Pélissou, J. Kindersberger, S. Gubanski, S. Sutton, J. – P. Mattmann, C. Reed, T. Shimizu, Polymer nanocomposites – fundamentals and possible applications to power sectors, CIGRE Working Group D1. 24; Electra 02/2011, Vol. 254, 68 – 73 and CIGRE Technical Brochure 451 – WG D1. 24.

135. Shengtao Li, Guilai Yin, G. Chen, Jianying Li, Suna Bai, Lisheng Zhong, Yunxia Zhang and Qingquan

Lei, Short – term breakdown and long – term failure in nanodielectrics : a review, *IEEE Trans. DEI* Vol. 17, No. 5, 1523 – 1535, October 2010.

136. J. K. Nelsen(ed.), *Dielectric Polymer Nanocomposites*, Springer, New York, 2010.

第9章 超导故障限流器和电力电缆

W. HASSENZAHL，Advanced Energy Analysis，USA

DOI：10.1533/9780857097378.2.242

摘 要：本章探讨了超导电力电缆和超导故障限流器（FCL）技术。第一部分对电网进行了综述，为讨论超导交直流电缆的历史发展做好准备，超导交直流电缆始于低温超导体系统。接着描述了超导电力电缆技术的现状、概述了世界范围内的一些主要问题。电力电缆被看作传统电力系统元件的替代品，但超导故障限流器和故障电流控制器在电网中并没有其同类传统产品可替代。此外，文中还描述了各类超导限流器概念的设计及其发展现状和电网中所用的设备。

关键词：电力；电网；电力电缆；交流电力电缆；直流电力电缆；故障限流器；故障电流控制器；高温超导体（HTS）；低温超导体（LTS）

注：本章是 W. Hassenzahl 编写的第8章 超导故障限流器和电力电缆的修订升级版，该著作最初于 2012 年发表在《能源应用中的高温超导体》上，ed. Z. Melhem，Woodhead 出版社，ISBN：978 - 0 - 85709 - 012 - 6。

9.1 引言

9.1.1 背景

自从 1911 年发现超导性以来，许多新兴行业的人士认为超导性可能会给电力行业带来希望，就像 19 世纪末海底电缆的研发扩大了世界的联通一样。事实上，在发现超导电性以后的前半个世纪，能与传统材料一争高下的材料在其特性方面几乎没有取得什么进展。尤其是这些材料无法输送充足的电流，也无法用来设计和制造高效电气设备。但是到了 20 世纪 60 年代初，Nb - Ti 和 Nb_3Sn 的发现逆转了这一现状，随后基于这些材料人们研制出了导体。1986 年高温超导体的发现在各类超导体应用中引起轰动。随后经过一段时间的大规模宣传，研究人员对超导体材料及其各类应用开始了一系列漫长而又艰辛的研究。

现在，一些高温超导体的电流密度比铜的电流密度高 100 倍，其在直流系统中的电阻几乎为零。这些特性让超导电力设施比传统设备具有更多潜在优势，包括效率更高、尺寸更小和重量更轻。此外，超导体具有独特的能力，可在超导状态和控制条件下的正常状态之间转变。相变期间电阻率发生数倍级的变化，提供了更多应用可能，远远超出了传统材料的范围。因此到目前为止，基于超导材料的真正电力应用具有无限光明的前景。

9.1.2 电网

虽然从表面看电网都很相似，但几乎没人意识到所建电网的复杂程度以及对稳定性和可靠性这一核心需求。电网是一个非常复杂且相互作用的系统，具有可实现顺利运行的各类控制、检测和平衡功能。需要大量信息来了解用户希望快速拉动开关后就看到灯亮（Hassenzahl，2005）的原因，因此对于电网的深度研究是一项长期的挑战。为此，在讨论高压超导应用之前先了解一些电网的特性。

北美电网堪称世界上最大的机器。通常，由于通过控制可将若干参数控制在很小的误差内，因此电网和其他大型机器都能高效运行。电力系统中一个最重要的参数就是输电的额定频率，通常为50～60Hz。图9.1是对Eto等（2010）提出的如何采取各类措施确保电网具有合适频率的改进图。安装各类机械装置使之能够保持一定频率范围。从几秒钟到几分钟的短期时间内若发生微小的频率变动，则可调整发电机的功率输出。对于更大的频率变动就需要采取一系列措施。其中一项最新措施是使用快速响应的飞轮储能系统。调频过程中可能有发电机损耗或从发电机到电网之间一条线路有损耗，因此政府电力监管机构要求应少量发电，在任何给定时间内保持在线运转，但不输出功率，即热备用。提供热备用的公司因维护（电网）能力可得到一笔额外费用。对于极限频率调整，通过和用电大户签订预定合同后电力公司甩负荷即可。

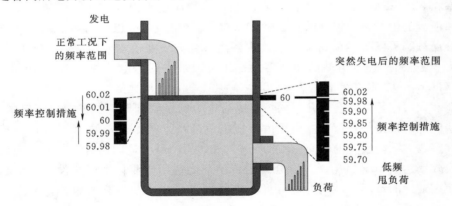

图9.1 频率调整和将频率维持在额定值所用的控制示意图（单位：Hz）。额定负荷和发电量变化时60Hz的额定频率很少发生大于±0.02Hz变化的情况。通过调整发电机来控制频率。如果发生较大频率波动，通常指发电损失和频率大幅下降后，还需采取其他控制措施，包括使用热备用或使用快速响应的储能系统。最终，如果频率依然低于所述水平，电力公司则要甩负荷。

从几分钟到几小时的长时间内，通过增大或减小发电量使之适应预期的负载可以对频率进行控制，这种控制通常指电力调度，或更准确的叫法是经济调度。使用经济一词是因为电力公司更偏重在给定时间内以最经济最有效的方式发电。电力调度机构需要对预期负荷进行预测。例如，在预测早晨的用电需求时，要谨慎地提高发电机的功率，夜晚和夜间不需要发电机工作，但要在一定时间达到满功率。调度不需要快速响应，多年以来都是由工程师在其本地电力公司的中央控制设备上手动调整完成。随着计算机控制的发展，电子元件取代了经济调度，即使发电量和负荷需求几乎平衡。每当提到调度时，应同时考虑风能和太阳能等可再生能源。从传统意义上讲，任何事物都是不可调度的，尤其是风能在很大程度上会扰乱高渗透率电网的正常运行。例如，可再生能源能发一小部分电。最终，每天在接近午夜的低负荷期间，对可控制发电机的一小部分重要功率输出进行调整获得微小的频率偏差，这样每天正好有 21.6 万个 60Hz 周期和 18 万个 50Hz 周期。

本节重点讨论公用电网，但是大多数地区没有公用电网。偏远地区电力系统无需联网（这种情况通常称为岛，运行上称为"孤岛"）。此外，现在的一些大船只需要相匹配的小型电网来维持运行。有时候动力系统中有与推进器直接连接的电动机。

只了解电网的特性无法真正了解从势能、化学能、太阳能、风能、潮汐能或核能转换成电能，再到供给用户瞬间这一过程中所发生的事情。为了了解得更深入，必须分析从初始能源到最终用户之间的能源流动。

事实上，电能在自然界中是不存在的，必须通过其他能源（例如，来自化石燃料燃烧的热能、大坝中水的势能等）的转换产生。利用多种能源发电的方法是将热能转换成旋转的机械运动，但只有一小部分初始能源能够转换成动能。能量转换的效率由多种热动过程决定。尤其是大部分电能来自化石燃料和核能，这些能源都能产生高温。电力生产的效率由汽轮机中的蒸汽温度决定。这种关系称为卡诺效率（Moran 和 Shapiro，2003）。水力发电的效率在 85%～90% 之间。美国、欧洲和日本均应用水力发电。巴西和巴拉圭共享位于巴拉那河流上伊泰普大坝（Itaipu）的 12.6GW 水电设施。巴西所用的超出两国共享的电能部分通过购买巴拉圭的份额获取。中国近几年开发了三峡水电站，其装机容量高达 18.2GW。上述每一座水电站的功率容量都比美国最大的水电站顽石坝（Boulder）或胡佛水坝（Hoover）（其功率容量为 2.08GW）功率容量高出数倍。

风能和太阳能等能源在近几年内都将成为电力的重要来源，但大规模实施困难重重，因为这些能源的效率相对低下。商用太阳能电池可将正常入射光的 10%～15% 转换为电能。绝大多数太阳能装置的填充系数低至 8%～10%。需要说明的是，一些试验用电池的能量转换效率达到 40%。但是，在合理的费用下要达到商业化生产并没有一个明确的方向。即使在最好的情况下，风力机可将所通过的 35% 的能量转换成电能，但并不能拦截大部分通过的风，且风能具有间歇式特点。

在大多数情况下，发电机发电，经变压器升压到一定电压等级后长距离输送。在接近用户端处，电压被转变成适合当地配电系统用的电压等级，然后通过配电线或地下电缆输送到用户处。能量传输过程中，所述的控制和馈电系统确保电网接近连续运行。例如，一台大型发电机可能会发生故障或意外性中断，或电网上可能甩掉大负荷。发电机故障会导致频率降低，而甩负荷则导致频率升高。此外，雷电也可破坏输电线或变压器，树枝可能会落到输电线上，导致架空电线在过载期间下垂，电弧接地。也有一些蓄意破坏者偷盗绝缘子或输电线。这些破坏不仅导致频率发生变化，而且会导致电力潮流严重中断，造成局部小面积断电甚至偶尔会造成大面积断电。

许多发电机在将动能转换成电能期间效率高达 99%。一方面，高效率源于紧凑的发电机尺寸，因为发电机中使用了金属零件，可以在固定和转动部分之间的小间隔内运行。另一方面，这种设计可让发电机在合适的电压（10～50kV）下达到最佳工作状态。通常，变压器的损耗低于通过电能的 0.5%。由于上述两方面原因，在 20 世纪交流电是最普遍的电力形式。现在可直接将交流电转变成直流电，反之亦然。电站和用户在任何用电环境和电网任何部分都可自由选择电力形式。大多数情况下采用高压直流电线进行长距离大规模输电。

从发电机到用户的传输线路中要消耗接近 10% 的电能。虽然表面看来这一数字只占总量的一小部分，但实际上意味着大量电能损耗。未来的技术改进，包括超导材料的使用将有望节约这 10% 的损耗。

9.1.3 电网中的超导体

原则意义上超导体可以替代现有元件中的传统导体，但是自从 20 世纪以来传统的电力技术变得越来越复杂，现在的电力系统元件依然具备高效经济的特性，而且使用起来简单方便。这些特性结合大规模生产让元件功能更具经济性，给任何新技术的引入带来了严峻挑战（Haldar 和 Abetti，2011）。

自从 20 世纪 60 年代二类超导体成为现实以来，一些早期的计划致力于探索电力应用，例如发电机、电缆、变压器和电动机。与此同时，人们提出了一些无法采用传统方式替代的新概念。例如，磁通泵可用来转换能量还能给高电流磁铁充电。所面临的严峻挑战是超导设备应具有和现有传统系统设备相同的能力。此外，最近十年内高温超导体材料问世，可以在液体氮气温度下运行，要求这些高温超导体材料能够耐受高电流密度，而且能够在发电机、电动机和超导磁体储能系统（SMES）等电力设备中的磁场运行。

超导体还必须满足其他标准，才能成为大多数电力应用中的有效元件。特别地，超导体或其与普通金属组合结构中的许多机制将电能转换成热能，包括简单的电阻、磁滞损耗、感应电流和涡流（Wilson，1983）。通过传导或传送的方式接近环境温度时可以消除传统导体中的损耗，但超导体的损耗发生在低温下，因此必须通过冷冻系统去除超导体的损耗。正如卡诺效率决定热能转为动能的效率一样，该理论也决定低温环境下去除热能的热力效率（Hassenzahl，2006）。此外，冷冻系统只对一小部分理想的环境起作用，因此根据热能产生的温度以及总热量，去除热能所需的电能的室温要比热能本身高 10～50 倍。这就意味着如果效率是一项重要的因子，超导系统的效率一定是其所替代的传统技术的 15～50 倍（Gouge 等，2002）。

然而，现在大量的研究和演示都集中于各式各样的超导电力技术。大多数计划都得到了政府的鼎力支持，只有一部分除外，例如，近期在德国由法国耐克森公司（Nexans）安装的超导故障限流器（耐克森公司的技术将在 9.2 节中讨论）。随着电气化技术的发展，工业、城市和商业领域需要更多的电力。对电网的影响主要源于越来越大的功率需求和个别变电站的大功率变电设备的需求。这些因素不受综合用电环境中任何增长的影响。超导电力技术，例如变压器、电缆和超导故障限流器等将有可能在不适合采用传统解决方案的情况下找到其用武之地。某些情况下，能够提高技术性能的超导电力技术可以抵消其初期的研发费用，从而加速这种技术的应用。

将超导电力应用分为两组，其中一组包括可以采用超导体替代的传统材料，另一组包括基于超导体独特性能的新技术。电缆、电动机、发电机、变压器和飞轮属于第一组，而超导磁体储能系统、超导故障限流器和超导电流控制器则属于第二组。超导性的其他应用是超导变电站（Hassenzahl，2000；张先生等，2011）和集成输电系统。集成输电系统中液态氮被转换成一种燃料，用来冷却超导电力电缆（Bartlit 等，1972）。

电子与电气工程师协会（IEEE）已成为重视各领域中超导应用出版物的中坚力量。电子与电气工程师协会着手解决的两个问题都以超导性为核心，而且也有展现一些历史发展的文章。1989 年 8 月（Kirtley 和 Edeskuty，1989）和 2004 年 10 月（Hassenzahl 等，2004；Kalsi 等，2004）该协会对超导性作了概述。此外，2000 年 5 月和 6 月分别发表了多篇关于超导体在电力应用中的文章，8 月相继在电子与电气工程师协会电力工程学会的官方期刊上发表了电力工程回顾；1997 年 7 月电子与电气工程师协会的光谱论题致力于电力系统中高温超导体应用的发展。

9.1.4　未来趋势

超导电力应用有着广阔的前景，今天面临的挑战似乎只是个例外，致使这种应用的发展比较迟缓至少有以下五方面原因：①超导体昂贵的费用，超导体的价格是铜质导体的数倍；②从冷冻环境中除热的问题；③传统电力元件的开发目前处于高水平发展状态；④需要大规模生产来实现具有竞争性的成本；超导体的规模化和个别超导体的实例是实现商业化过程中的必要步骤；⑤在目前的经济环境下，全世界范围内政府在削减其对众多应用研究方面的支持。

尽管有这些不好的消息，但由于超导体的开发将继续推动技术进步，而且将有一些特殊的应用市场，在这些市场中超导应用的能力将克服极少数设备开发费用和材料高昂的问题，因此超导体依然有一丝希望。希望在未来十年里能看到少量或者许多安装在电力设施的超导故障限流器、电缆和变压器。此外，在海上风电机组的机舱中也可能安装一些小型发电机，未来其他电力技术也将取得突破性进展。

9.2　故障限流器

9.2.1　故障限流器介绍

输配电系统的设计须在多种工况下运行。正常运行时，系统中每个位置处都有一个固定电压和通常在几百到几千安倍范围内波动的额定电流。一系列失常工况会导致电流激增到较高水平。例如，变电站中一台变压器的损耗通常需要相同变电站或附近变电站一台或多台变压器在较高的功率水平运行。变压器采用保守设计，具有在特定时段以较高功率运行的过压额定值，而且几乎不影响运行或功能寿命。然而在一些紧急工况下，较高的变压器过负荷会导致温度升高，超温时间持续太长将会减损绝缘寿命。同样，系统中其他元件的设计要适应各类异常工况。

故障或短路是一种可导致严重后果的失常工况。输配电系统中经常会出现故障，由于故障电流是额定电流的 10～50 倍，因此会严重破坏各类元件。破坏的原因包括：①增力，与电流的平方成正比，$F \propto I^2$；②故障持续时间过长引起过热。故障期间系统中任何导体达到的温度可使用以下公式计算

$$T(t_f) = \int_0^{t_f} \frac{J^2 \rho}{C} \mathrm{d}t \qquad (9.1)$$

式中：T 为温度；t 为时间；J 为导体中的电流密度；ρ 为电阻率；C 为比热。

一些故障情况下在不到 1s 的时间内温度升高超过铝或铜的熔点。注意：式（9.1）也可用来设计熔断器，确定超导体的最大淬火温度。

故障可能会发生在三相系统的两相之间，或某一相和地之间，可能与雷击导致的短路有关。如果没有发现，故障会从几个周期持续较长时间。无论故障或所导致的激增电流的来源是什么，电网中每个元件的设计都要能耐受几个周期内的机械和热负荷。早期电力系统开发期间，工程师们想出了可防止故障的四种简单的办法：①在电路中安装熔断元件，在系统元件遭受破坏之前熔断元件简单熔断或蒸发；②安装断路器，断路器是一种在电流超过预设限定值时强制断开的设备；③快速驱动的断流器，熔断器、断路器和快速断流器需要几个周期的时间动作；④使用感应器或电抗器，将其永久安装在电网关键位置上。

随着电气化的扩大，电站、电网元件和现有电网系统上互联电网的数量不断增加，输配电系统上的故障持续增多。从技术上讲，故障增多的原因有两方面，一方面是日益增加的互联电网的数量降低了系统的有效阻抗，另一方面是任何区域内可用的总功率随着时间增大。由于电压固定，较低的阻抗致使故障电流增大。但是仅为了应对较高的故障电流而去替换陈旧电网元件的做法不合理且不划算，因此需要一些限流的方法。从原则上讲，增大电网中各元件的内部阻抗可能会达到此目的。但是这种解决方案有两种不良结果：①较高的阻抗会导致能耗增大；②负载波动需要更强大的控制系统来避免电网总体稳定性的降低。

目前电气设备多通过在关键位置加入电抗器（电感器）或采用特殊开关设备中断故障电流的方式达到控制故障电流的作用。图 9.2 为电抗器使用的示例。电抗器作为一种无源装置可以提供和电流等比例的电压降。工作电流下电抗器电压通常是局部系统电压的 0.5%～3.0%。故障发生时电流增大，电抗器的电压与电流成线性比例增大，可能会超过局部系统电压的一半，也就是说故障期间电抗器的阻抗占整个电网的一大部分。增大的电压降会显著降低总的故障电流。稳态电抗器有两个弊端：①电抗器连续消耗功率，会降低电力系统的效率；②电抗增大会降低电网的反应能力。

控制故障电流的第二个解决方案是安装高压断路器，当电流超过预设值时断路器断开。图 9.3 所示为现在所用的一些开关设备。对此感兴趣的读者可在本书的第 5 章以及参考 DAM（2009 年）找到更多关于断路器的信息。虽然现有的开关设备效率也很高，但是技术接近电流切断能力的理论极限。问题是电路断开的方式是开关打开时形成的电弧在一个周期的零电流点被断开。通常电抗器和断路器一起配合使用。需要注意的是断路器本身对第一个周期内的最大故障电流不起作用。如果没有故障限流器，所有

图 9.2　AEP 电网上 TIDD 变电站处压力罐的 3 个电抗器（其中一个被挡住了）。3 个电抗器用压力罐带电，例如，一个电抗器的终端连接到罐子或壳体上。TIDD 变电站是 AEP、Zenergy 和美国能源部所选的高压超导故障限流器的示范项目。

图 9.3 加利福尼亚高压变电站的 6 个断路器。这些均为外壳接地断路器，外壳设在地电位处。断路器充油，可以独立工作。故障发生时断路器断开，经过固定次数循环后再闭合。如果电流依然很高，断路器会再次断开，如故障尚未解决的情况。

电网元件的设计应能适应最大故障电流产生的力。

正常工况下具有微小阻抗以及故障发生后短时间内能够形成高阻抗能力的设备可将短路电流限制到一个合理的值上。理想的状态是故障限流器能够被动工作，而且在故障清理后能够立即恢复到正常工况。需要注意的是 20 世纪 70 年代以前的一些电力文献中认为电抗器和断路器都是故障限流器。同时期随着功率等级的增大，电力公司意识到了这个问题。1976 年美国电力研究协会（EPRI）以此为论题，即认为超导体是一种可能的元件，召开了第一次会议（EPRI，1977）。本章后部分描述了超导故障限流器的一些历史和发展现状。

需要注意的是除了超导故障限流器以外，大量精力也已投入到使用硅基电子来控制电网各部分的电流和功率。使用电力电子器件进行此类控制的应用范围很广。通用术语为柔性交流输电系统（FACTS）（Hingorani 和 Gyugyi，1999）。技术从用于连接高压直流电缆和电线的功率变换器发展到交流电网。该技术的一个专业特征在于研发了用于故障电流的硅基设备，因此该技术通常称为"故障电流控制器"。下文将讨论其中一个超导技术——故障电流控制器。

9.2.2 超导故障限流器和控制器

1968 年 Laquer 发表了第一篇关于提倡使用具有相变特性的实用超导体来控制电力系统故障电流的文章。此前他还第一个描述了各类应用中超导开关和磁通泵，包括充电式超导磁体（Laquer，1962 年两项专利，分别是专利 a 和 b，Laquer 等，1966）。由于开创性的成就，Laquer 已撰写了数百篇关于超导故障限流器的专利和论文。除本章概述范围以外，对概念的重要性和各类设计的复杂性探讨不属于本章概述的范围。但是，对早期所做其他工作提出的意见，以及将一些针对故障限流器的综述论文归入参考文献，或将超导限流器作为超导电力应用总论述的一部分具有重要的指导意义。

1986 年发现钙钛矿超导体之前很长一段时间内，人们一直在进行超导限流器的研发。实际上，在发现钙钛矿超导体之前已经有了大多数概念的构思，这些都为研发作了基础铺垫。早期的一个方法（Boenig 和 Paice，1983 年；Roger 等，1983）是使用超导线圈作为电抗器，当电流超过预设值时，该电抗器可通过电子方式切换电路。电子控制器操作速度快，线圈可根据需要在一个周期的短时间内在回路中安装复联开关，这样可在每个周期内使线圈两次都在回路中。使用直流线圈的好处是正常工况下可以避免交流损耗，所需的冷冻冷凝温度较低。在电力设备环境中首次安装和测试故障电流控制器就是根据这样的概念（Leung 等，1997）。从 20 世纪 90 年代开始进行研发，当时利用 HTS BSCCO - 2223

制造了两台设备。第一台 2.2kV，2.3kA$_{rms}$设备于 1995 年完工并在加利福尼亚诺沃克的南加利福尼亚爱迪生中心测试变电站顺利完成了测试。第二台较大的设备容量为 26MV·A，其设计用于在 12.5kV，1.2kA$_{rms}$工况下运行，并于 1999 年在同一变电站进行了测试。所设计的第二台设备为便携式设备，如图 9.4 所示。全压试验期间三根超导线圈中的一根在与套管的连接处产生了电弧效应。随后工作人员在洛斯阿拉莫斯（Los Alamos）国家实验室对该设备进行了维修，并在洛斯阿拉莫斯变电站的 13.7kV 有功

图 9.4   位于洛斯阿拉莫斯变电站的便携式故障
电流控制器。图片是在南加利福尼亚爱迪生
中心测试变电站处故障维修后拍摄的
（来源：洛斯阿拉莫斯国家实验室）。

电压下对该设备顺利进行了测试（Waynert 等，2003）。后来各类研究人员对此概念和许多变量开展了其他研究工作；其中一个便是 Hoshino 等（2001）进行的研究工作。但是，从此之后再也没有生产过其他大型设备。该技术"失宠"的主要原因是此类设备的实际尺寸、超导材料的用量以及无法提供无功功率等，因此需要一个反馈和控制系统来运行。

今天，所有商业成熟和商业试用超导故障限流器的功能取决于超导或磁性材料中的相变。选择的一个重要因素是通过相变完成电流控制使设备实现被动运行。在过去十年内，对故障限流器的许多综述论文都描述了故障限流器如何发挥作用，而且还探讨了电网中所用的多种方法，大致描述了该技术的现状（Noe 和 Oswald，1999）；Nagata 等，2001；Hongesombut 等，2003；Hassenzahl 等，2004；Noe 和 Steurer，2007；Young 和 Hassenzahl，2009；Hassenzahl 和 Young，2010）。本书重点探讨 3 种故障限流器技术，并提供现有设备和规划设备的一些信息。

3 种类型的超导故障限流器目前在世界各地的实验室和工业研发中。这 3 种超导故障限流器被描述为电阻型、屏蔽铁芯、饱和铁芯故障限流器。最后两种限流器依靠铁磁芯，有时候统称为感应式故障限流器。然而，由于工作方式不同，因此在本书中将区别对待。表 9.1 简要描述了 3 种类型的故障限流器，节选自参考文献中肖先生的作品（2009 年）。

表 9.1   **超导故障限流器的基本特性**

技术	损耗	触发	恢复	尺寸/重量	畸变
电阻型超导故障限流器	滞后（取决于高温超导材料）	无功	高温超导体必须重复冷却	由于高温超导发挥有限作用，因此体积很小	只在第一个周期内发生
屏蔽铁芯超导故障限流器	滞后（取决于高温超导材料）	无功	比电阻快，但是需要重复冷却	由于使用铁芯和绕组，因此体积和重量都大	只在第一个周期内发生
饱和铁芯超导故障限流器	渗透铁芯的直流线圈和铜线圈中电阻加热的连续功率	无功	立刻	由于使用铁芯和传统绕组，因此体积和重量都大	铁芯的非线性特性可导致偶尔发生

9.2.3 电阻型超导故障限流器

图 9.5 所示为电阻型超导故障限流器的原理。限流元件由一个超导体组成，超导体可以是线材、带状材料或大块材料，能给 R_{SC} 回路提供电流。并联电阻器可采用普通材料做成板状，和超导体不发生物理接触。正常工况时，超导体的电阻为零，所通过的工作电流和电压降都是零。发生故障后电流超过阈值，超导体必须在一个周期的一小部分时间内将整个电流强度快速过渡到正常状态。完全断开超导体可防止产生热点，确保共享，特别是使用多个并联超导体的情况。超导体被断开后，其电阻增大多个级别，普通材料开始通过大部分电流。虽然总电流比正常工况的电流要大，但超导体电流 $i_{SC}(t)$ 缓慢减小，不会损坏超导体，即

$$i_{SC}(t) = i_{AC}(t) \frac{R_p}{R_p + R_{SC}(t)} \tag{9.2}$$

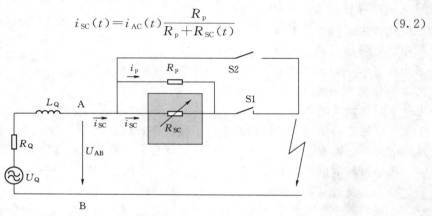

图 9.5　电阻型超导故障限流器示意图，展示了一种可作为可变电阻的超导体。
此类设计有各类变化，而且许多制造商已采用。

常闭开关 S1 可能属于超导限流器的一部分，或应属于电网中的一部分。其动作取决于超导限流器的综合能力。如果超导限流器能够带载恢复，在其重新工作之前，开关 S2 闭合、S1 断开。如果故障限流器需要一些时间来恢复，开关 S2 将会闭合，S1 断开直到故障限流器准备好再次运行。

超导体和较高的额定阻力之间的被动跃迁导致实际电流比预计故障电流小得多。限定故障电流值取决于 R_p 和负载的阻抗。预计故障电流和实际故障电流之间的比例可高达数十倍，具体取决于故障限流器的设计。因此要采取措施保护电网，减小断路器能够控制的最大电流。

一些团队已对图 9.5 设计做了改动，术语称为混合阻抗型故障限流器，这种限流器由一个独立快速开关和超导元件串联。大多数电流被传输至分流元件后开关能够快速切断超导体，这样可让超导元件进入恢复周期，同时分流器维持限流动作。其他可能的做法是将电抗器和超导限流器并联，超导体断开后电流将自动流向电抗器。

9.2.4 屏蔽铁芯超导故障限流器

屏蔽铁芯超导故障限流器综合了超导体的相变和变压器的铁芯效应。从这种意义上讲，可以认为是电阻型故障限流器和高温超导体在电气上和温度上与高压电网隔离，

具体如图 9.6 所示。输电线和高温超导元件通过相互耦合的高压交流线圈和一个闭合回路超导线圈实现电磁连接。实际上，这里的故障限流器是一个变压器，其中的辅助元件是一个分流高温超导元件。故障期间，超导体上增大的电流导致高温超导元件断开。在阻抗状态下分流变压器的作用消失，铁芯和高压交流线圈形成电抗器，从而减小故障电流。断开后，只有一小部分电流流过超导线圈，因此一旦故障排除，可在很短时间内快速恢复。

9.2.5 饱和铁芯超导故障限流器

从概念上讲，饱和铁芯超导故障限流器与其他类型的超导故障限流器大不相同。饱和铁芯超导故障限流器并没有采用超导材料中的相变，而是依靠铁芯中的相变。铁磁特性动态变化，可以在一瞬间从饱和状态变换到未饱和状态，反之亦然。相变的准确时间取决于一系列因素，包括材料特性和特性曲线的形状，通常是特种钢制成的许多薄片。由于 20 世纪变压器发展比较成熟，因此相变时间可以精确到微秒级。

各相有两个独立的铁芯和两套交流绕组。图 9.7 是三相系统中一相的示例。交流绕组使用缠绕在铁芯周围的传统导体形成与交流线路串联的感应线圈。线圈和铁芯位于使铁芯饱和的超导线圈内。如图 9.7 所示，两个传统线圈串联，缠绕成相对的螺旋形。由于电流在线圈中交替变化，在一个半周内，其中一个线圈中的磁场削弱超导磁场，其他线圈增强超导磁场，下一个半周内情况和上个半周相反。

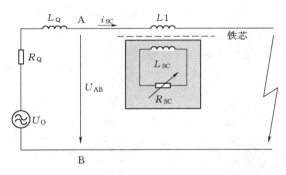

图 9.6　屏蔽铁芯超导故障限流器示意图，如图所示，高压回路和低温环境隔离。

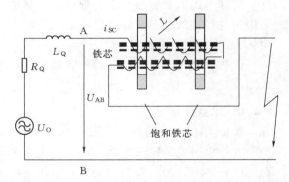

图 9.7　饱和铁芯超导故障限流器中的单相示意图，图中显示了与电网和使铁芯饱和的超导磁铁连接的两根高压线圈。不同的制造商已对此设计做了许多改动。

只要交流电流不大于额定工作电流，超导线圈中的安倍匝数必须足以使线圈饱和。任何时候出现的唯一问题是线圈磁场和超导线圈感应磁场相反。如果发生了高电流故障，交流线圈中的电流超过一个周期内的临界水平，产生反向磁场的线圈中的铁芯就会失去饱和状态。如果电流高于临界水平，设备便发挥电抗器作用，产生显著的电压降或反电势，从而降低故障电流。由于电感在微秒级内变化非常大，因此穿过设备的电压波形不是简单的正弦曲线。故障期间模型饱和铁芯故障限流器测试结果如图 9.8 所示。横坐标代表时间，一个刻度代表 10ms。两条曲线代表设备模型中的实测电压和计算电压。从设备性能方面看，两者的差异很小。

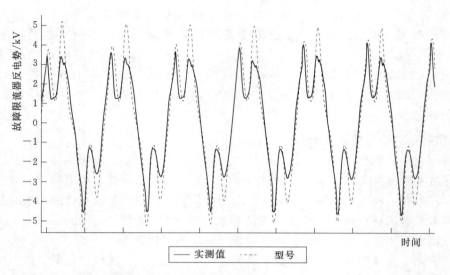

图 9.8 故障期间饱和线圈超导故障限流器一相测试结果。横坐标代表时间，一个刻度
代表 10ms。图上显示了实测电压和计算电压。故障限流器的反电势代表限流能力。

图 9.7 所示的几何结构是最简单的形式，便于理解概念。超导线圈和高压交流线圈设计中实际考虑的问题催生了其他设计。早期的设计使用单超导线圈使三相中的铁芯饱和。采用这种设计的许多设备都已在低压环境中安装并测试，成为电力系统中的样机。这种几何结构通常成为"蜘蛛"设计。

饱和铁芯超导故障限流器的重要优势在于：①超导线圈与高压电网完全隔离；②高压线圈及其容量根据传统变压器设计。

9.2.6 商业活动

2011 年以前，超导故障限流器主要集中在美国。但是从 2013 年初开始，欧洲和亚洲国家大规模研发故障限流器。法国耐克森公司率先在欧洲研发出了故障限流器并将其安装在许多设备上。耐克森公司的初步工作放在电阻型超导故障限流器上，他们首次生产并安装了商用超导故障限流器（Dommerque 等，2010）。这篇论文所述设备在设计、制造或安装中都没有得到政府的支持。

一个欧洲联合体成立后从事通用电阻型超导故障限流器的设计、制造和测试。该联合体共有 15 个合作方，包括 5 个电力公司。他们的工业参与方包括德国 Nexans 超导体公司、德国 Karlsruhe 技术研究院、瑞士洛桑联邦理工大学、意大利 Ricerca 能源系统和法国 Neel G2E 实验室‐CRETA 研究院。电力公司包括意大利 a2a、西班牙 endesa、德国 VorwegGehen 和 RWE 集团以及斯洛伐克 Vychodoslo‐venskaenergetikaa。

在两个地方对超导故障限流器进行了测试来评估其灵活性、可靠性和效率。除了对系统进行设计、制造和测试以外，项目还将考察各类应用环境中所用的超导故障限流器的经济性。参与方希望该项目能够走出实现标准化中压超导故障限流器的第一步。

超导故障限流器的设计基于符合两大电力公司要求的 REBCO 超导材料，由 Furukawa 旗下的 SuperPower 公司生产（美国纽约斯克内克塔迪）。

5 根并联导线，每根长 16m，采用双股结构（可减少电感）构成基本元件，采用这种配置后，工作电流可达到 1005A，而无需并联传输导线。在相邻导线之间缠绕两层聚酰亚胺绝缘以防止局部接触引起的交流损耗。通过每个元件的最大电压可达到 800V。12 个元件采用机械耦合的方式串联形成一个组件（或堆）。三个组件，对应于每个交流相，安装在单个真空壳中。超导故障限流器的三相额定电压和电流分别为 24kV 和 1kA。

过去十年内，耐克森公司已采用不同的超导体技术制造并使用了许多电阻型超导故障限流器。设计采用大块 BSCCO - 2212（钡、锶、钙、铜和氧）管子。在表面的沟槽切出螺旋花纹，每根管子可形成一根线圈，如图 9.9 所示。管子采用复杂的熔炼、铸造和加工工艺制造而成。特定故障限流器中元件的数量、尺寸和布置由安装现场的工作电压和电流，以及预计和允许的故障电流决定。

大块超导材料被焊接在标准导电金属管的内侧，每一端配有合适的触点。对总成进行加工使之形成螺旋状线圈，最终的元件经过绝缘处理。螺旋结构使 1m 长的元件有数米长的有效超导长度。还需设置标准导电旁路以防形成热区，元件无法过渡到正常状态时导电旁路可有效应对低电流故障。元件生产的核心是要确保在整个螺旋线长度内超导体和标准金属之间完全电气接触。整个超导故障限流器设计的核心参数是单位厘米的电压降。该数值的选择需权衡多个要素，包括可靠性和总成本等，这些都因设备不同而不同。

图 9.9 利用 BSCCO - 2212 和熔炼、铸造工艺生产的耐克森高温超导故障限流器元件。代表性元件不足 1m，直径大约 6cm。

许多（十多个）这样的元件串联后具有特定的电流和电压特性。如果故障限流器的电流要求比单个元件的容量高很多，则可根据需要将两个或多个元件串联。电阻型超导故障限流器单相总成如图 9.10 所示。该图显示了由多个超导元件构成的组件的制造及其在低温恒温器中的安装过程。

近年来，超导故障限流器制造商-Zenergy Power（简称 Zenergy）公司，其在德国、美国和澳大利亚都设有分公司，被英国 ASL 公司收购，ASL 公司已安装了包括 Zenergy 公司在内的多个制造商生产的故障限流器。

ASL 公司将尽最大可能主要在欧洲继续进行 Zenergy 推销计划，主攻饱和铁芯超导故障限流器技术。2012 年 ASL 公司在英国 Scunthorpe 附近的 CE 电气英国变电站安装了一台超导故障限流器，他们计划结合 Sheffield 的 33kV 高压设施继续进行超导故障限流器研究。但在图 9.3 所示俄亥俄州美国电力公司（AEP）TIDD 变电站处进行的传输电压系统研究中断了。

ASL 公司和 Zenergy 公司的超导故障限流器设计已经过了多个阶段，渐渐从设备的

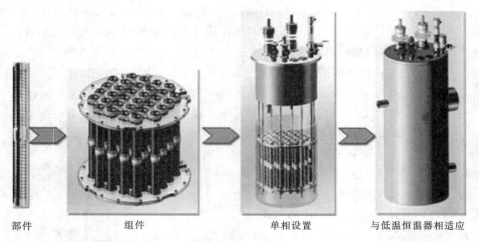

部件　　　　　　组件　　　　　　　单相设置　　　　与低温恒温器相适应

图 9.10　根据需要与系统电压和电流要求匹配的串联多部件总成。图中显示了
单相设置及在低温恒温器中的安装过程。

初步概念发展到更多可在 130kV 或更高电压等级上运行的强大系统。图 9.11 为澳大利亚悉尼的 Lane Cove 电厂进行测试的超导故障限流器模型，该限流器使用了 4 个铜直流线圈，与图 9.7 所示的原理相似。

图 9.11　Zenergy 公司超导故障限流器模型测试。使铁芯饱和的线圈为传统线圈，
每次测试所产生的热能只持续几秒钟，模型全高约为 2m。

CE 电气的油槽如图 9.12 所示，两根超导线圈中的一根如图 9.13 所示。本书出版之前已经完成了该设备的安装。由于电压较高，所以采用 3 个单相超导故障限流器，在每个独立油槽中各安装 1 个单相超导故障限流器。图 9.14 为设备安装好后的概念图。为了进行尺寸比较，每一台设备均接近图 9.4 所示的断路器尺寸。

图 9.12 ASL/Zenergy 公司在 CE 电气设施中使用的油槽。根据变压器原理将 3 个高压线圈套和铁芯安装在外壳中，内部注入变压器油。

图 9.13 CE 电气设施中的超导故障限流器用两块 ASL/Zenergy 超导磁体中的一块。线圈采用美国超导体的 BSCCO-2223 材料，可产生超过 2T 的磁场，而且在上图所示的油槽中铁芯可完全饱和。图上显示了线圈的电源线和两台冷凝器安装处的法兰。

图 9.14 安装在美国电力公司 TIDD 变电站的 3 个单相超导故障限流器的概念图。虽然将近 3m 高，但在变电站其他设施的映衬下显得很低，图上只显示了一部分。

　　世界各地还有许多超导故障限流器项目。因其产品太多而无法一一包含在本章中。但是，EPRI 完成的《技术观察》（Eckroad，2012）收录了世界范围内超导故障限流器和超导电力电缆的详细信息。

9.3 超导电力电缆

9.3.1 传统电缆简介

　　传统地下电缆用于各种环境中的输配电系统。城市地下电缆和海底电缆快速发展并广泛用于各种应用环境中。这些电缆应用的主要驱动力来自路权、环境因素和小众市场中的有效性。海底电缆首次用于靠近大陆的海岛，在这些环境中电缆和其他大型高效电力设备配合使用要比当地以海岛为基础持续消耗燃料的电力设备更有效、更可靠。电缆在城市的使用已有长久的历史，通常用于人口密集的城市，特别是发达国家。三相电力系统的电缆技术也得到快速发展。一般来讲，单芯电缆的长度受到总运输重量和运输线轴直径的限制。图 9.15 所示为线轴上安装的电缆，图 9.16 为生产设备和安装现场之间公路上的 3 个线轴的运输。EPRI 出版物《绿皮书》（EPRI，2007）详细描述了各类传统电缆设计、安装历史发展的合理性以及两种电缆合并的核心问题。

3 个线轴

图 9.15　地下设施中安装的标准高压电缆。线轴卷筒的直径和长度分别约为 3m 和 4m。这种情况运输重量大约为 60t，尺寸决定了给定直径电缆的最大长度。通常电缆长 700～2000m。

图 9.16　与图 9.15 相似运输到安装现场图中的 3 个电缆盘。3 个盘上缠绕着基本相同的电缆，要组成一个三相电力系统。

　　与架空线相比，电缆有效性的关键因素是电缆所用绝缘子的电压击穿能力（V/m）比在空中高出 100～1000 倍。因此，限制通道中地下电缆中流过的潮流比同一路权范围内架空线的潮流高得多。另一个好处是与架空线相比，来自三相地下电缆系统中的杂散电场可以忽略不计。

　　输送交流电的架空线和地下电缆都会受到导体之间以及导体和地面之间电感的影响。各类案例中，随着与电源距离的增大，电感会导致电流和电压的相位发生变化。有功功率 P 是电流、电压和两者之间相位余弦的乘积，即 $P = I_{rms} V_{rms} \cos\alpha$。

　　相位 α 取决于导线或电缆的几何尺寸及电流大小。电力公司在交流线路和电缆上安装了电容器来消除电感的影响。交流电缆比架空交流导线的电感更高，因此需要每隔 30km 进行相位校正，而架空线则每隔 500km 进行相位校正。

　　根据设计，和传统电缆有相同直径的超导交流电缆能够通过更高的电流，从而降低电感，因此相角随着电缆长度也会减少。在给定通道内超导交流电缆比传统电缆的承载力高得多。大多数传统交流电缆埋入地下，其损耗更大。由于地下环境中的冷却能力有限，因此负载较高时电缆将在高温下工作。即使考虑了冷却负荷，超导电力电缆也比传统电缆效率更高、寿命更长，寿命期成本更少。在不远的将来，超导电力电缆将在一些小众市场替代架空导线和传统电缆。

9.3.2 超导电力电缆的发展史

在执行现行有效的各类计划前有必要了解超导电力电缆历史上取得的一些长足的进展。需要说明的是对超导电力电缆进行早期工作以前已有许多关于低温超导电力电缆的研发项目。特别是在 20 世纪 60 年代，美国、法国、德国和苏联的团队考虑有可能在低温环境下使用低电阻高纯度铝材来生产更高效的电缆。该方法的依据是铝材和铜材的电阻率比制冷效果降低得更快，因此采用传统导线的电缆在低温下运行可以增加总的净效率。根据磁场和材料的纯度，4K 时铜的电阻比室温下电阻值低 0.5%，而铝的电阻是室温下电阻的 0.1%，这也是人们研发低温电阻的主要目的。虽然文中没有这一方面的讨论，但 20 世纪四五十年代在工业气体领域的研究催生了 60 年代大容量、高效率、经济型低温冰箱的使用，正是这样的投入促成了超导电力电缆的开发技术。

虽然人们通常认为超导电力电缆是最有效的电缆，但到了 20 世纪 60 年代，Long 和 Nottaro（1971）等进行的相关试验表明超导电力电缆中的损耗（包括制冷电缆要求）比正常冷却导体小。早期进行损耗测量确实困难重重，该领域的研究人员必须开发一种低温电子设备并制定测量规程以便最终确定实际损耗。1968 年在布鲁克海文（Brookhaven）国家实验室（BNL，1968）举行的超导设备和加速器夏日研讨会事项中描述了其中一些测量和早期的观察。需要说明的是研究的重点是物理实验中的粒子加速器。同时期的许多报告，包括 Hammel 和 Rogers（1970）以及 Hammel 等（1970）的报告也阐述了该领域的成果。商业开发磁共振成像问世前，粒子加速器技术比其他技术更能提高超导材料的特性。

1968 年研讨会的多数参会人员已考虑了不同类型的电力应用。Nb-Ti 和 Nb$_3$Sn 的使用达到商业化规模前不久就开始大规模研发超导电力电缆。1967—1969 年，多纤维 Nb-Ti 超导体问世。在此之前，奥地利的 Klaudy（1967）已确定开发超导交流电缆的多项标准。于是在欧洲（Moisson 和 Leroux，1971；Klaudy 等，1981）以及后来的美国（Laquer 等，1977；Forsyth 和 Thomas，1986）和苏联（Dolgosheyev 等，1979）开始了关于模型和原型超导电力电缆的前期工作，而且提出了关于交流和直流超导电力电缆的重要发展计划。这些计划针对超导电力电缆技术的主要问题，而且 19 世纪 70 年代和 80 年代初进行的研究通常应用于现代高温超导电力电缆的许多技术问题。研究人员的主要意见分歧是需要一个大的制冷系统来维持工作温度。电力公司担心运行和维护费用，以及配备大型制冷系统的超导电力电缆的其他问题会超出电力公司的控制（Hassenzahl，2006）。

美国已在电缆方面做了大量投入，包括布鲁克海文国家实验室的交流电缆项目（Forsyth 和 Thomas，1986）和洛斯阿拉莫斯科学实验室的直流电缆项目（Laquer 等，1977）。与此同时，用电量逐年呈 10% 的速度增长，越来越多的核反应堆建成，形成多达十亿吉瓦的容量，能源价格越来越低。历史总是展现不同的方面，但对长距离大功率输电的需求已在影响着各个方面。特别是 1970 年建成的 1.4GW 直流电网，又称为太平洋直流连锁电力网，将哥伦比亚盆地的水力资源（特别是 Celilo 大坝）发的电输送至南加利福尼亚。认识到直流输电的有效性和西伯利亚及加拿大詹姆士湾地区广泛的水力资源的有效性后，Garwin 和 Matisoo（1967）建议采用传输能力高达 10GW 的超导直流电缆将上述地区的电力输送到更多人口密集地区的负荷中心。

    1986 年，温度超过 70K 时的超导性材料的发现再次激起了人们对超导电力电缆的兴趣。由于冷冻问题已成为低温超导电力电缆的阻碍，因此高温超导电力电缆需要 10 倍级或更低制冷量的事实激励着许多电缆制造商和电力公司接受新材料。虽然资本和运营费较低，但运营和维护费依然是个问题，成为电力公司研讨会的主题（EPRI，2004）。虽然高温超导电力电缆的冷却要求比低温电缆的冷却要求低，但是还有很多因素阻碍高温超导电力电缆技术的大规模实施。该技术的两个最重要的优势在于：①所通过单位电流的费用较高；②钙钛矿材料和云母相似，比 Nb - Ti 类结实的材料更脆。后者为韧性材料，其机械特性在一些方面甚至比钢好。

    在许多地方交流电缆穿入电缆槽，电缆槽按照 3 的倍数设置。有时随着用电需求增长，电力公司通过增加更多穿孔来规划未来的扩建，这样每个孔中可以穿过更多电缆。由于超导体比同截面传统导体能够输送更大的电流，因此在安全极限或接近安全极限运行的传统电缆电路中很可能使用高温超导交流电缆作为增加或改型电缆。

9.3.3　超导电力电缆的类型

    大多数情况下超导电力电缆是传统电缆基础上进行的改进。这些改进都利用了超导体的特性。Laquer 等（1977）以及 Forsyth 和 Thomas（1986）在低温超导电力电缆研发期间提出了许多改进，最主要的改进是基于超导特性。

    超导电力电缆最简单，也是首次设计就是利用外面有传统电气绝缘的低温恒温器中的超导体。高温超导线圈沿着铜芯缠绕，位于一个注有流动冷却液的管子里，流动冷却液通常是液氮。设计如图 9.17 所示，也称为热介质设计。中心位置的铜是一个保护元件，电流超过超导体的临界电流时，该保护元件可在短时间内承载电流。给定电压等级的输电系统只需要最少量的高温超导体。但是，这种情况有较高的电感和外部磁场。如果三相线圈非常紧凑，其中一相所产生的磁场会导致其他两相中产生磁滞损失。

    由于和热介质电缆有关的损耗较大，因此建议采用有两层超导体的电缆，外层充当临近电缆的磁屏。如图 9.18 所示采用冷电介质将两个同心高温超导体层隔离开来。这种冷介质设计已用于许多超导电力电缆设备中。液氮冷却液可以同时接触两层，在中心导体层和外屏蔽层之间提供冷却和介电绝缘。和热介质设计相比，冷介质设计电感低、通过电流的能力高、交流损耗低，而且杂散磁场非常小。但这种设计要使用更多超导体。

    最有效的交流电缆设计是三根导体的同心三组设计，如图 9.19 所示。由于三层绝缘体的每一层必须厚度均匀而且柔软，因此，此类电缆在中低压电压等级中最有效。该设计没有杂散磁场，电感非常低而且需要较少的超导材料。但这种设计需要能和低温冷却液渗透的特殊绕组式保温。

    目前由于对经济型交流电力系统的功率等级和长度的需求远远超过高温超导材料的产能，也就是说，直流线路终端换流站的费用相当于数百千米或更长电缆本身的成本，因此人们对高温超导直流电缆的兴趣渐渐淡化。同样的，高功率、大电流直流电缆的终端冷却设备要求比数千米电缆的冷却设备的要求高得多，直到 2006 年 EPRI 开始详细研究之前对此问题只进行了讨论，但一直没有得到详细的解决方案。

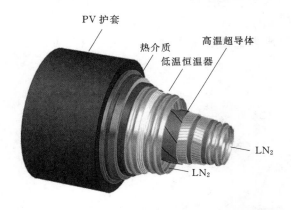

PV 护套

热介质

高温超导体

低温恒温器

LN₂

LN₂

图 9.17　单相热介质电缆的一种配置方法。冷却液沿着一个方向流入柔性芯管，然后沿着另一个方向流出超导体。这种布置会在两种流体路线中形成明显的热逆流，限制了该设计中所用的电缆长度。电缆外面使用传统的挤压电介质。本图并未显示超过超导体临界能力时发挥充当保护元件的铜层。

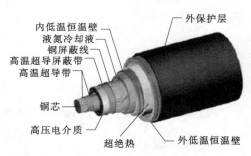

内低温恒温壁

液氮冷却液

铜屏蔽线

高温超导屏蔽带

高温超导带

铜芯

高压电介质

超绝热

外保护层

外低温恒温壁

图 9.18　冷介质电缆系统中的一相。由于电介质为冷介质，因此必须是柔性结构，例如可渗入到液氮的绕组带。

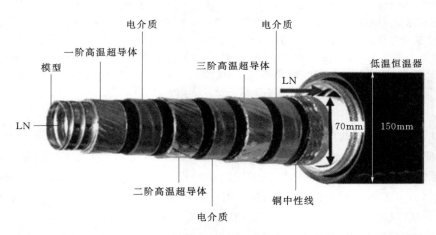

电介质

一阶高温超导体

模型

三阶高温超导体

电介质

低温恒温器

LN

LN

70mm

150mm

二阶高温超导体

电介质

铜中性线

图 9.19　三轴三相电缆图。图中展示了三层高温超导带和三层电气绝缘。这种特殊的电缆是 AEP Bixby 变电站处 Southwire 敷设的一段电缆。

　　风和太阳等可再生能源的发展增大了对大规模输电需求的可能性，例如 1000km 或更长距离内超过 10GW 的输电系统。此时直流电缆必须和最大可传输 250MW 而且长度通常不足 1km 的交流电缆进行比较。大多数高温超导交流电缆使用了多个可永久排放的短低温恒温器。1000km 以上的输电设备采用了不同的方式，这是因为可靠性问题，10000 个低温恒温器必须保持协调工作。解决这一问题要对综合电缆系统设计采用全新的理念。图 9.20 是 EPRI 设计的用于 1000km 以上传输 10GW 的超导直流电缆概念图（Hassenzahl 等，2009）。每隔 10～20km 需要设一座冷却站。20～30 个大气压力下低于 70K 的液氮可能是理想的冷却液。由于距离较长，两个冷却站之间的线路沿线上每隔几百米高度会发生变化，这些都会导致压力变化超过 20 个大气压，因此可以选择高压以适应这些条件。

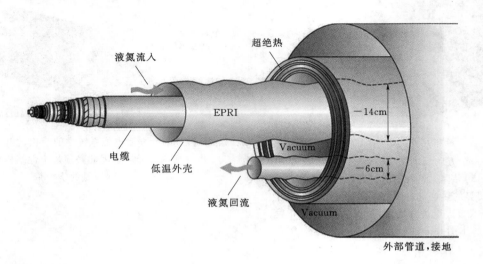

图 9.20　用于 1000km 以上传输 10GW 电能的超导直流电缆。电缆采用真空绝缘，多层绝缘保证给冷却液中输入的总热量低于 1W/m。采用两条制冷剂流动回路实现远距离运行而不产生逆流热交换效应。外壁用高压气体管道中应用的传统钢管制成。低温外壳中的电缆含有两层超导体和两层铜保护层。两层超导体之间的绝缘值在安全裕度内，系统处于峰值时达到额定值。在外层超导体之间设置一层很薄的绝缘层，通常是地电位，外面采用波纹不锈钢护套。经 EPRI 允许后复制。

　　并非所有距离相近的电力系统都在相同频率下工作，即使在同一频率下工作，电力系统也不需要完全同步。日本在全国不同地区使用 50Hz 和 60Hz 的频率。伊泰普水电站在 50～60Hz 之间发电以满足巴西和巴拉圭用户的需求。美国电网被分成三个不同的控制区域，即西部、东部和德克萨斯州，这三个地区都在 60Hz 下运行，但并不同步。因此，如需要从一个地区输电到另一个地区，必须转换成直流电，然后再转换成交流电。美国三个控制区域紧靠新墨西哥州的东南部地区，因此建议 Tres Amigas 电站和这三个区域并网，如图 9.21 所示。由于 5GW 电源换流站占地较大，对此提出的建议是每隔 10km 分成一段。需要使用一条支流电线或电缆相互连接，当时开发 Tres Amigas 电站的联合体就考虑采用超导直流电缆。

9.3.4　已敷设的超导电力电缆

　　过去十多年内，世界各地已经敷设了许多超导电力电缆，其中有些已经运行了相当长的时间。一小部分电缆如图 9.22～图 9.24 所示。图上的标题表明电缆设施的位置和一些特性。有关超导电力电缆更详细的清单详见参考文献 Eckroad（2012 年）。

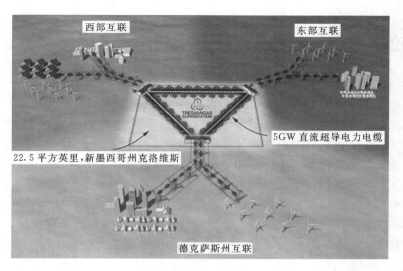

图 9.21　美国三个电力区域之间 Tres Amigas 电力互联的概念图。
Tres Amigas 电站位于新墨西哥州的东南部。

图 9.22　耐克森和 AMSC 生产的三相 LIPA
电缆终端。设备位于纽约长岛。插图
展示了冷介质电缆横断面。

图 9.23　位于 Southwire 电站的第一个长期超导
电力电缆。Southwire 是变压器和电缆铜导线
制造商。本图中的三相电缆设备在长达
26000h 的时间内将电能输送至电厂。

图 9.24　中国白银市长通电缆厂长通三相热介质高温超导电力电缆测试设施。
该电缆敷设在甘肃省白银市 12.5kV 变电站（来源：长通电缆厂）。

9.4　结论

从 20 世纪 60 年代人们就开始了超导电力电缆应用的研发工作。早期的分析和采用低温超导体在电力应用中取得的进展为过去 20 年内基于高温超导体的电力应用提供了工作依据，而且也在许多技术领域取得了长足的进展，这些技术能够满足许多电力公司的技术要求。但遗憾的是超导材料的成本并没有降低到可以和传统技术相抗衡的水平。然而还有许多更注重性能的小众市场应用。例如，超导电力电缆可用于必须在很严格的通道中将更多电力输送至能源使用快速增长的城市地区，以及环境和其他因素不允许使用其他电缆设施或输电设施的地区；以及使用超导故障限流器，可以不用对现有设备进行升级。许多故障限流器得到了政府的支持，在世界各地的许多示范项目上具有广阔的前景。本文尚未提及最近期的提议，即 MgB_2 可能会成为近期开发的配电电压等级在 15～50kV 线路上工作的故障限流器的理想材料。

参考文献

Bartlit J, Edeskuty F and Hammel E (1972), 'Multiple Use of Cryogenic Fluid Transfer Lines', Proc. Int. Cryogenic Eng. Conf. , Eindhoven, May 24 – 26,1972, pp. 176 – 179.

Boenig H and Paice D(1983), 'Fault current limiter using a superconducting coil', *IEEE Transactions on Magnetics*, Vol. 19, No. 3, pp. 1054 – 1058, May 1983. BNL(1968), *Summer Study on Superconducting Devices and Accelerators* Brookhaven National Laboratory Report BNL – 50155 C – 55 Vol. 1, 2, and 3,1968.

Dam Q(2009), *Preserving Circuit Breaker Adequacy in Electric Power Systems*, Lambert Academic Publishing, Saarbrücken, Germany.

Dolgosheyev P, Peshkov I, Svalov G, Bortnik I, Karapazyuk V, Kubarev L, Panov A, Petrovsky Y and Turkot V(1979), 'Design and fi rst stage test of 50 – meter flexible superconducting cable', *IEEE Transactions on Magnetics*, Vol. 15, No. 1, pp. 150 – 154,1979.

Dommerque R, Boch J, Krämer S, Hobl A, Böhm R, Bludau M, Bock J, Klaus D, Piereder H, Wilson A, Krüger T, Pfeiffer G, Pfeiffer K and Elschner S (2010), 'First commercial medium voltage superconducting fault current limiters – production, test and installation', *Superconductor Science And Technology*, (SuST) Vol. 23,034020,2010.

Eckroad S(2012), 'Superconducting Power Equipment: Technology Watch 2012', EPRI report 1024190, EPRI, 2012.

EPRI(1977), New Concepts in Fault Current Limiters and Power Circuit Breakers EPRI Symposium Proceedings, EL – 276 – SR, April, 1977, Palo Alto, CA.

EPRI (2006), *Underground Transmission Systems Reference Book*, EPRI product number 1012334, December 2006.

Eto J H, Undrill J, Mackin P, Daschmans R, Williams B, Haney B, Hunt R, Ellis J, Illian H, Martinez C, O'Malley M, Coughlin K and LaCommare K H(2010), 'Use of Frequency Response Metrics to Assess the Planning and Operating Requirements for Reliable Integration of Variable Renewable Generation', LBNL Report LBNL – 4142E,2010.

Forsyth E and Thomas R(1986), 'Performance summary of the Brookhaven superconducting power transmission system,' *Cryogenics*, Vol. 26, No. 11, pp. 599 – 614, November 1986.

Garwin L and Matisoo J(1967), 'Superconducting lines for the transmission of large amounts of electrical power over great distances,' *Proceedings of the IEEE*, Vol. 55, No. 4, pp. 538 – 548.

Gouge M, Demko J, McConnell B, and Pfotenhauer J(2002), 'Cryogenics Assessment Report', ORNL Report.

Hammel E and Rogers J(1970), 'Cryogenics and nuclear physics – Part I, '*Cryogenics*, Vol. 10, pp. 5 – 13, June 1970.

Hammel E, Rogers J and Hassenzahl W(1970), 'Cryogenics and nuclear physics – Part II, '*Cryogenics*, pp. 186 – 195, June 1970.

Haldar P and Abetti P(2011), 'Superconductivity's First Century', *IEEE Spectrum*, Vol. 48, March 2011.

Hassenzahl W (2000), ' The All Superconducting Substation: A Comparison with a Conventional Substation, 'EPRI Tech. Rep. TR – 1000915, December 2000.

Hassenzahl W Hazelton D, Johnson B, Komarek P, Noe M and Reis C(2004), 'Power applications of superconductivity, *Proceedings of the IEEE*, Vol. 92, No. 10, pp. 1655 – 1674, October 2004.

Hassenzahl W(2005), 'Electricity storage: Believe in it', *IEEE Power and Energy Magazine*, Vol. 3, pp. 20 – 21 March/April, 2005.

Hassenzahl W(2006), 'Cryogenics: A Utility Primer', EPRI report 1010897.

Hassenzahl W, Gregory B, Nilsson S, Daneshpooy A, Grant P and Eckroad S(2009)'A Superconducting DC Cable', EPRI Report 1020458, December 2009.

Hassenzahl W and Young M(2010), 'Superconducting Power Equipment: Technology Watch 2010', EPRI report 1019995, December, 2010.

Hingorani N and Gyugyi L (1999), *Understanding FACTS: Concepts and Technology of Flexible AC Transmission Systems*, Wiley – IEEE Press, December 1999. ISBN978 – 0 – 7803 – 3455 – 7.

Hongesombut K, Mitani Y and Tsuji K(2003), 'Optimal location assignment and design of superconducting fault current limiters applied to loop power systems', *IEEE Transactions on Applied Superconductivity*, Vol. 13, No. 2, pp. 1828 – 1831, March 2003.

Hoshino T, Salim K M, Nishikawa M, Muta I and Nakamura T(2001), 'DC reactor effect on bridge type superconducting fault current limiter during load increasing', *IEEE Transactions on Applied Superconductivity*, Vol. 11, No. 1, pp. 1944 – 1947, June 2001.

Kalsi S, Weeber K, Takesue H, Lewis C, Neumueller H and Blaugher R(2004), 'Development status of rotating machines employing superconducting field windings', *Proceedings of the IEEE*, Vol. 92, No. 10, pp. 1688 – 1704, October 2004.

Kirtley J and Edeskuty F (1989), ' Application of superconductors to motors, generators, and flywheels', *Proceedings of the IEEE*, Vol. 77, No. 8, pp. 1143 – 1155, August 1989.

Klaudy P(1967), 'Some remarks on cryogenic cables', *Advances in Cryogenic Engineering*, Vol. 11, pp. 684 – 693, 1967.

Klaudy P, Gerhold I, Beck A, Rohner P, Scheffl er E and Ziemek G(1981), 'First flield trials of a superconducting power cable within the power grid of a public utility', *IEEE Transaction on Magnetics*, Vol. 17, pp. 153 – 156, 1981.

Laquer L(1962a), 'Superconductive electric switch', US patent 3145284, filed 2 October 1962.

Laquer L(1962b), 'Incremental electrical method and apparatus for energizing high current superconducting magnets', US patent 3150291, fi led 2 October 1962.

Laquer, Carroll J and Hammel E(1966), 'Automatic superconducting pump', US patent 3414777, fi led 1 June 1966.

Laquer L (1968), ' Automatic Superconducting Switches', *Journal of Applied Physics*, Vol. 39, No. 6, pp. 2639 – 2640, May 1968.

Laquer H, Dean J and Chowdhuri P (1977), ' Electrical, cryogenic, and systems design of a dc superconducting transmission line', *IEEE Transactions on Magnetics*, Vol. 17, pp. 182 – 187, 1977.

Leung E, Rodriguez I, Albert G, Burley B, Dew M, Gurrola P, Madura D, Miyata M, Muehleman K, Nguyen L, Pidcoe S, Ahmed S, Dishaw G, Nieto C, Kersenbaum I, Gamble B, Russo C, Boenig H, Peterson D, Motowildo L and Haldar P, ' High temperature superconducting fault current limiter development', *IEEE Transactions on Applied Superconductivity*, Vol. 7 No. 2, pp. 985 – 988, June 1997.

Long H and Nottaro J(1971), 'Design features of ac superconducting cables', *Journal of Applied Physics*, Vol. 42, No. 1, pp. 155 – 162, 1971.

Moisson F and Leroux J(1971), 'Development of a superconducting cable for transmission of high electric power', *Journal of Applied Physics*, Vol. 42, No. 1, p 154, 1971.

Moran M and Shapiro H(2003), *Fundamentals of Engineering Thermodynamics*, Wiley Text Books, 5th edition, June 2003, ch. 2.

Nagata M, Tanaka K and Tanaguchi H(2001), 'FCL location in large scale power system', *IEEE Transactions on Applied Superconductivity*, Vol. 11, No. 1 pp. 2489 – 2494, March 2001.

Noe M and Oswald B(1999), 'Technical and economical benefits of superconducting fault current limiters in power systems', *IEEE Transactions on AppliedSuperconductivity*, Vol. 9, No. 2, pp. 1347 – 1350, June 1999.

Noe M and Steurer M(2007), 'High – temperature superconductor fault current limiters:Concepts, applications, and development status,' *Superconductor Scienceand Technology*, Vol. 20, pp. R15 – R29, 2007.

Rogers J, Boenig H, Chowdhuri O, Schermer R, Wollan J and Weldon D(1983), 'Superconducting fault current limiter and inductor design', *IEEE Transactions on Magnetics*, Vol. 19, No. 3, pp. 1051 – 1053, May 1983.

Waynert J, Boenig H, Mielke C, Willis J and Burley B(2003), 'Restoration and testing of an hts fault current controller', *IEEE Transactions on Applied Superconductivity*, Vol. 13, No. 2, pp. 1984 – 1987, June 2003.

Wilson M(1983), *Superconducting Magnets*, Oxford, Oxford University Press.

Xiao L(2009), Chinese academy of Sciences private communication' A 35kV, 1. 5kA spider type of FCL is installed at the Puji substation in China', November 2009.

Young M and Hassenzahl W (2009), ' Superconducting Fault Current Limiters: Technology Watch 2009', EPRI report 1017793, December 2009.

Zhang G, Dai S, Song N, Guo W, Zhang J, Zhang D, Zhang Z, Zhu Z, Xiao L and Lin L, ' (2011), The Construction Progress of a High Temperature Superconducting Power Substati on in China', *Applied Superconductivity, IEEE Transactions*, Vol. 21, No. 3, pp 2824 – 2827, June 2011.

第三部分
电能储存技术

第 10 章　电能储存系统的技术经济分析

J. OBERSCHMIDT，*M. KLOBASA* 和 *F. GENOESE*，*Fraunhofer Institute for Systems and Innovation Research*，*Germany*

DOI：10.1533/9780857097378.3.281

摘　要：今后中长期内，在发电领域，随着间歇式可再生能源占有的份额越来越大，电能储存在电网稳定性、电网扩建和供电安全性方面可能会成为一项具有战略意义的关键技术。在此背景下，本章分析了给能源市场提供电能储存技术的经济可行性。此外还考察了资源需求和环境因素、电能储存所带来的健康和安全问题。本章重点是固定电能储存技术，例如，可在若干个小时、若干天或若干周时段内储存电能的技术等，这些技术有望用来平抑间歇式可再生能源的波动。传统的技术，例如正在开发的抽水蓄能和铅酸电池以及创新替代方案，包括先进绝热压缩空气储能（CAES）和液流电池（RFB）等，都在考虑之中。此外，本章还涵盖了氢储能、锂离子电池和钠硫电池，这些代表了当今最受热议的替代方案。

关键词：电能储存；间歇式可再生能源；经济分析；环境评估

10.1　引言

电力需求在每天、每周和每季度都存在大幅波动。供电要适应这些波动情况。在这种情况下，电能储存技术要实现能源系统的重要功能，特别是确保供电稳定性和可靠性。由于不断接入不可调度的可再生能源，例如风能和太阳能发电等，流入电网中的间歇式电量不断增加。这就导致了供电和需求不平衡在时间和地域上不断增大，要求对电网管理和系统平衡方面投入更多。此外，可再生能源和热电联产分散式发电趋势也增加了电能储存需求，用此可解决分布式的供需平衡。因此，电能储存技术有望在未来发挥越来越重要的作用（Baker，2008；Bouffard 和 Kirschen，2008；Bunger 等，2009；Gatzen，2008；Tester 等，2005）。

电能储存技术有助于更好地匹配可支配储量和需求，也有助于提高电网运行的灵活性。在中长期内，电能储存将在电网稳定性、电网扩建和供电安全性方面成为一项具有战略意义的关键技术。结合其他灵活性方案，例如负荷管理，电能储存技术将有助于避开费用集中型的储备能力和电网扩建。本书中，了解电能储存对电力系统的影响尤为重要。长期内这些技术只有实现经济可行性后才能得到应用。因此，电能储存的经济可行性是进一步开发的核心所在。另外，鉴于气候变化和自然资源逐渐匮乏，环境问题也变得越来越重要。在这样的背景下，本书分析了在间歇性可再生能源占比越来越大的能源市场中使用电能储存技术的经济可行性。此外，还考察了资源需求、环境因素和电能储存所导致的健康和安全问题。重点针对有可能平衡间歇性可再生能源波动的固定电能储存技术，例如，在若干个小时、若干天或若干周的时段内进行电能储存。传统的技术，例如正在开发的抽水蓄能和铅酸电池以及创新替代方案，包括先进绝热（AA）压缩空气储能（CAES）和液流电池（RFB）都在考虑之中。氢储能、锂离子电池和钠硫电池也在考虑范围之内，这些代表了当今最受热议的替代方案。

10.2　经济问题和分析

本节首先分析了能源市场中电能储存技术的可能性以及因此所产生的经济效益。然后根据对电能储存应用能源市场的综合描述，概述了选用电能储存技术的重要技术特性和费用。最后根据模拟结果提出了电能储存技术应用可能的收益。

10.2.1　电能储存的技术特性和费用

根据所用的物理原理，储能技术可分为机械储能、电化学储能和电磁储能（Baker，2008；Gatzen，2008）。根据所用的能源形式，采取相应的储能系统分类方法（图 10.1）。具体储能技术的应用领域取决于物理、技术和经济因素。储能技术，例如在若干个小时或若干天内储存大量能源时，通常不使用超导磁储能（SMES）和超级电容器（SuperCaps），因此这两个也不属于本书进一步探讨的范围。

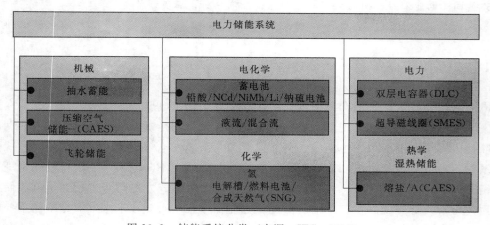

图 10.1　储能系统分类（来源：IEC，2011）。

机械储能技术包括抽水蓄能、压缩空气储能和飞轮储能（Baker，2008）。飞轮储能技术中，如果能量储存超过几分钟将会发生大的损耗，因此不适合用来长时间平衡因间歇性可再生能源所产生的波动，因此也不是本书讨论的重点（Baker，2008；Bunger 等，2009；Gatzen，2008；Oertel，2008）。抽水蓄能电站是用电从低位水池中抽水，及时泵送至需求量较低的高位水池。为了在高峰负载时刻储存电能，水通过水轮机向下流动，水轮机驱动发电机发电。其效率较高，为 75%～80%，设备可在几秒内启动。但是，由于其特殊的地形要求，修建多个抽水蓄能电站理想地址的数量受到限制。

从理论上讲，也可使用先进绝热压缩空气在若干天或若干周内储存能源。但是这些系统造价非常高，世界范围内也就有两套这样的装置，它们分别是德国的 Huntorf（321MW）和美国阿拉巴马州的 McIntosh（110MW）。非高峰时段通过机械作用压缩空气，储存在地下岩穴中。在高峰时段通过使燃气轮机中的空气膨胀来发电（Bunger 等，2009；Oeding 和 Oswald，2004；Oertel，2008）。通常需要天然气作为补充燃料用来提前加热冷的压缩空气。为减少天然气消耗并提高效率，目前正在开发绝热系统以储存压缩热并用于在膨胀阶段之前加热空气（先进绝热压缩空气储能）（Bullough 等，2004；Jakiel 等，2007；Zunft 等，2006）。此外，不依赖于特殊地理构造的小型系统也在研发之中，这些系统使用储能容器，例如钢筒来存储空气（Baker，2008；Oertel，2008）。

电化学和化学储能系统包括电池技术和氢技术。不同种类的电池已经可用或在研发中，其效率为 70%～95%（Mulder 等，2010）。电池将储存在活性材料中的化学能通过电化学氧化还原作用直接转化成电能。铅酸电池基于成熟的技术，其在初步投资和效率方面都占优势。但是，其寿命和能量密度较低（Oertel，2008；Wietschel 等，2010）。锂离子电池可达到较高的能量密度，因此成为目前电动车研发背景下研究的重点。但其缺点在于不够结实，而且属于易燃材料。高温电池，例如钠硫电池的效率可高达 70%～80%。但迄今为止这种电池由于成本较高尚未得到广泛应用。其他不属于本书讨论重点的电池类型包括进一步开发上述电池，例如锂硫（LiS）电池或钠氯化镍（NaNiCl，又称为"ZE-BRA"）系统（Baker，2008 年；Gatzen，2008；Oertel，2008；Wietschel 等，2010）。电池只有在串联后才能提供较高的额定功率，在相同数量的功率上日益增大的额定功率将需要更高费用。

还有一种电化学储能方式是液流电池。液流电池和传统的电池不同，因为电能储存的反应物（电解质、钒、溴化锌和多硫化物）来自液流电池以外的容器。这些反应物流经电池，在充电期间吸收能量，放电期间释放能量。通过离子选择膜或微孔分离器可防止液流电池内反应物的混合。电池功率由电池组大小决定（电极的表面积和电池的数量），容量由电解质的体积决定，例如外部存储槽的大小因此功率和容量成比例。现在最常用的液流电池系统是全钒系统，两种电解质在不同化合价时只包含钒元素。这种全钒系统液流电池优于其他类型液流电池，表现在能量密度高、电解质成本低和膜电解质交叉需求量小（Tassin 等，2003）。但是要成为若干小时内储存容量更具竞争力的解决方案，必须大幅降低液流电池的费用（Baker，2008；Gatzen，2008）。

电化学储能的另一种可能技术是利用电力产生氢，存储所产生的氢然后再用于发电。为了产生氢，电解（电解水分解）被认为是最佳方法（Boulanger 等，2003）。为了存储氢，最常用的方法是压力罐。对于大型系统，也可使用地下岩穴。为了利用氢发电，可使用热工艺（燃烧驱动发电机）或电化学燃料电池。对于大规模应用，可以使用组合循环燃气轮机（H2 - CCGT）。通常，氢储能系统的综合效率相当低，在 30%左右，而且技术成本相当高。但是，氢储能被看作是一种最有前途的替代方案，特别是需要存储大量能量的情况，因为这种技术的能量密度高。

尽管从技术上讲有可能利用上述讨论的技术来储存电能，但大多数技术依然费用昂贵，或正在开发之中，尚未得到商业化应用，因为经济效益依然是市场能源技术的关键所在。因此，以下经济分析给出了能源市场储能技术竞争性应用的条件。一方面，电能储存的盈利性取决于所用技术的费用；另一方面，取决于能源市场的盈利潜力。成本由包括换流器和储能设备的初步投资以及运营和维护要求决定。此外，运营期间购电也可产生各项费用，例如，购电投入费用由充电阶段的电价决定，电价由电力市场决定（参见 10.2.2 节）。电能储存技术的技术特性和费用参数见表 10.1。这些参数和费用为下一节所述电力交易中储能应用的评估提供了依据。

表 10.1　　　　　　　　　　电能储存技术的技术特性和费用参数

技术	规模 /MW	规模 /(MW·h)	比投资 /(欧元/kW)	循环效率 /%	周期数 /次数	寿命 /年	能量密度 /(W·h/L)	能量密度 /(W·h/kg)
AA-CAES	250	2500	1143	70		20～30	5～15	
H₂-CCGT	250	2500	1650	37		15	170～190①	
LA	25	250	1190	78	1400	7	10～400	75～300
Li	25	250	1284	84	1500	8	200～400	75～200
NaS	25	250	2200	69	4500	8	200～400	75～200
PHES	250	2500	730②	80		40	07	
RFB	25	250	2012	70	9000	30	20～30	

注：AA-CAES：高级绝热压缩空气储能；CCGT：综合循环燃气轮机；LA：铅酸电池；
Li：锂离子电池；NaS：钠硫电池；PHES：抽水蓄能；RFB：液流电池。
① 岩穴中的气态 H_2。
② 抽水蓄能的投资根据项目的具体特性变化很大。Spahic 等人（2006）给出了德国 Goldisthal 的投资是 600 欧元/
kW。Steffen（2012）对德国项目的平均报价是 1048 欧元/kW，Deane 等人对欧洲项目的平均报价是 960 欧元/
kW。抽水蓄能的具体投资比目前项目较低范围所用价值略高［例如，EPRI（2010）提到的投资是 2500～4300
欧元/kW］。
（来源：Deane 等，2010；Honsel，2007；Spahic 等，2006；Steffen，2012；Stieler，2007；Wietschel 等，2010。）

10.2.2　电力交易中电能储存技术的应用

各种商业形式和应用战略都有可能应用电能储存系统。例如，风电场运营商可利用电能存储技术将预测误差导致的规划产能差保持平衡。如果风电场运营商必须提前公布其补贴政策（如同传统电厂的运营商）或在电力证券市场进行电力交易中潜在的收入比补贴政策高，或比政府支持约法下保证的其他激励高时，例如，德国的可再生能源法案（Erneuerbare Energien Gesetz 或 EEG），这种方案在未来应该会盈利。大型工业电力消费者可使用电能储存技术避开高峰负荷，如果超过规定的最大负荷，也可避开高峰负荷的高能源价格。此外，配电系统运营商也可使用电能储存技术来保证供电不中断。对于配电系统运营商而言，电能储存还可用于优化配电网的运行，更好地保护电网内的运行设备。本书中通过均匀上游电网使用，电能储存技术还有助于避免电网扩建或电网改造。电厂运营商也可成为储能电厂运营商，运营辅助电力市场，特别是备用市场。备用市场上的电能储存能力没有减少时，可按日前现货市场出价。

除所需投资以外，能源市场上电能储存技术应用的盈利性取决于售电时能得到的销售价格和购电时支付的价格之间的差值。由于购电、电能储存和售电期间有电能损耗，因此盈利性也取决于该技术整个周期内的效率。此外，电能储存技术应用的经济可行性还取决于数年内的技术寿命和循环寿命，反过来讲，取决于运营策略（每个期限内的周期数、总负荷小时和付款条件）。由于电能储存技术在快速反应时间内很容易控制，因此该技术可在能够实现更多收入的不同备用市场中得到应用。

在许多国家大量的发电和用电需求在现货市场每小时都在进行交易，即每天都在日前市场交易（SensfuB，2008）。通常白天和晚上的价格随着夜间用电需求而发生变化。在电热系统占大比重的国家，夜间用电需求较高，电价大幅度降低。因此，现在的电能储存电厂（基本为抽水蓄能）根据价格差运行，夜间耗电，白天发电量最大。对日前市场交易电量的调整可在日内市场上进行，日内市场的价格接近现货市场价格。

由于不完善的预测和电站故障，需要平衡规划的日前市场和日内市场差异。平衡电力的价格由备用市场决定。备用市场的价格很大程度上偏离现货市场价格。正负储备电力之间的价格差异比白天和夜晚电力现货价格差异高得多，备用容量用于确保系统稳定性。输电系统运营商（TSO）负责电力系统的稳定性。总备用能力占相当大的比例，这些都无法在现货市场获取。三种备用能力的区别如下：

（1）主备用或热备用指用于稳定电力系统的首要备用，应能在30s内在全容量下运行。在被次要备用替代之前只用于少于15min以内的时段。主备用被自动激活，主要由已经运营的电厂供电。例如，在德国，主要备用市场被组织成四个输电区域的投标人，其容量签约为一个月，后面也是一个月。必须满足许多技术资格审查才能够参与主要备用市场，因此参与方数量只限于几个公司。主要备用只按照容量电价付款。由于技术限制条件较高，在短期内电能储存系统不能作为主要备用来运行。

（2）次要备用必须在30～300s内达到满负荷，并替代主备用。次要备用的使用也是被自动决定。为了购买本系统服务，电网运营商使用一个月期限的投标人，和主备用相似。参与方数量取决于技术限制条件的限制。除了容量电价以外，每兆瓦时的价格也可按照二级容量电价来付款。在很多国家正负二级电能储存的价差非常大。从技术角度来看，许多电能储存系统能够参与二级储能市场。

（3）分钟备用或三级备用被用来释放二级备用。该备用经手动激活，必须在15min内可用。通常分钟备用在长达一个小时内保持激活状态。但是，如果出现电网严重不平衡，这一时段也可延长至数小时。输电网运营商从日前市场投标人处购买分钟备用。与一级和二级备用相比，分钟备用的技术要求较低，因此这一市场上有很多参与方。和二级备用相似的是，分钟备用按照容量电价加上每兆瓦时的附加价格付款。正负分钟备用之间的价差通常比次要备用小，但在现货市场上通常高很多。只有德国的CAES电厂运作该市场。

对于短期的交易（当天和平稳电力），电价由一个或多个控制区域内的一个电价区域决定。如果总发电量超过用电量，通常额外用电量只按照低于现货市场的价格卖出。如果用电量超过计划发电量，缺口电量通常按照高于现货市场的价格购买。

现货市场上大量电力价格套利是储能收入的重要来源，包括在用电需求较低时段和（或）可再生能源供电量较高时段购买可用的低价电力。在这些时段内给电能储存设备充电，因此在用电需求较高和可再生能能源供电较低时，可使用低价电能或随后出售低价电能。对于德国的历史市场价格，利用优化模型❶来计算这些收入。在优化中，假设已知价格分配（又称为"完全预期"），特定时间范围（例如，一年期）的收入可以实现最大化。达到正利润率时可操作储能设备。低价和高价时段价差较低时不能启动电能储存设备，而且也不能补偿效率损失。本次分析中将最佳范围设为一年，这样负荷只在一天的几个小时内变动，很少在几天内变动，这是因为本次分析中所考虑的备用在满负荷小时范围内而不在几天的范围内。通常，蓄水池在夜间蓄水，在峰荷时间泄水。假设电能储存运作不影响电价，由于市场价格的完全预期，因此所计算的收入表示理论最大收入。

图 10.2 和图 10.3 是 2008 年和 2009 年德国现货市场 EEX 电力交易中采用电能储存技术的潜在收入，同时也给出了年运营和维护收入以及资本成本的年费。假设电池技术（全钒液流电池、钠硫电池、锂离子电池和铅酸电池）和 25MW 的产能以及 250MW·h 的储能匹配，而其余大规模电能储存方案（抽水蓄能、先进绝热压缩空气蓄能、H2 - CCGT）与 250MW 产能和 2500MW·h 的储能匹配，即所有电能储存系统能够提供 10h 满负荷功率。在绝对期限内，250MW 系统可产生超过 25MW 的收入，因此可显示与年费用（运营费和资本费用的年费）有关的价值。

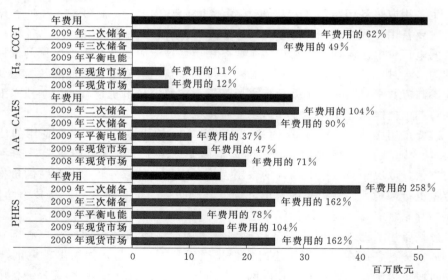

图 10.2　潜在收入和年费用（大型系统）（来源：Fraunhofer ISI）。

2008 年和 2009 年呈现出多样化的市场动态。正值经济危机之年，2009 年用电需求相对较低，因此现货市场价格较低 [38.85 欧元/（MW·h）]，而 2008 年原油和能源载体价格达到最高点，因此导致现货市场价格较高 [65.76 欧元/（MW·h）]。平均价格水平是衡量收入的一项指标，例如，较高价格带来较高收入，电能储存收入主要依靠现货市场价

❶　对应的优化问题详见 Hartel 等的说明（2010）。

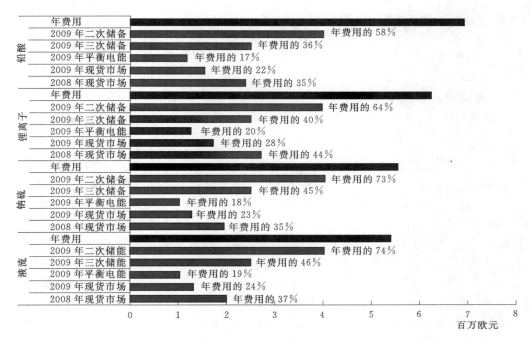

图 10.3 潜在收入和年费用（小型系统）（来源：Fraunhofer ISI）。

格的分配：储能机组需要峰谷价格之间的高价差才能运行。

优化结果显示 2008 年所有储能技术比 2009 年获利更多。该结果也可通过看价格分配来理解，例如，2009 年高于 100 欧元/（MW·h）的电价只在 45h 内获得，而 2008 年 892h 内获得该价格。2008 年在 144h 内观察到了低于 10 欧元/（MW·h）的价格，2009 年为 362h。2009 年在低价格上还可以给储能设备充电，但 2008 年的最高价格比 2009 年的高很多，因此所储存的电力被卖掉，从而产生了更高的收入。

此外，优化结果还表明，按照当前的费用没有任何一项电能储存技术能够产生足够的收入来持平年度总费用（抽水蓄能除外）。显然，H_2-CCGT 的费用超过了按照 8～9 的系数计算的可能的现货市场收入。这就是氢系统低循环效率的直接效果，几乎挖掘不出峰谷价格差的空间。氢储能设备在从几周到几个月的长期储能中更有用，这是因为和能量—资本费用比较低的抽水蓄能相比，氢储能设备能够有更高的能量密度。从短期储能来看，即使能大幅降低费用，氢储能设备也做不到经济上可行。AA-CAES 技术比抽水蓄能技术性能更差，因此其收入低于年费用，但依然很有前途。

在 25MW 系统中，锂离子系统虽然年费用位居第二但性能最好。这是因为锂离子系统的循环效率高，能够确保高的利用率。所有储能技术的利用情况见表 10.2。

表 10.2 年 放 电 利 用 小 时

电 源 种 类	2008 年放电利用小时/h	2009 年放电利用小时/h
铅酸电池	2679	2644
锂离子电池	3041	3015

电 源 种 类	2008 年放电利用小时/h	2009 年放电利用小时/h
钠硫电池	2170	2122
液流电池	2247	2207
氢组合循环燃气轮机	526	562
绝热压缩空气储能	2239	2191
抽水蓄能	2824	2789

来源：Fraunhofer ISI。

电能储存系统的其他可能的收入来自避免使用平稳电力，或直接来自备用市场。

波动发电机和储能系统的组合可以增加预测的准确性，也可降低可再生能源运营商（如果该运营商负责平衡电力）平衡电力的需求。根据预测和真实风电场发电参数，利用储能系统（25％的风电装机能力，10h 满负荷储存容量）估计能够实现 1400h 的放电。平衡电价从 2009 年德国的四个控制区域获得。通常，风能预测偏差和控制区域的偏差没有完全关联。2009 年德国不同控制区域内相关因数在 0.18～0.25 之间。给电能储存系统充电的平均电价是 28 欧元/(MW·h)，而放电平均电价是 70 欧元/(MW·h)。

采用 2009 年（表 10.3）德国储备市场的价格参数估算从备用市场得到的二级和三级储量的收入。所有储能技术的放电利用率设为二级和三级储存能力的平均激活值。2009 年在德国该数值分别是：二级备用 440h，三级备用 130h。

表 10.3　　　　　　　　　2009 年德国储备市场的价格参数

项　目		容量电价/[欧元/(MW·d)]		单位 MW·h 的价格/[欧元/(MW·d)]	
		2008	2009	2008	2009
正	二级储备	150.07	126.53	142.71	136.86
	三级储备	128.51	58.41	99.50	109.98
负	二级储备	84.39	115.67	4.12	−20.30
	三级储备	62.30	173.59	0.19	−6.10

来源：Fraunhofer ISI。

由于二级备用市场的容量电价较高，利用率和单位兆瓦时的价格比三级备用市场都高，因此二级备用市场的收入最高。只有 2009 年负三级备用市场的容量价格比二级备用市场的容量价格高，但这种情况依然不能弥补 2009 年二级和三级备用市场的收入差。比起不用平衡电力的情况，二级和三级备用市场能够提供更高的收入。虽然备用系统的利用率较高，但依然不能补偿备用市场中较大的价格差和容量电价。

10.3　电能储存的环境因素

考虑到可持续能源供给，电能储存系统的全面分析不仅要考虑经济盈利性而且还要考虑环境因素。电能储存系统通过接入并提高波动性可再生能源的利用率有助于间接提高能源供应的环保成效。电能存储系统运行期间几乎不产生任何直接的二氧化碳，而且也不需要辅助燃料（非绝热 CAES 系统除外，因为该系统还需辅助燃烧天然气）。从这一点上讲，电能存储系统比峰荷设备（例如，燃气轮机或柴油发电厂）更具环境优势。另外，储能通常会有电力损耗，这一点必须认识到。而且根据具体系统的循环效率，还需要其他能源。此外，制造、使用和处理储能系统会影响环境，危及健康和安全。这些影响取决于所用技术的类型，还与制造和运行各子电能储存系统所需的资源和材料有关。在此背景下，本节还考察了电能储存系统的资源要求、健康和安全问题以及环境影响评价。

10.3.1 资源要求

近年来出于环境和经济考虑，有效利用资源和材料已经越来越重要。一方面，材料费用通常在总生产费用中占最大比例；另一方面，抽取、加工和提炼材料会对环境产生负面影响。此外，还可能会有潜在的供应风险，特别是易受影响的原材料。后者对经济来说非常重要，而且还主要集中在少数政治稳定性较低的国家（Angerer 等，2009；Frondel 等，2007）。

考虑到所需的材料，抽水蓄能系统、CAES 系统和 H_2 - CCGT 系统似乎没有什么问题，因为所用的大宗资源都是标准材料，例如钢材和混凝土。因此，上述技术研发几乎不受任何关键原材料需求的限制，而只受到相应地理位置可用性的限制。抽水蓄能系统需要足够的地形坡度，而 CAES 系统和氢储能需要合适的岩穴，最好是靠近发电的地方。不同类型的地下开挖要适合存储空气，例如盐洞、蓄水池、封闭矿、油田或天然气田（Oertel，2008；Wietschel 等，2010）。

与原材料的脆弱性和潜在危害相比电化学储能的资源需求更关键。因此，本节重点介绍电池技术。电池的电极通常采用金属或合金，置于电解质溶液中。理论上电极材料和电解质的可行组合非常多，但实际上只有很少的几种可用于充电电池（Stieler，2007）。在充电状态下，铅酸电池的电极由铅（Pb）和氧化铅（IV）阳极（PbO_2）组成，置于稀释硫酸溶液中。在放电状态下，电极片被铅盐包住（$PbSO_4$），同时电解质基本变成了水。铅酸电池的壳子通常用塑料制成（Oertel，2008）。全球范围内铅的用量在持续增长，一半以上用于生产铅酸电池的电极。铅的可用性已证明没有问题。而且长时间内稀释的硫酸也实现了大规模生产，用途甚广，因此铅酸电池没有非常严重的资源要求（Wietschel 等，2010）。

锂离子电池使用一种含有导电盐液态无水电解质。液态元件是一种有机溶剂混合物，通常由碳酸盐（如碳酸丙烯酯、碳酸亚烯酯、碳酸二甲酯或碳酸二乙酯）组成。根据电池特性要求可能还有其他混合物。从化学方面讲，溶剂要非常纯，特别是不能含水。因此，使用前要经过净化和脱水处理。现在所用的导电盐通常为 $LiPF_6$（六氟磷酸锂）。高氯酸锂（$LiClO_4$）和四氟硼酸锂（$LiBF_4$）等其他材料也作为导电盐（Oertel，2008；Wietschel 等，2010）。锂离子电池的负电极（阳极）通常使用石墨，也可使用金属锂、锂合金、金属氧化物（如 SnO，SiO_2）或非晶碳作为替代材料。石墨和非晶碳的安全性相似，但石墨能得到更大的电池容量。正电极（阴极）也可使用特性不同的各类金属氧化物。到目前为止所生产的绝大多数锂离子电池的阴极采用钴（$LiCoO_2$），此类材料能达到较高的能量密度。近年来，除了钴以外，生产商开始使用镍和锰等过渡金属制造电池的阴极。使用 LiNiCo 可以获得更高的能量密度。锰材阴极（$LiMn_2O_4$）具有较高的电流密度。此外，电极制造还需要铜和铝。电极之间的隔板采用微孔聚烯烃膜（Angerer 等，2009；Stieler，2007 年；Wietschel 等，2010）。

在圆柱状钠硫电池中能找到钠电极，出于安全原因，电极被包在金属壳子中。外面采用氧化铝作为固体电解质，被硫电极包住（Pohl 和 Kriebs，2006；Simon 等，2006）。工作温度在 270～350℃时钠和硫呈液态。放电期间钠离子从电池里面游离到电池外面，形成钠硫混合物，混合物中的钠元素数量增大（Na_2S_3、Na_2S_4、Na_2S_5）。由于工作温度较高，需要足量的绝缘材料。但是，钠硫电池对资源的要求不是非常苛刻（Wietschel 等，2010），因此所用主材从可用性方面来讲不成问题。

液流电池的电极通常采用石墨和碳。大多数情况下膜采用钠芬聚四氟乙烯（PTFE）。不用钠芬时，一些电池也使用聚苯烯磺酸（$C_8H_8O_3S$）作为膜。液流电池的类型不同，电解质也可采用不同的材料。在钒/钒系统的电解质中，氧化钛的钒 V^{2+}、V^{3+}、V^{4+} 和 V^{5+} 被溶解在硫酸（H_2SO_4）中。有些系统含有能够加速反应的钌和铌。为了稳定电解质通常会添加磷酸，有时候还会添加少量的磷酸铵。钒/溴化物系统中含有可溶解在盐酸中的三溴化钒（VBr_3）或氯化钒（VCl_3）。为了稳定电解质通常会添加溴化氢（HBr）、溴化钠（NaBr）、溴化钾（KBr）或这几种物质的混合物。多硫化合物/溴化物系统的电解质含有硫化钠（Na_2S）、钠多硫化合物（Na_2S_x）、硫和氢氧化钠（NaOH）。对于铁/铬液流电池，电解质需要溶解在 HCl 中的氯化亚铁（$FeCl_2$）和氯化铬。表 10.4 汇总了电池系统所需的物质。

表 10.4 电池所需的材料

储能系统	元件	材料
铅酸电池	电极	铅（Pb）
		二氧化铅（PbO_2）
		硫酸铅（$PbSO_4$）
	电解质	稀释硫酸（H_2SO_4）
锂离子电池	电极	石墨（或非晶碳、金属锂、锂合金、金属氧化物等，SnO，SiO_2）
		$LiCoO_2$（或 LiNiCo，$LiMn_2O_4$）铜、铝
	隔膜	微孔聚烯烃
	电解质	有机溶剂，例如，碳酸丙烯酯、碳酸乙烯酯、碳酸丙烯酯和碳酸二乙酯
		导电盐，如 $LiPF_6$，$LiClO_4$，$LiBF_4$
硫化钠电池	电极	钠（Na）
		硫（S）
		硫化钠混合物（Na_2S_5、Na_2S_4、Na_2S_3）
	电解质	氧化铝
	外壳	绝缘材料
液流电池（通用）	电极	石墨、碳
	膜	钠芬膜（聚四氟乙烯（PTFE）或聚苯烯磺酸 $C_8H_8O_3S$）

储能系统	元件	材 料
液流电池（钒/钒）	电解液	钒（V^{2+}，V^{3+}，V^{4+}，V^{5+}）
		磷酸（H_3PO_4）
		硫酸（H_2SO_4）
液流电池（钒/溴化物）	电解质	钒（V^{3+}，V^{4+}）
		三溴化钒（VBr_3）（或氯化钒 VCl_3）
		溴化氢（HBr）（或溴化钠 NaBr、溴化钾 KBr、混合物）
		盐酸（HCl）
液流电池（锌/溴化物）	电解质	溴化锌（$ZnBr_2$）
		氯化锌（$ZnCl_2$）
		氯化钾（KCl）
		溴化钾（KBr）
液流电池（聚硫化物/溴化物）	电解质	硫化钠（Na_2S）
		硫（S）
		氢氧化钠（NaOH）
		溴化钠（NaBr）
液流电池（铁/铬）	电解质	氯化亚铁（$FeCl_2$）
		氯化铬（$CrCl_3$）
		盐酸（HCl）

来源：Fraunhofer ISI。

表 10.5 汇总了可能需要的关键物质的特殊来源要求，以及全球的生产能力和已知的储量。例如，文献资料中关于锂离子电池中锂的含量从 50g/(kW·h) 到 300g/(kW·h) 不等。$LiCoO_2$ 阴极中钴含量约占 60%，在电池系统中大约为 22wt%。随着锂离子电池市场的不断增长，预计到 2030 年增长率将达 5%～7%，所需材料的总需求也保持同步增长。虽然锂需求的不断增长问题不大，但给钴的市场带来了更大压力。Angerer 等（2009）估计如果钴的替代物（例如磷酸盐）在锂电池生产中发挥越来越重要的作用，随着电池市场的增长，钴市场将受到直接影响。此外，随着旧电池循环利用的不断扩大，受国家和欧盟法规［如《欧洲电池指令》2006/6/EC、《废旧电气和电子设备（WEEE）法令》2002/96/EC］的影响，对原生资源的需求将减少。2003 年可充电电池中所用大约 8% 的钴得到回收利用，2012 年和 2016 年锂离子电池的回收利用率分别将达到 12.5% 和 22.5%（Angerer 等，2009）。

表 10.5 具 体 资 源 要 求

储能系统	物质	具体资源要求 /[g/(kW·h)]	全球产量（2006 年）/10^3t	全球产量（2007 年）/10^3t	储量[①]/10^6t	资源 /10^6t
锂	锂	50～300[②]	23.5	25	4.1	>13.76
液流电池（V/V）	钒	2920	55.7	58.6	13	>68

储能系统	物质	具体资源要求 /[g/(kW·h)]	全球产量（2006 年） /10³ t	全球产量（2007 年） /10³ t	储量① /10⁶ t	资源② /10⁶ t
液流电池（V/Br）	钒	2720	55.7	58.6	13	>68
液流电池（Zn/Br）	锌	1360	10000	10500	180	1900
液流电池（Fe/Cr）	铁	3470	865000	940000	73000	无
	铬	3230	17.5	18	>500	>10000

① 目前采用很经济方式生产的资源共享。
② 60%的阴极：占电池系统重量的 22%。
来源：Angerer 等，2009 年；USGS，2008 年；Fraunhofer ISI。

10.3.2　健康和安全问题

电能储存系统的生产、运行和处置会不同程度地危害健康和安全。Jossen 和 Protogeropolousos 以及 Sauer 分别在 2004 年和 2002 年根据专家意见提供了关于不同电能储存技术的健康和安全问题的综合评估。专家的意见考虑了不同类别（正常和异常系统运行及正常和异常系统生产）和所产生的后果。结果汇总如图 10.4 所示。图 10.4 中，健康和安全风险与铅酸、NiCd、NiZn 和金属空气电池以及中低风险范围中压缩空气储能的评级相似。超级电容器和液流电池的风险较低，而锂离子系统的健康和安全风险评级较高。

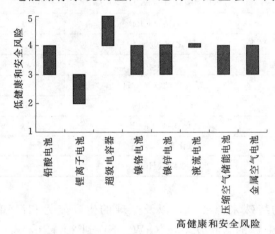

图 10.4　专家对电能储存技术健康和安全风险的意见
（来源：Jossen 和 Protogeropolousos，2004；Souer，2002）。

许多案例中，与电能储存系统有关的健康和安全风险与所用的材料有关。例如，铅酸电池中含有可危害健康和环境的重金属（Daniel 和 Pappis，2008；Lindhqvist，2010）。此外，硫酸很有可能泄漏，一旦发生事故，将会导致严重化学烧伤以及水污染。因此，应采取谨慎措施处理硫酸。其他安全要求包括防爆措施、防止发生高压和短路的措施以及运输监管等。为防止因含水量较高导致的爆炸风险（含水量超过 4‰ 是爆炸极限），需要做好良好的通风。现在，铅酸电池的供货通常具有调节阀（VRLA，调节铅酸电池的阀门）。欧盟标准 EN50272 中也有对铅酸电池安全指示的描述，但经证明即使在使用不当的情况下传统的铅酸电池安全性也很高。

由于高能量密度会导致更高的事故危害，锂离子电池没有其他类型电池结实。此类电池中含有易燃材料，一旦发生故障或破坏会和水发生剧烈反应。过度充电时 $LiCoO_2$ 会和氧化钴发生反应，氧化钴呈活性，温度会飙升到 500℃，和电池元件会发生严重反应（热逸馈）。潜在的事故后果随着电池体积和容量的增大而增大。如果若干节电池并联，其事故风险相应增大。为了将电压、电流和温度保持在安全阈值内，应设置保护电路。然而，实现安全和免维修通常需要在电池或电池组内部安装合适而且专业的安全设施（Oertel，2008；Wietschel 等，2010）。

鉴于钠硫电池中含有的物质，需要记住的是 Na_2S_x 是一种可溶于水、易燃、对健康和环境都有害的物质。因此需要贴上"有毒"标签，而且对水也有危害。此外，硫也是一种易燃物，如果是液态而且与空气接触后，会形成剧毒性的二氧化硫（GESTIS，2008；ROMPP，2008）。

用作液流电池电极的石墨和碳并无严重危害。膜用的全氟磺酸（Nafion）会形成蒸汽，过度加热会导致严重但不是永久的伤害。因此处置全氟磺酸时，通常将其埋入垃圾填埋场。这是因为全氟磺酸既不是有毒物质也不含可回收利用的物质。由于会释放二氧化硫和氟化氢类有毒物质，因此要防止燃烧。膜的替代材料—聚苯乙烯磺酸可致皮肤和呼吸系统过敏，引起化学烧伤。因此必须贴上合适的标签（GESTIS，2008；ROMPP，2008）。

一旦发生钒/含钒液流电池电极泄漏，V^{2+} 和 V^{3+} 将会变成 V^{4+} 和 V^{5+}，在环境空气下呈稳定状态。V^{4+} 和 V^{5+} 会很快融入土壤，形成复合物，很难溶于水。V_2O_5 危害健康和环境，是一种突变剂，采用这种材料生产的电极上要贴"有毒"标签。此外，V_2O_5 和钙、硫、水、锂和氟在一起有着火危险。电解质溶液通常采用 H_2SO_4，这种材料通常会导致严重化学烧伤，对水的危害较低。在寿命期最后，可将钒从电极中取出来回收，H_2SO_4 可采用中和方式处置。钌和铌用于加速反应，在粉末状态下易燃，钌和空气接触有爆炸风险。稳定剂 H_3PO_4 和硝基甲烷有爆炸风险，经评定对健康有危害，对水危害较低（GESTIS，2008；ROMPP，2008）。

钒/溴化物系统的电极通过在溴化氢中溶解二氧化钒（V_2O_5）以及添加 HCl 的方式生产。VBr_3、水和溴化氢会发生严重的放热反应，加热后形成危险气体和蒸汽，从而形成有毒分解物。此外，VBr_3 上应贴有"对水有严重危害"的标签。VCl_3 通常作为替代材料，具有相似的特性，是一种致癌物。通常使用 HBr、NaBr 或 KBr 来稳定电极。HBr 和 KBr 对水的危害性较低，但 HBr 对健康有危害，因此需要贴上标签，NaBr 和 KBr 则无需贴标签。NaBr 和碱性金属以及三氟化溴在一起会形成易燃气体。KBr 和重金属、盐、氧化剂及正汞盐在一起会发生反应，摄入量过高还会导致慢性溴化物中毒（GESTIS，2008；ROMPP，2008）。

含有多硫化物/钒系统的硫化钠（Na_2S）和空气接触后很容易发生氧化反应，从而发生自燃。和酸（如硫化氢）接触后会形成危险气体和蒸汽。此外，硫化钠对环境有害，对健康有急慢性危害。钠硫电池部分已经讨论了 Na_2S_x 和硫的特性。NaOH 也是电解质的一部分，可导致严重化学烧伤。和水或其他易燃物质在一起会发生着火危险，产生易燃蒸汽或气体（GESTIS，2008；PÖMPP，2008）。

$FeCl_2$ 和 $CRCl_3$ 也是铁/铬液流电池电解质的一部分，可导致急慢性疾病。和碱性金属以及环氧乙烷在一起后，$FeCl_2$ 会加热，发生剧烈的放热反应。而且，$CrCl_3$ 和氟及锂一起有爆炸危险。$CRCl_3$ 和 $FeCl_2$ 溶解在 HCl 中可导致化学烧伤，与空气接触后可在大楼中产生腐蚀性酸烟。铑作为一种催化剂可在电解质中找到，对健康和环境有剧毒。充电时，铑可从氯化铑溶液中沉淀，在阳极凝结。氯化铑是一种剧毒物，对健康和环境都有危害。此外，氯化铑对水有严重危害，可与氟和钾发生严重放热反应（GESTIS，2008；

ROMPP，2008)。

10.3.3 环境影响评价

产品的整个寿命期包括生产、使用和寿命期终止，但到目前为止对电能储存技术环境影响评价的研究非常有限。例如，Rydh（1999）根据寿命期评估比较了传统铅酸电池和钒/钒液流电池。结果表明液流电池比铅酸电池的环境影响低。根据 Rydh（1999）的研究，这是因为钒液流电池在工作期间主能量需求较低、寿命期长而且循环可能性较好。从 Denholm 和 Kulcinski（2004）的报告中也能找到关于各种电能储存技术的环境评估，其中对钒/钒液流电池、多硫化合物/溴化物液流电池、抽水蓄能和压缩空气储能做了比较。所涉及的环境影响种类包括累积能源需求和建设与运行储能电厂所产生的温室气体排放。

排放物包括电厂电能输入所产生的间接排放及生产和运行中产生的排放物。评估结果汇总见表 10.6。从表 10.6 可以看出，抽水蓄能在生产和运行期间的累积能源需求最低。液流电池的累积能源需求明显高于抽水蓄能和压缩空气储能的累积能源需求。钒液流电池的累积能源需求最高。另外，运行期间压缩空气储能比其他三种方案的累积能源需求明显高出很多，特别是非绝热传统压缩空气储能电厂中天然气混合共烧所需的能量较高。

表 10.6   电能储存的累积能源需求和温室气体排放（示例）

储能类型	循环效率	累积能源需求		温室气体排放	
		生产 /[GJ/(MW·h)]	使用 /[GJ/(MW·h)]	生产（二氧化碳等量 吨数)/(MW·h)	使用（二氧化碳等量 吨数)/(GW·h)
抽水蓄能	78%	373	25.8	35.7	1.8
压缩空气储能	71%	266	5210	19	288
聚硫化物液流电池	70%	1755	54	125	4
钒液流电池	70%	2253	45	161	3.3

来源：Denholm 和 Kulcinski，2004 年。

压缩空气储能在生产期间产生的温室气体排放最低，而在运行期间产生的温室气体排放最高。此外，压缩空气储能的其他环境影响还要考虑压缩废物加热空气产生的排量（Wietschel 等，2010）。由于无需燃烧天然气，液流电池和抽水蓄能电站的运行所带来的温室气体排放也明显低于压缩空气储能带来的温室气体排放量。液流电池生产期间排放的温室气体比抽水蓄能和压缩空气储能高。虽然结果表明抽水蓄能电站在温室气体排放和能源需求方面的环境影响较低，但抽水蓄能电站的设备会对周围生态环境造成严重影响，景观保护问题不可忽视（Oertel，2008；Wietschel 等，2010）。然而，此类影响很难衡量。

例如，绝热压缩空气储能系统可能对环境造成更深远的影响。根据研究和计算对氢系统和钒液流电池做了比较，将生产和运行阶段纳入考虑范围。所分析的环境影响包括二氧化碳排放、累积能源需求、土地利用和噪声排放，这些都是电能储存中最重要的环境影响类别（Oberschmidt 和 Klobasa，2008）。为了达到更好的比较效果，假设所考虑的所有储能技术都有相同的输出功率（2MW）、存储容量和满负荷小时（1400h/年）。储能系统的循环效率差异很大（假设：液流电池的循环效率为 70%，压缩空气储能的循环效率为 55%，H_2 的循环效率为 35%）。生产阶段所需的材料投入是评估能源需求和二氧化碳排放的依据，而在运行阶段要评估因储能所导致的电力损耗。如图 10.5 和图 10.6 所示，除了与电能储存导致的电力损耗有关的额外能源需求/二氧化碳排放以外，运行阶段还会产生其他主要影响。因此，影响和储能的循环效率以及以下所假设的电力混合密切相关（以目前德国电力混合为例）。因此，本次比较中液流电池的性能最好，压缩空气储能和氢储能系统次之，后者效率最低。然而，由于技术特性、运行策略和以下电力混合的具体假设，环境影响评价结果相差甚大。

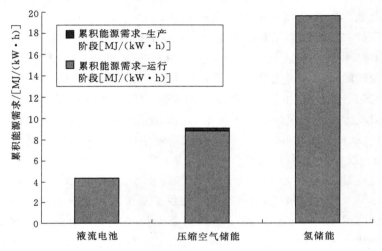

图 10.5　电能储存累积能源需求（示例）
（来源：Fraunhofer ISI）。

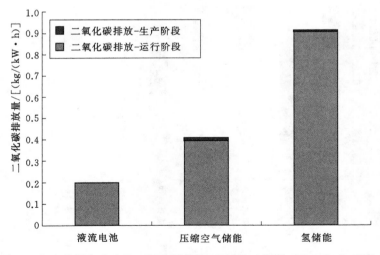

图 10.6　电能储存产生的二氧化碳排放（示例）（来源：Fraunhofer ISI）。

用地和噪声排放比较详见表 10.7。液流电池比压缩空气储能和氢储能系统的噪声排放性能更好，但液流电池和氢储能系统的具体用地明显比压缩空气储能电厂高，液流电池的具体用地最高。

表 10.7

参　数	液流电池	空气压缩储能	氢储能
噪声排放/dBA	50	75	78
用地/[m² · a/(kW · h)]	214	3.57	159

来源：Fraunhofer ISI。

　　电能储存技术寿命期末还会产生其他环境问题，特别是使用有毒材料的情况。例如，废弃物管理中电池中的重金属可引发严重问题（Lindhqvist，2010）。因此，欧盟要求强制回收含有一定量汞、铅或镉元素的电池，而且电池严禁和市政固体垃圾一起处理。制造商必须在产品上贴标签（《欧盟电池指令 2006/6/EC》）。例如，铅酸电池中由于铅的毒性会造成废弃物管理的问题，因此促成了严格的环境法规的制定（Daniel 和 Pappis，2008；Lindhqvist，2010）。然而，由于铅酸电池中的金属元件必须代用铅生产，因此几乎所有的电池都全部回收。任何情况下铅酸电池都不能和生活固体垃圾在一起处理，而应按照有害废弃物来处理（Oertel，2008），此外，电池系统中所用的有问题物质的特性，包括环境危害也已在 10.3.2 节中进行了讨论。

　　循环利用在电能储存技术的寿命期末在环境影响方面发挥着重要作用。Jossen 和 Protogeropolousos（2004）和 Sauer（2002）提供了基于专家意见的电能储存系统循环利用能力比较评估（图 10.7）。如图 10.7 所示的所有技术中，目前已经用到了一些循环利用技术。铅酸电池、镍镉电池、超级电容器和压缩空气储能的循环利用技术已实现了商业化利用，其循环率甚至超过了 80%。锂离子电池、镍锌电池和液流电池的循环利用似乎还是个问题，然而未来有望将锂离子电池循环利用率提高到专家建议的上限范围。

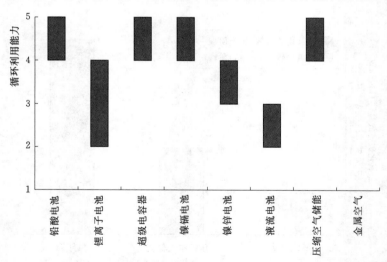

图 10.7　专家对电能储存系统循环利用能力的意见。注：1—目前不可利用的技术；
2—循环利用技术的概念，尚未经过检验；3—实验室规模所展示的技术；
4—可商业化利用的循环利用技术，材料循环利用率或试点规模上可用
技术低于 80%；5—可商业化利用的循环利用技术，其材料利用率
超过 80%；（来源：根据 Jossen 和
Protogeropolousos，2004；Souer，2002）。

10.4　挑战和未来趋势

　　储能技术若想在未来得到普及，应进一步降低费用。迄今为止，在目前的市场条件下只有抽水蓄能电站可以盈利运营，还有一些技术也接近盈利，如压缩气体储能。还需改进现有的电池技术，但液流电池、锂离子电池和钠硫电池依然有广阔的前景。

　　目前已经看到了两个高价差的驱动因素。可再生能源较高的市场占有量将以较低的市场价格带来商机。由于燃料和二氧化碳价格较高，因此在可再生能源市场发电量较低的时段内，价格有望提高。可以限定这一时段，迫使电能储存系统获利并在短期内得到利用。高价差的第二个驱动因素来自日前发电规划中日益增大的偏差。这种情况下，电能储存系统必须在较短周期内和电厂运行及其他可选灵活方案竞争，例如需求相应技术，特别是备用市场。市场保有量将得到限制，新的灵活性方案的实施将为平均价格水平带来负面影响。过去，电价趋于保守，例如，大力增加负备用量的价格的同时大力降低正备用量的价格。

　　关于资源，目前大多数研究都专注于改进材料和开发电化学储能系统所用的新材料。例如，使用纳米材料有助于提高储能（Oertel，2008；Stieler，2007）。对于锂离子电池而言，目前正在测试或开发各类材料，例如磷酸铁（$LiFePO_4$），因为磷酸铁材料不仅价格便宜而且很环保；此外，磷酸铁有较高的电流密度。其他材料，例如氧化镍和其他金属氧化物混合物也正在进行测试，例如 $LiNiO_2$，$Li(N_x\ Co_y\ Mn_z)O_2$。提高电极材料特性的其他策略还包括将具有良好电子特性的 $LiCoO_2$ 和锂离子导体混合，例如 $LiCoO_2$ 和 $LiRuO_3$ 混合（Angerer 等，2009；Stieler，2007）。进一步材料开发还包括锂聚合物和钛酸锂电池。未来有望对电解质进行重大改进，例如，新开发的陶瓷隔板具有较高的耐热性和机械应力，机械处理时也很牢固。未来有望使用添加剂对现有电极和新开发的非易燃性电极进行改进（Oertel，2008）。

　　关于压缩空气储能用的资源，特别是还需要进一步开发的非绝热系统中的储热材料，未来的趋势在于抽水蓄能电站的地下系统，以及将抽水蓄能电站建在沿海。然而，海水又提高了对所用元件和材料的要求。日本目前已建成了一座海水电厂，用此来测试技术和环境状况（Oertel，2008）。

10.5　结论

　　本章分析了正在接入的间歇可再生能源背景下电能储存系统的经济和环境影响。重点针对固定电能储存系统，特别是抽水蓄能系统、（绝热）压缩空气储能系统、氢储能系统、铅酸电池、锂离子电池、钠硫电池和液流电池。本章还讲述了能源市场中的不同应用战略，并根据模型结果提出了基于各类应用策略可能的经济效益以及比较结果。此外，本章也分析了关键资源需求、电能储存带来的健康和安全问题以及对环境的影响。经济分析结果表明总体上要大力降低电能储存系统的费用，从而提供具有竞争性的解决方案。关于环境影响，每项技术都有具体的优缺点，因此综合分析必须考虑整个寿命期和具体的结构条件。

参考文献

Angerer G, Erdmann L, Marscheider – Weidemann F, Scharp M, Lüllmann A, Handke V and Marwede M(2009), *Rohstoffe für Zukunftstechnologien*, Stuttgart, Fraunhofer IRB.

Baker J(2008), 'New technology and possible advances in energy storage', *Energy Policy*, 36(12), 4368 – 4373.

Bouffard F and Kirschen D S(2008), 'Centralised and distributed electricity systems', *Energy Policy*, 36(12), 4504 – 4508.

Boulanger P and Perrin M(2003), Storage Technology Report Electrolyser, Hydrogen storage and fuel cell, INVESTIRE – Network.

Bullough C, Gatzen C, Jakiel C, Koller M, Nowi A and Zunft S(2004), 'Advanced adiabatic compressed air energy storage for the integration of wind energy', *Proceedings of the European Wind Energy Conference, EWEC* 2004, 22 – 25 November 2004, London.

Bünger U, Crotogino F, Donadai S, Gatzen C, Glaunsinger W, Kleinmaier M, Könemund M, Landinger H, Lebioda T J, Leonhard W, Sauer D, Weber H, Wenzel A, Wolf E, Woyke W and Zunft S(2009), *Energiespeicher in Stromversorgungssystemen mit hohem Anteil erneuerbarer Energieträger. Be – deutung, Stand der Technik und Handlungsbedarf*, Frankfurt, Energietechnische Gesell – schaft im VDE(ETG).

Daniel S E and Pappis C P(2008), 'Application of LCIA and comparison of different EOL scenarios: The case of used lead – acid batteries', *Resources, Conservation and Recycling*, 52, 883 – 895.

Deane J, O Gallachoir B, McKeogh E(2010), 'Techno – economic review of existing and new pumped hydro energy storage plant', *Renewable and Sustainable Energy Reviews*, 14, 1293 – 1302.

Denholm P and Kulcinski G L(2004), 'Life cycle energy requirements and greenhouse gas emissions from large scale energy storage systems', *Energy Conversionand Management*, 45, 2153 – 2172.

Electric Power Research Institute EPRI(2010), Electricity Energy Storage Technology Options: A White Paper Primer on Applications, Costs, and Benefi ts, 1020676. Palo Alto, CA: EPRI, December 2010.

Frondel M, Grösche P, Huchtemann D, Oberheitmann A, Peters J, Angerer G, Sartorius C, Buchholz P and Wagner M(2007), *Trends der Angebots – und Nachfragesituation bei mineralischen Rohstoffen*, Bundesministeriums für Wirtschaft und Technologie(BMWi).

Gatzen C(2008), The economics of power storage: theory and empirical analysis for Central Europe, München, Oldenburg Industrieverlag.

GESTIS(2008), GESTIS – Stoffdatenbank, Institut für Arbeitsschutz der Deutschen Gesetzlichen Unfallversicherung, BGIA. Available from http://www. dguv. de/bgia/de/gestis/stoffdb/index. jsp(Accessed August 2008).

Hartel R, Keles D, Genoese M, Möst D and Fichtner W(2010), 'Optimierter Einsatz von adiabaten und diabaten Druckluftspeichern', *11th Symposium Energy Innovation(EnInnov2010)*, 10 – 12 February 2010, Graz, Austria.

Honsel G(2007), 'Wind auf Vorrat', *Technology Review*, August 2007, 70 – 71.

Jakiel C, Zunft S and Nowi A(2007), 'Adiabatic compressed air energy storage plants for effi cient peak load power supply from wind energy. The European project AA – CAES', *International Journal of Energy Technology and Policy*, 5(3), 296 – 306.

Jossen A and Protogeropolousos C(2004), Existing data. Synthesis of the performance of storage technologies for given use, INVESTIRE – Network.

Lindhqvist T(2010), 'Policies for waste batteries – learning from experience', *Journal of Industrial Ecology*, 14(4), 537 – 540.

Mulder G, De Ridder F and Six D(2010), 'Electricity storage for grid – connected household dwellings with

PV panels', *Solar Energy*, 84, 1284 – 1293.

Oberschmidt J and Klobasa M(2008), 'Economical and technical evaluation of energy storage systems', *Third International Renewable Energy Storage Conference(IRES 2008)*, Berlin: 24 – 25 November 2008.

Oeding D and Oswald B R(2004), *Elektrische Kraftwerke und Netze*, Berlin, Springer.

Oertel D(2008), *Energiespeicher – Stand und Perspektiven*, Büro für Technikfolgen – Abschätzung beim Deutschen Bundestag(TAB).

Pohl C and Kriebs K(2006), *Wirtschaftliche Einsatzmöglichkeiten der NaS – Batterie*, Bingen, Institut für Innovation, Transfer und Beratung GmbH.

RÖMPP(2008), Thieme RÖMPP Online, Verlag Thieme Chemistry. Available from http://www. roempp. com/ prod/(Accessed August 2008).

Rydh C J(1999), 'Environmental assessment of vanadium redox and lead – acid batteries for stationary energy storage', *Journal of Power Sources*, 80, 21 – 29.

Sauer D U(2002), *Technical criteria and specifications*, INVESTIRE – Network.

Sensfuß F(2008), Assessment of the impact of renewable electricity generation on the German electricity sector. An agent based simulation approach, Düsseldorf, VDI – Verlag.

Simon R, Pohl C and Kriebs K(2006), Einsatzmöglichkeit einer NaS – Batterie fürdie Regenerativstromversorgung am Beispiel der Gemeinde Bruchmühlbach, Bingen, Institut für Innovation, Transfer und Beratung GmbH.

Spahic E, Balzer G, Münch W and Hellmich B (2006), 'Speichermöglichkeiten der Windenergie', *Energiewirtschatfliche Tagesfragen*, 105(25), 46 – 50.

Steffen B(2012), 'Prospects for pumped – hydro storage in Germany', *Energy Policy*, 45, June 2012, 420 – 429.

Stieler W(2007), 'Optimierte Vielfalt', *Technology Review*, August 2007, 64 – 69.

Tassin N(2003), *Redox Systems Report*, INVESTIRE – Network.

Tester J W, Drake E M, Driscoll M J, Golay M W and Peters W A(2005), *Sustainable Energy: Choosing Among Options*, Cambridge, MIT Press.

USGS(2008), *Mineral Commodity Summaries*, U. S. Geological Survey.

Wietschel M, Arens M, Dötsch C, Herkel S, Krewitt W, Markewitz P, Möst D and Scheufen M(2010), *Energietechnologien 2050 – Schwerpunkte für Forschung und Entwicklung. Technologiebericht*, Stuttgart: Fraunhofer IRB.

Zunft S, Jakiel C, Koller M and Bullough C(2006), 'Adiabatic compressed air energy storage for the grid integration of wind power', *Sixth International Workshop on Large – Scale Integration of Wind Power and Transmission Networks for Offshore Windfarms*, Delft, 26 – 28 October 2006.

第 11 章　镍基电池：材料与化学性质

P-J. TSAI 和 *S. L. I. CHAN*, *University of New South Wales, Australia*

DOI：10.1533/9780857097378.3.309

摘　要：本章对镍基电池进行了全面介绍，其中氢氧化镍电极用作电池的正极板。本章以常用的镍/金属氢化物电池为例，该电池是许多电子设备最重要的电源，首先介绍了该电池的发展史和基本电化学原理。然后，详细介绍了电池结构，其中包括活性材料和电解质。本章还对该系统中不同类型电池的性能、优点和局限性加以比较。还讨论了电池所用的新材料以及此类镍基电池目前的研发情况和未来发展趋势。

关键词：镍基电池；镍铁；镍镉；镍氢；镍锌；镍—金属氢化物电池；二次电池；羟基氧化镍；阳极；阴极

11.1　引言

镍基电池包括镍铁、镍镉、镍锌、镍氢、镍—金属氢化物电池等，其氢氧化镍电极用作电池正极板的方式是相似的。由于强碱性溶液一般用作电解质，所以也称为碱性蓄电池。镍基电池以前曾是现在仍然是大量电子设备最重要的电源。

本章对过去和现在可用的镍基电池系统进行了全面回顾，其中包括基本电化学原理、活性材料、电解质、电池性能以及不同类型电池的优缺点。书中还讨论了目前用于镍基电池的流行材料和潜在的新材料，然后探讨电池面临的挑战和未来趋势。

1899 年 3 月 11 日，瑞典的杨格纳（Jungner）首先提出了电解液的利用并获得专利，其提出的电池充电和放电过程至今仍保持不变。电解质本身不与电极发生化学反应，但是能充分传导电极之间的离子。其结果是，大大减少电池所需要的电解质量，从而减轻了电池重量。19 世纪 90 年代末到 20 世纪初，德国的米哈洛夫斯基（Michalowski, 1899），瑞典的杨格纳（Jungner, 1901）和美国的爱迪生（Edison, 1901）先后成功地获得镍锌电池、镍镉电池和镍铁电池系统的专利。但镍锌系统直到 20 世纪 30 年代才实现商业化，当时的爱尔兰化学家德拉姆将其用于电气列车。20 世纪 60 年代和 70 年代期间，镍镉系统因其循环寿命性能和坚固性方面的优越性能而成为绝大部分航天器和卫星的主要电源。尽管镍氢电池早在 20 世纪 50 年代就已经被发现并取得专利，但直到 20 世纪 70 年代才在航空航天应用中逐步取代镍镉电池。镍—金属氢化物电池系统已经在 20 世纪 80 年代引入并取代了常用的镍镉电池。原始的金属氢化物镧镍五合金于20世纪60年代末在荷兰飞利浦研究实验室发现，经证明这种金属间化合物能够可逆性吸收大量的氢。但镍—金属氢化物电池经过将近20年才实现商业化。在这五种镍基电池中，只有密封镍镉和镍—金属氢化物电池目前仍在市场上出售。

基于袋式极板技术的镍电极于19世纪90年代末开发出来，并帅先在瑞典、德国和美国投入使用（Shukla等，2001）。袋式极板技术构造涉及用导电添加剂和黏合剂将氧化镍制成颗粒。然后把该颗粒封装在穿孔镀镍钢板中用作集电极。袋式极板电池是最早也是最便宜的电池类型，电池设计非常可靠耐用，机械和电气性能很好。管板式结构的镍电极出现于1908年，其电极耐久性通过限制活性材料膨胀引起的机械力而得到有效提高。这种设计通常是给穿孔镀镍钢管中填充多层压实的氢氧化镍和导电性添加剂，组成一个由平行管组成的框架（Shukla等，2001）。复杂的设计使得加工难度大，因此其成本高而效益低。因此管板式结构已不再生产（Falk和Salkind，1986）。

镍电极的又一次革命是开发出烧结板技术，这是1928年由Pflider发明的（Berndt，1998）。其字面意思是，松散的镍粒在还原炉气体中以刚好低于镍熔点的温度转化成一种质地一致的物体。在烧结电极中，通过化学或电化学方式给多孔烧结板浸渍以氢氧化镍活性材料（Shukla等，2001）。这种电化学浸渍，就材料装载到多孔烧结极板而言，被认为比化学方法更为有效，从而具有更高的材料利用率和耐久性。

烧结极板的制作既可采用干粉工艺，也可采用湿浆工艺。后者受到商业上的青睐，因为用这种方法制作的电极孔隙率高，表面面积大，导电性强，还有良好的机械强度。将90%的法拉第电流效率与袋式板电极的60%相比，其较高的利用率归因于能更好地把材料加载到烧结基体的多孔结构中（Shukla等，2001）。到目前为止，当前正在制造的超过50%的基于镍电极的电池，都把烧结电极用作正极板（Shukla等，2001）。

优越但造价高且规格受限（<100A·h/电池）的烧结电池和造价低但却笨重的袋式板极电池之间的差距，已经于20世纪80年代通过开发纤维板极电池，以及后来的塑料粘结电极电池而得到填补（Dahlen，2003）。纤维板电极镍镉电池开发出来后主要用于电动汽车，今天仍可用于普通工业应用。

许多研究一直致力于通过最大限度地提高活性材料装载量和能量密度来提高镍电极的性能。与烧结板电极工作原理类似的泡沫镍电极，于20世纪80年代中期被引入。粘贴式镍电极在制备时将球状氢氧化镍活性材料通过机械和物理浸渍工艺密集地涂抹在高度多孔镍泡沫上。与常规烧结镍电极相比，这类电极的能量密度特别高，且造价低廉，因此被广泛用于镍锌（Taucher Mautner和kordesch，2003，2004）和镍—金属氢化物电池（Chen等，2003；Lv等，2004）。

粘贴式电极中使用的泡沫镍基板首先是给多孔合成材料（如聚氨酯或丙烯酸纤维）镀镍，接着塑料材料高温分解。合成镍泡沫基体具有三维多孔结构，典型的体积孔隙率为97%，孔径$600\mu m$（Olurin等，2003）。镍泡沫的高孔隙率和大孔径有利于加载氢氧化镍，反过来又会产生较高的活性材料封装密度。但这也会提高基板和氢氧化镍颗粒之间，以及氢氧化镍颗粒本身之间的内部电阻。

因此，粘贴式镍电极的优点是能够获得更大的容量和能量密度；但在电导率和高速率性能方面却不及烧结电极。烧结镍电极的一般能量密度为 $450\sim500\mathrm{mA\cdot h/cm^3}$，但粘贴式电极可以达到 $700\mathrm{mA\cdot h/cm^3}$。

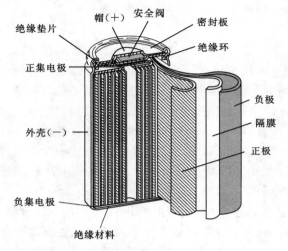

图 11.1　圆柱形镍—金属氢化物电池结构
（Taniguchi 等，2001）。

11.1.1　电池结构

在开始详细介绍镍基电池之前，首先需要了解电池的一般结构。虽然电池的详细结构因电池类型而异，但基本构成是相似的：正负电极由隔膜、电解质和外壳所隔离。当前流行的圆柱形镍—金属氢化物电池的结构如图 11.1 所示。在该电池中，正极（镍电极）和负极均经过卷绕并由隔膜分隔。电池设计应考虑到电极反应区优化，减少电流采集电阻，以及改善电解质组成，以期获得大功率特性。电极、隔膜和电解质均封装在铜质外壳内部；密封板上有阀，以防止过度充电、短路或反向充电增大压力造成的爆破。

11.2　氢氧化镍电极

随着众多应用对高能量密度需求的不断增加，人们迫切需要能量密度高、功率容量大、使用寿命长、重量轻、造价低的电池。在过去几十年里，人们花费巨大精力进行研究，以了解镍电极的机理，提高其电化学性能。本节包括镍电极的电化学反应原理，提高电极性能的方法，以及对目前现状和未来的展望。

11.2.1　充放电过程中的氧化还原反应

由于氢氧化镍是所有五类镍基电池系统的正极，因此了解其工作机理和相关属性非常重要。镍电极的充放电反应用公式为（Watanabe 和 Kumagai，1997；Jain 等，1998）

$$\mathrm{NiOOH} + \mathrm{H_2O} + \mathrm{e}^- \underset{充电}{\overset{放电}{\rightleftharpoons}} \mathrm{Ni(OH)_2} + \mathrm{OH}^- \quad (E^0 = 0.49\mathrm{V}\ vs\ \mathrm{SHE}) \tag{11.1}$$

镍电极可逆性电极电位 E_{rev} 可用能斯特方程式表示如下

$$E_{\mathrm{rev}} = 0.49 - 0.059\log\left(\frac{a[\mathrm{Ni(OH)_2}]a[\mathrm{OH}^-]}{a[\mathrm{NiOOH}]a[\mathrm{H_2O}]}\right) \tag{11.2}$$

由于式（11.1）的充放电反应涉及通过氢氧化镍和羟基氧化镍（NiOOH）固体格子框架进行的氢离子（质子）等效扩散，因此不可避免地引发完全放电的氢氧化镍和完全充电的氢氧化合物之间的活性材料成分发生连续变化。式（11.1）因此可写为

$$\mathrm{NiOOH} + \mathrm{H_2O} + \mathrm{e}^- \underset{充电}{\overset{放电}{\rightleftharpoons}} \mathrm{Ni(OH)_2} \tag{11.3}$$

11.2.2　镍氢氧化物的相变

氢氧化镍［$\mathrm{Ni(OH)_2}$］是镍电极的阴极活性材料，许多研究者在进行相关方面的研

究。该领域有多篇综述（Oliva 等，1982；Halpert；McBreen，1990），Song 和 Chan 对综述进行了更新（2009）。1966 年之前，了解镍电极内部反应的进展比较缓慢，主要是由于镍基电解反应性质的复杂性。人们花费了很大精力来了解大多数其他电池的琐碎项目，如整体反应、开路电位的测定和电荷材料的氧化状态，其重要突破是由 Bode 等人在 1966 年取得的，首次提出了镍电极详细的整体反应。需要指出的是，充电的羟基氧化镍和放电的氢氧化镍材料均能以两种形式存在。放电材料的一种形式为 β-氢氧化镍，是无水的，且为氢氧镁石［$Mg(OH)_2$］结构；另一种形式被定名为 α-氢氧化镍，是有水的，在氢氧镁石层间有夹层水。

β-氢氧化镍在充电过程中发生氧化，生成 β-羟基氧化镍而 α-氢氧化镍经氧化生成 γ-羟基氧化镍。β-氢氧化镍和 α-氢氧化镍的形成分别是在 β-氢氧化镍和 γ-羟基氧化镍放电时发生的。此外，α-氢氧化镍老化时可在浓碱性电解质中脱水而再结晶，形成 β-氢氧化镍；而 β-羟基氧化镍可在电极过度充电时转换成 γ-羟基氧化镍，总体反应流程可用伯德图加以清晰地说明，如图 11.2 所示（Wehrens Dijksma 和 Notten，2006）。这些不同形式的镍氢氧化物形成的化学结构、水化程度和形态各有不同。这两种反应流程通常被称作 β/β 和 α/γ 循环。

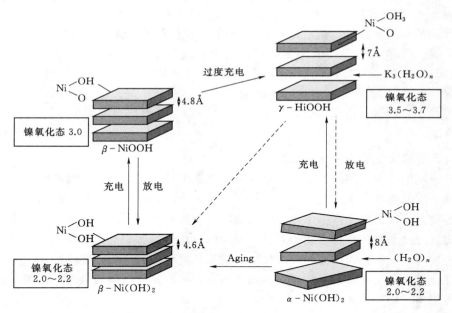

图 11.2　伯德图说明了不同镍氧化态时氢氧化镍/氢氧化合物的相变
（Wehrens Dijksma 和 Notten，2006）。

11.2.3　镍电极的 β/β 氧化还原模型

传统的镍电极是依赖 β/β 循环工作的，其目的是在循环过程中适应体积的变化，并确保在放电期间提供足够的电子电导率来高效利用活性材料。β/β 循环受到普遍偏爱，是因为循环过程中相关的体积膨胀小于其他形式。

在氢氧化镍的多形性变态中，β-氢氧化镍由于其强碱性电解质具有高度稳定性而被广泛用作所有镍基二次电池正极中偏爱的活性材料（Song 等，2002）。β-氢氧化镍在充电后形成 β-羟基氧化镍时，表现出良好的可逆性，其具有类似的层状结构。

但在过度充电时，β-羟基氧化镍就被转化成 γ-羟基氧化镍；这种相位是不可取的，因为其涉及很大的体积变化，容易导致镍电极膨胀，并干燥隔膜中的电解质。因此，β-羟基氧化镍的形成会在相当程度上损害镍电极，造成电池过早失灵。此外，据研究 γ-羟基氧化镍的形成应归因于碱性电池的记忆效应（Sato 等，2001）。

这些缺点激发了 Oshitani 和他的同事研究采用元素添加剂抑制 γ-羟基氧化镍在镍电极中的形成（Oshitani 等，1986）。同时添加钴和镉被发现是抑制 γ-羟基氧化镍形成的最有效方式。用镍部分取代锌被发现与在 β-氢氧化镍固溶体中让离子半径大于镍具有类似的效果；当离子半径大于镍时，会造成晶格变形（Yuasa 和 Ikoma，2006）。除了 β/β 的缺点之外，理论容量的限制已经成为提高镍电极性能的瓶颈。

11.2.4　镍电极的 α/γ 氧化还原模型

如图 11.2 所示，α-氢氧化镍和 γ-羟基氧化镍中的晶格参数 c 几乎相同（分别为 8Å 和 7Å），这就可在两相之间进行可逆性相变而不经历机械变形或约束。可以设想 α/γ 相对的理论容量高于 β/β 相对。这是由于在 α/γ 相变过程中每个镍原子有多个电子可被交换，因为 γ-羟基氧化镍中镍的氧化态较高（3.5 以上）（Liu 等，2009）。

虽然 α/γ 相对在理论上是可取的，但在热力学上遇到强碱性溶液时的不稳定性和快速转换为 β-氢氧化镍一直是其主要缺点。α-氢氧化镍结构的稳定性因此成为研究重点。用锰（Latroche 等，1995；Colinet 等，1987）、锌和铝（Van Mal 等，1973；Meli 等，1995；Wu 等，2003）及铁（Balasubramaniam 等，1993）部分取代镍的研究正在进行。研究人员旨在开发出一种可靠的方法来合成和稳定 α-氢氧化镍，但至今这仍是一个重大的科学挑战。

11.2.5　改善氢氧化镍的电化学性能

尽管镍基电池中使用的氢氧化镍电极与一个世纪前爱迪生所使用的电极基本相同，但如今广泛使用的电极却更为复杂。电极特性在不断提高，以满足不断增长的能量需求，其中包括容量、能量密度、高倍率容量、电池持续时间和材料利用率。与氢氧化镍相关的两大科学挑战，就是其化学稳定性和对析氧反应的催化性能（Vidotti 等，2009）。

高密度球状氢氧化镍在商用镍电极中的应用已经于 20 世纪 90 年代确立，人们从中发现，粒度分布从几微米到几十微米的球状氢氧化镍粉末具有很高的填充密度和优异的流动特性，可用来优化粘贴条件（Sakai 等，1990；Reisner 等，1997）。这种球状氢氧化镍采用沉淀法合成，其中的金属盐，如硫酸镍，与氢氧化钠在有氨环境下发生反应。

虽然球形氢氧化镍的上述物理性质有利于加载活性材料和能量密度，但其电化学性能较差（Song 等，2005）。因此，人们把相当大的精力都投入到提高氢氧化镍的电化学活性上面。镍电极的改性可分为两大类。首先是用添加剂改性氢氧化镍；其次是通过诸如球磨之类的电化学加工法来改性氢氧化镍；最后通过改变制备工艺和合成参数来控制氢氧化镍的显微结构。这三种改性方法在下面的章节中讨论。

1. 添加剂/加添加剂

一般来说，给镍电极添加添加剂是最常用和有效的提高镍电极电化学性能的方法。将添加剂加入氢氧化镍材料和电极的目的如下（Song 和 Chan，2009）：

（1）改善活性材料的显微结构，提高固相质子的扩散能力，例如钴（Watanabe 等，1996）、铝（Liu 等，2008）和其他金属。

（2）通过部分替代氢氧化镍中的镍来稳定 α-活性材料的结构，例如铝（Kamath 等，1994，Chen 等，2005，2009）、带有铝和铬的三价阳离子钴（Dixit 和 Vishnu Kamath，1995）、锰（Morishita 等，2008）和钒（Avendano 等，2005）。

（3）降低氢氧化镍的氧化电位，提高镍（Ⅱ）/（Ⅲ）的氧化还原可逆性。钴被证明是用于这一目的的有效成分（Corrigan 和 Bendert，1989；Unates 等，1992）。

（4）通过隔离氧化还原对 OH/O_2 和镍（Ⅱ）/（Ⅲ）来提高充电效率，抑制析氧侧的反应，例如钙、镁（Zhu 等，1995）、镉、钴和锌（Provazi 等，2001）。

（5）通过 γ-羟基氧化镍效应来增强机械性能，提高长期稳定性，例如钴、铁、铝、锌等（Oshitani 等，1986），更多参考文献请参见 11.2.4 节。

（6）提高镍电极的电导率，增强高倍率性能，例如钴（Pralong 等，2001）、锌（Yuan 等，1999）、镍、钴化合物（Yunchang 等，1995）和碳质材料（Lv 等，2004）。

（7）通过抑制充电时的过早析氧来增强高温性能，例如氢氧化钇（Chen 等，2005）、氢氧化镱（He 等，2006）、氢氧化钡和氢氧化钴（Shaoan 等，1998）以及钴钙化合物（Yuan 等，1998）。

在用于提高氢氧化镍电极性能的各种添加剂中，钴无疑是最常用的元件。它已经以不同形式添加到镍电极中，如金属粉末、氧化钴、氢氧化钴和 $Na_{0.60}CoO_2$。当添加到镍电极时，钴会在氢氧化镍表面溶解和再沉淀，并在活化充电期间形成高导电性和稳定的钴氢氧化物（H_xCoO_2）。这种导电网络可确保活性材料和基板之间，以及活性材料颗粒之间，具有良好的导电性。人们还发现，钴可以有效地提高氢氧化镍质子的导电性，提高析氧电位，延迟电极的机械故障，降低氢氧化镍氧化电位，改善镍（Ⅱ）/（Ⅲ）的氧化还原可逆性，防止 γ-羟基氧化镍的形成，抑制电极膨胀。

但钴成本高，会增加材料成本。因此人们一直在努力用铝（Kamath 等，1994；Hu 和 Noréus，2003）、锌（Tessier 等，2000）、锰（Guerlou-Demourgues 等，1994）、钙（Yuan 等，1998）和其他金属（Demourgues-Guerlou 和 Delmas，1993；Zhu 等，1995；Bardé 等，2006）来代替钴。但正如许多其他技术一样，权衡利弊通常是不可避免地与添加氢氧化镍添加剂联系在一起。例如，伴随着添加钙或稀土添加剂的是损失比功率和循环寿命（Yuan 等，1998）。除此之外，某些此类金属价格昂贵，且不环保，因而也考虑了其他方法。

2. 球磨改性

许多研究表明，减小活性材料的晶体粒度，可以实现较好的电化学性能，如放电/再充电过程中的质子扩散速率和质子浓度极化（Watanabe 等，1995）。这就带来了氢氧化镍的物理改性问题。氢氧化镍的机械化学加工在活性材料的制备中受到相当的重视，因为其操作简单、效率高且成本低。

高能球磨法（HEBM）是改性材料物理结构的最常用工艺之一，已经广泛用于许多场合，其中包括镍—金属氢化物电池负极的储氢合金（Stubica 等，2001；Abrashev 等，

2010）和锂离子电池的电极材料（Machida 等，2005；Zhang 等，2005b；Park 等，2006；Hassoun 等，2007）。人们普遍认为，球磨工艺可以减小材料的晶体粒度，并可通过大晶体的循环变形减少结构缺陷的连续形成。

Chen 等（2003）曾采用高能球磨法对氢氧化镍进行改性，发现经过球磨加工的氢氧化镍作为活性材料，其电化学性能比 β-氢氧化镍更具优越性，如放电比容量、放电电位和循环性能。β-氢氧化镍球磨加工前后（在图 11.3 中分别简称为 β-氢氧化镍 B 和 β-氢氧化镍 A）在 $0.5C$ 速度条件下的循环稳定性如图 11.3 所示。经过合成和研磨后的样品的最大放电容量分别为 200mA·h/g 和 225mA·h/g。经过 335 次重复充放电循环之后，经过合成和研磨后的样品的最大放电容量仍分别保持在 85.5％和 99.5％。

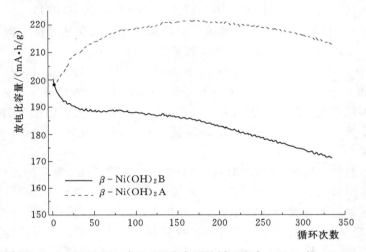

图 11.3　β-Ni(OH)$_2$ 在 $0.5C$ 速率下的循环寿命（Chen 等，2003）。

采用电化学阻抗谱（EIS）对电极的电化学性能作进一步分析，并在经过 335 次循环之后，在 100％的充电状态（SoC）（定义为电极的可用容量和其可达到的最高容量之比），对 β-氢氧化镍 B 和 β-氢氧化镍 A 测量的结果，用图 11.4 加以说明。这是一个典型的电化学阻抗谱绘图，从中可以看出高频区的半圆形和低频区域的线性线条。很显然，球磨样品与合成样品相比，与电荷转移和质子扩散相关的阻抗要小得多。因此，电极的电化学和扩散极化就会减弱，从而导致放电电位的提高和充电电位的下降。

后来，Song 等采用廉价的普通球磨（NBM）工艺对球形 β-氢氧化镍进行加工，以此来改变粘贴镍电极的微观结构，改善活性材料在多孔电极上的分布（Song 等，2006）。把重量的 8％经过 120h 研磨后氢氧化镍粉末与重量 92％的活性材料与球形氢氧化镍加以混合，来制备电极。

添加研磨氢氧化镍的电极（电极 B）和未添加研磨氢氧化镍的电极（电极 A）均要以 $0.2C$ 和 $0.5C$ 的速率进行充电和放电，结果如图 11.5 所示。结果表明，电极 B 的最高充电电压低于电极 A，这意味着前者具有较好的充电率和较低的固有电阻。电极 B 的放电比容量大于电极 A，前一电极的放电平台也比后者更高、更平坦。如图 11.6 所示，循环伏安曲线显示的结果表明，电极采用重量 8％的研磨氢氧化镍能较好地反映可逆性和电化

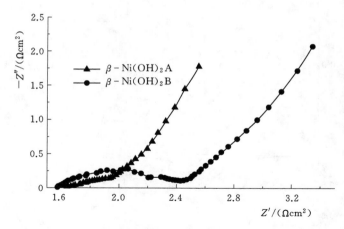

图 11.4 处于 100％充电状态的 β-氢氧化镍样品的复杂
平面图（Chen 等，2003）。

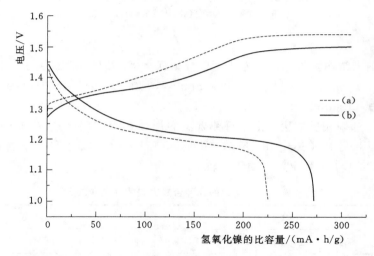

图 11.5 粘贴式镍电极典型的充电（0.2C 速率）和放电（0.5C 速率）曲线。（a）未添加重量
8％研磨氢氧化镍粉末，（b）添加了重量 8％研磨氢氧化镍粉末（Song 等，2006）。

学性，以及较高的活性材料利用率。

11.2.6 纳米氢氧化镍的合成

如前所述，减少氢氧化镍的晶体粒度被证明是一种提高材料的电化学活性和充放电性能的有效方法。此外，纳米结构的氢氧化镍颗粒具有极为宽广的表面积，能够吸收颗粒表面大量的水分子。这种表面水被认为能够改善氢氧化镍颗粒的润湿性，说明活性材料内部的质子扩散在充放电过程中得到增强，并实现了更好的电极材料利用率（Audemer 等，1997）。在同一年，Reisner 等（1997）也报告了带有纳米纤维和纳米颗粒混合物的纳米结构 β-氢氧化镍的开发情况，有望将可充电电池的阴极能量提高至少 20％。后来发现，β-氢氧化镍样品可提供最大容量的最佳粒度为 25nm，最近的研究已经获得支持性资料（Kiani 等，2010）。所有这些使得人们开发用于镍基电池纳米结构的氢氧化镍的兴趣

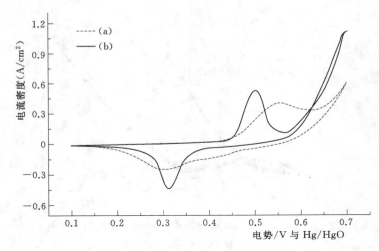

图 11.6　粘贴式镍电极的循环伏安曲线。(a) 未添加重量 8％研磨氢氧化镍粉末，
(b) 添加了重量 8％研磨氢氧化镍粉末（Song 等，2006）。

越来越大。

　　用于合成纳米结构氢氧化镍的方法可以分为四大类，即溶液沉淀法（Han 等，2003，2005；Hu 等，2006）、热水法（Jayalakshmi 等，2005；Orikasa 等，2007；Sakai 等，2010）、模板法（Rahman 等，2005；Duan 等，2006；Peng 和 Shen，2007；Cheng 和 Hwang，2009）和固相反应法。由于每种方法的详细实验程序已经在其他地方描述［参见相关参考文献，另见（Song 和 Chan，2009）］，所以不在本章介绍。但各种合成方法的优点和缺点在表 11.1 中列出，以便于比较。

表 11.1　　　　　　　　　　纳米结构氢氧化镍的几种合成方法的优点和缺点

工艺	优　点	缺　点
溶液沉淀法	简单而易控	使用表面活性剂/分散剂、有机溶剂或络合剂
热水法	简单、经济，不涉及繁琐的洗涤	使用不环保的尿素作为水解剂
模板法	氢氧化镍可调谐几何形状和形态	拆除模板
固相反应法	无表面活性剂/溶剂，环保，高收率，反应简单	需要高温，不同固体反应物可能难以均匀分布

来源：Song 和 Chan，2009。

　　下文将介绍 β-氢氧化镍和 α-氢氧化镍的电化学性能。

1. 纳米级 β-氢氧化镍粉末的电化学性能

　　与商业化球状 β-氢氧化镍粉末相比，纳米级 β-氢氧化镍粉末展现出较好的氧化还原可逆性、较小的反应电阻、较低的极化和较好的充放电性能。Zhou 和 Zhou（2005）采用 10～40nm 粒度范围的颗粒，通过溶液沉淀反应，辅之以超声，合成出 β-氢氧化镍。纳米级和微米级球形氢氧化镍第 9 和第 13 周期的充电和放电曲线如图 11.7 所示。纳米级氢氧化镍的最大放电比容量为 381mA·h/g，远远高于 β-氢氧化镍 289mA·h/g 的理论容量。相当数量的稳定型 α-氢氧化镍的形成，归因于高容量，这已经得到 X-射线衍射（XRD）分析的证实。

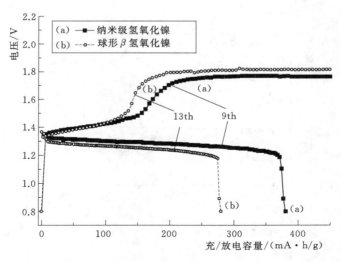

图 11.7 （a）纳米级氢氧化镍，（b）微米级球形 β-氢氧化镍电极
以 0.1C 速率充放电曲线图（Zhou 和 Zhou，2005）。

在同一年，Han 研究小组（Han 等，2005）通过对比有和没有重量 8％的纳米级 β-氢氧化镍研究了氢氧化镍电极的电化学性能。根据图 11.8 所示的循环伏安曲线，已经证实氢氧化镍电极反应受到质子扩散制约，纳米级 β-氢氧化镍和球形氢氧化镍的质子扩散系数分别为 $1.93\times10^{-11}\,cm^2/s$ 和 $5.50\times10^{-13}\,cm^2/s$。除了电极的充放电特性之外，还发现 Nano-E（添加有纳米级 β-氢氧化镍的电极）的阴极放电比容量，比 Micro-E（只带有球形 β-氢氧化镍的电极）高出大约 10％，如图 11.9 所示。该曲线进一步表明，放电平台、充电率和放电比容量越高，极化越低。经观察，Nano-E 电极中的电极反应快于 Micro-E 电极。这些改进是由于 Nano-E 电极中镍的氧化态较高，为质子扩散提供了更多的空间（即 Ni^{2+} 和 Ni^{3+} 之间的转化率较高）。

2. 纳米级 α-相氢氧化镍粉末的电化学性能

用纳米级 α-氢氧化镍粉末来提高镍电极的电化学性能。Jayalakshmi 等（2005）研究了采用水热法通过循环伏安曲线合成的相纯 α-氢氧化镍，研究结果如图 11.10 所示。α-氢氧化镍的纳米颗粒被稳定在一个石蜡浸渍石墨（PIGE）上，若极电流峰值向正电位漂移，就证明 α-氢氧化镍属于热力学上的不稳定，或者向 β-相转移是积极有利的。第 1 周期和第 30 周期之间的峰值漂移，进一步表明在碱性溶液中的纳米颗粒正在老化。这种专门用于改变固相和液相水活性的老化会降低电化学活性。接下来的研究重点一直是通过掺加外来元素来稳定 α-纳米颗粒。Hu 和他的同事（Hu 等，2006）使用纳米级结晶良好的颗粒通过水热法来制备铝稳定的 α-氢氧化镍，并对所合成粉末的电化学性能特性加以描述。结果表明，α-氢氧化镍粉末不仅表现出高达 $400\,mA\cdot h/g$ 的电化学容量，而且还有极好的倍率性能和电池耐久性。采用 165℃水热处理 100h 制备的 β-氢氧化镍和 α-氢氧化镍进行高倍率放电容量的对比情况如图 11.11 所示。经过循环的 α-氢氧化镍和 β-氢氧化镍在 10C 放电电流时的容量分别为 67％和 29％。α-氢氧化镍粉末中存在 7.9Å 的层间

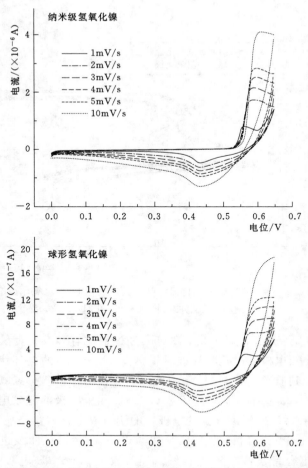

图 11.8 不同扫描速率下纳米级氢氧化镍和球形氢氧化镍的循环伏安曲线图
（Han 等，2005）。

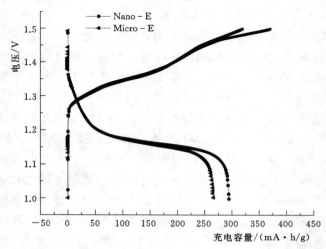

图 11.9 Micro-E 和 Micro-E 在速率为 0.2C，限制充电电压为
1.5V 和截止放电电压为 1.0V 条件下的充放电曲线图（Han 等，2005）。

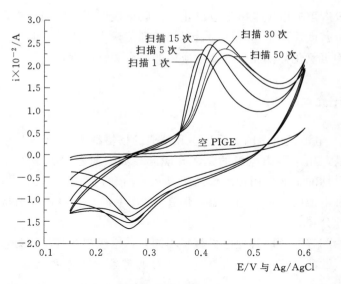

图 11.10　稳定在 1.0M 氢氧化钠溶液中的石蜡浸渍石墨（PIGE）上的 α-氢氧化镍
循环伏安曲线；连续循环高达 50 次扫描（Jayalaksmi 等，2005）。

距，与 β-氢氧化镍粉末的 4.6Å 层间距相比，更有利于质子迁移。

11.2.7　现状与未来挑战

　　镍基二次电池的性能主要取决于镍电极的电化学性能。镍电极的整体电化学性能由氢氧化镍活性材料的显微组织、结构特征和物理化学性质决定。到目前为止所取得的进展包括通过机械化学处理、添加元素对活性材料进行改性，以及纳米级镍氢氧化物的合成。尽管文献中存在诸多差异，但事实已经证明，通过引入纳米级氢氧化镍，确能得到良好的放电容量，耐久性和高倍率放电容量。但粘贴在电极表面的纳米级氢氧化镍粉末的分布，在氢氧化镍颗粒和导电添加剂之

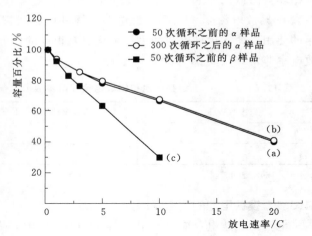

图 11.11　用 165℃水热处理 100h 合成的 α-氢氧化镍电极。
（a）之前，（b）300 次循环之后的高倍率放电容量和
（c）β-氢氧化镍电极（Hu 等，2006）。

间，以及在氢氧化镍颗粒之间，一般都很差。由于颗粒之间接触不良，将会导致电极的电化学性能退化。纳米结构的氢氧化镍因此面临如下挑战：

　　（1）需要研发一种高效、简便方法，以高收益、低成本的方式合成纳米级氢氧化镍。

　　（2）需要能够控制纳米级氢氧化镍的相位、成分、结晶度、尺寸和形态，作为定制纳米级电化学性能的一种手段。

　　（3）需要找到合适的导电添加剂以及高效方法进行电极制造。

之所以几乎没有可充电碱性电池氢氧化镍薄膜电极应用方面的报道，是因为受限的活性材料加载和能量密度。除了增强活性材料加载和能量密度之外，薄膜和基板之间的黏结也是制约纳米结构氢氧化镍薄膜投入商业应用的一个关键因素。

11.3　镍铁系统

镍铁（Ni Fe）电池是由美国的爱迪生和瑞典的杨格纳于 1901 年发明的，正极为羟基氧化镍，负极为铁，用于隔离电极的是多孔隔膜，如聚氯乙烯、聚乙烯、聚酰胺或聚丙烯。镍铁电池在早期的工业应用中用作叉车以及矿山和铁路机车的牵引电池。20 世纪 60 年代，人们对这种电池的兴趣逐渐降温，但在 1975 年再次升温，特别是在电动汽车的应用上（皮彻尔工业公司，1980）。

与诸如镉、铅和锌之类的其他电极材料不同，铁电极属于环境友好型。此外，铁电极的机械性能和电气性能均很好，也就是说，其对恶劣条件（过度充电、过度放电和短路）具有很强的耐受力。

与镍镉电池不同，镍铁电池不受记忆效应的影响。镍铁电池即使在使用不当的情况下其循环寿命依然很长。根据 Vijayamohanan 等（1991）的研究，在正常使用的情况下，在以 80％放电深度（DOD）放电时，镍铁电池可以循环高达 2000 次，这相当于长达 20 年的使用寿命。这种电池的另一个优点是很高的比能量（比铅酸电池高 1.5～2 倍），而且放电率非常好（Dell，2000），见表 11.2。

表 11.2　　　　　　　　镍铁电池和铅酸电池在两种放电率条件下的比能量对比

速率/(W/kg)	镍铁电池/(W·h/kg)	铅酸电池/(W·h/kg)
20	54	36
40	50	26

来源：Dell，2000。

11.3.1　镍铁电池的电化学原理

电池的充放电反应（Shukla 等，1994，2001）为

$$2NiOOH + Fe + 2H_2O \underset{充电}{\overset{放电}{\rightleftharpoons}} 2Ni(OH)_2 + Fe(OH)_2 \ (E_{cell} = 1.37V) \tag{11.4}$$

在深度放电条件下，负极受限配置的镍铁电池在电位低于式（11.4）的第一步时，就会经历进一步放电反应，即

$$2NiOOH + Fe(OH)_2 \underset{充电}{\overset{放电}{\rightleftharpoons}} 2Ni(OH)_2 + FeOOH \ (E_{cell} = 1.05V) \tag{11.5}$$

碱性电解质中的电解反应是高度可逆的，特别是在放电反应被限制在第一步时。电池的充放电循环寿命取决于两个电极的可逆性。电极堆栈一直浸没在重量占碱性电解质30％的氢氧化钾溶液（KOH）中。在一般情况下，电池终端和连线采用镀镍低碳钢制造。电池排气孔的设置是为了防止液体溢出和碳化，同时让电池产生的气体逸出。

镍铁电池负极的充放电反应共有两个步骤

$$Fe + 2OH^- \xrightleftharpoons[\text{充电}]{\text{放电}} Fe(OH)_2 + 2e^- \quad (E^0 = -0.88V \ vs \ SHE) \tag{11.6}$$

$$Fe(OH)_2 + OH^- \xrightleftharpoons[\text{充电}]{\text{放电}} FeOOH + H_2O + e^- \quad (E^0 = -0.56V \ vs \ SHE) \tag{11.7}$$

其中，E^0 代表标准电极电位，而标准氢电极就是标准氢电极。Kabanov 和 Leikis（Kabanov 和 Leikis，1946）曾表明，式（11.6）分两步发生，与铁电极步骤相关的充放电数如图 11.12 所示。首先是铁被氧化成 $HFeO_2^-$ 离子，然后是黏附在金属上的疏松多孔的氢氧化亚铁 $[Fe(OH)_2]$ 从溶液中沉淀出来

$$Fe + 3OH^- \xrightleftharpoons[\text{充电}]{\text{放电}} HFeO_2^- + H_2O + e^- \quad (E^0 = -0.75V) \tag{11.8}$$

反应之后有

$$HFeO_2^- + H_2O \xrightleftharpoons[\text{充电}]{\text{放电}} Fe(OH)_2 + OH^- \quad (\Delta G_{298}^0 = -24.7V) \tag{11.9}$$

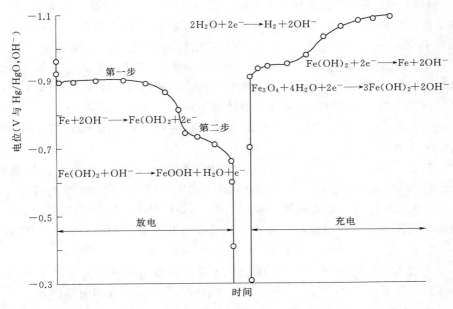

图 11.12　铁电极在 6M 氢氧化钾溶液中的典型充放电数据（Vijayamohanan 等，1991；Shukla 和 Hariprakash，2009b）。

当电池放电时，主动 δ 型水合氧化铁（δ-FeOOH）就连续变为氢氧化铁，这与氢氧化镍正极的情况类似。质子扩散与氢氧化亚铁和 δ 型水合氧化铁固态晶格之间的电极反应相关。氢氧化亚铁由固态转变为大量的 δ 型水合氧化铁，表明放电第二步 [式（11.7）] 的机理相同。

在同一种溶液中，带电荷的碱性铁电极的开路电位总是比氢电极反应的电位低（$E^0 = -0.88V \ vs \ SHE$）。由于氢的过电压很小，铁在热力学上是不稳定的，根据反应方程其容易在充电过程中通过析氢受到腐蚀，即

$$2H_2O + 2e^- \longrightarrow H_2 + 2OH^- \quad (E^0 = -0.83V \ vs \ SHE) \tag{11.10}$$

由于碱性溶液中有溶解氧，因而可能会发生氧化还原反应：

$$O_2 + 2H_2O + 4e^- \longrightarrow 4OH^- \quad (E^0 = -0.41V \ vs \ SHE) \tag{11.11}$$

由于这些反应，铁电极容易自放电情况（chakkaravarthy 等，1991）。此外，析氢反应可能会与放电反应竞争，这将导致电极充电效率低下（Shukla 等，1994）。

11.3.2 铁电极的固态化学原理

铁电极的电化学性能与活性材料的相组成、表面形态和结晶度有直接关系。形态和活性材料的体积变化可影响电极的孔隙率、电导率和机械强度。因此，了解各种固态参数之间的相互关系至关重要。

活性材料的颗粒均匀分散电化学反应才能对称进行。电极循环时活性材料的晶格参数的变化受到抑制才能保持电极的完整性，随着循环不断增加这对电极的长期性能至关重要。晶粒漂移方向也会影响电极性能，因为电化学反应是不对称进行的（Shukla 和 Hari-prakash，2009b）。

铁、磁铁矿（Fe_3O_4）、氢氧化铁和羟基氧化铁（FeOOH）的晶体化学数据，可用来深入了解电池运行期间与铁电极相关的结构变化。原材料具有体心立方（bcc）结构。磁铁矿是一种铁磁混合价为 3d 的过渡族金属氧化物，呈反尖晶石型结构（Zhang 等，2005a），一个晶胞含有 32 个 O^{2-}，8 个 Fe^{2+} 和 16 个 Fe^{3+} 离子。氢氧化铁具有 CdI_2 型层状结构，每个 OH^- 离子在自己的层中形成 3 个铁原子键，同时又加入相邻层的 OH^- 离子。羟基氧化铁以四种不同的形式存在，具体如下：

（1）α 型水合氧化铁（针铁矿）呈六角致密堆积晶格，其中的 OH^- 离子氢键与 O^{2-} 离子结合。

（2）β 型水合氧化铁呈体心立方晶格结构，类似于 α 型二氧化锰；据推测，β-FeOOH 并不是纯氢氧化合物，因为其只有存在于一定的填隙杂质中才是稳定的。

（3）γ 型水合氧化铁呈立方最紧密堆积（ccp）晶格结构，有氢键结合。每个铁原子都由扭曲的八面体氧原子群包围，这些原子连接在一起形成波纹层，OH^- 群之间有氢键结合。

（4）在 δ 型水合氧化铁中，Fe^{3+} 离子随机分布在六角紧密堆积（hcp）晶格上，Fe^{3+} 离子位于八面体位置，类似于氢氧化铁，另有 20% 的 Fe^{3+} 离子在四面体位置。

11.3.3 镍铁电池的性能

商用电池在 25℃ 温度条件下以不同速率放电的曲线图如图 11.13 所示（Shukla 等，1994）。从该图可以看出，镍铁电池的标称电压可从 $C/8$ 速率时的约 1.23V 变为 $C/1$ 速率时的 0.85V。放电速率在 $C/10$ 和 $C/100$ 之间时的开路电压和标称电压介于 1.3~1.4V 之间。该放电曲线相对平缓，放电深度为 90% 时，$C/8$ 速率时电池电压为 1.32V，$C/10$ 速率变为 1.15V。用恒定电压给镍铁电池充电是不可取的，因为这会造成热击穿，严重损坏电池。建议采用设定为 1.7V 的恒定电流来控制电池温度，因为在电池快要充满电时温度会自动上升。除了放电速率之外，还发现工作温度也影响该电池的放电容量，如图 11.14 所示（Shukla 等，1994）。这就解释了这种电池系统在低温和高放电率条件下应用受限的原因。

如 11.1 节中所述，镍铁电池的主要缺陷之一就是自放电率高。在 40℃ 工作温度条件下，其每天的自放电率可高达额定容量的 8%~10%（Shukla 等，1994）。因此强烈建议

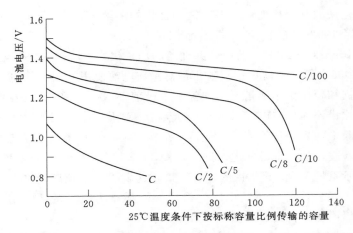

图 11.13　镍铁电池在 25℃ 温度条件下典型的放电曲线图。曲线上的数字为放电速率，
C 为以 A 为单位的电流，数值上等于电池的额定容量（Shukla 等，1994）。

铁镍电池在这种工作温度下每两天充一次电，以保证电池额定容量的 80% 可以使用。工作温度在 20℃ 或以下时，允许拉长每次充电的间隔时间。镍铁电池的自放电和循环寿命在较高的工作温度下都会自动退化；这主要是由于较高的温度会加速铁电极的腐蚀。因此，人们一直致力于通过抑制析氢和腐蚀速度来提高镍铁电池的性能。

11.3.4　提高镍铁电池的电化学性能

为了克服低析氢过电位引起的上述限制，在制造过程中可以在电解质和铁负电极中加入添加剂。根据 Hills（1965）的研究，铁电极在纯度 45% 的氢氧化钾电解质中获得的效率

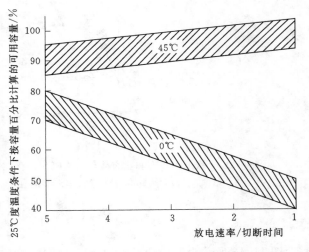

图 11.14　在低温和高温条件下镍铁电池的放电容量。阴影区范围受电池组大小、类型和电池数量的影响（Shukla 等，1994）。

相当于在 20% 的氢氧化钾溶液中获得的效率。其结论是，氢氧化钾电解质之所以能提高效率，其原因是钝态起始时间被推后。除此之外，在碱性电解质溶液中掺入硫化钠，可通过提高开路电位值来改善氧化铁电极的性能，如提高最大比容量（Periasamy 等，1996）。

除了铜和汞通常用于铁电极来提高氢超电压（Linden，1984）之外，硫化物也是用于提高铁电极性能的最常用的添加剂之一。根据以往的多项研究（Rozentsveig 和 Shcherba-kova，1961；Rozentsveig 等，1962；Teplinskaya 等，1964；Cerny 和 Micka，1989；Vi-jayamohanan 等，1990），硫化物添加剂可能会以下列方式之一影响碱性铁电极的行为：①在钝化出现之前促使阳极电流密度大幅增加，然后提高放电率；②增加电极的电导率；

③增强铁和氢氧化铁的反应速度；④提高铁化合物的溶解度；⑤改变电极的结构和形态。Vijayamohanan 等 1990 年的研究回顾了晶粒细化（Salvarezza 等，1982）和去钝化模型（Micka 和 Zábranský，1987）效应，并确定添加硫化物可以提高块体电极的电导率。

　　Souza 等（2004）研究了硫化铁和硫化铅对镍铁电池使用的多孔铁电极的容量和自放电的影响。硫化铁和硫化铅添加量不同的各种电极前 30 次循环的放电容量如图 11.15 所示。硫化铁和硫化铅添加量占电极重量 1％的容量相对于无添加剂的电极大为提升；这是由于给氢氧化薄膜中加入硫化物离子，使薄膜结构变形，从而提高离子电导率。人们因此正在生产较厚的薄膜，从而提升放电时间。从图 11.15 可以看出，含有重量 1％的硫化铅的电极容量，高于重量 1％的硫化铁的电极容量，这表明除了硫离子之外，添加剂中的金属也会影响电极容量。此外，还发现硫化铅最佳添加量为重量的 1％；加入过量的硫化铅，产生的氧化铅或氢氧化铅会降低电极容量。

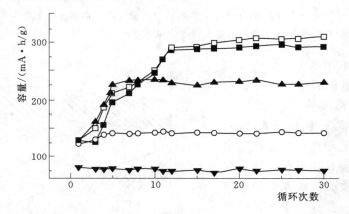

图 11.15　铁电极在有和没有硫化铁或硫化铅存在条件下的放电容量。该数值是在 6M
氢氧化钾溶液＋0.33M 氢氧化锂溶液在 I_d＝12.9mA/g 条件下取得的。
其中：（□）硫化铅重量的 1％，（■）硫化铁重量的 1％，（▲）硫化铅重量的 0.5％，
（○）没有添加剂，（▼）硫化铅重量的 2％（Souza 等，2004）。

　　图 11.16 所示为添加和不添加重量 1％的硫化铅和硫化铁的电极的自放电行为。很显然，硫化铁和硫化铅都可抑制自放电程度，这种效应在有硫化铅存在的情况下最为明显。由于铅的析氢超电位相对于铁的超电位高，通过引入硫化铅或硫化铁来提高铁电极的超电位，即可大大减小铁电极的自放电率。

11.3.5　现状与未来挑战

　　镍铁电池的研究与开发主要是依据美国鹰皮彻工业公司（EPI）与美国能源部（DOE）签署的一份成本分担合同开展的。自 20 世纪 70 年代末以来，EPI 公司一直在采用烧结镍和铁电极重点开发高性能电池。电池性能、电芯持续时间和制造成本均得到明显改善。EPI 电池容量，甚至在驱动电动汽车行驶 45000 多千米之后，据说还能保持其原有的额定容量（Shukla 和 Hariprakash，2009c）。但这项工作已经停止，因为重点已转移到镍—金属氢化物电池上。

　　用于电动汽车的先进的镍铁电池通常利用性能优越的金属纤维电极栅设计，透过多孔

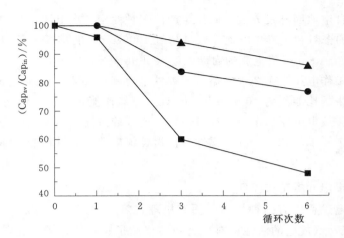

图 11.16　在 30℃ 温度条件下不同储能阶段结束时，添加和不添加重量 1％ 的硫化铅和
硫化铁的电极的自放电行为。该数值是在 6M 氢氧化钾溶液 ＋0.33M 氢氧化锂溶液
在 I_d＝12.9mA/g 条件下取得的；其中：（■）没有添加剂，（●）硫化铁
重量的 1％，（▲）硫化铅重量的 1％（Souza 等人，2004）。

结构与铁活性材料直接接触（Chakkaravarthy 等，1991）。采用这种设计之后，可在 100％ 和 80％ 的放电深度条件下，实现约 1000 和 2000 次循环寿命，使比能量达到 40W·h/kg 和 60W·h/kg（Shukla 和 Hariprakash，2009c）。

　　如前所述，虽然镍铁电池不受记忆效应影响，但其由腐蚀引发的高自放电率，一直是镍铁电池发展的致命缺点。在过去的几十年中，基本上是通过采用铁电极反应电催化技术使铁镍电池整体性能得到提高。虽然完全抑制析氢似乎是一个巨大的挑战，但人们一直在努力通过在每个电池的顶部空间采用高效氢—氧复合催化剂，来实现镍铁电池的密封。这种密封镍铁电池的性能特点可与类似规格的排气式蓄电池相媲美。但其在温度低于 0℃ 环境下性能却很差，例如在 −20℃ 时只能达到额定容量的 10％ 左右，这是由于反应中间体的溶解度有限，加之电解液的电阻和黏度增加，电极反应动力受阻的缘故。

　　在 25℃ 温度条件下以速率 C 充电时，密封镍铁电池内的催化剂床层（多孔垫上的催化剂）的最高温度可以达到 65℃，这归因于放热性氢—氧复合反应（Shukla 和 Hari-prakash，2009c）。开发商用级密封镍铁电池的主要困难包括将催化剂床温度控制在 60℃ 以下，及防止充放电期间电池内部发热过多的工程设计。

　　虽然密封免维护电池是大部分应用所期盼的，但与目前流行的镍镉、镍金属氢化物和锂离子电池相比较，镍铁电池似乎很难适应这些标准。不过，镍铁电池对于诸如叉车和露天采矿车之类的应用，以及能够满足海上平台和石化行业的特定功率要求方面，还是具有吸引力的。

11.4　镍镉系统

　　镍镉电池用氢氧化镍作为正极活性材料，用镉铁混合物作为负极材料，用碱性水溶液作为电解液。这种电池因开发方式不同而生产出多种商用二次电池，其中包括容量范围在 $10\sim100mA\cdot h$ 的密封和免维护电池，容量超过 $1000A\cdot h$ 的排气式备用电源设备，以及能够提供高达 $8000A\cdot h$ 峰值电流的启动电池（Shukla 等，2009）。

镍镉电池的工作电压为 1.20V，略低于镍铁电池（1.25V），镉的质量大于铁的质量；这些综合起来产生的比能量为 $40\sim60W\cdot h/kg$。虽然比能量较低，但高倍率和低温性能却优于铅酸电池。放电电压稳定、循环寿命长、连续的过充电容量、很高的动力性能、充放电速度快、维护要求低和极好的可靠性，使得镍镉电池成为继铅酸电池之后使用最广泛的二次电池。

11.4.1 密封镍镉电池的工作原理

镍镉电池放电过程中有一种均匀的固态机理在氢氧化镍（Ni^{3+}）（充电的活性材料）和氢氧化镍（Ni^{2+}）（放电的活性材料）之间转移质子。另外，镉（放电的活性材料）通过负极板上的各种溶解—沉淀过程被转化为氢氧化镉（放电材料）。负极板处的净充放电反应为

$$Cd+2OH^- \underset{充电}{\overset{放电}{\rightleftharpoons}} Cd(OH)_2+2e^- \ (E^o=-0.81V) \tag{11.12}$$

总电解反应可以表示为

$$2NiOOH+Cd+2H_2O \underset{充电}{\overset{放电}{\rightleftharpoons}} 2Ni(OH)_2+Cd(OH)_2 \ (V_{cell}=1.30V) \tag{11.13}$$

图 11.17 说明了密封镍镉电池的工作原理。在深放电条件下，由于电池组中串联电池存储容量的差异而使在正极处产生的氢气会在正极处被消耗掉。因此，重复过量放电会造成内部压力积累，导致电池爆裂。

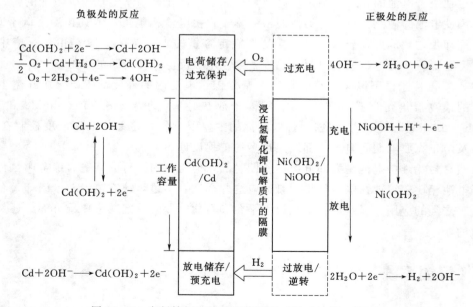

图 11.17　密封镍镉电池的工作原理（Shukla 等，2001）。

镍镉电池的正电荷是受到限制的，用以确保密封镍镉电池可在各种工作条件下正常运行。这种方法可以确保在正常工作条件下只能进行析氧，而氧气随后扩散到镉电极，与活性镉结合，经下列反应形成氢氧化镉

$$Cd + \frac{1}{2}O_2 + H_2O \longrightarrow Cd(OH)_2 \tag{11.14}$$

式（11.14）产生的氢氧化镉在电池充电过程中转换成活性镉。在镍正极板和镉电极上产生的这种气态氧复合称为氧复合循环，如图11.17所示。为了实现有效的氧复合循环，由负到正的电极容量比一般控制在1.5～2。

11.4.2 氢氧化镉的晶体化学性质

镉负极在进行还原反应时伴随着复杂的固态和溶解—沉淀组合过程。氢氧化镉有 α、β 和 γ 三种不同形式。β 型氢氧化镉 $[\beta - Cd(OH)_2]$ 是三种形式中每个晶胞携带一个分子的最稳定的相。γ 型氢氧化镉 $[\gamma - Cd(OH)_2]$ 比 β 型活跃得多（容易带电），因为其每个晶胞有四个分子，主要在低温下使用。

α 型氢氧化镉和 γ 型氢氧化镉均具有水镁石型（C6型）六边形层状晶格系统，后者结晶良好，且有定义的晶格参数（$a = 3.496\text{Å}$，$c = 4.702\text{Å}$）。但 α 型氢氧化镉结晶不良（Shukla 和 Hariprakash，2009a），在氢氧化钾电解质中不稳定，趋向于转化为 β 型氢氧化镉。

结晶度完美的化学当量 β 型氢氧化镉，在电化学意义上是不活跃的。相反，γ 型氢氧化镉具有完全不同于水镁石型的晶体结构。γ 型为单斜晶系，每个晶胞有四个分子，晶格参数为 $a = 5.67\text{Å}$，$b = 10.25\text{Å}$，$c = 3.41\text{Å}$。

11.4.3 镉电极的活性材料及其制备方法

制备袋式镉极板活性材料通常采用两种合成方法，即共沉淀法（Kazarinov 等，2001）和干混法（Negeevich 等，1990）。在烧结的镍镉电池中，镉电极是通过浸渍法合成的，这是一种给多孔烧结极板填充活性材料的工艺（Kalaignan 等，1996）。在诸多化学浸渍工艺中，唯有极化、热分解和甲酸镉工艺已经在沉淀于负极板毛孔中的细碎镉、氢氧化镉或氧化镉方面达到了商用水平。

单独用镉作为负极的活性材料时，易损失容量；这是因为电极芯内的烧结镉颗粒未能参与电化学反应。因此，把镉材料保持在细碎状态的铁类化合物已成为镉电极制造中不可缺少的材料。

11.4.4 镍镉电池的性能

镍镉电池的性能取决于电池中电芯的类型、电芯结构、制造工艺和工作温度、充放电率、电芯的老化程度，以及镉负电极的性能等多种因素。在密封镍镉系统中，额定电压在室温下为1.2V左右，这可与大多数镍基电池系统相媲美，例如镍铁和镍—金属氢化物电池；比能量和能量密度分别为 $40\sim60\text{W} \cdot \text{h/kg}$ 和 $50\sim150\text{W} \cdot \text{h/L}$（Cattano 和 Riegel，2009）。这些数值均高于铅酸电池和镍—铁电池系统，但却低于镍—金属氢化物电池。

镍镉电池的循环寿命在室温和100％放电深度条件下可达到1000次循环。这种优越的循环性能与活性材料优异的稳定性有关，也和内部电阻变化非常有限有关，其充电状态和循环寿命的函数几乎保持恒定（Bernard，2009）。

镍镉电池在储能期间通过自放电机理损失部分可逆容量。图11.18说明了密封镍镉电池在不同温度下的容量损失率，可以看出自放电率是非线性的。初始自放电率很高（在40℃温度下7d为20％），然后逐渐减缓。这表明自放电率很可能与下述两种机理相关联。

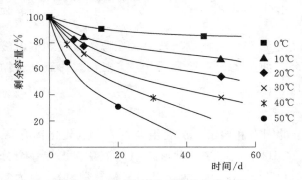

图11.18　密封镍镉电池自放电率与温度之比（Bernard，2009）。

在储能早期，带电正极的不稳定性是由容量损失引起的。当正极完全充电并处于开路状态时，有正极氧化状态下降，于是正电极开始析氧。随后，镉电极就按照式（11.12）开始进行氧气还原反应。镍正电极电位是一种镍反应和氧反应产生的混合电位，这种电位决定了自放电电流。随后，带电正极的氧化状态将首次快速下降，当自放电电流变得几乎可以忽略不计时，就处于快要稳定的状态。在储能的后期，自放电率受电解质中氮杂质含量的控制。由硝酸根离子还原的亚硝酸根离子，扩散后返回带电正极，在此处被氧化成硝酸盐。这种硝酸盐/亚硝酸盐穿梭反应同样能使正负电极放电。

如上所述，镍镉电池的整体性能取决于负镉电极的行为，因此，人们花费相当大的努力来改进镉电极的性能。与镉电极相关的关键问题如下：

（1）镉电极反应机理中的溶解离子中间物的参与［见式（11.12）］会导致充放电循环过程中氢氧化镉活性材料再结晶和再分配（Sathyanarayana，1985）。前者可使电极钝化，后者会在充电过程中促使形成金属镉枝晶；这会在循环后使容量退化，最终导致电芯失效。

（2）镉电极的低氢过电压会反过来促进排气式电池的正常过电压反应和密封电池的副反应进行析氢。析氢会导致高压，造成电芯失效（Shukla Hariprakash，2009a）。

（3）在放电曲线中明显可见第二个低压平台的袋式正极的石墨损失和膨胀，这会造成镍镉袋式极板电池的容量损失（Ahlberg等，2000）。

（4）镉活性材料造价高，不环保。

密封镍镉电池故障原因的深入调查将在其他地方说明（Gross，1971）。大量研究全都集中在通过给镉电极添加金属（Tamil Selvan等，1990）、有机（Munshi等，1985；Munshi等，1988）或无机添加剂（Kalaignan等，1996），以及通过电芯设计（Britting，1984；Miller，1986；Miller，1987；Petchjatuporn等，2008）来提高镍镉电池的性能。模拟研究工作也已经在航空航天用镍镉电池上完成（Montalenti和Stangerup，1977；Ratnakumar等，1996）。

Selvan等（Tamil Selvan等，1990）以浸渍期间不同的掺铁比例研究了镉电极的高倍率和低倍率性能特点。观察到含铁电极在高倍率和低倍率放电时，开路电位有明显改善。作为铁含量函数的电极，其在不同放电率时的容量输出如图 11.19 所示。显然，当给镉电极添加重量 20% 的铁时，电极的表现优于其他电极；添加过量的铁（大于重量的 20%）会降低镉电极的性能。

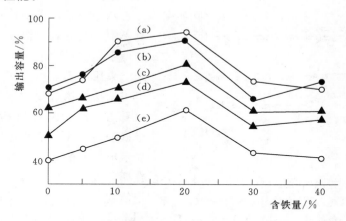

图 11.19　以下含铁量时的容量输出：(a) 0.1C，(b) 0.2C，(c) 1C，(d) 3C，
(e) 5C（Tamil Selvan 等，1990）。

如图 11.20 所示，含铁镉电极的充电特性证明，充电电位在 -800mV 和 -930mV 之间，充电结束电位在 -975mV 和 -1075mV 之间，这是镉电极的充电电位范围。可知铁并不参加镉电极的反应，而是增加了活性表面面积。加大表面面积可以提高溶解速度，充电过程中所需的可溶性物质可以更容易地提供给电极，从而大大提高充电效率。

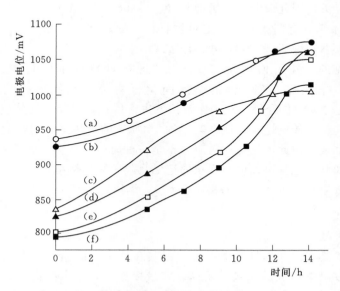

图 11.20　镉电极以下铁添加量时的充电特性：(a) 重量的 0%，(b) 重量的 5%，
(c) 重量的 10%，(d) 重量的 20%，(e) 重量的 30%，(f) 重量
的 40%（Tamil Selvan 等，1990）。

给电极添加过量的铁（＞重量的 20％）会导致容量降低，其原因是可用于反应的镉量减少。

另一种方法已被证明对延缓金属枝晶生长及抑制活性材料迁移很有效（Sathyanarayana，1985）。胶体表面活性剂，即乙基纤维素，在制造过程中被加进镉电极中，在氢氧化镉晶体上形成单层外壳，于是枝晶的老化和生长速度自动延迟。采用和不采用表面活性添加剂的镉电极的法拉第效率如图 11.21 所示。可以看出，经乙基纤维素处理过的镉电极（b）～（d）有明显改善。这些电极显示出良好的法拉第效率，该效率甚至在循环期间 50 次深放电之后还处于理论值的 3％范围内。换句话说，在电极制造过程中添加乙基纤维素，可使活性材料的利用率达到理想的程度，最大限度减少镉电极的容量减少。结论是，氢氧化镉物晶体表面形成的胶体层，可以防止晶体的生长及随后的迁移。

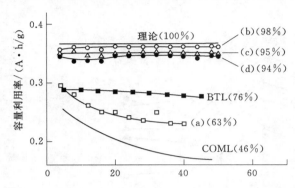

图 11.21　烧结极板镉/氢氧化镉电极容量利用率取决于室温下 100％放电深度时的充放电循环次数。（a）—不用任何添加剂制备的电极，（b）、（c）—采用乙基纤维素涂层以不同的方法制备的电极，（d）—采用乙基纤维素涂层以（b）和（c）所载方法制备的电极（Sathyanarayana，1985）。

镍镉系统的另一个缺点就是记忆效应。记忆效应可定义为固定遏止电压条件下电池容量的明显减少。记忆效应的真正原因目前还不清楚。但人们以前所持的观点是，这与镉或氢氧化镉的增长有关，因此造成了欧姆抑制（Pensabene 和 Gould，1976）。作者在相同的研究中发现，'记忆'（有问题的）电池负极材料中的晶体大于标准电池的晶体。晶体越大，表面面积越小，因此更难放电。记忆效应的另一个重要原因是由克朗普顿（Crompton）发现的，并由伯恩特（Berndt）进行过更详细的讨论（Berndt，1997；Crompton，2000b）。已经发现，镉的金属间化合物是由烧结极板的镍基板形成的。Ni_2Cd_5 或 Ni_5Cd_{21} 之类的化合物可在工作条件下进行累积，引起记忆效应。如果用这些镉化合物完成一个完整的放电过程，就会产生约 150mV 的电压降。记忆效应的建立非常困难，其结果很难重现。由此可见记忆效应并不是一种简单的现象，而是通过相当复杂的过程建立的。尽管如此，还是可以说，真正的记忆只限于采用烧结负极板的电池，并涉及镉和镍之间的结晶效应和反应（McDowall，2003）。解决这种复杂现象的一个简单办法就是在正常充电之前完全放电。

11.4.5　结语与挑战

密封镍镉电池具有内在的良好耐久性。但其在使用中的循环寿命完全取决于应用类型。本节描述了放电电压低、充电电压高、容量损失、自放电率高、内部短路、开路行为、氧气压力过大、产生氢气以及电解质损失之类的故障。

工作温度是影响镍镉电池性能的最重要的参数，电池在 5℃和 15℃之间的温度下使用寿命最长（Shukla 等，2009）。较低的工作温度下，虽然容量下降缓慢，但会发生析氢，特别是在高倍充电率条件下。另外，在氢氧化钾水溶液电解质中及高温下加速的镉迁移、晶体的生长和提高的镉溶解度，都可加速电池的磨损。此外，尼龙隔膜也会在高温下与电解液反应加快退化速度；这可产生碳酸盐，稀释电解液，随着部分过充保护的失去，使氢氧化镉还原为镉。

尽管镍镉电池在过去几十年中取得了很大发展，但镉电极过度充电时的析氢、晶胞逆转、记忆效应、枝晶短路以及镉的使用对环境的担忧等问题依然存在。环境问题无疑会对镍镉电池开发带来最大的负面影响。与镉镍电池处置不当相关的高毒性与环境污染，已经对人类健康构成威胁：短期摄入会引起类似于流感的疾病；长期摄入可导致肺癌；人摄入高达 9g 的镉就可致死（Boreiko，2009）。尽管如此，直到 20 世纪 90 年代，镍镉电池一直在二次电池市场占主导地位。此后，镍镉电池迅速被镍—氢金属电池和锂离子电池所取代。

11.5　镍—氢系统

在太空时代开始之初，镍镉电池被用来为大多数航天器、卫星和空间探测器供电，其原因在于该电池优异的性能，如循环寿命长，坚固性好和充电控制机理相对简单。20 世纪 70 年代末镍氢（Ni – H₂）电池系统得到发展，并用于美国海军导航技术 2 号卫星（NTS‑2）（Dunlop 和 Stockel，1977；Stockel 等，1980）。

镍氢电池是一种合并了传统电极燃料电池的密封电池。燃料似的电极为负极，氢用作负极活性材料。与其他镍基电池类似，正极是镍电极，该电极使用氢氧化镍作为活性材料。氢电极重量轻的特性，可使镍氢电池具有超高的重量比能量密度，但其体积比能量密度却低于其他镍基电池。除了高重量比能量密度之外，其放电深度高（高达 80％）、可靠性好、对高倍率过充的电阻大、电池可逆性好及使用寿命长（10 年以上）等较为优越的性能，已经成为镍氢电池的亮点。镍氢电池已经在 800 多颗卫星上使用，表现出良好的可靠性（Borthomieu 和 Bernard，2009）。

11.5.1　镍氢电池的电化学性质

镍氢电池由镍质正电极和铂催化剂负电极构成，可使氢气如同在燃料电池中那样进行电化学氧化反应。因而需要采用容器形电池壳体来应对充电和放电过程中气体压力的变化。

正极活性材料，即氢氧化镍，在经过简单的去质子化机理充电后，被转化为羟基氧化镍（NiOOH），在放电时又转回氢氧化镍（参见 12 章的详细说明）。因此，镍正极内的反应可用式（11.1）表示。另外，氢电极可在放电期间将氢气氧化成水，而在充电期间再度变成气体

$$H_2 + 2OH^- \underset{充电}{\overset{放电}{\rightleftharpoons}} 2H_2O + 2e^- \qquad (11.15)$$

电池的整体反应可以表示为

$$2NiOOH + H_2 \underset{充电}{\overset{放电}{\rightleftharpoons}} 2Ni(OH)_2 \qquad (11.16)$$

整体反应可以这样描述，充电时正极处形成氢氧化镍，并在负极处还原成氢。由于电池被装在密封的容器内，氢气压力可从 65atm 增加至 70atm（大气压）（Borthomieu 和 Bernard，2009）。在电池过充期间，正极有可能会发生析氧

$$4OH^- \longrightarrow 2H_2O + 4e^- + O_2 \tag{11.17}$$

充电和过充电期间，氧气会在负极复合

$$2H_2O + 2e^- \longrightarrow 2OH^- + H_2 \tag{11.18}$$

$$O_2 + 2H_2 \longrightarrow 2H_2O \tag{11.19}$$

从而使电池内的压力稳定，其动力学特性主要取决于充电率和温度。复合反应［式（11.18）］是一种放热性反应，随之有热量产生。这种热量可引起微爆，也可称为爆裂，这是由氢和氧在浓度达到可燃范围时发生自然反应所产生的。发生爆裂是非常讨厌的，因为它会严重损坏电池，并导致短路。需要采用可让氧气以较快速度透过的高渗透性隔膜，来抑制可导致爆裂的氧气泡的形成。

11.5.2　镍氢电池的种类

镍氢电池开发成两种版本，并按压力加以区别。在高压版本中，Pt/H_2 被用作负极，其在充电过程中释放的氢气仍保持气相，气体压力最高可升至 40atm，放电时下降到 2atm。在最近开发的低压版中，传统的 Pt/H_2 电极被金属氢化物所取代，如储氢合金 $LaNi_5H_6$。这种金属氢化物电极可向镧镍合金放电，这在电化学上是对补给的再氢化。电极周围的氢气压力对应的是合金氢化物的分解压力，在 20℃ 温度下通常为 1～2atm。然而，以金属氢化物作为负极的镍氢电池，在循环过程中会存在容量损失，这是不可逆的氧化过程引起的，但这种缺陷已在很大程度上被后来的设计所克服（Markin 和 Dell，1981）。

11.5.3　负电极

负电极是燃料电池技术的一项成果。它由聚四氟乙烯黏结并支承在光蚀刻镍网格上的铂黑催化剂构成。膜被压在网格的背面。该膜的疏水性可使氢与铂在三相（固体铂、液体电解质和氢气）边界处进行有效反应。光蚀刻镍网格通常被用作集电极，以免电池堆组装时切割边缘从而引起电极短路。铂黑和聚四氟乙烯溶液的混合物制成的浆料被沉积到网格的孔中，然后在低温下进行干燥和烧结。常用的铂黑数量接近 7～20mg/cm^2。

Markin 和 Dell（1981）通过将少量的 $LaNi_5$ 与黏结剂混合，然后涂在镍网上，来展示金属氢化物负极的制作过程。电极制作过程中采用的活性材料包括 AB$_2$ 型莱夫斯相合金（Moriwaki 等，1989）和 AB$_5$ 型密排六方合金（Iwakura 等，1988）。

11.5.4　隔膜

镍氢电池隔膜的性能对于电池的整体性能有很大的影响。合适的隔膜不仅在电极之间起着电子绝缘体的作用，在浓碱性电解质中具有化学稳定性，而且还有以下优势（Borthomieu 和 Bernard，2009）：

（1）基于其孔径和润湿性能具有很高的电解质保持特性。

（2）能够防止活性材料颗粒（即，枝状结晶）从一个电极转移到另一个电极。

（3）对镍电极的氧化电位和再充电后期本电极释放的氧气具有抵抗力。

（4）尺寸稳定，可在电池全寿命期间对堆组件保持适当的压缩。

（5）管理镍正极表面的氧气输送，以尽量减小发生爆裂的概率。

这些都是提高镍氢电池性能必不可少的要求，也是镍氢电池后无来者的主要因素。人们已经进行了大量的研究，以取得在厚度、氧气泡压力、密度、压缩量和电解质保持等方面符合所需要求的隔膜。到目前为止，至少有三种隔膜材料已用于镍氢电池，即石棉、Zircar 陶瓷和聚酰胺。详细解释请在别处查找（Borthomieu 和 Bernard，2009）。

11.5.5 电解质

对电池性能有影响的与镍氢电池电解液相关的两个关键因素是电解质的浓度和量。目前用于镍氢电池电解质的氢氧化钾的标准浓度为 31%。但 Lim 和 Verzwyvelt（Lim 和 Verzwyvelt，1988）指出，只要把氢氧化钾浓度从 31% 降到 26%，用于近地轨道（LEO）卫星的镍氢电池的循环寿命就可延长 5%～10%。其解释依据是，β/β 镍电极反应（见 11.2.3 节）在低氢氧化钾浓度受到青睐，而 α 相和 β 相（见 11.2.4 节）在较高浓度下得到提高。后者的反应伴随着活性材料的大晶格膨胀（体积增大 30%），这是在深放电深度条件下循环寿命性能不佳的主要原因。另外，降低电解质浓度可导致完全放电电池的容量略有下降，低温性能较差，冷冻温度较高。

为了增强性能，镍氢电池中填装足够量的氢氧化钾电解质被证明是很有必要的（Thaller 和 Zimmerman，1996）。在电解质不足的电池中，备用量无法应对整个使用寿命期正电极孔隙率的增加（由于膨胀的原因）；隔膜因此而干涸，最终导致电池阻抗提高，容量减小，散热性能降低。但是，如果电解质过多，孔隙率可能会不足以很好地传送氧气，从而在电极内造成爆裂和短路。在电池中填装电解质的量取决于电池的设计，其范围为 1.8～2.2g/（A·h）［电解质的量往往按额定容量的 g/（A·h）来确定］。

11.5.6 电池设计

由于镍氢电池已被广泛使用在卫星上，大多数电池的设计都取决于卫星平台、电力要求和任务类型。例如，卫星的功率控制单元根据电压范围确定电芯的数量，所需的功率决定电池容量；电池的允许体积取决于平台的类型。以下最大放电深度是专门为地球同步轨道（GEO）和近地轨道的应用所规定的（Borthomieu 和 Bernard，2009）：

（1）地球同步轨道：10～15 年，放电深度范围为 50%～80%。

（2）近地轨道：3～7 年，放电深度范围为 20%～40%。

镍氢电池一般采用带孔/腔的基板来给电芯定位，用阳极氧化铝来制造基板，电芯由铝或石墨/环氧树脂制成的圆柱形安装套筒来支承。其中室温硫化硅橡胶和黏合剂（Solithane）有以下作用（Borthomieu 和 Bernard，2009）：

（1）使电芯在发射振动过程中受到机械控制。

（2）使电芯与电池结构之间有电绝缘。

（3）将电芯产生的热量传导到基板（Borthomieu 和 Bernard，2009）。

因此，该层的重要参数是电导率、厚度和接口特性。套筒必须能够承受电芯充电时压力容器膨胀及压力增大时所产生的应力。套筒由螺钉固定在基板上，SAFT 镍氢电池的设计如图 11.22 所示。这种典型设计可确保电芯与基板之间有两道电绝缘屏障。电气连接采

图 11.22 SAFT 镍氢电池的设计（Borthomieu 和 Bernard，2009）。

用铜或铝导线，装有接线端子。电源连接器可让电池充电和放电。Thaller 和 Zimmerman（2003）曾提供有关镍氢电池的设计、开发和应用的详细书面概述。

11.5.7 镍氢电池的性能

镍氢电池因其循环寿命长和比能量高而很受欢迎。一些商用镍氢电池电芯的近地轨道循环寿命测试结果见表 11.3（Crompton，2000a）。对于放电深度为 40% 的近地轨道周期体制来说，即使在经过了 15000 次循环之后，所有电芯均工作正常而未出现过电芯失效。

三种商用镍氢电芯的性能和特征见表 11.4（Crompton，2000a）。正如预期的那样，容量随着温度的升高而下降。就 Superbird 电池而言，其 35℃ 时的容量大约只有 0℃ 时的 57%，30℃ 时约为 67%，20℃ 时约为 81%，10℃ 时约为 94%。对于 Spacenet 电芯来说，20℃ 时的容量平均约为 0℃ 时的 84%，10℃ 时约为 97%。

虽然镍氢电池循环寿命在众多镍基电池中是最长的，但曾有研究认为此类电池容易过早失效，在其中一个实例中，

表 11.3   单一压力容器镍氢电池电芯近地轨道循环寿命试验结果汇总

制造商	电芯数目	容量/(A·h)	循环体制	放电深度/%	温度/℃	循环次数	状　态	测试实验室
休斯公司	3	50	近地轨道	40	10	19000	未继续进行破坏性试验	通电电气天文空间
亚德尼公司	5	50	近地轨道	40	10	18000	未继续进行破坏性试验	马丁—马丽埃塔
通用电气（现在的霍克能源公司）	16	50	近地轨道	40	10	15968	未继续进行破坏性试验	马丁—马丽埃塔
鹰皮彻公司	16	50	近地轨道	40	10	16912	未继续进行破坏性试验	马丁—马丽埃塔

来源：Crompton，2000。

表 11.4   三种镍氢电芯和电池的特性

参　　数	Spacenet comset 设计	Intelstat V comset 设计	Superbird 设计（类似于空军休斯设计）
单个电芯额定容量/(A·h)	40	30	83
重量/kg	117	0.89	1.87
0℃ 时容量/(A·h)	50	35	—
20℃ 时容量/(A·h)	42	32	92
放电电压/V	1.25	1.25	1.24
20℃ 时的比能量/(W·h/kg)	44.6	44.8	60.9
	27 芯电池		
电池重量/kg	32.6	30.1	64.5
10℃ 时的能量/(W·h)	1328	1174	3448
10℃ 时的比能量/(W·h/kg)	40.7	39	53

失效是由氧与氢快速反应引起的（Fuhr，1987）。除了过早失效之外，存储容量损失一直是其在航天器应用中的一个严重问题。早期由休斯飞机公司采用氢预充电技术制造的镍氢电池，在储存期超过 2～3 周后，其容量损失高达 20%～40%。这种容量损失是可逆的，大多数容量损失都可通过在近地轨道以 80% 的放电深度对电池进行高倍率循环，或通过对电池进行长时间的连续补充充电或定期再充电而得到恢复。Manzo 等（1990）发现，储存期的容量损失因氢气压力、储存温度、电极的制造工艺及镍电极钴含量的不同而不同。

Lim 和 Stadnick（1989）提出了一种通过对镍电极进行预充电来消除休斯公司所制造的镍氢电池自放电现象的有效方法。储存期采用不同的预充电所引起的电芯容量变化如图 11.23 所示。以 6.6% 的额定容量进行镍预充电的电芯，以及以 2.8%（0 atm）和 12.3%（3.4 atm）的额定容量进行氢预充电的电池，每个系列中都有。对于后两种氢预充电电芯来说，凡未标明储存稳定期的，即使过了 120d 之后，容量还会持续下降。容量损失率和氢预充电的量既没有定量上的关联，电芯的不同制造批次也没有重复性。此外，放电后氢的存在，及其与钴的反应，是造成储存期间容量损失的两个可能性原因。后者与 Zimmerman 等的研究结果一致（Zimmerman 和 Seaver，1990）。镍再充电的优点是工作压力低，因此循环寿命长是因为电芯压力在循环过程中逐渐加大。结论是，当电芯充满电储存之前，镍的再充电量必须能够用尽所有的氢气。随后 Visintin 和他的同事（Visintin 等，1995）研究了镍氢电池的自放电动力学，发现自放电率是由电解液中溶解氢的扩散决定的。

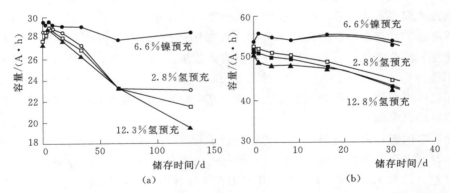

图 11.23　在 20℃温度条件下，（a）25A·h 和（b）50A·h 镍氢电芯开路储存时间
预充电对容量变化的影响。容量是采用以 C/10 倍率充电 18h 后放电
至 1.0V 测量的（Lim 和 Stadnick，1989）。

如上所述，镍氢电池电芯的寿命受隔膜性能的影响。早期曾在镍氢电池中用作隔膜的石棉隔膜受到高温（高于 100℃）腐蚀的困扰；其毒性很大，可引起一系列肺部疾病，基本隔膜材料的可用性正在成为一个越来越大的问题。

可供选择的隔膜有氧化锆（Zircar 公司）和尼龙等，正在对其进行研究，以期用来取代石棉。但氧化锆（氧化锆布）具有造价高和装配易损坏的缺点。有研究一直在试图用 Zirfon 取代石棉隔膜，这是一种多孔复合隔膜材料，由聚砜基质和二氧化锆（ZrO_2）（用于增加润湿性）采用膜铸造技术制造而成（Vermeiren 等，1998）。使用 Zirfon 隔膜的电池的循环寿命性能优于那些使用标准隔膜的电池。循环寿命性能之所以改善是因为电解质保持能力和电极的润湿性较好。有数学模型被提出用以描绘氢氧化镍电极在镍氢电池的氢环境中的自放电特征（Mao 和 White，1991）。

11.5.8　结语

与镍镉电池相比，镍氢电池具有较高的比能量、较长的循环寿命和良好的防过充电和过放电的内在保护性能。因此在过去几十年中镍氢电池占据很大的电池市场份额。但传统的镍氢电池依赖高压氢来提供必要的氢容量，以满足正极容量需求。密封电池所用的压力容器使材料成本居高不下，容器密封复杂。此外，电池装配还需要许多其他机械元件，因此电池的体积密度明显下降。

人们已经尝试采用厚膜印刷技术来制造微加工镍氢电池（Tam 和 Wainright，2007）。虽然循环利用有所改善，但由于氧气复合/水再分配性能差而增加了总电芯阻抗。

近年来随着锂离子电池的快速兴起，可以预见用于航天的镍氢电池在不久的将来就会消失。大多数卫星制造商已经对其卫星电源系统进行了修改，以适应锂离子电池。

11.6　镍锌系统

镍锌（Ni—Zn）二次电池早在 1899 年就在授予 Michalowski（1899）的德国专利中进行了讨论。尽管镍锌电池已有一个多世纪的历史，但此项技术的发展一直很慢。直到最近镍锌电池才取得重大进步，使其能够与其他商用二次电池进行竞争。

镍锌电池的开路槽电压约高达 1.75V，与镍镉或铅/酸电池相比，这是一种非常有利的能量密度。除此之外，锌相对便宜，在没有汞添加剂的情况下，对环境无害。镍锌电池的能量密度为 55～85W·h/kg，功率密度为 140～200W/kg，自放电率小于 0.8%，所有这些性能已经引起许多应用领域的极大兴趣，其中包括无绳电动工具、无绳电话、数码相机和轻型电动汽车领域。

几种版本的镍锌系统已经取得专利并进行了开发；20 世纪 30 年代爱迪生和德拉姆的电动列车专利表现出良好的性能，但遗憾的是寿命不长。事实上，这种电池系统的循环寿命之所以差（最大 150～200 个周期）其原因在于镍锌电池发展缓慢。

11.6.1　工作原理

锌是地壳中含量排名第二十四的元素。锌被广泛用于电池材料，是因为其具有非常低的电位（可提升电芯的电位）、优异的可逆性（快速反应动力学）、与水电解质的相容性、很低的当量重量、很高的比容量和体积容量密度、很低的成本、很小的毒性及易于处理等优点。然而，锌电极虽在一次电池上得到普遍接受，但在二次电池上的使用很有限，其原因在于，当需要循环充放电时，其短暂的或不可预知的寿命是一个严重的问题。锌活性材料的再分配（即所谓的形变）和再充电期间有害的锌电极形态（枝状结晶、丝状生长、结核）的发展，是镍锌电池寿命短的主要原因。这些行为受到锌的两个重要特征的影响：①其在碱性电解液中的高溶解性［如 $Zn(OH)_4^{2-}$ 离子］；②其快速电化学动力学（Cairns，2009）。

镍锌电芯的反应是基于锌电极上的溶解—沉淀反应，即

$$Zn+4OH^- \underset{充电}{\overset{放电}{\rightleftharpoons}} Zn(OH)_4^{2-}+2e^- \tag{11.20}$$

$$Zn(OH)_4^{2-} \underset{充电}{\overset{放电}{\rightleftharpoons}} ZnO+2OH^-+H_2O \tag{11.21}$$

式（11.20）中的反应为电化学反应，该反应可提升电流，生成可溶性锌酸盐离子。这种锌酸盐离子逐渐经历式（11.21）的反应，使固态氧化锌沉淀。这两个反应在再充电过程中均被逆转。将这与镍电极上的反应相结合，如式（11.1）所述，就得到整个电芯的反应，即

$$Zn+2NiOOH+H_2O \underset{充电}{\overset{放电}{\rightleftharpoons}} ZnO+2Ni(OH)_2 \tag{11.22}$$

这个反应对应于 $326W \cdot h/kg$ 的理论比能量。电芯已经实现了约 1/4 的理论值或在 $60 \sim 70W \cdot h/kg$ 范围。

锌电极在电解质溶液中呈现固有的热力学不稳定性，因为其可逆电位远低于氢电极，因而总是有一种驱动力有利于锌的溶解和析氢，可表达为

$$Zn+H_2O \underset{充电}{\overset{放电}{\rightleftharpoons}} ZnO+H_2 \tag{11.23}$$

铅和铟等重金属已经被添加到锌电极，用以尽量降低反应和析氢速率。这两种添加剂对最大限度减少析氢有效，所以这不再是重要问题。

11.6.2 电解质

类似于其他镍基电池，镍锌电池用氢氧化钾溶液作为电解质。已经得到电解液含 30% 氢氧化钾时的最大电导率。碱性溶液可与空气中的二氧化碳反应，在电解液中生成碳酸根离子（CO_3^{2-}），因此应避免将电解质暴露于空气中。

由于锌可溶于氧化钾溶液，因而能够在溶液中迁移，并沉淀在远离其产生地的位置。锌的再分配经过数次循环后在电极表面很大程度上呈现不均匀状态，这是限制锌电极循环寿命的主要因素。但这种缺陷可以通过降低电解液中锌离子的溶解度减轻。Nichols 等论证了采用各种添加剂时锌在碱性溶液中的溶解度，如图 11.24 所示（Nichols 等，1985）。虽然结果表明，添加阴离子对氧化锌的溶解度并没有明显影响，但溶解似乎与电

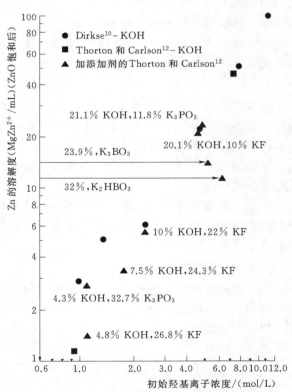

图 11.24　添加 F^-，BO_3^{3-} 和 PO_4^{3-} 时 ZnO 在碱性溶液中的溶解度与 ZnO 在 KOH 电解质中溶解度对比。请注意，溶解度随着氢氧化物浓度的平方上升（Nichols 等，1985）。

解质中氢氧根离子的浓度强相关。氢氧化钾浓度较低时将会降低锌酸盐的溶解度。

已采用动电位极化和三角电位扫描伏安技术对电解液中 V_2O_5、ZnO、PbO 和 $(NH_4)_2CS$ 对氧化还原电对可逆性的影响进行检验（Shivkumar 等，1995）。V_2O_5 和 PbO 都不理想，前者通过降低阴极氧过电压刺激了腐蚀，后者引起铅沉积，随后降低了开路电压。添加剂 ZnO 和 $(NH_4)_2CS$ 通过有效减少电极的腐蚀和钝化有利于提高电芯的放电容量和循环寿命。

11.6.3 电池设计

充分的电池设计对于处理锌电极的快速反应动力学和锌离子溶解度具有非常重要的意义。除此之外，由于锌电极异常高的交换电流密度和很低的电压，电流密度分布趋于不均匀化，从而加重了与镍锌电芯相关的形变问题。正确设计集电器可以大大降低形变速度。集电器的电导率必须非常高，电流输入/输出标签的位置和形状对于提供均匀的电流密度分布很重要。最好是在正负电极的对面边缘贴上标签。

镍锌电池被特意设计成密封电池，以防止电解质和空气中的二氧化碳发生反应，并保持正负电极之间充电状态（SOC）的平衡。根据密封设计，正极产生的氧气与锌重新组合，以保持电极之间的充电状态平衡。

11.6.4 镍锌电池的电化学性能

与镍氢电池、镍镉电池和锂离子电池相比，镍锌电芯主要优势在于其比功率高，成本相对较低。循环寿命差是镍锌电池发展的瓶颈，其原因是这类电池系统的应用和供应商数量有限。

尽管循环寿命差，但还是有数家公司最近开发了大功率镍锌电池系统，比如美国 PowerGenix（能杰）公司开发的 sub-C 电芯，Xellerion 公司开发的采用离子交换聚合物电解质的电芯。能杰电芯的放电性能如图 11.25 所示（Cairns，2009）。放电中压随着放电电流的提高而下降，当电池以大电流充电时，容量只是略有下降，显示出该电池极好的高倍率放电性能。

用于消除或尽量减少与镍锌电芯循环寿命短相关的两种失效机理影响的途径：即活性材料的再分配（形变）和再充电过程中多余锌电极形态（枝状晶体等）的形成。研究可以分为以下类别：

(1) 给电极增加添加剂。

(2) 给电解质增加添加剂（如先前所讨论）。

(3) 开发和改进隔膜。

(4) 其他技术。

(5) 活性材料的合成与形态改变。

11.6.5 提高镍锌电池的电化学性能

为了提高镍锌电池的循环寿命，给锌电极引入添加剂已经得到广泛研究。在研究的早期阶段，汞是锌活性材料中用以尽量减少腐蚀的一种常用添加剂，因为汞的氢超电压高于锌。人们发现汞在抑制锌阳极的自放电上非常有效（Gregory 等，1972）。不幸的是，汞齐化效应对于锌阳极循环性能有害；此外，添加汞之后形变率随之增加。寻找到既能最大

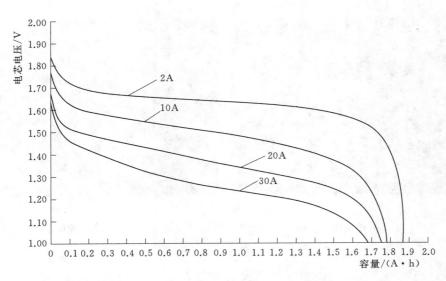

图 11.25 PowerGenix 公司的 sub – C 电芯在不同放电率
条件下的放电曲线（Cairns，2009）。

限度降低自放电率又能保持或减少形变率的替代添加剂成为关键。

11.6.6 电极添加剂

McBreen 和 Gannon（1983）研究了粘贴式锌电极不同添加剂的效应，发现诸如铅、镉、铊之类的重金属及其氧化物/氢氧化物形式，在改善电极的电流分布、降低活性材料的形变方面是合适的添加剂。碱土金属氧化物或氢氧化物添加剂也可以应用。在这些添加剂中，氢氧化钙被认为是最有希望改善锌电极循环寿命的添加剂。不溶性锌酸钙的形成有利于减少锌酸盐迁出电极，从而降低形变（Gagnon，1986）。但氢氧化钙的缺点是，它会降低锌的利用率；但通过把氢氧化钙与氧化锌的摩尔比控制在大于 0.5～1.0，就可取得最佳效率（Gagnon 和 Wang，1987）。

诸如聚四氟乙烯（Duffield 等，1985）、聚（乙烯醇）（Poa 和 Lee，1979）和聚（乙烯）（Cenek 等，1977）之类的有机添加剂也已得到广泛研究。这些有机添加剂的主要优点在机械方面，例如黏合电极，以及结构方面，通过提供一种稳定的网络来保持锌活性材料，从而减缓形变。这些聚合物添加剂本身不导电，高浓度（>10%）添加可以降低电极的循环寿命和容量（Hampson 和 McNeil，1985）。

将上述添加剂与氧化锌混合的主要合成方法是物理混合。但这种工艺无法使氧化锌与添加剂之间的均匀混合或充分接触。Zhang 等（2008b）提出了采用均相沉淀法以导电性纳米复合陶瓷材料制备氧化锌的新方法。图 11.26 展示了导电性陶瓷占 9% 的纳米复合材料形态，可以看出，平均粒度约为 200nm 的氧化锌纳米棒分布得很均匀。

随着采用纯纳米氧化锌和氧化锌/导电陶瓷纳米复合材料时的循环次数而出现的放电比容量的变化如图 11.27 所示。50 个充放电次数后的放电比容量和容量保持率分别为 513mA·h/g 和 52.2%。添加导电陶瓷纳米复合材料的电极表现出较高的放电容量和更长的循环寿命；该添加剂的有益效果对于添加了 14% 导电陶瓷的电极最大（Zhang 等，

图 11.26　采用均相沉淀法合成的氧化锌导电陶瓷纳米复合材料的扫描电镜图像。
(a) 低倍率，(b) 高倍率（Zhang 等，2008b）。

2008b），已经取得了 659mA·h/g 的最大放电容量和 99.5％的容量保持率。这类采用添加剂的电极性能的改善，归因于活性材料在电极表面上均匀地再分配，并很好保持了活性材料的初始形状。锌电极不需要的枝晶生长和形变因此可以得到有效的抑制。

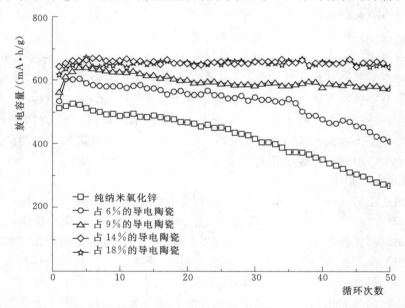

图 11.27　作为采用纯纳米氧化锌和氧化锌/导电陶瓷纳米复合材料的电极
循环寿命函数在 0.2C 速率时的放电容量（Zhang 等，2008b）。

11.6.7　隔膜的开发与改进

镍锌电芯的循环寿命性能与隔膜的传质特性相关。另外，电解电阻率越低，透水率越高，循环寿命越长。正确选择隔膜对于电池的成功运行至关重要。根据 Bass 等对镍锌电池的论述，隔膜应当能够（Bass 等，1991）：

（1）耐受电解质和/或活性材料的降解。

（2）电阻小，离子电导率高。

（3）有效防止电极间的粒子迁移。

（4）电解质具有高润湿性。

（5）机械强度和灵活性能够耐受电池制造过程。

（6）造价低廉。

镍锌电池的隔膜分为膜状隔膜和微孔隔膜两大类（Lundquist，1983）。膜状隔膜是通过附着在聚合物上的亲水基团与电解质中的离子基团的交互作用而发生离子传输；微孔隔膜是通过离散孔隙扩散完成离子传输。研究发现，采用膜状隔膜电池的形变率大于采用微孔隔膜的电池。采用孔径小于 300Å 以下的小孔隙的微孔隔膜具有优异的质量传递特性，从而有益于电池的循环寿命。

镍锌电池隔膜的开发已经通过选择玻璃纸、嫁接并与辐射交联的聚烯烃（Hsu 和 Sheibley，1982；Sheibley 等，1983）和无机隔膜（Sheibley 和 Manzo，1980）而取得进展。首先选择的是玻璃纸，但其在碱性溶液中不稳定。辐射聚合物由一种聚烯烃薄膜组成，经交联提供统一的三维结构。辐射聚合物的优点是可以阻止任何穿透物种的生长，比如枝状晶体架桥。薄膜聚合物的嫁接和辐射可提高其电导率和对碱性电解质的抗氧化性。但这些隔膜在润湿后不会膨胀，从而在循环中为电极让出更多膨胀空间。但这对电池是有害的，因为形变受到鼓励（Bass 等，1991）。被用作带有锌阳极的碱性一次和二次电池隔膜的 Flexel 牌玻璃纸薄膜和 Viskase 牌纤维增强管状肠衣聚乙烯醇（PVA）薄膜，其改进性能的进一步研究已经完成（Lewis 等，2001）。研究结果表明，这两种隔膜在经过 50 次循环之后均表现出类似的放电性能，后者没有因短路而丢失电芯。最为重要的是，由于隔膜湿溶胀厚度减少而产生的可供能量密度使用的体积，通过使用单层管状肠衣聚乙烯醇薄膜而增加。电池壳体中这种可利用的体积可让比能量密度至少增加 25％。

刚性隔膜最初由铝硅酸盐化合物制成，但不久后人们发现柔性隔膜具有更大的用途和需求。与采用玻璃纸隔膜的电池相比，刚性隔膜增加了循环寿命，而柔性隔膜却略微缩短了循环寿命。但银/锌电芯的这类无机隔膜主要用于航天和军事应用，对日常民用来说过于昂贵。目前，组合隔膜系统的使用已成为主要研究方向。隔膜的未来研究工作应包括隔膜上的金属镍或共聚物涂层，从而提高隔膜的循环寿命。

11.6.8 提高镍锌电池循环寿命的其他技术

第一种提高镍锌电池循环寿命的替代方法（Bennion，1980；Chin 和 Venkatesh，1981）是改变充电电流曲线。这可通过各种方法来实现，如给电流施加脉冲、在直流电上叠加交流电、定期进行电流换向以及多脉冲充电等。方法是引入一种高电流峰值在锌电极表面建立高过电压，这可为锌的再沉淀激活大量的成核位置，从而增加循环寿命，抑制枝晶形成。高电流之后的休眠期，可让本地锌浓度梯度扩散到耗尽的扩散层而得到缓和，从而通过来自经过补充的扩散层的电沉积实现更均匀的沉淀。

脉冲直流电流对锌的电沉积的影响已经过研究（Arouete 等，1969），作者得出的结论是，用脉冲充电进行沉积的性质取决于电流密度、通过电解槽的电荷数量以及开关时间。Kats 等（1988）研究了各种脉冲充电模式对镍锌电芯循环寿命和性能的影响。当采用 30ms 开/90ms 关的脉冲充电模式且峰值电流密度为 16mA/cm² 时，与采用恒定电流充电相比，电池的循环寿命可提高 2～3 倍。

第二种方法是在恒定的直流波形上叠加交流电，这已经由 Chin 和 Venkatesh（1981）进行了论证。其结论是采用叠加的交流电在阴极沉积反应期间锌在电极上的沉积更均匀，使成核速率大大提高。

第三种方法采用多脉冲电流（Binder 和 kordesch，1986）。这其中包括沉积电流、溶解电流和休眠期。虽然使用多脉冲电流的电沉积有益于锌电镀，但所需的充电时间比使用恒定电流的时间长得多。如果是优化的脉冲电流，时间要长 4 倍（Bass 等，1991），这显然不可取。

11.6.9　活性材料的合成与形态改变

提高镍锌电池循环寿命的最新办法之一是改变锌酸钙的合成方法。自 20 世纪 80 年代以来，由于其对提高锌电极性能具有影响而对锌酸钙的制备进行了深入研究。有数位研究人员都报道了用化学共沉淀法在强碱性溶液中制备锌酸钙，如氢氧化钾（Wang 和 Wainwright，1986；Wang，1990；Zhang 等，2001）或采用球磨法（Zhang 等，2004）。但这些方法都有其严重的缺点：①用化学共沉淀法制备的锌酸钙需要在蒸馏水中反复洗涤，过程繁琐；②用球磨法制备的产品数量很小，无法批量生产。Wang 等（2008）采用固相合成方法合成锌酸钙而不使用强碱。用这种合成方法收获了结晶良好的四方颗粒锌酸钙，当其用作锌电极的活性材料时，电池表现出良好的循环寿命和很高的放电平台。

Wu 等（2009）采用一种简易银镜反应工艺对氧化锌进行改性，用以抑制氧化锌在碱性电解液中的溶解。图 11.28 介绍了采用未经过改性和经过银改性的阳极的电池之间的循环性能。两种电极均具有约 530mA·h/g 的最大放电容量；但采用未经改性的阳极的电池，其容量衰减率为 4.85mA·h/周次，而经过银改性的阳极为 0.89mA·h/周次，后者表示循环寿命较长。用经过银改性的氧化锌提高放电性能和循环寿命：一是可以归因于氧化

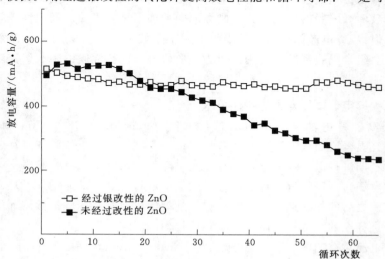

图 11.28　采用经过银改性和未经过改性的氧化锌阳极的镍锌电池在
0.2C 充放电率条件下的循环寿命性能（Wu 等，2009）。

锌与氧化锌、氧化锌与镍泡沫，在有银存在的环境下的电接触得到改善，从而促进了氧化锌电极中的电子转移；二是氧化锌表面经过改性的银纳米颗粒，可以减少氧化锌和电解质的接触面，抑制氧化锌的溶解，最后抑制枝晶的形成。经过 31 次循环后阳极电极表面形态的扫描电镜图像，如图 11.29 所示。显然，采用经过银改性的阳极的电池的枝晶形成有效减少。

图 11.29　经过 31 次循环后，（a）未经过改性的 ZnO 和 （b）经过银改性
的 ZnO 阳极扫描电镜图像（Wu 等，2009）。

　　抑制枝晶生长的另一种新方法得到 Yang 等（2010）的论证，其中氧化锌材料的规格和形态受到严格控制。在其运行过程中，具有完美结晶性的氧化锌纳米线采用水热法合成，而没有使用基板或模板。与传统氧化锌相比，氧化锌纳米线用作阳极材料的电池的循环寿命有了很大的改善，如图 11.30 所示。除了循环寿命得到改善之外，采用氧化锌纳米线的电池还表现出优异的放电容量、较高的放电电压和较低的充电电压。氧化锌纳米线电极中没有枝晶是电池电化学性能得到改善的主要原因。

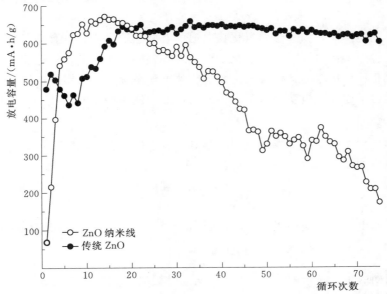

图 11.30　采用 ZnO 纳米线和传统 ZnO 的电池在 0.2C 充放电率条件下的
电化学循环行为（Yang 等，2010）。

11.6.10 结语和未来挑战

无论在延长镍锌电池循环寿命方面的最新进展如何，目前现状仍远远不能令人满意。电池的循环寿命最好能延长至 1000 个周期以上，才能获得更大的市场渗透率。但镍锌电池异常高的比能量、比功率和很高的额定电压，对于电动工具、电动自行车、滑板车、电动剪草机、汽车应急电池和露营电源等诸多应用均具有吸引力。

限制镍锌电池循环寿命的最重要因素，就是充电过程中活性材料的再分配（形变）和不必要的锌电极形变（枝晶）的形成。可以通过严格控制电极、电解质、隔膜、电池设计、形成和充电来改进。锌电极的性能无疑是影响这些电池循环寿命的主要因素。近年来，随着纳米技术的引入和各种合成方法的提出，镍锌电池的循环寿命有望在将来得到很大改善。但要让镍锌电池在未来的能源设备中找到自己的角色，这种电池系统在商业上的成功须尽快到来，因为众多竞争性系统的性能和成本每年都在改进。

11.7 镍—金属氢化物系统

镍—金属氢化物电池利用储氢合金作为负极材料。20 世纪 80 年代末的商业化镍—金属氢化物电池利用基于混合稀土金属的 AB_5 型氢化物形成合金作为负极活性材料。随着不断增长的能源需求，新的金属间化合物已经在进行开发，使这类电池的前途大有可为。

镍—金属氢化物电池为小型便携式电池，目前正在大批量商业化生产，世界年产量超过 10 亿枚（Fetcenko 等，2007）。镍—金属氢化物电池的这种快速增长驱动力，与技术和环境均相关。除了便携式电子设备使用的电池爆炸式增长因素之外，这类电池还因为其合理的高倍体积/质量比能量密度、高倍率放电性能、良好的耐久性、对过充电的高抵抗性和成本低，而成为电动汽车和混合动力电动汽车（HEV）应用的主导先进电池技术之一。

与锂离子电池不同，镍—金属氢化物电池没有枝晶的形成，这意味着短路和过热的可能性大为降低。除了密封镍—金属氢化物电池之外，还可实现带卓越包装的方形设计，尽管与铅基电池相比价格较高，但镍—金属氢化物电池系统已经被铅酸电池不适用的应用领域所采用，即追求连续放电功率容量、再充电速度和使用寿命的领域。

11.7.1 工作原理

镍—金属氢化物电池由形成氢化物的贮氢合金电极以及用隔膜进行电绝缘的镍电极构成。隔膜和电极均浸在用以在两电极间提供离子导电性的强碱性溶液（一般为 6M KOH 溶液）中。密封二次镍—金属氢化物电池工作原理的示意图如图 11.31 所示（Shukla 等，2001）。

镍正电极的电化学反应用式（11.1）表示，金属氢化物负电极内的反应表达式为

$$MH + OH^- \underset{充电}{\overset{放电}{\rightleftharpoons}} M + H_2O + e^- \tag{11.24}$$

与之前相同的是，正极的 $Ni(OH)_2$ 在充电时被氧化成羟基氧化镍（$NiOOH$），而在放电时又被还原成 $Ni(OH)_2$。另外，负极处的水还原产生原子，扩散到金属间合金晶格的氢在充电期间被吸收，生成金属氢化物，并在放电期间发生逆向反应。值得注意的是，

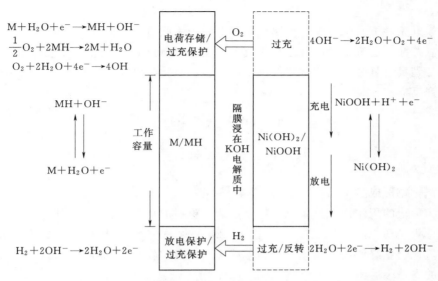

$M+H_2O+e^- \longrightarrow MH+OH^-$

$\frac{1}{2}O_2+2MH \longrightarrow 2M+H_2O$

$O_2+2H_2O+4e^- \longrightarrow 4OH^-$

$MH+OH^-$

$M+H_2O+e^-$

$H_2+2OH^- \longrightarrow 2H_2O+2e^-$

图 11.31　密封二次镍—金属氢化物电池工作原理图（Shukla 等，2001）。

存储在贮氢合金负电极中的氢与气相氢是平衡的。因此，整个电解反应可表示为

$$NiOOH+MH \underset{充电}{\overset{放电}{\rightleftharpoons}} Ni(OH)_2+M(E_{cell}=1.32V\ vs\ SHE) \tag{11.25}$$

镍—金属氢化物电池中的阴极反应是按照均匀的固态机理通过 $Ni(OH)_2$ 和储氢合金之间的质子转移进行的，而阳极反应则是通过溶解—沉淀机理进行的。

这种充放电的机理使镍—金属氢化物电池有别于镍镉电池。在其他电池系统观察到的许多性能缺陷，例如，由于再结晶和溶解，以及氧化状态下电导率下降而产生的结晶、机械完整性、电极表面形变，在镍—金属氢化物系统中受到抑制，从而使装置更紧凑、耐久性更长，并有可能利用质子传导固态电解质实现全固态电池（Hariprakash 等，2009）。

镍镉电池在充放电周期未见到电解液数量和浓度出现净变化。与此不同，镍—金属氢化物电池中的电解反应会在充放电后生成或消耗水。这就使该电池无法干燥，由此产生良好的气体复合、良好的高低温工作性能，以及对由腐蚀和膨胀引起的循环寿命限制具有良好的抵抗力。但与镍镉电池相反的是，镍—金属氢化物电池的自放电率较快，电容量较低，对过充电的宽容度较小。

在氧化镍电极（阴极）中，由于氧化镍电极在热力学上的不稳定，析氧作为一种平行和竞争反应而发生。电池充电期间的寄生反应用式（11.17）描述，而在负电极上，这将增加电池的内部压力

$$MH+MH \longrightarrow 2M+H_2 \uparrow \tag{11.26}$$

镍—金属氢化物电池可将负正容量比主动限制在 1.5～2，以保证电池可以在变化不定的条件下正常工作。通常情况下，放电备用量保持在正极容量的 20% 左右。式（11.17）描述的反应中，过充电期间正极发生析氧，这可扩散到金属氢化物电极，结合后生成水。负电极上的反应在式（11.24）中描述，将这两种反应［式（11.17）和式（11.24）］加以结合就得出

$$4M + 2H_2O \longrightarrow 4MH + O_2 \tag{11.27}$$

在深放电条件下，电极镍—金属氢化物电池中串联电芯存储容量的必然差异导致正电极发生析氢，并在贮氢金属电极处氧化成水。相应地，过放电和过充电期间所析出的氢气和氧气也分别具有复合机制，这就促进了镍—金属氢化物电池的密封运行。电芯过充电期间发生下列反应

$$\frac{1}{2}H_2 + OH^- \longrightarrow H_2O + e^- \tag{11.28}$$

$$H_2O + e^- \longrightarrow \frac{1}{2}H_2 + OH^- \tag{11.29}$$

11.7.2 氢化物形成的电极材料

氢化物形成的用作镍—金属氢化物电极活性材料的化合物已经得到广泛研究。这些化合物可以分为 AB_5 型、AB_2 型、AB 型、A_2B_2 型和 A_2B 型五大类。表 11.5 总结了每个镍—金属氢化物系统使用的晶体结构和金属。A 由氢化物形成的稀土金属组成，B 由非氢化物形成的支撑金属组成。现举例说明一些常用金属氢化物，如 AB_5 型的 $LaNi_5/CeNi_5$，AB_2 型的 $ZrV_2/ZrMn_2$，AB 型的 $TiFe$，A_2B_7 型的 Y_2Ni_7 以及 A_2B 型的镁镍—钛镍合金。在本节中，只对 AB_5 型和 AB_2 型金属氢化物进行详细讨论，因为这些合金得到广泛研究，并已商业化；其他金属氢化物，包括非化学计量的金属氢化物（Hu, 1998；Shu 等，2003；Li 等，2010a），AB_{3-4}（Di 等，2000；Li 等，2010c），镁（Rongeat 等，2006；He 等，2008）和钛-钒基合金（Guiose 等，2009）已在其他地方描述，本章不再赘述。

表 11.5　　　　　　　　　　　　　金 属 间 化 合 物 家 族

金属间化合物	范例	A	B	结构
AB_5	$LaNi_5$，$YCoH_3$	第三组（包括稀土和钍）	第八组	霍克相，六角形
AB_2	ZrV_2，$ZrMn_2$	第三组，稀土或第四组金属	第三组（和二、四、六或七组）	莱夫斯相，六角形或立体
AB	$TiFe$，$ZrNi$	第四组或稀土	第八组	立体，$CsCl$ 型
A_2B_7	Y_2Ni，Th_2Fe_7	至少一种稀土，另外还包括镁	至少包括镍，x 到 y 的原子比例在 $1:2$ 到 $1:5$ 之间（A_xB_y）	六角形，Ce_2Ni_7 型
A_2B	Mg_2Ni，Ti_2Ni	第四组或第二组 A	第八组	立体，$MoSi_2-$ 或 Ti_2Ni-型

1. AB_5 型化合物

首次将金属间化合物用作镍—金属氢化物电池负极的是 $LaNi_5$，时间可以追溯到 20 世纪 70 年代。镧镍合金表现出良好的特性，如激活快速和良好的可逆性，合理的理论容量达 $372mA \cdot h/g$（Boonstra 和 Bernard，1990），使其成为过去 20 年间镍—金属氢化物电池负极的主导材料。但这种合金的缺点是循环寿命差，这是因为合金在浓 KOH 溶液中被分解成 $La(OH)_3$ 和镍颗粒并逐渐合金粉化。经过 400 个周次后，只保留了 12% 的初始容量（Willems 和 Buschow，1987）。$LaNi_5$ 在水溶液中的氢分解驱动力就是 $LaNi_5$ 对水

强烈的亲和力。腐蚀反应的自由熵变化为－472kJ/mol LaNi$_5$，这几乎比 LaNi$_5$ 合金形成的熵大四倍。

Willems 等（1987）证明了通过用钴取代镍使合金的循环寿命得到明显改善。此外，他们还发现，经循环后的剩余容量与合金体积膨胀比 $\Delta V/V$ 成反比（以 150 个大气压暴露于氢气后实测）。性能改善归因于伴随氢化物形成的体积膨胀减少，从而防止镧扩散到表面上。

Saikai 等（1990）研究了一系列镍替代品对负电极循环寿命的影响。替代元素改善循环寿命的有效性按下列顺序递增：锰、镍、铜、铬、铝和钴。合金存储容量大，通常都伴随着很大的体积膨胀比，会导致内部应力增加。在有应力的情况下，粉化率取决于合金的机械强度。合金越坚韧，粉化率越低，比如 LaNi$_{2.5}$Co$_{2.5}$ 储氢合金。合金的持续粉化使氧化表面面积有较大幅度的增加，从而导致存储容量减小。从内部保护合金的氧化层的深度取决于合金的成分。所以，凡含有铝、硅、钛和锆等元素的合金，似乎都能在合金表面形成一种更具保护性的氧化层，以防止合金的进一步内部氧化。

虽然添加钴已被证明有益于改善负电极的循环寿命和耐腐蚀性，但其非常昂贵。钴的必要性由 Latroche 等（1999）研究，其用原位中子衍射法研究了基于混合稀土金属的 AB$_5$ 型合金中钴的含量（5％和 10％）对其电化学性能的影响。除了在含钴量 5％的样品中看到镧镍合金充电后由 α 到 β 行之有效的一步相变之外，含钴量 10％的样品也通过亚稳中间 γ 相表现出两步相变（α→γ 和 γ→β）。富钴样品中 γ 相的存在减轻了在含钴量 5％的样品 α 到 β 一步相变中所看到的巨大应变，从而限制了合金的爆裂（粉化）。

昂贵的稀土镧已被其他较便宜的金属所取代，例如铈。镍氢氧化物电池负电极的循环寿命可以通过用 20％的铈替代镧（La$_{0.8}$Ce$_{0.2}$B$_5$）而得到明显改善（Adzic 等，1995）。合金表面氧化铈保护层的形成可有效延缓腐蚀速率，提高电极的循环寿命。类似的金属还有钕和镨，也能以类似方式改善循环寿命。但用这些金属取代镧来改善循环寿命后，由于合金电芯体积变小电池容量也减少。这个问题可以通过优化镧与代用金属之间的比例加以解决，也可以通过用原子半径大于镍的金属替代镍来解决，如铝（Bliznakov 等，2008）。

2．AB$_2$ 型化合物

人们对相对于 AB$_5$ 型化合物比容量更大的氢化物形成的化合物进行了研究，用于满足便携式设备和（混合能源）电动汽车对大容量蓄电池的需求。莱夫斯相二钒化锆（ZrV$_2$）、二铬化锆（ZrCr$_2$）和二锰化锆（ZrMn$_2$），每化学式单位可与氢化合长达 3.6h，容量为 500mA·h/g（Joubert 等，1996）。但 AB$_2$ 型化合物却遇到多种问题，比如难以制备单相化合物，难以钝化和缓慢激活难，以及腐蚀问题（Notten 和 Latroche，2009），最后两个问题最重要。因此，大量的研究都把重点放在这两个课题上。

AB$_2$ 型合金的缓慢活化与合金颗粒在浓电解质溶液中的钝化或表面腐蚀相关。Zr(V$_x$Ni$_{1-x}$)$_2$ 合金电极活化所需的周期高达 50 次（Züttel 等，1994）。人们已经采用了许多技术来解决这个问题，包括氧化表面处理、并入强电催化合金或纯金属和二次相析出。氧化表面处理已被证明可有效改善某些 WaTi-Zr-V 合金电极活化，其周期由 45 次减少到仅 3 次（Sawa 等，1989）。氧化处理就是在低压氧（20～100mm 汞柱）条件下以 250～300℃ 温度对电极进行退火。Wakao 和他的同事（Wakao 等，1991）通过将电极浸泡在 KOH 溶液中长达 5 天缩短了锆钒镍合金的活化时间。Züttel 等（1994）研究了合金表面不同化学蚀刻所产生的影响，发现用氢氟酸处理可以取得最佳电化学性能。

AB₂ 型合金表面氟化对其电极和电池性能的影响已经由 Li 等（2002）进行了检验。与未经处理的 AB₂ 型合金电池相比，使用经氟化处理的 AB₂ 型合金电池，在 0.2C 放电速率条件下表现出较好的活化性能和较长的循环寿命。这种改善归因于经氟化处理后消除了锆和锰氧化物和氢氧化镍在合金表面的沉积。沉积的氢氧化镍可在电池充电期间转换成金属镍，起电化学催化剂的作用，从而加快了活化反应。

金属氢化物的储氢量在反复循环过程中逐渐减少，其原因在于合金粉末的合金变质和组成物质的溶解（Ovshinsky 等，1993）。Kim 等（1998）研究了用镍代替铬或锰对锆钛钒镍合金电极循环寿命的影响。他们发现，用铬代替镍可以提高电极的循环寿命，这是因为所形成的钒铬固溶体可以阻止钒溶入碱性电解质，而用锰代替镍则可增加放电容量，但由于强腐蚀性钒锰相的形成而缩短了循环寿命。此外，锆钛 3∶1 的比例具有最稳定的循环寿命，这是由于所形成的腐蚀性钒锰相减少而提高了合金的耐腐蚀性。

事实上，电极的电化学性能可以通过优化 A 和 B 的成分而得到明显提高。每个金属原子存储的可增加氢原子数量的元素包括锰、钛、钒、锆、铌和镧；可调整金属氢结合强度（以此稳定或动摇合金）的元素包括钒、锰和锆；可促进充电和放电反应速度和气体复合的催化元素包括铝、锰、钴、铁和镍；可给予理想表面特性（如抗氧化和耐腐蚀性能）的元素包括锆、钼和钨（Ovshinsky 等，1993）。多达 8 种元素的化合物通常用于性能已经改进的 AB₅ 储氢合金，也许出于同样的原因，合金成分中涉及的元素数目越多，其电化学特性及其抗表面氧化性能就越好。换句话说，金属氢化物电极的电化学性能可根据合金成分优化进行设计，这是追赶日益增长的能源需求的一种手段。

11.7.3　电解质

与其他镍基电池类似，6mol/L 氢氧化钾溶液已被广泛用作镍氢电池的电解质。由于这种浓缩的溶液对合金非常具有攻击性，因此采取了多种办法来提高电极的性能。Wang 等（2002）发现镧基 AB₅ 型储氢合金电极的循环寿命可以通过给 6mol/L 氢氧化钾溶液中加入 0.5mol/L 的氧化锌而得到显著延长。合金表面的欠电位沉积锌可抑制氢氧化镧的形成，提高电导率和/或延迟裂变过程，所有这些都有利于提高电极的循环寿命。

最近开展的一项研究，其课题就是氢氧化钾溶液浓度对镍—金属氢化物电池性能的影响（Khaldi 等，2009）。已经对电解质浓度为 1mol/L 和 8mol/L 的电芯的电化学性能进行检验。检验结果表明，氢氧化钾溶液浓度低的电芯，其最大容量较高，循环稳定性较好，激活后极化较低，而且耐腐蚀性较好。这证明可以利用攻击性较小（浓度较低）的电解质来提高镍—金属氢化物电池的性能。

对在不同成分的 6mol/L 电解质中金属氢化物电极的电化学性能进行了研究（Wang 等，2009，2010）。电极在添加饱和硫酸铝或硫酸锰的电解液中的耐久性，好于传统氢氧化钾电解质。性能改进是因为该电解质中电极和电解质之间界面处的电荷转移电阻降低。

与传统的浓氢氧化钾溶液相反的固体聚合物电解质，是聚合物溶剂〔通常为聚乙烯氧化物（PEO）〕中的离子导电盐溶液。聚合物电解质领域的多样性和复杂性，可用其吸引力优势超过传统的固体或液体电解质加以解释。例如，化学和电化学不稳定性、腐蚀和气体排放之类的问题，就可通过采用这种基于聚合物的系统加以避免，从而延长电池的循环寿命。但聚合物电解质的主要缺点是电流密度降低，原因是电解质的离子电导率较低。Iwakura 等（2002）解决了这个问题，其引入了高吸水率、高持水率、高凝胶强度交联的聚（丙烯酸）。由交联聚（丙烯酸）钾盐和氢氧化钾水溶液制备的聚合物凝胶电解质具有很高的离子电导率，几乎可以和传统氢氧化钾水溶液相媲美。带有聚（丙烯酸甲基铵）（PTMA）的固体电解质 N，N 二甲基乙酰基吡咯氢氧化物（PIIOH），被作为镍氢电池电解液进行了研究。采用电解质聚合物 PIIOH 的电池在 25℃ 温度条件下的放电容量为 142mA·h/g（Wang 等，2005）。

11.7.4 镍—金属氢化物电池的电化学性能

现在市场上可以买到各种常见型号的镍—金属氢化物电池。松下已经产生出一些亚 AAA 号镍—金属氢化物电池，而容量高达 250A·h 的棱柱形电池则是由美国的奥马尼克电池公司和香港金山工业集团为电动汽车的应用所制造。镍—金属氢化物电芯的容量约为同型号镍镉电池容量的两倍。1991 年引入的最初产品圆柱形电池比能量为 54W·h/kg，今天可以买到的小型消费类电池比能量已经超过 100W·h/kg，能量密度超过 300W·h/L（Pistoia，2009）。与商用镍—金属氢化物电池相关的比功率已从不足 200W/kg 提高到 1200W/kg，开发阶段更是高达 2000W/kg（Fetcenko，2005）。镍—金属氢化物电池从 1991 年到 2005 年的进步见表 11.6。

表 11.6　　　　　　　镍—金属氢化物电池比能量和能量密度值统计

年份	比能量 /(W·h/kg)	能量密度 /(W·h/L)	镍—金属氢化物电池容量 /(mA·h)
1991	54	190	1100
1993	70	235	1400
1996	80	255	1600
2000	92	300	1900
2002	95	345	2100
2003	102	385	2300
2005	107	428	2600

来源：Fetcenko 等，2007。

在温和的条件下，例如充放电速率为 0.2C，温度为 20℃，且过充电受到限制时，标准型镍—金属氢化物电池可以提供超过 500 次循环（高达 1000～1200），之后其容量才降低到初始值的 80%。当用于混合动力汽车时，在高电流脉冲和 2%～10% 的充电状态下，可以实现超过 100000 次循环。但镍—金属氢化物电池的性能却具有温度依赖性。现在已经确定，在 10～30℃ 小范围内可取得最佳充电效率和电芯耐久性。如果连续暴露在这个温度以上，则电芯的循环寿命退化可以高达 60%。但如今的电池在 −30℃ 的寒冷温度下仍可提供极好的电源，在 70℃ 温度条件下也可提供 90% 以上的大容量（Fetcenko，2007）。

与镍镉电池和锂离子电池相似，镍—金属氢化物电池在开路条件下一定程度上失去其

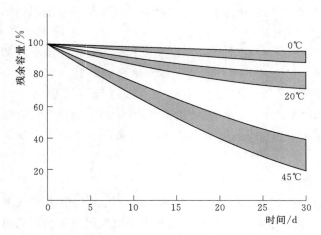

图 11.32 镍—金属氢化物电池在不同温度条件下的自放电特性。灰色区域表示不同电池间的扩散（Notten, 1994）。

储存的能量。对于镍—金属氢化物电池来说，每日的自放电率通常是额定容量的 1%。但这种速率强烈依赖于外部条件，如充电状态和温度。由图 11.32 可以看出，随着温度的升高，自放电率大大增加。

由于镍—金属氢化物电池的应用在很大程度上受到高自放电率的限制，人们付出相当大的努力来克服或者至少尽量减少自放电率。Ikoma 等（1996）提出了以下可能导致镍—金属氢化物电池自放电行为的因素：

（1）正极活性材料（羟基氧化镍）的自分解。

（2）正电极中硝酸根离子的穿梭反应。

（3）来自金属氢化物负极的氢气使羟基氧化镍正极还原或正极产生的氧气使负极氧化。

（4）来自隔膜的碱性电解质溶液中被溶解的有机杂质的穿梭反应。

（5）来自储氢合金碱性电解质溶液中被溶解的金属离子的穿梭反应。

此外，Ikoma 等（1989）还把镍—金属氢化物电池的自放电机理划分为两大类，即可逆和不可逆的容量损失。前者是由于吸收了金属氢化物阳极产生的氢，后者是由于吸氢合金的退化。镍—金属氢化物电池的自放电率有望通过正确选择隔膜、电解质和两种电极的材料得到改善，以尽量减少氮杂质的形成和活性材料的退化。

Li 等（2010b）通过使用丙烯酸嫁接的聚丙烯（PP）隔膜，将镍—金属氢化物电池的自放电率从 35% 降低到 25%；这种隔膜可以更有效地捕捉杂质，从而抑制有害的穿梭反应。或者用一层薄铜的微囊化就可减轻镍—金属氢化物电池内氢的扩散，从而降低自放电率（Feng 和 Northwood，2005）。

镍—金属氢化物电池在以较高电流放电时的放电性能通常比以较低电流放电的放电性能差。AA 型密封镍—金属氢化物电池高倍率放电容量对放电电流密度的依赖性如图 11.33 所示。正如预期的那样，放电容量和坪电压随着速率 C 的不断提高而大幅度下降。改进这一性能对于提高其大功率应用的可行性是必不可少的。

镍—金属氢化物电池的高倍率放电性能受到合金/电解质界面处电荷转移速率，以及合金中氢扩散速度的控制。在过去几年中，添加剂已被纳入正极（Qu 等，2006；Zhang 等，2008c）或负极（Zhang 等，2008a），用于提高高倍率放电容量。与传统的碳材料相比，碳纳米管（CNT）具有较高的电子转移速率，因而被广泛用作流加剂以提高电极的电化学特性。Zhang 等（2008a）证明，高倍率放电性能和循环寿命可通过混合 0.8% 的碳纳米管而得到显著改善。

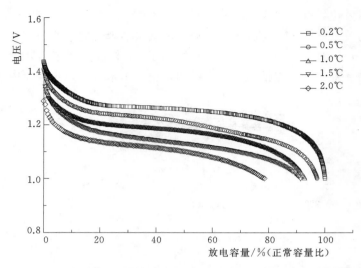

图 11.33　AA 号密封镍—金属氢化物电池以不同的速率 C 放电时的放电特性。

镍—金属氢化物电池的耐久性受金属氢化物电极的极大影响。在一般情况下，由于新生面上有氢氧化物和氧化物形成而使充放电循环寿命缩短。新生面的产生是通过合金粉化逐步进行的。可以通过以下策略加以改进：①可用钴等外来金属部分替代合金成分；②合金的非晶化；③用铜或镍等外来金属实现合金表面微囊化；④其他，包括掺杂和合金制造方法。

储氢合金在充电和放电过程中由于氢的吸附和退吸引起的重复性晶格膨胀和收缩必然会发生粉化。如前所述，钴、铝、硅、锡、锗之类的金属与镍化合后，可通过抑制体积变化或通过形成一层表面氧化膜来防止粉化或腐蚀的发生，从而提高金属氢化物电极的循环寿命。

与晶态合金相比，非晶态合金表现出较长的循环寿命，但放电容量较低。研究发现，非晶态 MNi_2（M＝镧，铈，镨）合金在室温下的放电容量特别低，小于 $100mA \cdot h/g$，但循环寿命却很长。合金的粒度和晶体结构可通过用熔融纺丝技术的铜轮的线性速度来控制凝固速率加以调整。高凝固速率生产的合金，其粒度较小，并含有纳米晶和非晶相，从而产生良好的循环稳定性。长期球磨工艺是制备循环寿命长的非晶态合金的一种替代技术（Rongeat 和 Roué，2005）。

镍—金属氢化物电池的循环寿命可以通过在合金表面涂上一薄层保护层来延长。Boonstra 等（1989）论证了镍五镧电极可在合金表面涂上一层铂黑防止合金被正电极处产生的氧气所氧化，从而延长循环寿命。将镍五镧及其三元合金与大量的铜粉末混合，也可以提高循环寿命。但这些方法从能量密度和成本的角度看似乎是不可取的。

给封装的 $Mm - Ni_5$ 合金粉末覆盖以化学镀铜层后用作镍—金属氢化物电池的负极材料（Raju 等，2009）。化学镀铜层可促使析氢反应的电催化活性提高，降低充放电的过电位，从而显著提高电极的容量和循环寿命。用钴封装的电极也被发现具有高于裸合金的容量和优越的循环寿命（Durairajan 等，1999）。

提高镍—金属氢化物电池循环寿命的方法还包括掺杂添加剂，如碳纳米管，碱性处理（Ikoma 等，1999），并入非化学计量的合金（Notten 和 latroche，2009），及合金制备技术（Anik 等，2009）。

在镍—金属氢化物电池里添加各种多壁碳纳米管（MWNT）的镍五镧电极的最后容量与循环次数的关系如图 11.34 所示。添加了多壁碳纳米管的电池的容量高于未添加多壁碳纳米管的电池；同时，电池的循环寿命在添加了 0.8% 的多壁碳纳米管（样品 B）后得到显著提高。循环寿命延长据推测是因为添加多壁碳纳米管可防止电池内部电阻上升。

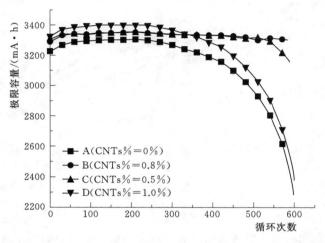

图 11.34　在 2C 放电率条件下采用不同碳纳米管含量的负电极的电池样品的
循环次数与极限容量的关系曲线图（Zhang 等，2008a）。

11.7.5　结语与未来挑战

镍—金属氢化物电池似乎具有广泛的商业可行性，在各种镍基电池中享有极好的改进机会。镍—金属氢化物电池看上去像是诸多应用的首选技术，如混合动力汽车、电动汽车和燃料电池电动汽车等。在过去几十年间，随着镍—金属氢化物电池的不断进步，比能量超过 100W·h/kg 的原型镍—金属氢化物电池已经建立，而且比功率已从 150W/kg 发展到 1000W/kg。

除了基本的性能目标（能量、功率、循环寿命和工作温度）之外，灵活的车辆包装、容易在使用中进行串联和串/并联、安全、免维护运行、快速而廉价的充电、环保且可回收等优势。已经建立了镍—金属氢化物电池的市场地位。尽管镍—金属氢化物电池的性能在不断进步，但由合金粉化和腐蚀引起的循环容量退化、由活性材料分解造成的自放电率高这些常见问题还需要进一步完善。虽然镍—金属氢化物电池仍具有使用安全的优点，但来自性能高、成本低的锂离子电池的竞争，对镍—金属氢化物电池构成巨大威胁。除非镍—金属氢化物电池在不久的将来在优势上有更进一步的飞跃，否则锂离子电池就会在电化学性能和成本上，在许多应用领域逐步取代镍—金属氢化物电池。

11.8　结论

本章回顾了镍基电池的历史、现状和未来发展趋势。这些镍基电池系统的特点见表 11.7。与其他镍基电池相比，镍铁电池具有较长的循环寿命，但其较低的比能量和能量密度，以及很高的自放电率，已成为其发展和更大市场渗透率的瓶颈。

表 11.7   镍基二次电池的特性

系统单元	额定电压/V	循环寿命/周次	比能量/(W·h/kg)	能量密度/(W·h/L)	20℃时的自放电率/(%/月)
镍铁	1.25	2000~3000	20~25	30	25~30
镍镉	1.2	>1200	40~60	50~150	20
镍氢	1.25	>2000	40~75	65~80	60
镍锌	1.75	300~600	60~75	100	15~20
镍—金属氢化物	1.2	800~1200	50~80	140~300	15~30

来源：Pistoia，2009。

镍镉电池具有周期寿命长、比能量和能量密度合理等优异的电化学特性，这使其继铅酸电池之后成为第二个最广泛使用的二次电池。但其镉电极过充时严重的记忆效应、枝晶短路和析氢，已经构成了电池的性能问题。镉对环境的有害影响也使其无法与镍—金属氢化物电池进行竞争。

与镍镉电池相比，氢化镍电池具有超长的使用寿命，很高的比能量密度、很好的坚固性、良好的过充电和过放电内在保护性能，这使其成为空间应用的首选技术。这种电池的缺点是比能量密度差，自放电率高，使其逊色于锂离子电池。

在各种镍基电池中，镍锌电池的额定电压最高。此外，锌电极环保、廉价，因此吸引了大量学者研究。尽管人们一直致力于改善锌电极的循环寿命，但这仍然是其向更广阔领域发展和应用的主要障碍。

在所有的镍基电池中，镍—金属氢化物电池在开发和商业化两方面似乎取得了较大的成功，尤其是在混合动力汽车上。该电池展现出很长的耐久性，对碱性电池系统具有很高的兼容性，特别比能量和能量密度高，对快速充电和放电具有很高的抗力，且使用起来很安全。但金属氢化物电极的性能受到不可避免的合金粉化和腐蚀的限制。以前曾进行过一些改进，并在减轻重量方面也取得一些成功，但仍然远远不能令人满意。对镍镉电池、镍—金属氢化物电池和锂离子电池等，最近和目前流行的用于各种便携式用途的可充电电池的特性进行了比较，比较结果见表 11.8（Rashidi 等，2009）。虽然锂离子电池的电化学性能，如重量比和体积比能量密度、额定电池电压和自放电率均优于镍镉电池和镍—金属氢化物电池，但其高倍率放电性能差、成本高一直是制约其在市场广泛应用的因素。除此之外，锂离子电池与需要碱性电池的系统不兼容，例如电动汽车。

表 11.8   便携式应用可充电电池的特性

电池类型	镍镉电池	镍—金属氢化物电池	锂离子电池
重量比能量密度/(W·h/kg)	40~60	30~80	90
体积比能量密度/(W·h/L)	180	140	210
标称电池电压/V	1.25	1.25	3.6
等效串联电阻/Ω	极低	极低	高
循环寿命（达到初始容量的80%）	300~500	300~500	300~600

电池类型	镍镉电池	镍—金属氢化物电池	锂离子电池
20℃时的自放电率/（％/月）	20～30	15～20	5～10
典型的慢充电时间/h	12～36	4～10	充满电后不能耐受慢充电时间（只能用恒电压充电）
典型的快充电时间/h	1	0.25～1	1.5
高倍率放电容量/C	10	2～3	1～1.5
成本比较	最便宜	比镍镉较贵，但比锂离子便宜	最贵
最普遍/严重的退化机理（可靠性）	大电流过充，电池极性逆转（在放电期间）	大电流过充，电池极性逆转（在放电期间）	偶尔让电池短路
工作温度/℃	放电：10～40 最佳工作温度：25	放电：10～40 最佳工作温度：25	放电：−20～60 最佳工作温度：25
对碱性电池的兼容性	兼容	兼容	不兼容

来源：Gray 和 Smith，2009；Rashidi 等，2009。

　　本文回顾了多种二次镍基电池系统，目前世界范围正在进行的研究的最终目标，是满足不断高涨的对开发环保电源的需求。该电池的特点是经久耐用、能量密度高、功率容量大、体积小、成本低。毫无疑问，找到一种能满足所有这些要求的电池系统将是未来几年的研究重点，可以预见革命性电池技术一定能取得成功。

参考文献

http://industrial. panasonic. com/www – data/pdf/ACK4000/ACK4000PE2. pdf(Accessed 7 July 2013).

Abrashev, B. , Spassov, T. , Bliznakov, S. and Popov, A. (2010). Microstructure and electrochemical hydriding/dehydriding properties of ball – milled TiFe – based alloys. *International Journal of Hydrogen Energy*, 35, 6332 – 6337.

Adzic, G. D. , Johnson, J. R. , Reilly, J. J. , Mcbreen, J. , Mukerjee, S. , Kumar, M. P. S. , Zhang, W. and Srinivasan, S. (1995). Cerium content and cycle life of multicomponent AB[sub 5]hydride electrodes. *Journal of the Electrochemical Society*, 142, 3429 – 3433.

Ahlberg, E. , Palmqvist, U. , Simic, N. and Sjövall, R. (2000). Capacity loss in Ni – Cd pocket plate batteries. The origin of the second voltage plateau. *Journal of Power Sources*, 85, 245 – 253.

Anik, M. , Gasan, H. , Topcu, S. , Akay, I. and Aydinbeyli, N. (2009). Electrochemical hydrogen storage characteristics of Mg1. 5Al0. 5 − xZrxNi(x＝0, 0. 1, 0. 2, 0. 3, 0. 4, 0. 5)alloys synthesized by mechanical alloying. *International Journal of Hydrogen Energy*, 34, 2692 – 2700.

Arouete, S. , Blurton, K. F. and Oswin, H. G. (1969). Controlled current deposition of zinc from alkaline solution. *Journal of the Electrochemical Society*, 116, 166 – 169.

Audemer, A. , Delahaye, A. , Farhi, R. , Sac – Epee, N. and Tarascon, J. M. (1997). Electrochemical and Raman studies of Beta – type nickel hydroxides Ni[sub 1 − x]Co[sub x](OH)[sub 2]electrode materials. *Journal of the Electrochemical Society*, 144, 2614 – 2620.

Avendano, E. , Azens, A. , Niklasson, G. A. and Granqvist, C. G. (2005). Proton diffusion and electrochromism in hydrated NiO[sub y]and Ni[sub 1 − x]V[sub x]O[sub y]thin films. *Journal of the Electrochemical Society*, 152, F203 – F212.

Balasubramaniam, R. , Mungole, M. N. and Rai, K. N. (1993). Hydriding properties of MmNi5 system with aluminium, manganese and tin substitutions. *Journal of Alloys and Compounds*, 196, 63 – 70.

Bard, F. , Palac, N. , M. R. , Beaudoin, B. , Christian, P. A. and Tarascon, J. M. (2006). Cationic substitution in [gamma]– type nickel(oxi)hydroxides as a means to prevent self – discharge in Ni/Zn primary batteries. *Journal of Power Sources*, 160, 733 – 743.

Bass, K. , Mitchell, P. J. , Wilcox, G. D. and Smith, J. (1991). Methods for the reduction of shape change and dendritic growth in zinc – based secondary cells. *Journal of Power Sources*, 35, 333 – 351.

Bennion, D. N. (1980). Review of membrane separators and zinc – nickel oxide battery development. *Other Information: Portions are Illegible in Microfiche Products*. http://www. osti. gov/energycitations/product. biblio. jsp?osti_id=6137574.

Bernard, P. (2009). Secondary batteries – nickel systems | nickel – cadmium: sealed. In: *Encyclopedia of Electrochemical Power Sources*, X00FC and Rgen, G. (eds.). Amsterdam: Elsevier.

Berndt, D. (1997). *Maintenance – Free Batteries* (Second Edition). Hoboken, New Jersey, USA John Wiley & Sons, Inc.

Berndt, D. July (1998). Development of battery. *Varta Special Report*. http://company. varta. com/eng/content/presse/download/sp_report_4e. pdf (Accessed 23 August 2013).

Binder, L. and Kordesch, K. (1986). Electrodeposition of zinc using a multi – component pulse current. *Electrochimica Acta*, 31, 255 – 262.

Bliznakov, S. , Lefterova, E. , Dimitrov, N. , Petrov, K. and Popov, A. (2008). A study of the Al content impact on the properties of MmNi4. 4 – xCo0. 6Alx alloys as precursors for negative electrodes in NiMH batteries. *Journal of Power Sources*, 176, 381 – 386.

Bode, H. , Dehmelt, K. and Witte, J. (1966). Zur kenntnis der nickelhydroxidelektrode – Ⅰ . Über das nickel(Ⅱ)– hydroxidhydrat. *Electrochimica Acta*, 11, 1079 – 1087.

Boonstra, A. H. and Bernards, T. M. N. (1990). The effect of the electrolyte on the degradation process of LaNi5 electrodes. *Journal of the Less Common Metals*, 161, 355 – 368.

Boonstra, A. H. , Lippits, G. J. M. and Bernards, T. N. M. (1989). Degradation processes in a LaNi5 electrode. *Journal of the Less Common Metals*, 155, 119 – 131.

Boreiko, C. J. (2009). Safety | materials toxicity. In: *Encyclopedia of Electrochemical Power Sources*, X00FC and Rgen, G. (eds.). Amsterdam: Elsevier.

Borthomieu, Y. and Bernard, P. (2009). Secondary batteries – nickel systems | nickelhydrogen. In: *Encyclopedia of Electrochemical Power Sources*, X00FC and Rgen, G. (eds.). Amsterdam: Elsevier.

Britting, J. R and Britting, A. O. (1984). Design, development, performance, and reconditioning of Ni – Cd batteries using polypropylene separators. *Journal of Power Sources*, 12, 305 – 316.

Cairns, E. J. (2009). Secondary batteries – nickel systems | nickel – zinc. In: *Encyclopedia of Electrochemical Power Sources*, X00FC and Rgen, G. (eds.). Amsterdam: Elsevier.

Cattaneo, E. and Riegel, B. (2009). Chemistry, electrochemistry, and electrochemical applications | nickel. In: *Encyclopedia of Electrochemical Power Sources*, X00FC and Rgen, G. (eds.). Amsterdam: Elsevier.

Cenek, M. , Kouril, O. , Sandera, J. and Calabek, M. (1977). New possibilities in the technology of electrodes for alkaline accumulators. *Power Sources*, 6, 215.

Cern, J. and Micka, K. (1989). Voltammetric study of an iron electrode in alkaline electrolytes. *Journal of Power Sources*, 25, 111 – 122.

Chakkaravarthy, C. , Periasamy, P. , Jegannathan, S. and Vasu, K. I. (1991). The nickel/iron battery. *Journal of Power Sources*, 35, 21 – 35.

Chen, H. , Wang, J. M. , Pan, T. , Xiao, H. M. , Zhang, J. Q. and Cao, C. N. (2003). Effects of high – energy ball milling(HEBM)on the structure and electrochemical performance of nickel hydroxide. *International Journal of Hydrogen Energy*, 28, 119 – 124.

Chen, H. , Wang, J. M. , Pan, T. , Zhao, Y. L. , Zhang, J. Q. and Cao, C. N. (2005). The structure and electro-chemical performance of spherical Al – substituted [alpha] – Ni(OH)₂ for alkaline rechargeable batteries. *Journal of Power Sources*, 143, 243 – 255.

Cheng, F. – Y. , Chen, J. and Shen, P. – W. (2005). Y(OH)₃ – coated Ni(OH)₂ tube as the positive – electrode materials of alkaline rechargeable batteries. *Journal of Power Sources*, 150, 255 – 260.

Cheng, M. Y. and Hwang, B. J. (2009). Control of uniform nanostructured alpha Ni(OH)(2) with self – assembly sodium dodecyl sulfate templates. *Journal of Colloid and Interface Science*, 337, 265 – 271. 10. 1016/j. jcis. 2009. 05. 008.

Chin, D. T. and Venkatesh, S. (1981). A – C modulation of a rotating zinc electrode in an acid zinc – chloride solution. *Journal of the Electrochemical Society*, 128, 1439 – 1442. 10. 1149/1. 2127658.

Choi, B. , Lee, S. , Iizuka, M. , Otsuji, Y. , Fushimi, C. and Tsutsumi, A. (2009). Al – doped & alpha; – nickel hydroxide electrode: Addition of Co and effect of Al ion in electrolyte. *Journal of Chemical Engineering of Japan*, 42, 452 – 456.

Colinet, C. , Pasturel, A. , Percheron – Gu é gan, A. and Achard, J. C. (1987). Enthalpies of formation and hy-drogenation of La(Ni(1 – x)Co$_x$)₅ compounds. *Journal of the Less Common Metals*, 134, 109 – 122.

Corrigan, D. A. and Bendert, R. M. (1989). Effect of coprecipitated metal ions on the electrochemistry of nickel hydroxide thin fi lms: Cyclic voltammetry in 1M KOH. *Journal of the Electrochemical Society*, 136, 723 – 728.

Crompton, T. R. (2000a). Nickel batteries. *Battery Reference Book* (Third Edition). Oxford: Newnes.

Crompton, T. R. (2000b). Secondary batteries. *Battery Reference Book* (Third Edition). Oxford: Newnes.

Dahlen, M. (2003). Investigation on Storage Technologies for INtermittent Renewable Energies: Evaluation and recommended R&D strategy. INVESTIRE NETWORK.

Dell, R. M. (2000). Batteries: Fifty years of materials development. *Solid State Ionics*, 134, 139 – 158.

Demourgues – Guerlou, L. and Delmas, C. (1993). Structure and properties of precipitated nickel – iron hydroxides. *Journal of Power Sources*, 45, 281 – 289. 10. 1016/0378 – 7753(93)80017 – j.

Di, Z. , Yamamoto, T. , Inui, H. and Yamaguchi, M. (2000). Characterization of stack ing faults on basal planes in intermetallic compounds La₅Ni₁₉ and La₂Ni₇. *Intermetallics*, 8, 391 – 397.

Dixit, M. and Vishnu Kamath, P. (1995). Electrosynthesis and stabilization of [alpha] – cobalt hydroxide in the presence of trivalent cations. *Journal of Power Sources*, 56, 97 – 100.

Duan, G. T. , Cai, W. P. , Luo, Y. Y. , Li, Z. G. and Lei, Y. (2006). Hierarchical structured Ni nanoring and hollow sphere arrays by morphology inheritance based on ordered through – pore template and electro-deposition. *Journal of Physical Chemistry B*, 110, 15729 – 15733. 10. 1021/jp062255q.

Duffield, A. , Mitchell, P. J. , Hampson, N. A. , Kumar, N. and Shield, D. W. (1985). A rotating – disk study on Teflon – bonded porous zinc electrodes. *Journal of Power Sources*, 15, 93 – 100.

Dunlop, J. D. and Stockel, J. F. (1977). Orbital performance of NTS – 2 nickel – hydro gen battery. *Comsat Technical Review*, 7, 639 – 660.

Durairajan, A. , Haran, B. S. , Popov, B. N. and White, R. E. (1999). Cycle life and utilization studies on cobalt microencapsulated AB5 type metal hydride. *Journal of Power Sources*, 83, 114 – 120.

Eagle – Picher Industries, I. (1980). Research, development and demonstration of a nickel – iron battery for electric vehicle propulsion. *Journal of Power Sources*, 5, 325 – 325.

Edison, T. A. (1901). Reversible galvanic battery. *US Pat*, 678, 722.

Falk, S. U. and Salkind, A. J. (1986). Alkaline storage batteries. *Electrochemical Society Series*. New York,

Wiley.

Feng, F. and Northwood, D. O. (2005). Self - discharge characteristics of a metal hydride electrode for Ni - MH rechargeable batteries. *International Journal of Hydrogen Energy*, 30, 1367 - 1370.

Fetcenko, M. A. (2005). 22nd International Seminar &. Exhibit on Primary and Secondary Batteries. Ft. Lauderdale, FL, 14 - 17 March 2005.

Fetcenko, M. A., Ovshinsky, S. R., Reichman, B., Young, K., Fierro, C., Koch, J., Zallen, A., Mays, W. and Ouchi, T. (2007). Recent advances in NiMH battery technology. *Journal of Power Sources*, 165, 544 - 551.

Fuhr, K. H. (1987). Failure analysis of 3.5 inch, 50A · h nickel - hydrogen cells undergoing low earth orbit testing. *Proc. 22nd Intersociety Energy Conversion Engineering Conference*, Philadelphia, PA, AIAA, New York, 10 - 14 August 1987.

Gagnon, E. G. (1986). Effects of KOH concentration on the shape change and cycle life of Zn/NiOOH cells. *Journal of the Electrochemical Society*, 133, 1989 - 1995.

Gagnon, E. G. and Wang, Y. - M. (1987). Pasted - rolled zinc electrodes containing calcium hydroxide for use in Zn/NiOOH cells. *Journal of the Electrochemical Society*, 134, 2091 - 2096.

Gray, F. M. and Smith, M. J. (2009). Secondary batteries - lithium rechargeable systems | lithium polymer batteries. *In: Encyclopedia of Electrochemical Power Sources*, X00FC and Rgen, G. (eds.). Amsterdam: Elsevier.

Gregory, D. P., Jones, P. C. and Redfearn, D. P. (1972). The corrosion of zinc anodes in aqueous alkaline electrolytes. *Journal of the Electrochemical Society*, 119, 1288 - 1292.

Gross, S. (1971). Causes of failure in sealed nickel - cadmium batteries. *Energy Conversion*, 11, 39 - 42, 43 - 45.

Guerlou - Demourgues, L., Denage, C. and Delmas, C. (1994). New manganese - substituted nickel hydroxides: Part 1. Crystal chemistry and physical characterization. *Journal of Power Sources*, 52, 269 - 274. 10. 1016/0378 - 7753(94)02023 - x.

Guiose, B., Cuevas, F., Camps, B., Leroy, E. and Percheron - Guégan, A. (2009). Microstructural analysis of the ageing of pseudo - binary(Ti, Zr)Ni intermetallic compounds as negative electrodes of Ni - MH batteries. *Electrochimica Acta*, 54, 2781 - 2789.

Halpert, G. (1984). Past developments and the future of nickel electrode cell technology. *Journal of Power Sources*, 12, 177 - 192.

Hampson, N. A. and Mcneil, A. J. S. (1985). The electrochemistry of porous zinc V. The cycling behaviour of plain and polymer - bonded porous electrodes in koh solutions. *Journal of Power Sources*, 15, 261 - 285.

Han, X., Xie, X., Xu, C., Zhou, D. and Ma, Y. (2003). Morphology and electrochemical performance of nano - scale nickel hydroxide prepared by supersonic coordination - precipitation method. *Optical Materials*, 23, 465 - 470.

Han, X. J., Xu, P., Xu, C. Q., Zhao, L., Mo, Z. B. and Liu, T. (2005). Study of the effects of nanometer [beta] - Ni(OH)₂ in nickel hydroxide electrodes. *Electrochimica Acta*, 50, 2763 - 2769.

Hariprakash, B., Shukla, A. K. and Venugoplan, S. (2009). Secondary batteries - nickel systems | nickel - metal hydride: Overview. *In: Encyclopedia of Electrochemical Power Sources*, X00FC and Rgen, G. (eds.). Amsterdam: Elsevier.

Hassoun, J., Mulas, G., Panero, S. and Scrosati, B. (2007). Ternary Sn - Co - C Li - ion battery electrode material prepared by high energy ball milling. *Electrochemistry Communications*, 9, 2075 - 2081.

He, G., Jiao, L. - F., Yuan, H. - T., Zhang, Y. - Y. and Wang, Y. - J. (2008). Preparation and electrochemical properties of MgNi - MB(M=Co, Ti)composite alloys. *Journal of Alloys and Compounds*, 450, 375 - 379.

He, X., Wang, L., Li, W., Jiang, C. and Wan, C. (2006). Ytterbium coating of spherical Ni(OH)₂ cathode materials for Ni – MH batteries at elevated temperature. *Journal of Power Sources*, 158, 1480 – 1483.

Hills, S. (1965). Beneficial effect of lithiated electrolyte on iron battery electrodes. *Journal of the Electrochemical Society*, 112, 1048 – 1049.

Hsu, L. – C. and Sheibley, D. W. (1982). Inexpensive cross – linked polymeric separators made from water – soluble polymers. *Journal of the Electrochemical Society*, 129, 251 – 254.

Hu, W. – K. (1998). Effect of microstructure, composition and non – stoichiometry on electrochemical properties of low – Co rare – earth nickel hydrogen storage alloys. *Journal of Alloys and Compounds*, 279, 295 – 300.

Hu, W. – K. , Gao, X. – P. , Noréus, D. , Burchardt, T. and Nakstad, N. K. (2006). Evaluation of nano – crystal sized [alpha] – nickel hydroxide as an electrode material for alkaline rechargeable cells. *Journal of Power Sources*, 160, 704 – 710.

Hu, W. – K. and Noréus, D. (2003). Alpha nickel hydroxides as lightweight nickel electrode materials for alkaline rechargeable cells. *Chemistry of Materials*, 15, 974 – 978. 10. 1021/cm021312z.

Ikoma, M. , Hoshina, Y. , Matsumoto, I. and Iwakura, C. (1996). Self – discharge mechanism of sealed – type nickel/metal – hydride battery. *Journal of the Electrochemical Society*, 143, 1904 – 1907.

Ikoma, M. , Komori, K. , Kaida, S. and Iwakura, C. (1999). Effect of alkali – treatment of hydrogen storage alloy on the degradation of Ni/MH batteries. *Journal of Alloys and Compounds*, 284, 92 – 98.

Iwakura, C. , Asaoka, T. , Yoneyama, H. , Sakai, T. , Oguro, K. and Ishikawa, H. (1988). Electrochemical characteristics of lani5 system hydrogen – absorbing alloys as negative electrode materials for nickel – hydrogen batteries. *Nippon Kagaku Kaishi*, Issue 8, 1482 – 1488.

Iwakura, C. , Kajiya, Y. , Yoneyama, H. , Sakai, T. , Oguro, K. and Ishikawa, H. (1989). Self – discharge mechanism of nickel – hydrogen batteries using metal hydride anodes. *Journal of the Electrochemical Society*, 136, 1351 – 1355.

Iwakura, C. , Nohara, S. , Furukawa, N. and Inoue, H. (2002). The possible use of polymer gel electrolytes in nickel/metal hydride battery. *Solid State Ionics*, 148, 487 – 492.

Jain, M. , Elmore, A. L. , Matthews, M. A. and Weidner, J. W. (1998). Thermodynamic considerations of the reversible potential for the nickel electrode. *Electrochimica Acta*, 43, 2649 – 2660.

Jayalakshmi, M. , Venugopal, N. , Reddy, B. R. and Rao, M. M. (2005). Optimum conditions to prepare high yield, phase pure [alpha] – Ni(OH)$_2$ nanoparticles by urea hydrolysis and electrochemical ageing in alkali solutions. *Journal of Power Sources*, 150, 272 – 275.

Joubert, J. M. , Latroche, M. , Percheron – Guégan, A. and Bouet, J. (1996). Improvement of the electrochemical activity of Zr – Ni – Cr Laves phase hydride electrodes by secondary phase precipitation. *Journal of Alloys and Compounds*, 240, 219 – 228.

Jungner, W. (1901). Sätt att pá elktrolytisk väg föstora ytan af sadana metaller, hvilkas syreföreningar äro kemiskt olösliga i alkaliska lösningar. Swed Pat, 15, 567.

Kabanov, B. and Leikis, D. (1946). *Zhurnal Fizicheskoi Khimii*, 20, 995 – 1003.

Kalaignan, G. P. , Umaprakatheeswaran, C. , Muralidharan, B. , Gopalan, A. and Vasudevan, T. (1996). Electrochemical behaviour of addition agents impregnated in cadmium hydroxide electrodes for alkaline batteries. *Journal of Power Sources*, 58, 29 – 34.

Kamath, P. V. , Dixit, M. , Indira, L. , Shukla, A. K. , Kumar, V. G. and Munichandraiah, N. (1994). Stabilized alpha – Ni(OH)[sub 2] as electrode material for alkaline secondary cells. *Journal of the Electrochemical Society*, 141, 2956 – 2959.

Katz, M. H. , Adler, T. C. , Mclarnon, F. R. and Cairns, E. J. (1988). The effect of pulse charging on the cycle – life performance of zinc/nickel oxide cells. *Journal of Power Sources*, 22, 77 – 95.

Kazarinov, I. A. , Burashnikova, M. M. and Stepanov, A. N. (2001). Role of heterophase interactions between cadmium and nickel in cadmium electrode activation. *Russian Journal of Applied Chemistry* , 74, 430 – 433. 10. 1023/a:1012789426890.

Khaldi, C. , Mathlouthi, H. and Lamloumi, J. (2009). A comparative study, of 1 M and 8 M KOH electrolyte concentrations, used in Ni – MH batteries. *Journal of Alloys and Compounds*, 469, 464 – 471.

Kiani, M. A. , Mousavi, M. F. and Ghasemi, S. (2010). Size effect investigation on battery performance: Comparison between micro – and nano – particles of [beta] – Ni(OH)$_2$ as nickel battery cathode material. *Journal of Power Sources*, 195, 5794 – 5800.

Kim, J. S. , Paik, C. H. , Cho, W. I. , Cho, B. W. , Yun, K. S. and Kim, S. J. (1998). Corrosion behaviour of Zr_{1-x} $Ti_x V_{0.6} Ni_{1.2} M_{0.2}$ (M = Ni, Cr, Mn) AB_2 – type metal hydride alloys in alkaline solution. *Journal of Power Sources*, 75, 1 – 8.

Latroche, M. , Percheron – Guégan, A. and Chabre, Y. (1999). Infl uence of cobalt content in $MmNi_{4.3-x} Mn_{0.3}$ $Al_{0.4} Cox$ alloy (x = 0. 36 and 0. 69) on its electrochemical behaviour studied by in situ neutron diffraction. *Journal of Alloys and Compounds*, 293 – 295, 637 – 642.

Latroche, M. , Percheron – Gu é gan, A. , Chabre, Y. , Bouet, J. , Pannetier, J. and Ressouche, E. (1995). Intrinsic behaviour analysis of substituted $LaNi_5$ – type electrodes by means of in – situ neutron diffraction. *Journal of Alloys and Compounds*, 231, 537 – 545.

Lewis, H. , Jackson, P. , Salkind, A. , Danko, T. and Bell, R. (2001). Advanced membranes for alkaline primary and rechargeable alkaline cells with zinc anodes. *Journal of Power Sources* , 96, 128 – 132.

Li, S. L. , Wang, P. , Chen, W. , Luo, G. , Chen, D. M. and Yang, K. (2010a). Effect of nonstoichiometry on hydrogen storage properties of La ($Ni_{3.8} Al_{1.0} Mn_{0.2}$) x alloys. *International Journal of Hydrogen Energy*, 35, 3537 – 3545.

Li, X. , Song, Y. , Wang, L. , Xia, T. and Li, S. (2010b). Self – discharge mechanism of Ni – MH battery by using acrylic acid grafted polypropylene separator. *International Journal of Hydrogen Energy*, 35, 3798 – 3801.

Li, Y. , Han, S. , Zhu, X. and Ding, H. (2010c). Effect of CuO addition on electrochemical properties of AB_3 – type alloy electrodes for nickel/metal hydride batteries. *Journal of Power Sources* , 195, 380 – 383.

Li, Z. P. , Liu, B. H. , Hitaka, K. and Suda, S. (2002). Effects of surface structure of fl uorinated AB_2 alloys on their electrodes and battery performances. *Journal of Alloys and Compounds* , 330 – 332, 776 – 781.

Lim, H. S. and Stadnick, S. J. (1989). Effect of precharge on nickel – hydrogen cell storage capacity. *Journal of Power Sources* , 27, 69 – 79.

Lim, H. S. and Verzwyvelt, S. A. (1988). KOH concentration effect on the cycle life of nickel – hydrogen cells: III. Cycle life test. *Journal of Power Sources* , 22, 213 – 220.

Linden, D. (1984). *Handbook of Batteries and Fuel Cells*, McGraw – Hill, New York.

Liu, C. , Song, S. , Li, Y. and Liu, A. (2008). Investigations on structure and proton diffusion coefficient of rare earth ion (YL/NdL) and aluminum codoped [alpha] – Ni(OH)$_2$. *Journal of Rare Earths*, 26, 594 – 597.

Liu, Y. , Xu, L. , Jiang, W. , Li, G. , Wei, W. and Guo, J. (2009). Effect of substituting Al for Co on the hydrogen – storage performance of La0. 7Mg0. 3Ni2. 6AlxCo0. 5 – x (x = 0. 0 – 0. 3) alloys. *International Journal of Hydrogen Energy*, 34, 2986 – 2991.

Lundquist Jr, J. T. (1983). Separators for nickel – zinc batteries. *Journal of Membrane Science*, 13, 337 – 347.

Lv, J. , Tu, J. P. , Zhang, W. K. , Wu, J. B. , Wu, H. M. and Zhang, B. (2004). Effects of carbon nanotubes on the high – rate discharge properties of nickel/metal hydride batteries. *Journal of Power Sources*, 132,

282 - 287.

Machida, N. , Yamamoto, H. , Asano, S. and Shigematsu, T. (2005). Preparation of amorphous 75L2S · xP2S3 · (25 – x) P2S5 (mol%) solid electrolytes by a highenergy ball – milling process and their application for an all – solid – state lithium battery. *Solid State Ionics*, 176, 473 – 479.

Manzo, M. A. (1990). Nickel – hydrogen capacity loss on storage. *Journal of Power Sources*, 29, 541 – 554.

Mao, Z. and White, R. E. (1991). A mathematical model of the self – discharge of a Ni – H [sub 2] battery. *Journal of the Electrochemical Society*, 138, 3354 – 3361.

Markin, T. L. and Dell, R. M. (1981). Recent developments in nickel – oxide hydrogen batteries. *Journal of Electroanalytical Chemistry*, 118, 217 – 228.

Mcbreen, J. (1990). Nickel oxide electrode: Structure and performance. *Modern Aspects of Electrochemistry*, 21, 29 – 67.

Mcbreen, J. and Gannon, E. (1983). The effect of additives on current distribution in pasted zinc electrodes. *Journal of the Electrochemical Society*, 130, 1980 – 1982.

Mcdowall, J. (2003). *Memory Effect in Stationary Ni – Cd Batteries? Forget About It! Battcon*, The Battcon™ Stationary Battery Conference and Trade Show, Florida, Marco Island. 22 – 1.

Meli, F. , Züttel, A. and Schlapbach, L. (1995). Electrochemical and surface properties of iron – containing AB5 – type alloys. *Journal of Alloys and Compounds*, 231, 639 – 644.

Michalowski, T. D. (1899). *Ger. Pat.* , 112, 351.

Micka, K. and Z Bransk, Z. (1987). Study of iron oxide electrodes in an alkaline electrolyte. *Journal of Power Sources*, 19, 315 – 323.

Miller, L. (1986). An advanced nickel – cadmium battery cell design. *Journal of Power Sources*, 18, 155 – 160.

Miller, L. (1987). Test summary for advanced hydrogen cycle nickel – cadmium cell. *Journal of Power Sources*, 21, 339 – 342.

Montalenti, P. and Stangerup, P. (1977). Thermal simulation of NiCd batteries for spacecraft. *Journal of Power Sources*, 2, 147 – 162.

Morishita, M. , Ochiai, S. , Kakeya, T. , Ozaki, T. , Kawabe, Y. , Watada, M. , Tanase, S. and Sakai, T. (2008). Structural analysis by synchrotron XRD and XAFS for manganese – substituted alpha – and beta – type nickel hydroxide electrode. *Journal of the Electrochemical Society*, 155, A936 – A944.

Moriwaki, Y. , Gamo, T. , Shintani, A. and Iwaki, T. (1989). Laves phase alloys as hydrogen storage electrodes for nickel hydrogen batteries. *Denki Kagaku*, 57, 488 – 491.

Munshi, M. Z. A. , Tseung, A. C. C. and Misale, D. (1988). The behaviour of polyvinyl alcohol at the planar Cd/Cd(OH)$_2$ electrode interface. *Journal of Power Sources*, 23, 341 – 350.

Munshi, M. Z. A. , Tseung, A. C. C. , Parker, J. and Dawson, J. L. (1985). Effect of an organic additive on the impedance of cadmium in alkaline solution. *Journal of Applied Electrochemistry*, 15, 737 – 744. 10. 1007/bf00620570.

Negeevich, V. M. , Marchenko, G. P. , Pavlova, L. R. and Sagoyan, L. N. (1990). Compactibility of active electrode mass based on cadmium oxide. *Powder Metallurgy and Metal Ceramics*, 29, 860 – 864. 10. 1007/bf00794016.

Nichols, J. T. , Mclarnon, F. R. and Cairns, E. J. (1985). Zinc electrode cycle – life performance in alkaline electrolytes having reduced zinc species solubility. *Chemical Engineering Communications*, 37, 355 – 379.

Notten, P. H. L. and Latroche, M. (2009). Secondary batteries – nickel systems | nickel – metal hydride : Metal hydrides. *In : Encyclopedia of Electrochemical Power Sources*, X00FC and Rgen, G. (eds.). Amsterdam : Elsevier.

Oliva, P. , Leonardi, J. , Laurent, J. F. , Delmas, C. , Braconnier, J. J. , Figlarz, M. , Fievet, F. and Guibert, A. D. (1982). Review of the structure and the electrochemistry of nickel hydroxides and oxy – hydroxides. *Journal of Power Sources*, 8, 229 – 255.

Olurin, O. B. , Wilkinson, D. S. , Weatherly, G. C. , Paserin, V. and Shu, J. (2003). Strength and ductility of as – plated and sintered CVD nickel foams. *Composites Science and Technology*, 63, 2317 – 2329. 10. 1016/s0266 – 3538(03)00265 – 3.

Orikasa, H. , Karoji, J. , Matsui, K. and Kyotani, T. (2007). Crystal formation and growth during the hydrothermal synthesis of [small beta] – Ni(OH)$_2$ in onedimensional nano space. *Dalton Transactions*, 14, 3757 – 3762.

Oshitani, M. , Takayama, T. , Takashima, K. and Tsuji, S. (1986). A study on the swelling of a sintered nickel hydroxide electrode. *Journal of Applied Electrochemistry*, 16, 403 – 412. 10. 1007/bf01008851.

Ovshinsky, S. R. , Fetcenko, M. A. and Ross, J. (1993). A nickel metal hydride battery for electric vehicles. *Science*, 260, 176 – 181. 10. 1126/science. 260. 5105. 176.

Park, M. – S. , Kang, Y. – M. , Rajendran, S. , Kwon, H. – S. and Lee, J. – Y. (2006). Si – Ni – Carbon composite synthesized using high energy mechanical milling for use as an anode in lithium ion batteries. *Materials Chemistry and Physics*, 100, 496 – 502.

Peng, M. X. and Shen, X. Q. (2007). Template growth mechanism of spherical Ni(OH)(2). *Journal of Central South University of Technology*, 14, 310 – 314. 10. 1007/s11771 – 007 – 0061 – 9.

Pensabene, S. F. and Gould, J. W. (1976). Unwanted memory spooks nickel – cadmium cells. *IEEE Spectrum*, 33, 32 – 36. http://adsabs. harvard. edu/abs/1976IEEES.

Periasamy, P. , Ramesh Babu, B. and Venkatakrishna Iyer, S. (1996). Electrochemical behaviour of Teflon – bonded iron oxide electrodes in alkaline solutions. *Journal of Power Sources*, 63, 79 – 85.

Petchjatuporn, P. , Sirisuk, P. , Khaehintung, N. , Sunat, K. , Wicheanchote, P. and Kiranon, W. (2008). Low cost RISC implementation of intelligent ultra fast charger for Ni – Cd battery. *Energy Conversion and Management*, 49, 185 – 192.

Pistoia, G. (2009). Battery categories and types. *Battery Operated Devices and Systems*. Amsterdam: Elsevier.

Poa, S. P. and Lee, S. J. (1979). Experimental optimization of alkaline zinc – silver oxide primary cell with respect to the zinc electrode preparation and composition. *Journal of Applied Electrochemistry*, 9, 307 – 313. 10. 1007/bf01112484.

Pralong, V. , Delahaye – Vidal, A. , Chabre, Y. , Beaudoin, B. and Tarascon, J. M. (2001). The outcome of cobalt in the nickel – cobalt oxyhydroxide electrodes of alkaline batteries. *Journal of Solid State Chemistry*, 162, 270 – 281.

Provazi, K. , Giz, M. J. , Dall'Antonia, L. H. and Córdoba De Torresi, S. I. (2001). The effect of Cd, Co, and Zn as additives on nickel hydroxide opto – electrochemical behavior. *Journal of Power Sources*, 102, 224 – 232.

Rahman, I. Z. , Razeeb, K. M. , Kamruzzaman, M. and Serantoni, M. (2004). Characterisation of electrodeposited nickel nanowires using NCA template. *Journal of Materials Processing Technology*, 153 – 154, 811 – 815.

Raju, M. , Ananth, M. V. and Vijayaraghavan, L. (2009). Infl uence of electroless coatings of Cu, Ni – P and Co – P on MmNi3. 25Al0. 35Mn0. 25Co0. 66 alloy used as anodes in Ni – MH batteries. *Journal of Alloys and Compounds*, 475, 664 – 671.

Rashidi, R. , Dincer, I. , Naterer, G. F. and Berg, P. (2009). Performance evaluation of direct methanol fuel cells for portable applications. *Journal of Power Sources*, 187, 509 – 516.

Ratnakumar, B. V. , Timmerman, P. and Di Stefano, S. (1996). Simulation of temperature – compensated voltage limit curves for aerospace Ni – Cd batteries using a first principles'model. *Journal of Power Sources*, 63, 157 – 165.

Reisner, D. E. , Salkind, A. J. , Strutt, P. R. and Xiao, T. D. (1997). Nickel hydroxide and other nanophase cathode materials for rechargeable batteries. *Journal of Power Sources*, 65, 231 – 233.

Rongeat, C. , Grosjean, M. H. , Ruggeri, S. , Dehmas, M. , Bourlot, S. , Marcotte, S. and Rou, L. (2006). Evaluation of different approaches for improving the cycle life of MgNi – based electrodes for Ni – MH batteries. *Journal of Power Sources*, 158, 747 – 753.

Rongeat, C. and Rou, L. (2005). On the cycle life improvement of amorphous MgNi based alloy for Ni – MH batteries. *Journal of Alloys and Compounds*, 404 – 406, 679 – 681.

Rozentsveig, S. A. and Shcherbakova, Z. V. (1961). Effect of sulfur on the iron electrode in alkaline solution. *Zhurnal Fizicheskoi Khimii*, 35, 2547 – 2552.

Rozentsveig, S. A. , Ufl yand, N. Y. and Shcherbakova, Z. V. (1962). Adsorption of sulfur on iron in alkali solutions. *Zhurnal Fizicheskoi Khimii*, 36, 557 – 561.

Sakai, G. , Miyazaki, M. and Kijima, T. (2010). Synthesis of β – Ni(OH)$_2$ hexagonal plates and electrochemical behavior as a positive electrode material. *Journal of the Electrochemical Society*, 157, A932 – A939.

Sakai, T. , Oguro, K. , Miyamura, H. , Kuriyama, N. , Kato, A. , Ishikawa, H. and Iwakura, C. (1990). Some factors affecting the cycle lives of LaNi$_5$ – based alloy electrodes of hydrogen batteries. *Journal of the Less Common Metals*, 161, 193 – 202.

Salvarezza, R. C. , Videla, H. A. and Arv, A, A. J. (1982). The electrodissolution and passivation of mild steel in alkaline sulphide solutions. *Corrosion Science*, 22, 815 – 829.

Sathyanarayana, S. (1985). Ideally rechargeable cadmium electrodes for alkaline storage batteries. *Journal of Applied Electrochemistry*, 15, 453 – 458. 10. 1007/bf00616001.

Sato, Y. , Takeuchi, S. and Kobayakawa, K. (2001). Cause of the memory effect observed in alkaline secondary batteries using nickel electrode. *Journal of Power Sources*, 93, 20 – 24.

Sawa, H. , Ohta, M. , Nakano, H. and Wakao, S. (1989). Effects of oxidation treatment of Ti – Zr – Ni hydride electrodes containing Zr$_7$Ni$_{10}$ phase on their electrochemi cal properties. *Zeitschrift fur Physikalische Chemie N. F.* , 164, 1527.

Shaoan, C. , Anbao, Y. , Hong, L. , Jianqing, Z. and Chunan, C. (1998). Effects of barium and cobalt on electrochemical performance of nickel hydroxide with chemically co – precipitated zinc. *Journal of Power Sources*, 76, 215 – 217.

Sheibley, D. W. and Manzo, M. A. (1980). Control of volume resistivity in inorganic – organic separators. *Journal of the Electrochemical Society*, 127, 2392 – 2397.

Sheibley, D. W. , Manzo, M. A. and Gonzalez – Sanabria, O. D. (1983). Cross – linked polyvinyl alcohol films as alkaline battery separators. *Journal of the Electrochemical Society*, 130, 255 – 259.

Shivkumar, R. , Paruthimal Kalaignan, G. and Vasudevan, T. (1995). Effect of additives on zinc electrodes in alkaline battery systems. *Journal of Power Sources*, 55, 53 – 62.

Shu, K. , Zhang, S. , Lei, Y. , L, G. and Wang, Q. (2003). Study on structure and electrochemical performance of melt – spun non – stoichiometry alloys Ml(NiCoMnTi)5 + X. *International Journal of Hydrogen Energy*, 28, 1101 – 1105.

Shukla, A. K. and Hariprakash, B. (2009a). Secondary batteries – nickel systems | electrodes: cadmium. *In: Encyclopedia of Electrochemical Power Sources*, X00FC and Rgen, G. (eds.). Amsterdam: Elsevier.

Shukla, A. K. and Hariprakash, B. (2009b). Secondary batteries – nickel systems | electrodes: Iron. *In: Ency-*

clopedia of Electrochemical Power Sources, XOOFC and Rgen, G. (eds.). Amsterdam: Elsevier.

Shukla, A. K. and Hariprakash, B. (2009c). Secondary batteries – nickel systems | nickel – iron. *In: Encyclopedia of Electrochemical Power Sources*, XOOFC and Rgen, G. (eds.). Amsterdam: Elsevier.

Shukla, A. K. , Ravikumar, M. K. and Balasubramanian, T. S. (1994). Nickel/iron batteries. *Journal of Power Sources*, 51, 29 – 36.

Shukla, A. K. , Venugopalan, S. and Hariprakash, B. (2001). Nickel – based rechargeable batteries. *Journal of Power Sources*, 100, 125 – 148.

Shukla, A. K. , Venugopalan, S. and Hariprakash, B. (2009). Secondary batteries – nickel systems | nickel – cadmium: Overview. *In: Encyclopedia of Electrochemical Power Sources*, XOOFC and Rgen, G. (eds.). Amsterdam: Elsevier.

Song, Q. , Tang, Z. , Guo, H. and Chan, S. L. I. (2002). Structural characteristics of nickel hydroxide synthesized by a chemical precipitation route under different pH values. *Journal of Power Sources*, 112, 428 – 434.

Song, Q. S. and Chan, S. L. I. (2009). Nanostructured nickel hydroxides as electrode materials for nickel – based batteries. *In: Nano Materials for Energy Storage Applications*, Nalwa, H. S. (ed.). California, American Scientific Publishers.

Song, Q. S. , Chiu, C. H. and Chan, S. L. I. (2006). Performance improvement of pasted nickel electrodes with an addition of ball – milled nickel hydroxide powder. *Electrochimica Acta*, 51, 6548 – 6555.

Song, Q. S. , Li, Y. Y. and Chan, S. L. I. (2005). Physical and electrochemical characteristics of nanostructured nickel hydroxide powder. *Journal of Applied Electrochemistry*, 35, 157 – 162. 10. 1007/s 10800 – 004 – 6301 – x.

Souza, C. A. C. , Carlos, I. A. , Lopes, M. , Finazzi, G. A. and De Almeida, M. R. H. (2004). Self – discharge of Fe – Ni alkaline batteries. *Journal of Power Sources*, 132, 288 – 290.

Stockel, J. F. , Dunlop, J. D. and Betz, F. (1980). NTS – 2 nickel – hydrogen battery performance. *Journal of Spacecraft and Rockets*, 17, 31 – 34.

Stubicar, M. , Blazina, Z. , Tonejc, A. , Stubicar, N. and Krumes, D. (2001). The effect of high energy ball milling on the crystal structure of GDNi$_5$. *Physica B: Condensed Matter*, 304, 304 – 308.

Tam, W. G. and Wainright, J. S. (2007). A microfabricated nickel – hydrogen battery using thick film printing techniques. *Journal of Power Sources*, 165, 481 – 488. 10. 1016)/j. jpowsour. 2006. 11. 042.

Tamil Selvan, S. , Nathira Begum, S. , Chidambaram, V. , Sabapathi, R. and Vasu, K. I. (1990). Effect of iron addition to the cadmium electrode. *Journal of Power Sources*, 32, 55 – 62.

Taniguchi, A. , Fujioka, N. , Ikoma, M. and Ohta, A. (2001). Development of nickel/metal – hydride batteries for EVs and HEVs. *Journal of Power Sources*, 100, 117 – 124.

Taucher – Mautner, W. and Kordesch, K. (2003). Influence of electrode composition on cycling performance of cylindrical nickel – zinc cells. *In: Batteries and Supercapacitors*, Nazri, G. A. , Takeuchi, E. , Koetz, R. and Scrosati, B. (eds.).

Taucher – Mautner, W. and Kordesch, K. (2004). Studies of pasted nickel electrodes to improve cylindrical nickel – zinc cells. *Journal of Power Sources*, 132, 275 – 281.

Teplinskaya, T. K. , Fedorova, N. N. and Rozentsveig, S. A. (1964). Nature of the product of the 2nd anodic process on the iron electrode of an alkaline battery. *Zhurnal Fizicheskoi Khimii*, 38, 2176 – 2181.

Tessier, C. , Guerlou – Demourgues, L. , Faure, C. , Demourgues, A. and Delmas, C. (2000). Structural study of zinc – substituted nickel hydroxides. *Journal of Materials Chemistry*, 10, 1185 – 1193.

Thaller, L. H. and Zimmerman, A. H. (1996). Electrolyte management considerations in modern nickel/hydrogen and nickel/cadmium cell and battery designs. *Journal of Power Sources*, 63, 53 – 61.

Thaller, L. H. and Zimmerman, A. H. (2003). Overview of the design, development, and application of nickel – hydrogen batteries. *The Aerospace Corporation, Los Angeles, California*, 44.

Unates, M. E. , Folquer, M. E. , Vilche, J. R. and Arvia, A. J. (1992). The influence of Foreign cations on the electrochemical behavior of the nickel hydroxide electrode. *Journal of the Electrochemical Society*, 139, 2697 – 2704.

Van Mal, H. H. , Buschow, K. H. J. and Kuijpers, F. A. (1973). Hydrogen absorption and magnetic properties of $LaCo_{5x}Ni_{5-5x}$ compounds. *Journal of the Less Common Metals*, 32, 289 – 296.

Vermeiren, P. , Adriansens, W. , Moreels, J. P. and Leysen, R. (1998). Evaluation of the Zirfon ® separator for use in alkaline water electrolysis and Ni – H2 batteries. *International Journal of Hydrogen Energy*, 23, 321 – 324.

Vidotti, M. , Salvador, R. P. and Córdoba De Torresi, S. I. (2009). Synthesis and characterization of stable Co and Cd doped nickel hydroxide nanoparticles for electrochemical applications. *Ultrasonics Sonochemistry*, 16, 35 – 40.

Vijayamohanan, K. , Balasubramanian, T. S. and Shukla, A. K. (1991). Rechargeable alkaline iron electrodes. *Journal of Power Sources*, 34, 269 – 285.

Vijayamohanan, K. , Shukia, A. K. and Sathyanarayana, S. (1990). Role of sulphide additives on the performance of alkaline iron electrodes. *Journal of Electroanalytical Chemistry*, 289, 55 – 68.

Visintin, A. , Anani, A. , Srinivasan, S. , Appleby, A. J. and Lim, H. S. (1995). Kinetic aspects of self – discharge of nickel – hydrogen batteries and methods for its prevention. *Journal of Applied Electrochemistry*, 25, 833 – 840.

Wakao, S. , Sawa, H. and Furukawa, J. (1991). Effects of partial substitution and anodic oxidation treatment of Zr – V – Ni alloys on electrochemical properties. *Journal of the Less Common Metals*, 172 – 174, 1219 – 1226.

Wang, C. , Marrero – Cruz, M. , Soriaga, M. P. , Serafini, D. and Srinivasan, S. (2002). Improvement in the cycle life of LaB5 metal hydride electrodes by addition of ZnO to alkaline electrolyte. *Electrochimica Acta*, 47, 1069 – 1078.

Wang, C. Y. , Sun, J. , Liu, H. K. , Dou, S. X. , Macfarlace, D. and Forsyth, M. (2005). Potential application of solid electrolyte P11 OH in Ni/MH batteries. *Synthetic Metals*, 152, 57 – 60. 10. 1016/ j. synthmet. 2005. 07. 125.

Wang, S. , Yang, Z. and Zeng, L. (2008). Study of calcium zincate synthesized by solidphase synthesis method without strong alkali. *Materials Chemistry and Physics*, 112, 603 – 606.

Wang, Y. – M. (1990). Effect of KOH concentration on the formation and decomposition kinetics of calcium zincate. *Journal of the Electrochemical Society*, 137, 2800 – 2803.

Wang, Y. – M. and Wainwright, G. (1986). Formation and decomposition kinetic studies of calcium zincate in 20 w/o KOH. *Journal of the Electrochemical Society*, 133, 1869 – 1872.

Wang, Z. M. , Li, C. Y. V. and Chan, S. L. I. (2009). Effect of electrolyte on electrochemical characteristics of $MmNi_{3.55}Co_{0.72}Al_{0.3}Mn_{0.43}$ alloy electrode for hydrogen storage. *International Journal of Hydrogen Energy*, 34, 5422 – 5428.

Wang, Z. M. , Tsai, P. – J. , Ip Chan, S. L. , Zhou, H. Y. and Lin, K. S. (2010). Effects of electrolytes and temperature on high – rate discharge behavior of $MmNi_5$ – based hydrogen storage alloys. *International Journal of Hydrogen Energy*, 35, 2033 – 2039.

Watanabe, K. – I. , Koseki, M. and Kumagai, N. (1996). Effect of cobalt addition to nickel hydroxide as a positive material for rechargeable alkaline batteries. *Journal of Power Sources*, 58, 23 – 28.

Watanabe, K. – I. and Kumagai, N. (1997). Electrochemical and thermodynamic studies of nickel electrodes in alkaline electrolytes. *Journal of Power Sources*, 66, 121 – 127.

Watanabe, K., Kikuoka, T. and Kumagai, N. (1995). Physical and electrochemical characteristics of nickel hydroxide as a positive material for rechargeable alkaline batteries. *Journal of Applied Electrochemistry*, 25, 219 – 226.

Wehrens – Dijksma, M. and Notten, P. H. L. (2006). Electrochemical quartz microbalance characterization of $Ni(OH)_2$ – based thin film electrodes. *Electrochimica Acta*, 51, 3609 – 3621.

Willems, J. J. G. and Buschow, K. H. J. (1987). From permanent magnets to rechargeable hydride electrodes. *Journal of the Less Common Metals*, 129, 13 – 30.

Wu, J. B., Tu, J. P., Han, T. A., Yang, Y. Z., Zhang, W. K. and Zhao, X. B. (2006). Highrate dischargeability enhancement of Ni/MH rechargeable batteries by addition of nanoscale CoO to positive electrodes. *Journal of Power Sources*, 156, 667 – 672.

Wu, J. Z., Tu, J. P., Yuan, Y. F., Ma, M., Wang, X. L., Zhang, L., Li, R. L. and Zhang, J. (2009). Ag – modification improving the electrochemical performance of ZnO anode for Ni/Zn secondary batteries. *Journal of Alloys and Compounds*, 479, 624 – 628.

Wu, M. S., Wu, H. R., Wang, Y. Y. and Wan, C. C. (2003). Effects of the stoichiometric ratio of aluminium and manganese on electrochemical properties of hydrogen storage alloys. *Journal of Applied Electrochemistry*, 33, 619 – 625.

Yang, H., Zhang, H., Wang, X., Wang, J., Meng, X. and Zhou, Z. (2004). Calcium zincate synthesized by ballmilling as a negative material for secondary alkaline batteries. *Journal of the Electrochemical Society*, 151, A2126 – A2131.

Yang, J. L., Yuan, Y. F., Wu, H. M., Li, Y., Chen, Y. B. and Guo, S. Y. (2010). Preparation and electrochemical performances of ZnO nanowires as anode materials for Ni/Zn secondary battery. *Electrochimica Acta*, 55, 7050 – 7054.

Yuan, A., Cheng, S., Zhang, J. and Cao, C. (1998). The influence of calcium compounds on the behaviour of the nickel electrode. *Journal of Power Sources*, 76, 36 – 40.

Yuan, A., Cheng, S., Zhang, J. and Cao, C. (1999). Effects of metallic cobalt addition on the performance of pasted nickel electrodes. *Journal of Power Sources*, 77, 178 – 182.

Yuasa, K. and Ikoma, M. (2006). Improvement of basic performances of a nickelmetal hydride battery. *Research on Chemical Intermediates*, 32, 461 – 471. 10. 1163/156856706777973727.

Yunchang, D., Hui, L., Jiongliang, Y. and Zhaorong, C. (1995). Effects of dopants on electrochemical performance of nickel cathodes. *Journal of Power Sources*, 56, 115 – 119.

Züttel, A., Meli, F. and Schlapbach, L. (1994). Effects of pretreatment on the activation behavior of $Zr(V_{0.25}Ni_{0.75})2$ metal hydride electrodes in alkaline solution. *Journal of Alloys and Compounds*, 209, 99 – 105.

Zhang, C., Wang, J. M., Zhang, L., Zhang, J. Q. and Cao, C. N. (2001). Study of the performance of secondary alkaline pasted zinc electrodes. *Journal of Applied Electrochemistry*, 31, 1049 – 1054. 10. 1023/a:1017923924121.

Zhang, G., Fan, C., Pan, L., Wang, F., Wu, P., Qiu, H., Gu, Y. and Zhang, Y. (2005a). Magnetic and transport properties of magnetite thin films. *Journal of Magnetism and Magnetic Materials*, 293, 737 – 745.

Zhang, H., Chen, Y., Zhu, Q., Zhang, G. and Chen, Y. (2008a). The effects of carbon nanotubes on the hydrogen storage performance of the alloy electrode for high – power Ni – MH batteries. *International Journal of Hydrogen Energy*, 33, 6704 – 6709.

Zhang, L., Huang, H., Zhang, W. K., Gan, Y. P. and Wang, C. T. (2008b). Effects of conductive ceramic on the electrochemical performance of ZnO for Ni/Zn rechargeable battery. *Electrochimica Acta*, 53, 5386 – 5390.

Zhang, W. K. , Xia, X. H. , Huang, H. , Gan, Y. P. , Wu, J. B. and Tu, J. P. (2008c). Highrate discharge properties of nickel hydroxide/carbon composite as positive electrode for Ni/MH batteries. *Journal of Power Sources*, 184, 646 – 651.

Zhang, Z. , Yang, J. , Nuli, Y. , Wang, B. and Xu, J. (2005b). CoPx synthesis and lithiation by ball – milling for anode materials of lithium ion cells. *Solid State Ionics*, 176, 693 – 697.

Zhou, H. and Zhou, Z. (2005). Preparation, structure and electrochemical performances of nanosized cathode active material Ni(OH)$_2$. *Solid State Ionics*, 176, 1909 – 1914.

Zhu, W. – H. , Ke, J. – J. , Yu, H. – M. and Zhang, D. – J. (1995). A study of the electrochemistry of nickel hydroxide electrodes with various additives. *Journal of Power Sources*, 56, 75 – 79.

Zimmerman, A. H. and Seaver, R. (1990). Cobalt segregation in nickel electrodes during nickel hydrogen cell storage. *Journal of the Electrochemical Society*, 137, 2662 – 2667.

第 12 章　大中型储能氧化还原液流电池

M. SKYLLAS - KAZACOS，*C. MENICTAS*，
University of New South Wales，*Australia*
T. LIM，*Ngee Ann Polytechnic*，*Singapore*

DOI：10.1533/9780857097378.3.398

摘　要：在发达国家和发展中国家，越来越多的可再生能源逐渐并入电网，因此，
储能需求成为电网稳定性的优先考虑因素。对于需要 2h 以上储存容量的应
用来说，液流电池的能源效率高，循环寿命长，成本结构好。液流电池技
术目前正在发展中，其中澳大利亚新南威尔士大学（UNSW）开发的钒氧
化还原液流电池最受关注，在日本、欧洲、美国和中国等设置了 30 多个大
中型装置，展示其在一系列离网和并网应用中的益处和特点。

关键词：储能；氧化还原液流电池；钒氧化还原液流电池；锌溴电池；聚硫化溴电池

12.1　引言

可再生能源技术的一个缺点是其间歇性。就太阳能而言，只能在有太阳光照的时间内
进行生产，而这经常与能源使用高峰期处于不同时间段。此外，间歇的云层覆盖会造成光
伏板功率输出严重不稳定，甚至在晴朗的天气也会出现。风电机组输出同样不稳定，风力
发电的不规则性使其不能满足全年负载功率的需求。小时风速波动给负载增加了一项额外
的供电持续性问题，该负载需要连接电网或后备电源来确保可靠性。但是，超过 12%～
15% 的可再生能源并网将导致严重的电网稳定性问题，要解决这种电网稳定性问题，只能
整合有效储能，将可再生能源的利用最大化，并辅助负载调平。到目前为止，已经有数种
型式的储能系统成功地用于示范和商业应用，包括抽水蓄能、压缩空气和飞轮等机械系
统，以及燃料电池和蓄电池等电化学系统。

抽水蓄能电站目前占全球发电量的 3%，是目前使用最普遍的储能系统。抽水蓄能系
统依靠两个水库分别产生和储存电能。存储容量取决于水库的规模，发电量取决于水轮机
尺寸和水流量。抽水蓄能电站通常用于大型应用，但受地形限制。压缩空气系统也可提供
十亿瓦特规模的电能及数小时的存储容量，但是与抽水蓄能一样，这些系统受地质和地形
限制，只能选在特定位置，而这些特定位置可能远离可再生能源或负载。飞轮在规模和位
置上更加灵活，但能量密度低，这限制了它在需要几秒钟到几分钟储能的电能质量应用中
的使用。但适合调节风电机组和光伏阵列的短时不稳定性，被普遍认为不适用于需要数小

时存储容量的可再生能源的负载转移和负载调节。电化学储能系统灵活性更高，其能源效率、性能和成本结构满足大型可再生能源存储和智能电网应用的需要（EPRIDOE，2003，2004）。

在目前可用的电化学系统中，铅酸电池能够提供低成本储能，已被成功用于后备电力系统及其他小型应用。尽管铅酸电池已经广泛使用，但在大部分储能应用需要深度放电的情况下，其生命周期相对较短。澳大利亚联邦科学与工业研究组织（CSIRO）开发的铅酸电池技术具有一项新发展，即超级电池，这是一种混合储能装置，能将一个超级电容器和一个铅酸电池集成在单个电池内（CSIRO，2011）。超级电池将碳片整合在负极，作为超级电容器混合电极，与传统技术相比，它允许快速充电。这一特点使铅酸电池更适用于混合动力汽车，对短期风力机输出功率稳定性也非常重要。但这种混合系统在深度放电应用下的循环寿命并未展示出来，因此它最可能的应用是混合动力汽车和需要短期储能能力的其他应用。

人们正进行大量研究，将锂离子电池用于混合动力和电动汽车，但与其他存储系统相比，锂离子电池过于昂贵（ESA，2011）。但锂离子电池的生命周期很长，运行时效率接近 100%，能量密度为 $300\sim400kW\cdot h/m^3$，使其成为适用于便携式电器市场的理想材料，尤其适用于数码相机。这种高能量密度使电池重量降低，但锂离子电池如果意外过度充电，会在负极形成高活性金属锂，会导致潜在安全问题。为了避免可能的爆炸和火灾，锂离子电池需要一个保护电路模块（PCM）来防止过度充电并放电至电压下限。这也限制了充电和放电电流，并在异常情况下使电池开路（Balakrishnan 等，2006）。尽管存在这些限制，最近，美国安装并试验了若干基于兆瓦特规模的锂离子示范项目（A123，2011）。这种系统能够为风力机带来短期功率输出稳定性；但是，对于风能的长期存储应用来说，需进一步缩减锂电池的成本，这样锂电池才具有竞争性。

大型储能的另一个重要备选项是钠硫电池。钠硫电池的正极以液体（熔）硫为活性物质，负极以液体（熔）钠为活性物质，两者被固体 β 氧化铝陶瓷电解液分开。钠硫电池的运行温度在 350℃ 以上，但电池组的构建方法复杂，在充电和停用期间还需要铺助加热以防止机械应力引起的钠电解液冻结和损坏。尽管成本相对较高，但日本有 190 多个网点已经安装了钠硫电池，共计超过 270MW，储存的能量适合 6h 日常调峰。其主要限制是设备使用的高级陶瓷分离器生产困难，液体金属钠和硫使用起来有潜在的安全危害（Skyllas - Kazacos，2010）。

铅酸电池、锂离子电池和钠硫电池依赖固态操作来实现充电—放电反应，这经常导致活性物质发生机械故障并产生生命周期限制，而液流电池的不同之处就在于使用溶液来储能能量。因为容量取决于外部储罐中储存的电解液体积，在深度放电运行下，液流电池的生命周期较长，电力能源等级的灵活性最大。

锌溴（Zn/Br）电池和钒氧化还原电池（VRB）等液流电池可以将化学能转换为电能，通过抽取外部储罐中的电解液并使之通过电池堆，在电池堆中，多孔石墨毡组成的惰性电极发生电子转移反应，多孔石墨毡为电子转移反应提供一个高比表面。不同氧化态的电解液提供发电所需的电化学电势。近几年，人们对液流电池的研究和发展进行了一系列回顾，涵盖了不同的液流电池化学原理和技术（Skyllas - Kazacos 等，2011；Weber 等，

2011)。

　　液流电池与传统电池的不同之处在于，其活性物质是储存在外部储罐中的两种氧化还原电对溶液，通过抽取，使其通过一个电化学电池堆，在这个电化学电池堆中，两种溶液被一种离子交换膜分开，这种离子交换膜可以防止两种溶液混合（图 12.1）。

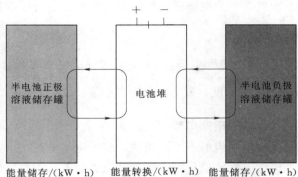

图 12.1　液流电池原理图。

　　液流电池有两大类。第一类是金属/卤化物液流电池，含有充电期间负极的金属沉淀。锌溴电池和氯化锌（Zn/Cl）电池即属于这种类型，这是最早的液流电池类型之一（Blevins，1981）。在这两种电池中，容量是由负极沉淀的金属锌的数量决定的。

　　第二类液流电池是氧化还原液流电池（RFB），在半电池中使用两种完全可溶性氧化还原电对溶液。与锌溴和氯化锌液流电池不同，氧化还原液流电池的所有反应物和生成物都是液相，充电期间电极上不镀任何金属。氧化还原电池在溶液中储存能量，所以，系统容量取决于电解液储罐的规模，系统功率取决于电池堆的规模。氧化还原液流电池比蓄电池更像一个可充电燃料电池。

　　人们对氧化还原电池的研究始于 20 世纪 70 年代，即美国国家航空航天局（NASA）开发了铁铬电池（Thaller，1976；Swette 和 Jalan，1984）。但是，在过去 30 年间开发的氧化还原液流电池技术中，目前，只有澳大利亚新南威尔士大学发明的钒氧化还原电池取得了商业成功（Skyllas - Kazacos 和 Robbins，1986）；电解液配方的进一步发展引领了第 2 代（Skyllas - Kazacos，2001）和第 3 代钒（Li 等，2011）氧化还原电池技术，这些技术的能量密度比原来的钒/硫酸系统（G1 VRB）更高，但这些技术仍处在发展阶段。

　　下面将对上述氧化还原液流电池系统进行详细说明。将首先说明与液流电池相关的电化学电池的基本性质和性能特征。

12.2　电化学电池

　　在说明不同类型的电化学储能系统性能时，理解电化学电池的基本原理和影响电池电势和能源效率的因素是非常重要的。本书概述了电池的基本原理，并说明了电化学储能系统尤其是氧化还原液流电池性能评价的标准。

12.2.1　理论电池电势

　　电化学电池的电池电势即电池两极之间的电势差异，因电子转移未达到均衡，电子通过外电路发生转移，即产生了电池电势。这与电池反应的吉布斯自由能变有关，方程式如下

$$\Delta G = -nE_{cell}F \tag{12.1}$$

式中：ΔG 为吉布斯自由能变，J；n 为单位总反应的电子转移数量，mol；E_{cell} 为电池电势，V；F 为法拉第常量，$F=96485C/mol$。

此外，电池电势还与能斯脱方程反应混合物的构成有关

$$E_{cell}=E^o_{cell}-\frac{RT}{nF}\ln Q \tag{12.2}$$

式中：E_{cell} 为电池电势，V；E^o_{cell} 为标准电池电势，V；R 为气体常数，$R=8.314J/(K\cdot mol)$；T 为温度，K；Q 为反应系数，$Q=\dfrac{[Ox]}{[Red]}$。

12.2.2 实际电池电势

由于电池内的不可逆损失，实际电池电势比上文中的理论电池电势要低。这种损失有活性极化、浓度极化和欧姆极化三大来源，则整体电池电势为

$$V_{cell}=E^C-E^A-\eta_A-\eta_C-iR_{cell} \tag{12.3}$$

式中：E^C 为阴极电势，V；E^A 为阳极电势，V；η_A 为阴极反应和阳极反应的活化过电势，V，这是电子转移反应克服活化能垒所需的额外电势；η_C 为阳极和阴极的浓度过电势，V，这是克服电极/电解液界面传质控制所需的额外电势；i 为电流密度，A/cm^2；R_{cell} 为既定电极横截面积的欧姆电阻，$\Omega\cdot cm^2$。

图 12.2 所示为作为电流密度函数的实际电池电势。活化过电压与电极反应的动力有关，是电极材料的温度和属性的函数。激活过电压与电解液/电解液界面的传质过程有关。它受电解液流量影响，尤其在高态和低态充电时，即电解液中的活性物质浓度低，且活性离子向电极表面的转移率不能与穿过电极/电解液界面的电子转移相一致时。欧姆电阻损失与电极、膜和集电器的电阻有关，因此材料选择对于减少损失实现效率最大化来说至关重要。

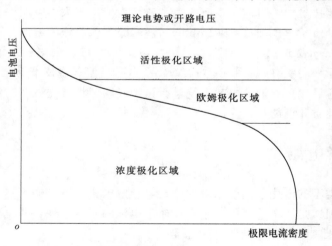

图 12.2　作为电流密度函数的实际电池电势。

使用高比表面的碳毡或石墨毡时，电流密度会减少几个数量级，因此活化过电压损失就不那么重要了。电池会在欧姆极化区域运行，电势可简单表示为

$$V_{cell}=E^C-E^A-iR_{cell} \tag{12.4}$$

在高电流密度区，传质过程无法在保持反应进行所需速率的情况下，为电极表面提供电活性离子，这会产生极限电流。因此电极电势向更正值或更负值转变，导致发生水分解及气体处理副反应，充电期间，气体处理副反应会分别在负极和正极产生氢和氧。极限电流的量级是溶液中电活性离子浓度的函数，充电时在高电荷状态（SoC）下或放电时在低电荷状态下会降低。输送到电极表面的离子的传质速率提高，无论是通过搅拌还是吸取溶液并使之以更高的速率通过半电池，都将增加基线电流，但如果电流密度超过高电荷状态下电池充电反应的极限电流，则浓度极化将导致气体处理副反应。发生这种情况时，电池经常会发生"过度充电"，这是人们非常不愿看到的，因为这很可能导致在负极形成氢气。如果在电池中使用碳电极，则过度充电时，气体处理副反应也包含在正极碳电极材料的氧化反应中生成二氧化碳。这会使正极退化并导致其循环寿命缩短。电池过度充电会限制电池寿命，并很可能在负极产生氢气，为了防止电池过度充电，一般情况下，液流电池一般充至 90%～95% 高电荷状态，在电池电势达到水分解范围之前，充电就会停止。

一般情况下，电池在双极堆叠中是串联和/或并联的，目的是输出所需的电流和电压。图 12.3 所示为一种典型双极堆叠配置，展示了堆叠中单独电池的串联式电气连接，及电解液通道的并联式液压连接。

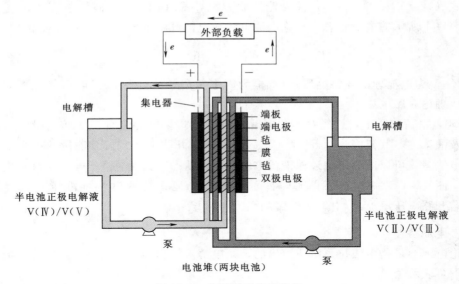

图 12.3　典型双极堆叠装置。

12.2.3　电荷状态

电池的电荷状态是对充电和放电循环中半电池反应程度的测量，并时刻与电解液中电极反应物和生成物的比值成正比。对于大多数氧化还原液流电池，溶液中电活化粒种的氧化态的改变会导致颜色改变，这经常用于电荷状态的定性测定。以钒氧化还原电对为例，电极反应来自（Skyllas–Kazacos 和 Kazacos，2011）：

正极反应

$$VO^{2+} + H_2O \underset{\text{放电}}{\overset{\text{充电}}{\rightleftharpoons}} VO_2^+ + 2H^+ + e \tag{12.5}$$

负极反应

$$V^{3+} + e^- \underset{\text{放电}}{\overset{\text{充电}}{\rightleftharpoons}} V^{2+} \tag{12.6}$$

随着溶液进展到每种氧化态，可以看见以下颜色变化

$$V(II) \rightarrow V(III) \rightarrow V(IV) \rightarrow V(V)$$

$$\text{紫色} \rightarrow \text{绿色} \rightarrow \text{蓝色} \rightarrow \text{黄色} \tag{12.7}$$

但是，由于颜色的确定具有主观性，因此这种方法不是非常精确。确定电荷状态的一个更适合方法是使用电解液中钒粒种的浓度。

如果正极半电池中所有 $V(IV)$ 全部转化为 $V(V)$，负极半电池中所有 $V(III)$ 全部转化为 $V(II)$，则系统为 100％电荷状态。如果放电结束后，电解液中无 $V(II)$ 或 $V(V)$，则系统为 0％电荷状态。

电荷状态和钒离子浓度之间的关系可以表示为

$$[V(V)] = [V(II)] = V_T \cdot SOC/100 \tag{12.8}$$

$$[V(IV)] = [V(III)] = V_T \cdot (1 - SOC/100) \tag{12.9}$$

式中：V_T 为每种溶液中钒离子总浓度。

将式（12.8）和式（12.9）代入能斯脱方程 [式（12.2）]，假设氢离子浓度保持不变，依照以下所示的电荷状态，理论电池电势或电池开路电压（OCV）可表示为

$$E_{cellOC} = E_{cellOC}^0 + \frac{2RT}{nF}\ln\frac{SOC}{1-SOC} \tag{12.10}$$

式中：E_{cellOC} 为电池理论开路电压；E_{cellOC}^0 为固定氢离子浓度及 50％电荷状态下电池的式量电势或理论开路电压。

在 50％电荷状态下，已经对不同电解液成分的式量电势进行了实验测量，根据总的钒浓度及酸浓度，其范围为 1.3～1.4V。（使用一个开路电池）持续测量两种半电池溶液之间的电势差，可以监测氧化还原液流电池的电荷状态，甚至欠载——这是液流电池的独有特点。图 12.4 对此进行了图解，展示了液流电池系统的电池堆液压连接、开路电池（又名开路电压电池）、电解质储罐和泵。

12.2.4 电池容量

理论电池容量是由法拉第定律得出的，是电解液体积和电活性物质浓度的函数。在恒定电流下可表示为

$$Q_T = It = m(nF) \tag{12.11}$$

式中：Q_T 为电池容量，A·s；I 为通过电池的电流，A；t 为放电时间，s；m 为完整电池放电所需反应物的摩尔量，mol；n 为反应中转移的电子数量，mol；F 为法拉第常量，$F = 96485C/mol$。

但是，实际电池容量总是低于理论值，原因如下：

（1）充电—放电循环所用的电荷状态的范围。例如，如果电池只是在 5％～95％电荷状态下循环，则实际容量为理论容量的 90％。

（2）极化损失。给定一个运行电压范围，在电流密度增加的情况下，极化损失会限制运行的电荷状态范围。

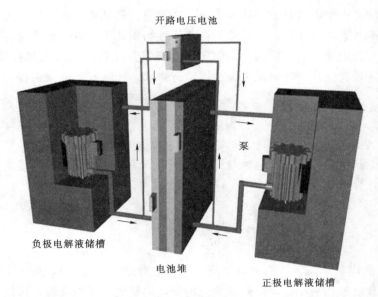

开路电压电池

泵

负极电解液储槽

电池堆

正极电解液储槽

图 12.4　液流电池系统，展示了电池堆的液压装置、开路电压电池、电解液储槽和泵。

与所有的电化学储能系统一样，液流电池的容量随着电流增加而降低，但程度比传统蓄电池小得多，这是受固态反应速率的严重限制（例如，在铅酸电池中，充电和放电过程分别包含负极和正极发生的固体硫酸铅向海绵状铅和二氧化铅的转换过程）。

图 12.5 对容量和电流之间的关系进行了说明，展示了不同放电电流下，一个含有 38 块电池的钒氧化还原电池堆的一系列典型放电曲线。运行过程使用 30A 充电电流，使其达到高电荷状态。因此在随后的放电循环中几乎可以达到最大容量。但是，当以更高的电流充电时，设置的终止电压会达到更低的电荷状态，因此在随后的放电循环中容量更低。

如图 12.6 所示，放电容量取决于设置的终止电压。

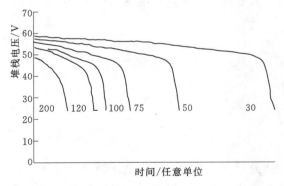

图 12.5　5kW 钒液流电池典型放电曲线，放电电流不同但充电电流都是 30A。电池堆中的电池数量＝38，电极面积＝1500cm² （来源：改编自 Skyllas‐Kazacos 等，2010，Wiley and Sons）。

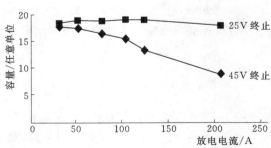

图 12.6　对应图 12.5 曲线的不同终止电压限制下的容量和放电电流。

影响容量的另一个因素是电解液的流速。高流速会降低浓差过电压损失，并在充电期间达到更高电荷状态，而在放电期间使用更高活性物质几乎可以达到理论容量。但是，流速上升会导致泵送能损失更大，因此，要实现系统综合能效的最大化和有效容量最大化，就需要实现流速最优化。一般情况下，根据运行模式，1%～2%的损失都与泵送能量要求有关。

12.2.5 效率

1. 库伦效率

放电循环中获得的可用电荷总量与充电循环中所用库伦数量的比率是由库伦效率得出的。库伦效率计算公式为

$$\eta_c = \frac{\oint I_{dis} dt}{\oint I_{ch} dt} \times 100\% \tag{12.12}$$

式中：η_c 为库伦效率，%；I_{dis} 为放电电流，A；I_{ch} 为充电电流，A；t 为时间，s。

通过将自放电过程最小化，以及减少充电期间的气体处理副反应，可以实现库伦效率最大化。例如，可以使用高选择性的离子交换膜，防止与跨膜电活性离子扩散有关的自放电过程；电压控制有助于阻止气体处理副反应。在高电流密度和低电流密度下，库伦效率都会降低。低电流密度下降与长时间充放电下自放电跨膜程度较大有关，而高电流密度下降是由充电时不可逆气体处理副反应速率较大引起的。更多库伦效率损失（一般为1%～2%）与流经双极电池堆普通电解液歧管的分流或旁路电流有关。在双极堆栈配置中，电池通过普通歧管以液压互联，提供平行电解液，流经堆栈中的独立电池。电池堆两端的电压产生分流电流并流经电解液网。分流电流随堆栈中电池的数量增加，会导致气体逸出和电极退化。分流电流会因从系统处获得的能量而降低，因此需要增加相邻电池之间的电流路径长度来将分流电流最小化。这通常要使用长而狭窄的电解液通道，但这会增加泵送压降，从而增加液流电池的附加损失。但是，有了良好的堆栈设计和电池运行状态，这些附加损失可以被减少至总能量的2%～3%。

2. 电压效率

电压效率用于衡量电池极化或电池电压损失的效果。计算公式为

$$\eta_v = \frac{\oint V_{dis} dt}{\oint V_{ch} dt} \times 100\% \tag{12.13}$$

式中：η_v 为电压效率，%；V_{dis} 为放电电压，V；V_{ch} 为充电电压，V。

各种损失，包括欧姆电阻、活化过电势和浓差过电势，均会降低电压效率。降低所有电池组件的电阻，并使用导电性高、电活性好和高比表面的电极材料，可以将电压效率最大化（Zhong 等，1993）。在液流电池中，流入式石墨毡电极为电子转移反应提供所需的高比表面，已证明预处理可提高石墨毡材料的湿润度，并通过引入表面官能团增加电化学活性，表面官能团用作电子转移反应的活性位（Sun 和 Skyllas‐Kazacos，1992）。

所有电池损失会随着电流的增加而增加，因此电压效率随着电流密度的增加而降低。

3. 综合能效

电池的综合能效用于衡量放电释放的实际能量与电池充电所需能量之间的比率。综合能效计算公式为

$$\eta_e = \frac{\oint I_{dis} V_{dis} \, dt}{\oint I_{ch} V_{ch} \, dt} \times 100\% \tag{12.14}$$

式中：η_e 为综合能效，%；I_{dis} 为放电时的电池电流，A；V_{dis} 为放电时的电池电压，V；I_{ch} 为充电时的电池电流，A；V_{ch} 为充电时的电池电压，V。

还可以通过库伦效率和电压效率的生成物来计算综合能效，即

$$\eta_e = \eta_c \eta_v \tag{12.15}$$

式中：η_e 为综合能效，%；η_c 为库伦效率，%；η_v 为电压效率，%。

综合能效能够表征电池综合性能，并且能够以电流密度函数反映库伦效率和电压效率的结合趋势，如图 12.7 所示。

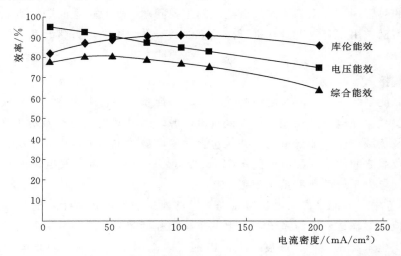

图 12.7　氧化还原液流电池的库伦效率、电压效率和综合能效的典型趋势。

图 12.7 说明了随着电流密度的增加，库伦效率和电压效率的预期趋势。这种对综合能效的组合作用对于最大能量效率而言，是最佳运行电流密度，尽管实际上资金和维修费用等其他因素可以将最佳电流密度转换为更高值。

12.2.6　电解液流速

氧化还原液流电池需要一个电解液最小流量，来确保以足够的流速向所有半电池提供电活化粒种，确保其浓度在电解液退出电池之前不会降为零。理想的情况是向电池堆中的所有电池提供相同的流速，但由于歧管的压降以及多孔石墨毡电极的不均匀压降，电解液分配可能会出现轻微改变。最低理论流速，又称为化学计量流速，是反应化学计量学、应用电流和电池电荷状态之间的函数，公式为

$$F_{sf} = \frac{I}{N \times SOC} \tag{12.16}$$

式中：F_{st} 为化学计量流速，cm^3/min；I 为规定电流，A；N 为电解液容量，$A \cdot min/cm^3$；SOC 为电荷状态，%。

电解液容量是电解液浓度函数，公式为

$$N = \frac{n \times M \times F}{1000(cm^3/L) \times 60(s/min)} \qquad (12.17)$$

式中：N 为电解液容量，$A \cdot min/cm^3$；n 为每摩尔电子数量，mol^{-1}；M 为电解液浓度，mol/L；F 为法拉第常量，$F = 96485C/mol$。

这样所需的最小流量会随固定电解液浓度下系统的电荷状态而改变。为了将浓差过电势损失降至最低，钒氧化还原电池所用的实际流速比化学计量流速高很多，是电解槽几何形状与设计的函数。

电解液流量在电池设计和运行中是一个重要变量。电解液本身对于电池堆产生的热量而言，是一种非常有效的散热器，可以与热交换器集成到一起，在高速率充电—放电循环中提供良好的热管理。这消除了非液流电池的主要问题——热逃逸问题。钒氧化还原电池系统的热模型已被用作有效工具，进行高效电池及一系列不同运行状况和气候条件下的控制策略的设计。

12.2.7　系统接入

与所有储能系统一样，液流电池必须统一到总能系统中，来为终端用户提供电能。所有电池都需要直流充电，并在端子处提供直流电源。而电网提供的电力是交流，这和大多数消费电器及负载一样。如果将电池并入包含一些电源的电网中，则需要电源调节设备来匹配电源和负载之间的电压和电流。图 12.8 所示为一个包含风力发电、太阳能发电和储能设备的离网电力系统的典型系统配置。

在图 12.8 中，电能是由风电机组、光伏组件或柴油发电机产生，通过调压器或其他形式的功率控制器输送到电池系统，在电池系统中存储起来，供负载需要时使用。风能和太阳能通常产生未经调节的、高度可变的电能，因此调压装置用于防止电池系统过度充电，减少电池损坏。大部分家用电器都使用交流电，而电池提供直流电。因此需要一台变换器，将直流电转换为交流电。另外，使用风电机组或柴油发电机给电池组充电，则需要一台变换器把交流电转换为直流电。如果仅有太阳能和风力发电，则风速低、高云覆盖及夜间不太可能满足负载的功率需要。如果电池能够储存充足的能量，满足可能出现云层覆盖及风速低的若干天内的使用，则使用太阳能发电、风力发电和电池的离网混合动力系统能够满足大部分负载功率需求。但是，这种大型电池的成本过高，因此最好的解决方案是包含一台柴油发电机，在持续云层覆盖及低风速延长期等偶然时期，无法维持电池电荷状态时，柴油发电机可以提供备用电源。离网电力系统中需要的储能和柴油发电机后备的数量取决于当地的太阳辐射、风速和负载分布。使用高可再生能源比例的典型离网电力系统需要 8～10h 储存容量，在向用户提供可靠电力时，将柴油消耗降至最低。对大型储能系统来说，与其他型式的电池系统相比，液流电池每千瓦时的成本及运行成本最低（Skyllas-Kazacos，2010）。

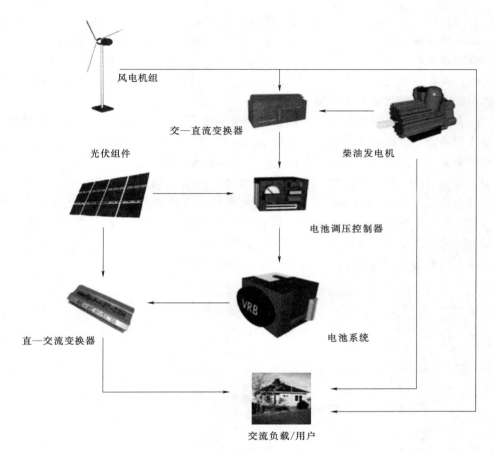

图 12.8　典型离网电力系统配置。（来源：转自 Skyllas - Kazacos，M.
《单机/混合系统储能：单机和混合系统储能电化学储能技术：技术、储能
和应用》编辑：J. K. Kaldellis 教授，伍德海德出版公司，2010 年 7 月）。

12.3　液流电池的化学特性

自 20 世纪 70 年代以来，人们已经评估并发展了不同的液流电池。下文将对不同类型
液流电池技术的化学反应、特征及发展状况进行说明。

12.3.1　钒氧化还原电池（VRBs）

在所有液流电池中，钒氧化还原液流电池是研究最广泛的，因此，下文将对其进行最
详细的说明。

1. 钒氧化还原电池的特点和优势

钒氧化还原电池较其他形式的储能具有如下明显优势：①能量储存于溶液中；②两个
半电池使用相同的电解液；③能源和功率来源是分开的。这些特点对大型储能应用及较小
型移动应用有重要影响。

（1）能量储存于溶液中。由于能量储存在溶液中，所以不会发生固相变化。这就消除了短路或活性物质脱落的可能性。因此，钒氧化还原电池可以完全充放电，而无任何损毁风险、电池寿命损失或容量损失。溶液可长期储存，不会在电解槽发生自放电。由于电解液流经电池堆，因而通常不需要冷却机或热交换机。这些特性使钒氧化还原电池较铅酸电池等固态储能系统更具有显著优势。

（2）普通电解液。在电池两侧使用相同的电解液，可以在整体电池寿命、降低维护成本和整体经济成本方面产生额外利益。因电解液交叉污染而出现的问题会得以减轻，这有助于减少资金和维护成本、减少废弃物处理并使操作更容易。

（3）能量/额定功率的分离。氧化还原电池还会将电解液从电池堆中分离出来，这意味着可以单独增强容量和功率。增加电解质溶液可以提高储存容量，也可以减少供电成本，而通过增加电池堆可以提高功率。储存容量长于 4h，每千瓦时成本显著下降，这在需要数小时储能容量的大型储能应用中尤为重要。图 12.9 将第一代钒氧化还原电池每千瓦时的成本与铅酸电池进行了对比，并以储存容量的函数表示。

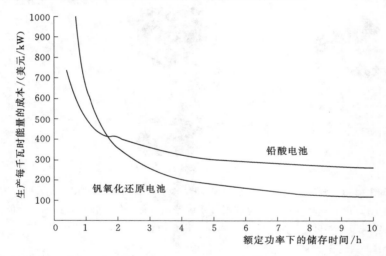

图 12.9　5kW 堆栈成本及不同储存时间下，铅酸电池与钒氧化还原电池每千瓦时成本对比。
图中所示为 25 年项目寿命生产每千瓦时能量的成本（钒氧化还原电池假设：
V_2O_5 粉＝5 美元/lb，堆栈成本＝500 美元/kW。）（来源：
改编自 Maria Skyllas-Kazacos，2009，Elsevie）。

尽管与大量生产的铅酸电池相比，钒氧化还原电池的资金成本更高，在储存时间长于 3h 的钒氧化还原电池案例中，其长寿命、低维护和更换成本使 25 年项目寿命生产能量的成本更低。

其他特点包括使用地下电解液储槽的能力、将系统的物理尺寸最小化以及在极端气候下降低温度波动。具有独立的电解槽也意味着由于溶液瞬间混合而产生的突然能量释放风险消除，这使得液流电池本质上比锂离子电池等其他电池更加安全。液流电池的电池堆和电解槽的设计更加灵活，可使用的耐化学聚合物材料的范围更广。关键要求是与电解液接触的所有材料必须能够承受完全充电的半电池正极电解液的高氧化性条件。已证明，聚乙烯、聚丙烯、聚四氟乙烯等材料对于完全充电的钒氧化还原电池的半电池正极电解液的高氧化性 V（V）溶液具有卓越的耐化学性和抗氧化性，这些材料通常用于制造电池液流框架、电解槽、泵和管道部件。但是，当需要兆瓦时储存容量时，可能使用具有耐化学性内胆或槽衬里的混凝土储罐，以低成本提高机械强度与耐化学性。

（1）第一代钒氧化还原电池。第一代钒氧化还原电池（G1 VRB）在两个半电池的硫酸中使用钒溶液，在负极半电池中与 V^{2+}/V^{3+} 氧化还原电对一起运行，在正极半电池中与 VO^{2+}/VO_2^+ 氧化还原电对一起运行。式（12.5）和式（12.6）表示半电池反应。

图 12.3 为第一代钒氧化还原电池的详细原理图。当电解液浓度为 1mol/L，在 25℃下，标准电池总电势为 1.26V。但是，如果所使用的电解质溶液为 5mol/L 硫酸包含 2M钒，则开路电压在 50％电荷状态下为 1.4V，在完全充电时为 1.6V（Skyllas - Kazacos等，2011）。在这一浓度下，比能范围为 25～30W·h/kg，第一代钒氧化还原电池温度范围为 10～40℃（Skyllas - Kazacos，2010）。这个范围是由下限处 V（Ⅱ）和/或 V（Ⅲ）离子饱和溶解度，及高温时 V（V）热沉淀反应决定的，公式如下

$$2VO_{2(aq)}^+ + H_2O \longrightarrow V_2O_{5(s)} + 2H^+ \tag{12.18}$$

因此，如果增加酸浓度会使上述平衡偏向左边，提高 V（V）离子的溶解度。但是，增加硫酸浓度会降低低温下 V（Ⅱ）、V（Ⅲ）和 V（Ⅳ）离子的溶解度。因此，在钒氧化还原电池的运行温度范围内，对于所有氧化态的稳定，存在一个最佳硫酸浓度。如果运行温度范围更广，则需要更低的钒离子浓度，但这会降低电解液的能量密度。尽管对于大部分没有空间和重量限制的固定应用来说意义很小，但对于移动应用来说，能量密度非常重要。因此，第一代钒氧化还原电池不能满足电动汽车的能量密度要求，即使它们在特殊的换料站，通过交换废液就可以"立即"充电。

稍后说明第一代钒氧化还原电池现场试验的具体细节。

（2）第二代钒氧化还原电池。第一代钒氧化还原电池在两侧的电池的硫酸中都使用钒溶液，而第二代钒氧化还原电池在两个半电池中使用溴化钒/氯化物混合电解液。由于溴化物/多卤化物电对的正电势比 V（Ⅳ）/V（V）电对少，充电时溴离子会优先氧化正极。正极半电池使用 $Br^-/ClBr_2$ 或 $Cl^-/BrCl_2^-$ 氧化还原电对，而负极半电池使用与第一代氧化还原电池相同的 V^{2+}/V^{3+} 氧化还原电对反应。充放电过程中的半电池反应（Skyllas - Kazacos，2010）为

正极半电池

$$2Br_{(aq)}^- + Cl_{(aq)}^- \longrightarrow ClBr_{2(aq)}^- + 2e^-（充电）\tag{12.19}$$

$$ClBr_{2(aq)}^- + 2e^- \longrightarrow 2Br_{(aq)}^- + Cl_{(aq)}^-（放电）\tag{12.20}$$

负极半电池

$$V_{(aq)}^{3+} + e^- \longrightarrow V_{(aq)}^{2+}（充电）\tag{12.21}$$

$$V_{(aq)}^{2+} \longrightarrow V_{(aq)}^{3+} + e^-（放电）\tag{12.22}$$

第二代溴化钒在两个半电池中使用相同的电解液，具有第一代钒氧化还原电池技术的所有益处，尤其是消除了交叉污染，因此该溶液具有无限寿命。第一代钒氧化还原电池可以使用高达 2mol/L 的电解液浓度，而第二代钒氧化还原电池可以使用高达 4mol/L 的电解液，与第一代钒氧化还原电池相比，每升或每千克溶液的储能量可能是第一代的 2 倍。

通过增加能量密度，可以降低储存既定数量的能量所需要的电解液体积。这对于储能，尤其是移动应用来说，具有重大优势。

第二代钒氧化还原电池可以顺利运行的温度范围较大。已证明第一代钒氧化还原电池可以顺利运行的温度范围为 $10\sim40℃$，通过消除 V(V) 的热沉淀反应及提高其他钒离子的溶解极限，第二代钒氧化还原电池的温度范围有望达到 $0\sim50℃$。温度范围扩大，使得第二代钒氧化还原电池可以在第一代钒氧化还原电池无效的地理区域顺利运行，例如温度日差较大的沙漠地区。

但是，要使第二代钒氧化还原电池系统具有商业价值，需要解决的关键问题是溴气释放。澳大利亚新南威尔士大学的大量研究已经成功确定了溴络合剂，它可以与溴相结合，形成一种沉入罐底的重油，并防止蒸汽泄漏。这与锌溴电池的运行相似，涉及很早时期对溴复合物的研究，后文会加以说明。与锌溴电池电解液相同，溴络合剂的使用会大大增加电解液的成本。因此，在第二代钒氧化还原电池系统商业化之前，需要开发一种低成本的替代品。

（3）第三代钒氧化还原电池。第三代钒氧化还原电池列举了美国太平洋西北国家实验室（PNNL）的研究人员开发的最新钒氧化还原电池（Li 等，2011）。该项成果涉及硫酸/盐酸混合电解液的使用，展示出钒氧化还原电对的电化学可逆性，这与硫酸支持电解液相似。

使用混合硫酸/盐酸支持电解液的钒氧化还原电池的半电池反应，与第一代钒氧化还原电池负极半电池电对相同［式（12.6）］。当温度低于20℃时，正极半电池反应也和硫酸电解液相同［式（12.5）］。但是，根据 Li 等，当温度高于20℃时，正极半电池反应变为

$$VO^{2+}_{(aq)} + Cl^-_{(aq)} + H_2O \underset{放电}{\overset{充电}{\rightleftharpoons}} VO_2Cl_{(l)} + 2H^+_{(aq)} \tag{12.23}$$

氯化物与 V(V) 之间的相互作用被视为 V(V) 离子稳定的原因，可以平衡高温下的热沉淀反应，尽管该作用实际上可能是因为混合酸电解液的质子离子浓度较高，有效地使热沉淀反应平衡［式（12.18）］偏向左边。

三种钒氧化还原电池的化学参数对比见表 12.1。

表 12.1　　　　　第一代、第二代和第三代钒氧化还原电池的化学参数对比

参数	第一代	第二代	第三代
电解液	两个半电池皆为 V/硫酸盐	两个半电池皆为 V/HBr/HCl 溶液	两个半电池皆为 V/H_2SO_4/HCl
负极电对	V^{3+}/V^{2+}	V^{3+}/V^{2+}	V^{3+}/V^{2+}
正极电对	V(Ⅳ)/V(Ⅴ)	$Br^-/ClBr_2^-$	V(Ⅳ)/V(Ⅴ)
最高钒浓度 /(mol/L)	$1.5\sim2$	$2.0\sim3.5$	$2.0\sim2.7$
比能 /(W·h/kg)	$15\sim25$	$25\sim50$	$25\sim40$
能量密度 /(W·h/L)	$20\sim33$	$35\sim70$	$35\sim55$
运行温度范围 /℃	$10\sim40$	$0\sim50$	$0\sim50$

第三代钒氧化还原电池系统可以使用高达 2.7mol/L 钒离子浓度的电解液，这比第一代钒氧化还原电池电解液高很多。但是与第二代钒氧化还原电池相比，最高钒浓度较低，不含溴，可以在更广的温度范围内保持电解液稳定。由于两个半电池中使用相同的电解液，在关于消除电解液交叉污染和随之而来的连续循环产生的不可逆容量损失的问题上，第三代钒氧化还原电池具有第二代钒氧化还原电池和第一代钒氧化还原电池的优势。因此，与其他钒电池技术一样，电解质溶液具有无限寿命。

第三代钒氧化还原电池预期的温度范围是 0~50℃，这比第一代钒氧化还原电池的 10~40℃ 运行范围扩大很多。轻微降低钒离子浓度或电荷状态运行范围，可能进一步将第三代钒氧化还原电池的运行范围扩大为 -5~50℃，因此适用于气温日较差和气温年较差很大的地区。

美国太平洋西北国家实验室的研究人员（Li 等，2011）也观察到，与硫酸支持电解液相比，硫酸/盐酸混合电解液中 V(Ⅱ)/V(Ⅲ) 和 V(Ⅳ)/V(Ⅴ) 电对的电势有小幅升高。最初的电池测试也表明，在正常电池运行中，氯气逸出的可能性很低。人们正进一步研究将第三代钒氧化还原电池系统按比例放大，用于早期现场试验。

美国太平洋西北国家实验室的研究人员还以 10mol/L HCl 作为全钒氧化还原液流电池的支持电解液进行了试验（Kim 等，2011）。在 -5~40℃ 的温度范围内，当 10mol/L 氯化物中钒的浓度为 2.3mol/L 时，不同电荷状态下的电解液稳定，15d 后无明显沉淀。

如前文所述，当浓度高于 2mol/L 且温度高于 40~50℃ 时，对于硫酸支持电解液中的五价 VO_2^+ 粒种而言，热沉淀反应通常是一个问题。Kim 及其同事（Kim 等，2011）发现，当钒浓度为 3mol/L 且温度高达 40℃ 时，在 10mol/L 的 HCl 中，氯化物溶液 V(Ⅴ) 无热沉淀反应。研究人员再次认为，这种稳定与 V(Ⅴ) 和 Cl$^-$ 离子之间的相互作用有关；但是，这种现象也可以解释为非常高的质子浓度有效改变了热沉淀反应平衡〔式(12.18)〕。

在氧化还原液流电池内进行测试时，研究人员发现氯化物支持电解液系统的电流效率约为 96%，这与硫酸支持电解液相似。两者的能量效率也相似；但氯化物系统的能量密度高出约 30%。

氯化物系统一个潜在顾虑是充电时正极发生氯析出。这不仅是潜在危险，还会通过将正极半电池中的 V(Ⅴ) 降为 V(Ⅳ) 从而降低电流效率。但是，研究人员发现，当电荷状态达到 80% 且温度达到 50℃ 时，正极半电池内无任何压力增加。

全钒电池系统能量密度中的电势增加，可以将应用范围扩大至固定系统和移动系统，尽管仍需要进一步研究来验证广泛运行条件下的结果，但仍然非常鼓舞人心。

2. 混合钒/铁氧化还原液流钒电池

美国太平洋西北国家实验室的研究人员还提出，在混合钒/铁氧化还原电池中，在两个半电池的 HCl 或 H_2SO_4/HCl 酸混合物中使用钒离子和铁离子的混合物。充放电过程中的半电池反应（Wang 等，2011）为

正极半电池

$$Fe^{2+} \underset{\text{放电}}{\overset{\text{充电}}{\rightleftharpoons}} Fe^{3+} + e \qquad (12.24)$$

负极半电池

$$V^{3+} + e \underset{\text{放电}}{\overset{\text{充电}}{\rightleftharpoons}} V^{2+} \tag{12.25}$$

初步研究尝试使用 Fe(Ⅱ)/Fe(Ⅲ) 作为正极电解液,使用 V(Ⅱ)/V(Ⅲ) 电对作为负极电解液,在氧化还原反应中提供 1.02V 标准电压。结果是因电解液交叉污染容量快速损失。为了克服这个限制因素,在两个半电池中使用了混合电解液。研究人员称使用较低成本的膜可能会降低成本,这需要使用 Fe(Ⅲ) 来替换充电的正极半电池电解液中的高氧化性 V(Ⅴ) 粒种,否则这种低成本膜会在 V(Ⅴ) 中分解。但是,这种电池的电压明显较低(0.94V,对比第一代钒氧化还原电池的 1.4V),而且混合电解液溶解度也降低了,与其他钒氧化还原电池系统相比,这明显降低了钒/铁电池的能量密度。

燃料电

钒氧化还原电池在电池的两个半电池中使用钒电解液,但能量密度受不同温度极限下正负极半电池电解液中钒离子饱和溶解度的限制。若要实质增加全钒氧化还原液流电池的能量密度,一个引人注目的方式是消除正极半电池电解液并使用空气电极来替换它,这样就产生了混合钒氧氧化还原燃料电池(VOFC)。这不仅增加了能量密度,还可以大幅节省生产成本。

这一概念最初是在 1992 年由 Kaneko 及其同事提出的,1997 年,新南威尔士大学的 Menictas 和 Skyllas-Kazacos 对此进行了首次评估。首先评估了实验室单电池系统,然后是多电池系统,但因膨胀和水化膨胀导致的膜分离引起的膜电极组件的稳定性被视为早期问题。但早期问题已经被最小化。一个含 5 块单元电池的钒氧氧化还原燃料电池系统共运行一百多小时,但其性能没有任何恶化(Skyllas-Kazacos 和 Menictas,2011)。

在钒氧氧化还原燃料电池放电期间,负极半电池反应与钒氧化还原电池相同,但正极反应为

$$O_2 + 4H^+ + 4e \longrightarrow 4H_2O \tag{12.26}$$

氧化还原反应的标准氧化还原电势为 1.23V,这使钒氧氧化还原燃料电池的标准电池电势比第一代钒氧化还原电池系统高。氧化还原反应的慢动力学活动和传质控制引起高活化作用和浓差过电压损失,所以,实际上,一般观察到的电池电压值为 1V 左右。

Skyllas-Kazacos 及其同事之前的研究已经证明,V(Ⅱ)/V(Ⅲ) 浓度可以达到 4mol/L(Skyllas-Kazacos,2003)。因此,在钒氧氧化还原燃料电池的负极半电池中使用 4mol/L 氧氯化钒溶液,能够使能量密度较第一代钒氧化还原电池系统增加 4 倍,这使它适用于电动汽车应用。但是,氧扩散电极的催化活性仍有待提高,还需要进一步发展高效膜电极组件的生产,以加强钒氧电池多年运行的稳定性。

3. 第一代钒氧化还原电池系统的案例研究和现场试验

新南威尔士大学第一代钒氧化还原电池已成功应用于全世界三十多项大中型现场试验,以示范在不同应用中钒氧化还原电池的优势,并供研究人员获得对提高钒氧化还原电池至关重要的信息。

第一代钒氧化还原电池系统的首次试验是 1993 年在泰国示范太阳能发电房屋(Largent 等,1993)。当时安装了一个 5kW 电池带 12kW·h 储能,以示范能量自给自足

的太阳能房屋。该房屋使用电网为备用电力，而不使用柴油发电机。

获得澳大利亚新南威尔士大学的许可后，1997年，一家日本公司——Kashima-Kita电力公司在该公司的一个发电厂安装了一块200kW钒氧化还原电池，来示范钒氧化还原电池的负荷调平能力。其容量为800kW·h，由23000L 1.8mol/L的电解液和8个25kW的堆栈组成。钒氧化还原电池展示了150次充放电循环后，当电流密度在80~100mA/cm² 之间时，其综合能效为80%。证明钒氧化还原电池对于大型储能具有技术可行性，与其他储能系统相比，它的综合能效高、维护少并易于升级（Skyllas-Kazacos，2010）。

2004年3月，加拿大VRB电力公司也安装了第一代钒氧化还原负荷调平电池，来帮助减轻美国犹他州农村输电线末端电力需求增长有关的电压调节问题。安装了一块250kW电池，其电解液为140000L，峰值负载时期储能8h。该系统的容量为2.3MW·h，由于安装了钒氧化还原电池，电压中断下降了90%，证明了钒氧化还原电池的负荷调平能力（Prudent，2011）。

目前，最大的第一代钒氧化还原电池装置为2005年住友电工（Sumitomo Electric Industries）在日本北海道斯巴鲁风电场（Subaru Wind Farm）安装的4MW/6MW·h系统，用于风能存储和功率稳压（Tokudu等，2000）。据报告，经过三年多的测试，该系统后来的整体往返能源效率为80%，循环寿命为27万多次循环（Skyllas-Kazacos等，2011）。

除了固定储存应用，南威尔士大学对一辆钒电池驱动的电动高尔夫球车进行了现场试验，它使用的是40L 1.85mol/L钒电解液；汽车可行驶17km越野路程，这表明最佳的全钒氧化还原液流电池的能量密度可以达到铅酸电池的水平，同时通过更换电解液，增加了快速充电的优势（Rychcik和Skyllas-Kazacos，1988）。在随后的研究中，使用3mol/L稳定钒电解液部分填充电解槽时，可行驶31.5km，当填至电解槽的最大容量时，可行驶54km（Skyllas-Kazacos等，2011）。但是，需要仔细控制温度，避免温度高于35℃或低于15℃时产生钒沉淀。

2010年，美国能源部出资，在俄亥俄州佩恩斯维尔市发电站（Painesville Municipal Power Station in Ohio）对一台1MW/8MW·h钒氧化还原电池进行负荷调平试验（DOE，2010）。电池用于负荷跟踪，允许烧煤内燃机随时以最大容量运行，将二氧化碳排放降至最低。

自2005年以来，已经建立若干公司生产钒氧化还原电池系统，并进行一系列应用。例如澳大利亚的Cellstrom，中国的普能公司（Prudent Energy）和Rongke电力有限公司。这些公司中最为活跃的是普能公司，在2008年已经获得原南威尔士大学第一代钒氧化还原电池专利以及加拿大钒氧化还原电池电力技术。

2011年3月，中国张北国家风电研究检测中心（National Wind Power Integration Research and Test Centre）安装了一台1MW·h钒氧化还原液流电池，作为风能和太阳能项目的一部分（Prudent，2001）。该系统是由中国电力科学研究院出资、普能服务公司（Prudent Energy Services Corporation）安装，并入78MW风电场和640kW光伏电站。1MWh钒氧化还原电池包含数块175kW模块，额定功率为500kW，峰值功率为750kW。其目的是获得钒氧化还原液流电池、风能和太阳能有效并网的控制算法。

12.3.2 铁/铬氧化还原液流电池（Fe/Cr）

铁/铬系统是为大型储能开发评估的最早的氧化还原液流电池系统。20 世纪 70 年代，美国国家航空航天局通过对大量氧化还原电对进行大量筛选，在成本和可用性的基础上，选出了铁/铬电对（Swette 和 Jalan，1984；Gahn 等，1985）。通常，该系统由铬 Cr(Ⅱ)/Cr(Ⅲ) 和铁 Fe(Ⅱ)/Fe(Ⅲ) 的酸化溶液组成。铁/铬系统的电池反应如下

正极反应

$$Fe^{2+} \underset{放电}{\overset{充电}{\rightleftharpoons}} Fe^{3+} + e \tag{12.27}$$

负极反应

$$Cr^{3+} + e^{-} \underset{放电}{\overset{充电}{\rightleftharpoons}} Cr^{2+} \tag{12.28}$$

最初，铁/铬电池分别在正极和负极半电池电解液中使用未混合的铁和铬的反应物，但随后溶液被混合，以处理跨膜电解液的交叉混合。

在预混溶液中，正极电解液和负极电解液将铁和铬粒种以可溶盐类的形式保存在盐酸水溶液中，但充放电期间，仅 Fe(Ⅱ)/Fe(Ⅲ) 电对在正极半电池中运行，Cr(Ⅱ)/Cr(Ⅲ) 电对在负极进行反应。

第一台 1kW 模型铁铬系统是 1980 年美国国家航空航天局开发的（Johnson 和 Reid，1985）。20 世纪 80 年代日本的进一步研究引领了 10kW 铁铬电池模型的发展，根据日本关西电力公司（Kansai Electrical Power Co）的展示，综合能效为 80%，寿命周期为 300（Shimizu 等，1988）。日本三井股份有限公司（Mitsui Ltd.）通过提高阴极电解液和阳极电解液的循环率（在 10kW 铁铬氧化还原液流电池中）实现节能，并开发了再平衡方法（Nakamura，1988）。

但因负极发生的析氢反应以及离子交换膜的污染，造成阳极电解液和阴极电解液的交叉污染和能源效率低等问题，因而铁铬电池的商业发展遇到瓶颈。而且 Cr(Ⅱ)/Cr(Ⅲ) 电对的动力低，因此需要使用昂贵的金催化剂。直到 21 世纪 20 年代，Deeya 能源（Deeya，2011）再次振兴该系统，将铁铬系统视为比钒氧化还原电池成本更低的技术。

12.3.3 聚硫化溴（PSB）液流电池

聚硫化溴（PSB）液流电池最初是在 1983 年由 Regenesis 技术有限公司开发的（Remick 和 Ang，1984）。这项技术后来被 Innogy 技术有限公司所有，商标为"Regenesis®"，整个 20 世纪 90 年代，Innogy 技术有限公司花费了相当多的时间进一步提高该技术，尤其是堆栈设计和制造。

聚硫化溴液流电池在正极半电池中使用溴化钠电解液，在负极半电池中使用多硫化钠电解液。充电循环中，正极的溴离子氧化为溴并合成三溴化离子，负极的聚硫化物阴离子被还原为硫化物离子。充电和放电过程中的半电池反应（Ponce de Leon 等，2006，p. 720；Skyllas-Kazacos 等，2011）如下

正极反应

$$3Br^{-} \underset{放电}{\overset{充电}{\rightleftharpoons}} Br_{3}^{-} + 2e \quad E^{\circ} = 1.09V \tag{12.29}$$

负极反应

$$S_4^{-2} + 2e \underset{\text{放电}}{\overset{\text{充电}}{\rightleftharpoons}} 2S_2^{-2} \quad E^o = -0.265V \tag{12.30}$$

两种电解液被一层阳离子交换膜分开，防止硫化物阴离子与反应后的溴发生直接反应。充放电期间，钠离子通过膜接通电路。

根据运行条件，聚硫化溴液流电池的开路电势为 1.5V，综合能效为 60%～65%。典型的运行温度范围为 20～40℃。这种液流电池吸引早期关注是因为电解液材料相对多和低成本，以及在水溶液中的溶解度高。当时聚硫化溴电池系统已使用 5M 溴化钠和 2M 硫化钠进行试验（Ponce de Leon 等，2006，p.721）。

但是，聚硫化溴液流电池（Ponce de Leon 等，2006，p.721）也有如下缺点：

（1）因为在两个半电池中使用两种不同的电解液而产生交叉污染问题。

（2）交叉污染使电解液不平衡，导致在延长的循环中电解液成分改变。

（3）膜上硫粒种沉淀的可能性。

（4）需要防止形成 $H_2S_{(g)}$ 和 $Br_{2(g)}$。

此外，与锌溴电池和第二代钒氧化还原电池不同，聚硫化溴液流电池不适用络合剂来将充电期间正极产生的溴反应降至最低，这造成了运行中的安全风险（Skyllas - Kazacos 等，2011）。

聚硫化溴液流电池系统的数值模拟结果表明，这种液流电池的性能受充电期间正极的迁移过电势的限制（Scamman 等，2009）。由于受自放电和电渗透影响，该模型表现出明显的漂移。因此，需要对电解液进行仔细管理，确保聚硫化溴液流电池运行的可靠性。但是，电解液管理的复杂性会明显增加维护成本，从而降低了其成本竞争力，尤其是对于中小型装置。聚硫化溴液流电池的应用仅限于 MW 大型业务，因为此时电解液维护成本的贡献最低。

多年以来，人们进行很多努力来提高聚硫化溴液流电池的综合能效，见表 12.2（Skyllas - Kazacos 等，2011）。但仍然需要大量研究来克服上述技术挑战、商业化高成本和安全问题。

表 12.2　　　　　　　　　聚硫化溴氧化还原液流电池的研究和发展

年份	电解液	膜	电极材料	说明
1984	1mol/L 被溴饱和的溴化钠以及 2mol/L 硫化钠	全氟硫酸 125	石墨和多孔硫化镍电极	单液流电池。50% 充电状态下开路电势为 1.5V
1999	5mol/L 溴化钠和 1.2mol/L 硫化钠	全氟硫酸 115	活性炭/聚烯烃压制电极	单极液流电池，40mA/cm² 下充电 30min，电池电势增至 2.1V
2001	Br_3^-/Br^- 和多硫化物/硫化物	钠离子交换（杜邦）	碳聚烯烃复合材料双极	英国加的夫 Innogy 的 Aberthaw 发电站，1MW 中试规模设施，使用 100kW XL 系列堆栈
2004	1mol/L 溴溶于 2mol/L 溴化钠和 2mol/L Na₂S₂	全氟硫酸	负极：碳载镍催化剂；正极：碳载铂催化剂	单液流电池。功率密度为 0.64 W/cm²。充放电循环中，0.1A/cm² 下电压效率为 88.2%

年份	电解液	膜	电极材料	说　明
2005	4mol/L 溴化钠与 1.3mol/L Na₂S₄ 和 1mol/L 氢氧化钠的混合物	全氟硫酸 117	泡沫镍和碳毡电极	单液流电池。40mA/cm² 下，内部欧姆电阻将综合能效限制在 77.2%，电池功率密度为 56mW/cm²
2007	1mol/L 溴化钠和 0.5mol/L Na₂S₄，pH＝2	全氟硫酸 115	聚偏二氟乙烯（PVDF）和高密度聚乙烯上的活性炭复合物（HDPE）/碳芯	五块电池双极堆栈，电池效率待定

来源：Skyllas – Kazacos 等，2011。

聚硫化溴液流电池的早期发展聚焦于额定功率超过 5MW 的大型应用。英国 Little Barford 开始建造一座 15MW/120MWh 的试验工厂；但是，该项目因资金问题，于 2003 年 12 月被放弃。根据一个结合资金和运行成本预测试验工厂的基于技术和商业性能的单独数学模型，当最佳电流密度为 500A/m²、综合能效为 64% 时，每千瓦时净亏损为 5.7 英镑（相当于 0.09 美元）（Scamman 等，2009b，p. 1237）。

2004 年，Innogy 技术为 VRB 电力公司聚硫化溴系统的所有知识产权授予全球独家许可证，将这种液流电池商业化，系统范围为 10～100MW，存储期为 8～12h。田纳西河流域管理局（Tennessee Valley Authority）（TVA）也计划以 Little Barford 现场建造的相同技术为基础，在密西西比河建立第二个试验电厂（De Boer 和 Raadschelders，2007，p. 5）。但是，由于 Innogy 技术决定不再继续这项合作，因而这家电厂也被搁置了。自那以后，便再也没有关于这种液流电池更新的大型示范项目的报告。

12.3.4　锌基液流电池

锌溴电池和氯化锌电池是两种最早的液流电池（Blevins，1981）。锌基液流电池的工作原理与钒氧化还原电池及聚硫化溴液流电池等传统氧化还原液流电池不同，锌基液流电池涉及充电期间负极的锌沉淀，因此总能源容量受限于锌沉淀可用的电极面积。

1. 锌溴（Zn/Br）液流电池

锌溴液流电池于一百多年前研发出来；但是，早期的锌溴电池性能低下，维护不便，延误了其商业化，直到艾克森石油公司（Exxon）和 Gould 在 20 世纪 70 年代中期和 20 世纪 80 年代早期开发一种设计用于实际应用，才提高了性能和维护。

与传统氧化还原液流电池技术不同，锌溴液流电池的工作原理是以负极的锌沉淀以及正极的锌演变为基础。传统氧化还原液流电池的容量与半电池电解液的体积相关，而锌溴混合液流电池的能源容量受限于负极沉淀的锌数量，而这取决于金属锌层的厚度和形态。

充放电过程中的半电池反应如下

正极反应

$$2Br^- \underset{\text{放电}}{\overset{\text{充电}}{\rightleftharpoons}} Br_2 + 2e \quad E^o = 1.087V \tag{12.31}$$

负极反应

$$Zn^{2+} + 2e \underset{\text{放电}}{\overset{\text{充电}}{\rightleftharpoons}} Zn \quad E^o = -0.763V \tag{12.32}$$

图 12.10 所示为锌溴混合液流电池的原理图（Skyllas - Kazacos 等，2011）。

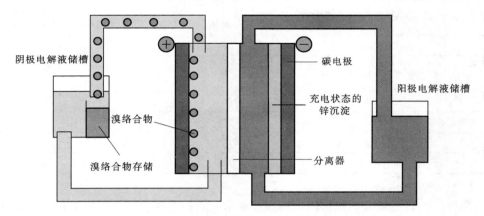

图 12.10　锌溴混合液流电池的原理图。

锌溴混合液流电池由阳极电解液溶液和阴极电解液溶液组成，溶液包含水状溴化锌和其他盐类，存储在两个外部储槽和一个功率转换电池中。阴极电解液储槽的一小部分被封锁起来，形成收集演变的溴的区室。阴极电解液和阳极电解液都在功率转换电池和储槽之间靠泵吸循环。早期锌溴混合液流电池可以快速自放电，因为溴很容易溶解于溴化锌溶液并扩散到负极，在负极使锌氧化，其反应为（Eustace，1977）

$$Br_{2(aq)} + H_2O_{(l)} \longrightarrow HBr_{(aq)} + HBrO_{(aq)} \qquad (12.33)$$

$$2HBr_{(aq)} + Zn_{(s)} \longrightarrow ZnBr_{2(aq)} + H_{2(g)} \qquad (12.34)$$

为了将这种自放电降至最低，在负极半电池的电解质溶液中溶解的溴浓度应尽可能保持较低状态，正极和负极应由微孔分离器分开（Pavlov 等，1991，p.29）。通过添加溴络合剂或使用丙腈（PN）溶剂，可以降低液相中溶解的溴浓度（Singh 等，1983，p.314）。

溴络合剂的作用是通过提取溴进入作为溴储存介质的不溶于水的有机相，来降低正极半电池液相中的溴浓度。最常用的溴络合剂为溴化季铵盐（QBr），例如 N - ethyl - N - methyl 吗啉溴（MEM）和 N - ethyl - N - methyl 吡咯烷溴（MEP）（Poon，2008，p.14）。一般情况下，每种溴化季铵盐可复杂到三分子溴，因此可以结合大量溶解的溴，导致液相中溴的浓度降低，溴气逸出减少几乎一百倍（Bajpal 等，1981，p.3）。除了溴络合物之外，增加氯化物浓度可以进一步降低水状溴浓度，使能量密度提高、自放电降低（Kantner，1985）。不同研究机构研究的溴络合剂和氯化物浓度见表 12.3（Poon，2008）。

向阴极电解液中添加丙腈溶剂，也可以降低正极半电池水溶液中的溴浓度。阳极电解液和阴极电解液的成分不同，阳极电解液含有 4mol/L 溴化锌和 3mol/L 氯化钠，而阴极电解液含有 2mol/L 溴化锌和 2mol/L 溶解于水饱和丙腈的溴（Singh 等，1983）。向正极半电池的丙腈电解液中添加 QBrs，会产生协同作用，导致水状溴浓度比单纯添加丙腈降低很多，因而能量效率更高（Cathro，1988）。

表 12.3 锌溴液流电池的电解液成分

年份	研 究 机 构	$ZnBr_2$ /(mol/L)	MEM /(mol/L)	MEP /(mol/L)	$ZnSO_4$ /(mol/L)	$ZnCl_2$ /(mol/L)	树枝状形抑制剂
1978	艾克森石油公司	3	0	1	0.2	0	0
1983	明电舍（Meidensha）	3	0.5	0.5	0	0	Sn^{2+} / Pb^{2+}
1985	艾克森石油公司	2	0.5	0.5	0	1	0
1989	约翰逊控制公司（Johnson Controls Inc.）（JCI）	3	0.25	0.75	0	0	0
1995	ZBB	2.25	0	0.8	0	0.55	0
1999	SNL	2.25	0.8（50/50）		0	0.55	0

来源：Poon，2008。

负极沉淀的锌可能会形成不均匀的树枝状形，它们有时会穿过正极生长，引起电池短路。为了防止这种情况的发生，保持锌沉淀均匀非常重要。这可以通过阳极电解液和阴极电解液溶液循环或使用光滑的碳塑料作为负电极来实现。但是，在延长循环后，锌树枝状形可能会继续形成，引起通道堵塞并通过微孔分离器引起短路。为了克服这个问题，要定期完全放电来完全移除负极的所有锌沉淀。但这是不理想的，因为这会中断储能和输电系统的正常运行（Skyllas‐Kazacos 等，2011）。锌溴混合液流电池的另一个缺点是，与 Br_2/Br^- 相比，Zn^{2+}/Zn 电对的动力更快，会引起极化并最终在高电流运行时引起故障。在正电极使用高比表面碳电极可以克服这一问题；但是，碳的有效表面积最终会减少并出现碳涂层氧化（Ponce de Leon 等，2006，p.726）。

锌溴混合电池的理论电池电势为 1.85V；但由于使用络合剂来防止溴气逸出，实际的电池电势更低，为 1.76V。理论比能量密度为 429W·h/kg（Symons 和 Butler，2001），但实际上只能达到 65～75W·h/kg（Clarke 等，2004 年引用 Skyllas‐Kazacos 等，2011）。高比能量密度是由于 Zn^{2+}/Zn 电对的负电势引起电池高电压。这就是锌溴混合液流电池尽管有自放电高、有枝晶锌沉淀、电极成本高、材料易腐蚀、能量密度不令人满意以及循环寿命短等缺点，却依然吸引广泛兴趣的主要原因。

这种混合液流电池的主要特点（Skyllas‐Kazacos 等，2011）：

（1）100％放电深度。

（2）环境温度运行。

（3）高库伦效率和电压效率，分别为 90％ 和 85％。

（4）丰富、便宜的锌材料。

（5）能源容量调节范围为 50～400kW·h。

锌溴液流电池的应用主要为电动汽车和负载管理。约翰逊控制（JCI）测试了锌溴液流电池用于电动汽车应用的可行性，安装 8 块使用 3mol/L 浓度的溴化锌、0.25mol/L 浓度的 MEM 和 0.75mol/L 浓度的 MEP 电解液的电池来为福特 ETX‐Ⅱ 汽车发电（Bolstad 和 Miles，1989 年引用 Poon，2008）。功率维持在 35kW，综合能效为 69.4％，比能量密度为 67.3W·h/kg。向电解液中添加 3mol/L 氯化铵，则能量密度增加至 71.9W·h/kg；但综合能效降至 62.7％。

各研究小组通过改变电解液成分、膜、电池设计、容量等，来测试锌溴液流电池对负载管理应用的可行性。锌溴液流电池系统负载管理应用的性能见表 12.4（Poon，2008）。

表 12.4　　　　　　　　　锌溴液流电池负载管理应用的性能

参　数	艾克森石油公司	艾克森石油公司	JCI Z 设计	JCI V 设计	ZBB V 设计	MITI
电解液	A	A	B	B	C	—
膜	M1	M1	M1	M1	M1	M2
容量/(kW·h)	20	30	20	20	50	50
双极电解槽	80～100	124	78	78	60	30
堆栈	2	2	2	2	3	24×2 系列
电极面积/cm²	—	—	1170	1270	2500	1600
库仑效率/%	86.7	81.8	80	85～90	—	92.4
能量效率/%	67.4	52.7	60	70～75	77	81.1

注：A：2mol/L 溴化锌，0.5mol/L 氯化锌，0.5mol/L MEM 和 0.5mol/L MEP。
　　B：3mol/L 溴化锌，0.25mol/L MEM 和 0.75mol/L MEP。
　　C：2.25mol/L 溴化锌，0.5mol/L 氯化锌和 0.8mol/L QBr（MEM∶MEP＝50∶50）。
　　M1：微孔聚乙烯（MPPE）分离器。
　　M2：基于穿孔聚烯烃膜或离子交换膜。
　　来源：Poon，2008。

尽管锌溴液流电池的设计有所改进，却不能完全消除溴交叉和枝晶锌沉淀问题，导致综合能效低、自放电高、循环寿命短（Ponce de Leon 等，2006，p.726）。目前，只有三家公司在商业上涉及锌溴技术，即澳大利亚的 RedFlow 及美国的 ZBB 能源和 Premium 电力。

2. 氯化锌（Zn/Cl）液流电池

氯化锌液流电池是 Charles Renard 开发的最早的液流电池之一，诞生于 1884 年，用来为其飞艇"法国"发电，这与锌溴液流电池出现的时间大致相同，锌溴液流电池首次出现于 1885 年（Blevins，1981）。氯化锌液流电池的工作原理与锌溴电池相似，基于负极的锌沉淀和正极的氯形成，半电池反应如下

正极反应

$$2Cl^- \underset{\text{放电}}{\overset{\text{充电}}{\rightleftharpoons}} Cl_2 + 2e \quad E^o = 1.357V \tag{12.35}$$

负极反应

$$Zn^{2+} + 2e \underset{\text{放电}}{\overset{\text{充电}}{\rightleftharpoons}} Zn \quad E^o = -0.763V \tag{12.36}$$

氯化锌电池的理论电池电势为 2.12V，比锌溴电池高。此外，由于不适用络合剂来防止氯析出，实际电池电势与理论电池电势相同。理论比能量密度为 465W·h/kg，但实际上只能达到 60～80W·h/kg，放电深度为 96%（Pavlov 等，2011）。

氯化锌液流电池的化学反应与锌溴电池不同，因为氯和溴的化学、物理性质不同。在室温下，氯是气态的而溴是红褐色液体，这导致氯化锌液流电池的设计更为复杂，以防止室温下氯析出。氯在氯化锌溶剂中是微溶的，因此，在放电期间会成为氯气，这会影响电

解质溶液中的氯离子平衡。为了防止氯气泄漏，需要进行特殊设计来收集和储存氯气，将其反馈给电解质溶液并在电极处还原为氯离子。人们已经对两种氯气收集和存储方法进行了评估。第一种方式使用压缩技术并将气体储存为 70～80lb 液态氯。当液流电池产生电流时，储存的液体氯与电解质溶液混合并输送到电极（Pavlov 等，2011）。第二种方法涉及将氯气转换为水合氯 $Cl_2 \cdot 8H_2O$，当温度低于 9.6℃时，为黄色冰状悬浮液（Bellows 和 Grimes，1984）。

氯化锌液流电池由一个电化学堆栈、氯化锌电解质溶液（添加氯化钾来提高电解液的导电性）、氯循环回路和电解液冷却系统组成。电化学堆栈的电解液使用泵进行循环。充电时，氯气从电池移动，通过堆栈，与电解质溶液混合，电解质溶液已经由制冷系统冷却至 9.6℃以下并形成黄色冰状水合氯，然后由泵吸入水合物储存器。放电时，冷却后的水合物经过热交换机，分离水合氯；然后富氯流被泵吸入阳极还原为氯（McBreen，1984）。锌被氧化为锌离子并与氯离子反应，在负极形成氯化锌。

由于氯在电解液中的溶解度低（～0.03mol/L），氯电极必须由多孔石墨材料制成，允许含氯溶液流经电解的气孔形成氯离子。由于氯的溶解度低，这种液流电池不需要分离器。

和锌溴液流电池一样，氯化锌系统也有快速自放电和形成枝晶的问题。循环电解质溶液可以降低自放电比率，每次放电后充电前，将锌沉淀完全剥离则可以克服形成枝晶的问题。但是，这会中断综合储能和电力输送的运行。氯化锌电池使用的电解质溶液的酸属性也会导致锌氧化及氧气释放，这在氯存储器中有发生爆炸的危险。另外，因为电极电势高，尤其是在高 pH 值的情况下，充电时石墨材料会缓慢地氧化为二氧化碳（McBreen，1984）。

除了上述电化学问题，氯化锌液流电池的工程问题也比锌溴电池更具有挑战性，因为它们需要将电池堆栈并入氯存储系统。由于氯的收集和存储需要冷却系统来防止氯气从电解质溶液中泄漏出来，氯化锌液流电池的设计比锌溴液流电池的设计更为复杂。预计净综合能效会降低，因为一部分能源将用于为辅助设备供电，例如气泵和电解液泵、冷却系统和氢重组系统。

基于这些原因（形成枝晶、对杂质敏感、pH 管理、涉及电池堆栈的复杂电池设计、形成水合物、系统工程和并网以及安全问题），氯化锌电池未能吸引人们的注意来对其进行进一步开发，即使它的能量密度比锌溴液流电池要高。

20 世纪 80 年代，日本古河电器有限公司（Furukawa Electric Co Ltd.）尝试为储能设计并开发氯化锌电池，当时该公司开发了 1kW、10kW 和 50kW 模块。但是，大阪政府工业研究所（Government Industrial Research Institute）证明该液流电池具有严重的安全问题和环境危害，该测试结果出来后，日本古河电器有限公司对技术、性能及经济参数进行精密分析，并决定终止该项目（Pavlov 等，1991）。

12.3.5 锂基液流电池

由于锂空气电池的阳极材料具有 3842mA·h/g 的突出比容量，因而具有巨大潜力。锂空气电池放电时将锂离子与空气中的氧相结合，在正极形成氧化锂。最近，Chiang 等（2009）提出了一种涉及锂的新奇的液流电池概念。他们提出使用典型的插入式电极材料作为阳极和阴极的活性材料。这些活性材料的制备是使液态电解液中的锂基混合物悬浮，形成半固体悬浊液。然后将这两种不同的悬浊液用泵送入、送出反应室，反应室是由一层薄的多孔膜分开（Abraham 和 Jiang，1996）。该系统名为半固体液流电池（SSFC）。与传统的水溶液液流电池相比，它们需要更高的能量密度，因为液态悬浊液中固体成分的活性材料浓度更高（Duduta 等，2011）。如果使用既定的锂嵌入反应混合物，估测最佳半固体液流电池中的能量密度为 $130\sim250W \cdot h/kg$，从而被电动汽车普遍接受。这种新奇的概念展示了可用于储能的悬浮液状活性物质，因而开创了一项新的研究领域，寻找更好的阴极和阳极活性材料以及半固体液流系统的电解液，使成本降低来适用于更广泛的领域。

12.3.6　其他液流电池的化学特性

除了液流电池，其他氧化还原液流电池正在开发中，包括全铬液流电池、钛铁试剂铅电池、甲基咪唑铁氯化铁熔盐液流电池、铜基氧化还原液流电池、有机基氧化还原液流电池及新锂基液流电池。

与氧化还原液流电池一样，全铬液流电池仅含有一项元素，避免了电解液的交叉污染（Bae 等，2002）。钛铁试剂铅电池在 $3mol/L$ H_2SO_4 中使用 $0.25mol/L$ 钛铁试剂作为电解液，使用铅电极作为阳极。其理论电池电势为 1.10V。

铜基液流电池涉及使用稀少的锕类作为储能潜在的氧化还原电对，而锕类由核能活动产生（Shiokawa 等，2000）。通常在核电中使用的四种锕类元素为铀（U）、镎（Np）、钚（Pu）和镅（Am）。在这四种元素中，基于理论计算，只有镎电对和铀电对可能具有良好的能量效率；但是，在该类电池用于商业化之前，需要进一步评估其安全性和环境影响。

将有机溶剂用于氧化还原液流电池也很具有吸引力，因为它们的电池电势较高。很多氧化还原电对的溶解度在有机溶剂中可以提高，使氧化还原液流电池的能量密度上升。但是，与水溶液相比，有机溶剂更贵，导电性可能更低，环境污染更大。因此，评估这些液流电池应用的有机电解液的性能和环境兼容性是非常重要的。

关于钌、铬和钒乙酰丙酮化物的最新研究表明，这些有机基氧化还原液流电池的能量效率很低，为 5％～10％，尽管它们的开路电势比水溶液钒氧化还原电池高（Skyllas - Kazacos 等，2011）。尽管铬和钒乙酰丙酮化物电池的开路电势（分别为 3.4V 和 2.2V）比水溶液钒氧化还原电池（1.6V）高，有机溶液的低效率和高成本限制了这些有机溶液在氧化还原液流电池应用中的发展。需要进一步研究成本效益更高、环境兼容度和化学兼容度都可接收的溶剂，使其与以水溶液为基础的液流电池相比更具有商业竞争力。

12.4　结论

全世界可再生能源的并网数量逐渐增长，但可再生能源不能供应恒定的功率，因此迫切需要发展先进的储能系统。尤其是氧化还原液流电池，因其能够以高效、高成本效率的方式储存大量电力，因而获得了相当多的关注。

氧化还原液流电池具有很多吸引人的特点，使其在需要 2h 储能容量的离网和并网应用中理想地适用于大型储能。功率和能源容量的独立分级具有很大的灵活性，允许系统设计适用于每种应用的特定需要。使用较大的电解液储罐及增加更多电解液就能够很容易地增加储能容量。额外储能容量的增量成本仅取决于额外电解液的成本，因此随着储存时间增加，每千瓦时发电量的成本显著降低。实际上成本估算已经证明，当储存容量超过 2h，第一代钒氧化还原电池可以以不到等价铅酸电池一半的成本输送能源，而铅酸电池为目前商业应用中最便宜的电池。大型示范系统展示出 80% 的整体能效及 20 多万次充放电循环，这是目前正在发展的其他电池技术所无法比拟的。随着液压密封改良、材料选择、成本效益成分以及循环寿命的进一步发展，液流电池的进一步商业化已在预料之中（Skyllas - Kazacos 等，2011；Weber 等，2011）。液流电池开发人员面临的主要挑战是要吸引足够的投资资金，使其在可再生能源储存和智能电网应用的大型新兴市场中实现需要的生产量，并达到必需的成本结构。

　　液流电池在电动汽车应用的一个特殊特点是它们既能够放电，又能够通过电解液交换实现机械加燃料。但是目前，它们与锂离子电池以及其他电池技术相关的能量密度使其不能应用于电动汽车。随着第二代和第三代钒电池技术以及新型锂半固体液流电池的发展，在并不遥远的未来中，在可加燃料的电动汽车和公交车中就可以实现移动应用。

参考文献

A123(2012),Website:http://www.a123systems.com/(Accessed 9 December 2012).

Abraham K. M. and Jiang Z. (1996), A polymer electrolyte - based rechargeable lithium/oxygen battery, *Electrochem. Soc.* 143, 1 - 5.

Bae C. H. , Roberts E. P. L and Dryfe R. A. W. (2002), Chromium redox couples for application to redox flow batteries, *Electrochimica Acta* 48, 279 - 287.

Bajpal S. N. (1981), Vapour pressure of bromine - quarternary ammonium salt complexes for zinc - bromine battery application, *J. Chem. Eng. Data* 26(1), 2 - 4.

Balakrishnan P. G. , Ramesh R. and Kumar T. P. (2006), Review: Safety mechanisms in lithium ion batteries, *J. Power Sources* 155, 401 - 414.

Bellows J. and Grimes P. G. (1984), *Zinc/Halogen Battery, in Power Sources for Electric Vehicles* (B. D. McNicol, D. A. J. Rand, eds.), *Elsevier*, Amsterdam, p. 621.

Blevins C. M. (1981), Life - testing of 1. 7 kW·h zinc - chloride battery system: Cycles 1 - 1000, *J. Power Sources* 7, 121 - 132.

Bolstad J. J. and Miles, R. C. (1989), Development of the zinc/bromine battery at Johnson Controls Inc. *Institute of Electrical and Electronics Engineers (IEEE), Energy Conversion Engineering Conference* 1989(IECEC - 1989), Proceedings of the 24th Intersociety, August 6 - 11 1989, Washington D. C. , USA.

Cathro K. J. (1988), Performance of zinc/bromine cells having a propionitrile electrolyte, *J. Power Sources* 23, 365 - 383.

Chiang Y. , Carter W. C. , Ho B. and Duduta M. (2009), Massachusetts Institute of Technology, High Energy Density Redox Flow Device, US Provisional Patent No 61/287,180.

Clarke R. , Dougherty B. , Mohanta S. and Harrison S. (2004), Abstract 520, Joint International Meeting: 206th Meeting of the Electrochemical Society/2004 Fall Meeting of the Electrochemical Society of Japan, Honolulu, Hawaii, 3 - 8 October 2004.

Commonwealth Scientific and Industrial Research Organisation website (CSIRO) (2011): http:// www. csiro. au/science/Ultra – Battery(Accessed 12 September 2011).

De Boer P. and Raadschelders J. (2007), *Flow Batteries: Briefing Paper.* Arnhem: Leonardo Energy. Available at:<http://www. leonardo – energy. org/webfm_send/164 >(Accessed 6 July 2007).

Deeya Energy(2011), website:http://www. deeyaenergy. com/product/(Accessed 19 January 2011).

DOE News Release(2010):US Department of Energy Smart Grid Program Award for Demonstration of V – Fuel Vanadium Battery Technology in the USA, 8 July 2010, URL: < http://www. energy. gov/ news2009/8305. htm >(Accessed 15 December 2010).

Duduta M. , Ho B. , Wood V. C. , Limthongkul P. , Brunini V. E. , Carter W. C. and Chiang Y. (2011), Semi – solid lithium rechargeable flow battery, *Adv. Energy Mater.* 1, 511 – 516.

Engineering Conference 1989(IECEC – 1989), Proceedings of the 24th Intersociety, Washington D. C. , USA 6 – 11 August 1989.

EPRI – DOE (2004), Energy Storage for Grid Connected Wind Generation Applications, EPRI, DOE Technical Update, Palo Alto, CA, Washington DC, 1008703, December.

EPRI – DOE(2003), *Handbook of Energy Storage for Transmission and Distribution Applications,* EPRI, DOE, Palo Alto, CA, Washington DC.

ESA (2011), Electricity Storage Association website: http://www. electricitystorage. org/technology/ storage_technologies/technology_comparison(Accessed 9 December 2011).

Eustace D. J. (1977), Exxon Research and Engineering Co. , *Metal Halogen Electrochemical Cell.* US Patent 4, 064, 324.

Gahn N. H. Hagedorn J. A. Johnson(1985), Cycling performance of the iron chromium redox energy storage system, NASA TM – 87034, NASA, Dept. of Energy, US.

Johnson D. and Reid M. (1985), Chemical and electrochemical behavior of the Cr(Ⅲ)/Cr(Ⅱ)half – cell in the Iron – Chromium redox energy storage system, *J. Electrochem. Soc* 132, 1058.

Kantner E. (1985), Exxon Research and Engineering Co. , *Zinc – Bromine Battery with Improved Electrolyte.* US Patent 4, 491, 625.

Kim S. , Vijayakumar M. , Wang W. , Zhang J. , Chen B. , Nie Z. , Chen F. , Hu J. , Li L. and Yang Z. (2011), Chloride supporting electrolytes for all – vanadium redox flow batteries, *Phys. Chem. Chem. Phys.* 13, 18186 – 18193. DOI:10. 1039/c1cp22638j.

Largent R. L. , Skyllas – Kazacos M. and Chieng, J. (1993), Improved PV system performance using vanadium batteries, in: *Proceedings of the IEEE 23rd Photovoltaic Specialists Conference,* Louisville, Kentucky, May.

Li L. , Kim S. , Wang W. , Vijayakumar M. , Nie Z. , Chen B. , Zhang J. , Xia G. , Hu J. , Graff G. , Liu J. and Yang Z. (2011), A stable vanadium redox – flow battery with high energy density for large – scale energy storage, *Adv. Energy Materials* 1, 394 – 400. DOI:10. 1002/aenm. 201100008.

Maria Skyllas – Kazacos(2009), 'Secondary batteries:Redox flow battery – vanadium redox' in *Encyclopedia of Electrochemical Power Sources,* J. Garche, P. Moseley, Z. Ogumi, D. Rand and B. Scrosati, Eds, 444 – 453, Elsevier, Amsterdam.

McBreen J. (1984), Rechargeable zinc batteries, *J. Electroanal. Chem.* 168, 415 – 432.

Nakamura Y. (1988), Operating method for redox flow type cell, Japanese Patent, 63150863.

Pavlov D. , Papazov G. and Gerganska M. (1991), *Battery Energy Storage Systems.* Sofia: UNESCO Regional Office for Science and Technology for Europe(ROSTE). Available at:<http://unesdoc. unesco. org/ images/0009/000916/091670eo. pdf >(Accessed 4 December 2011).

Ponce de Leon C. , Frias – Ferrer A. and Gonzalez – Garcia J. (2006), Redox flow cells for energy conversion,

J. Power Sources 160,713 – 732.

Poon G. (2008), Bromine Complexing Agents for use in Vanadium Bromide(V/Br)Redox Flow Cell, MSc. , The University of New South Wales.

Prudent Energy(2011)– case study: VRB Technology in Japan, URL http://www. pdenergy. com/pdfs/case-study_japan. pdf

Prudent Press Release(2001), http://www. pdenergy. com/press_030211_cepri. html

Remick R. J. and Ang P. G. P. (1984), Institute of Gas Technology, Electrically rechargeable anionically active reduction – oxidation electrical storage – supply system. US Patent 4,485,154.

Rychcik M. and Skyllas – Kazacos M. (1988), Characteristics of new all – vanadium redox flow battery, *J. Power Sources* 22,59.

Scamman D. P. , Reade G. W. and Roberts E. P. L(2009), Numerical modelling of a bromide – polysulfide redox flow battery, Part 1: Modelling approach and validation for a pilot scale system, *J. Power Sources* 189,1220 – 1230.

Scamman D. P. , Reade G. W. and Roberts E. P. L(2009), Numerical modelling of a bromide – polysulfide redox flow battery, Part 2: Evaluation for a utility scale system, *J. Power Sources* 189,1231 – 1239.

Shimizu M. , Mori N. , Kuno M. , Mizunami, K. and Shigematsu T. (1988), Development of a redox flow battery, *Proc. Electrochem Soc* 88,249.

Shiokawa Y. , Yamana H. and Moriyama H. (2000), An application of actinide elements for a redox flow battery, *J. Nuclear Sci. Technol.* 37(3),253 – 256.

Singh P. , White K. and Parker A. J. (1983). Application of non – aqueous solvents to batteries: Part 1. Physicochemical properties of propionitrile/water two phase solvent relevant to zinc – bromine battery, *J. Power Sources*, 10,309 – 318.

Skyllas – Kazacos M. and Robins R. (1986), All – Vanadium Redox Battery. US Patent 4,786,567.

Skyllas – Kazacos (2003), Novel vanadium chloride/polyhalide redox flow battery by Maria Skyllas – Kazacos, *J. Power Sources* 24,299 – 302.

Skyllas – Kazacos M. Kazacos G. , Poon G. and Verseema H. (2010), Recent advances with UNSW vanadium – based redox flow batteries, *Int. J. Energy Res.* (Energy Storage Special Issue),34,182 – 189.

Skyllas – Kazacos M. (2010), 'Energy storage for stand – alone/hybrid systems: Electrochemical Energy Storage Technologies' in *Stand – alone and Hybrid Wind Systems: Technology, Energy Storage and Applications*, J. K. Kaldellis(ed.), Woodhead Publishing, July 2010.

Skyllas – Kazacos M, Chakrabarti M. H. , Hajimolana S. A. , Mjalli F. S. and Saleem D. (2011), Progress in flow battery research and development, *J. Electrochem. Soc.* 158(8),R55 – R79.

Skyllas – Kazacos M. and Kazacos M. (2011), State of charge monitoring methods for vanadium redox flow battery control, *J. Power Sources* 196,8822 – 8827.

Skyllas – Kazacos M. and Menictas C. (2011), Performance of vanadium/oxygen redox fuel cell, *J. Appl. Electrochem.* 41,1223 – 1232. DOI 10. 1007/s10800 – 011 – 0342 – 8.

Sun B. and Skyllas – Kazacos M. (1992), Modification of graphite electrode materials for vanadium redox flow battery application – I. Thermal treatment, *J. Electrochimica Acta* 37(7),1253 – 1260.

Sun B. and Skyllas – Kazacos M. (1992), Modification of graphite electrode materials for vanadium redox flow battery application – II. Acid treatments, *J. Electrochimica Acta* 37(13),2459 – 2465.

Swette L. and Jalan V. (1984), Development of electrodes for the NASA iron/chromium redox system and factors affecting their performance, NASA CR – 174724, DOE/NASA/0262 – 1.

Symons P. C. and Butler P. C. (2001), *Introduction to Advanced Batteries for Emerging Applications*. Albuquerque, NM: Sandia National Laboratories. Available at: <http://prod. sandia. gov/techlib/access –

control. cgi/2001/012022p. pdf >(Accessed 2 December 2011).

Tang A. , Ting S. , Bao J. and Skyllas – Kazacos M. (2012), Thermal modelling and simulation of the all – vanadium redox flow battery, *J. Power Sources* 203, 165 – 176. Available on – line at http://dx. doi. org/10. 1016/j. jpowsour. 2011. 11. 079

Thaller L. H. (1976), Electrically rechargeable redox flow cell, US Patent 3,996.

Tokuda N, Kanno T. , Hara T. , Shigematsu T. , Tsutsui Y. , Ikeuchi A. , Itou T. and Kumamoto T. (2000), Development of a redox flow battery system, *SEI Tech. Rev.* 50, 88.

Wang W. , Kim S. , Chen B. , Nie Z. , Zhang J. , Xia G. , Li L. and Yang Z. (2011), 'A new redox flow battery using Fe/V redox couples in chloride supporting electrolyte ', *Energy Environ. Sci.* 4, 4068. DOI: 10. 1039/c0ee00765j.

Weber A. Z. , Mench M. W. , Meyers J. P. , Ross P. N. , Gostik J. T. and Liu Q. (2011), Redox flow batteries: A review, *J. Appl. Electrochem.* 41, 1137 – 1164.

Yang Z. , Zhang J. , Kintner – Meyer M. C. W. , Lu X. , Choi D. , Lemmon J. P. and Liu J. (2011), Electrochemical energy storage for green grid, *Chem. Rev.* 111(5), 3577 – 3613.

Zhong S. , Padeste C. , Kazacos M. and Skyllas – Kazacos M. (1993), Physical chemical and electrochemical properties comparison for rayon and PAN based graphite felt electrodes, *J. Power Sources* 45, 29 – 41.

第13章 超导磁储能系统

P. TIXADOR，Grenoble INP/Institut Neel -G2E lab，France

DOI：10.1533/9780857097378.3.442

摘　要：超导磁储能系统是一种为数不多的直接储电系统，尽管其比能由于机械因素限定在一个中间数值上（10kJ/kg），但其比功率密度很高，能够达到最优的能量转换效率。这种特性让超导磁储能系统在大功率、短时间应用上具有广阔的前景。截至目前，超导磁储能系统使用成本低廉的铌钛导体。不考虑成本，钇钡铜氧化物（YBCO）因其载流量高、机械特性好和较高的工作温度也颇受欢迎。自从 20 世纪 70 年代首次研发以来，超导磁储能系统在应用领域表现优异，然而较高的成本阻碍了其商业化生产。

关键词：超导磁储能系统；储存设备；大规模超导性；磁体

注释：本章是 P. Tixador 对第 9 章的修订和更新版，该文章首次由 ed. Z. Melhem 于 2012 年发表在伍德海德出版公司出版的《能源应用中的高温超导体》上，ISBN：978 - 0 - 85709 - 012 - 6。

13.1　引言

载流电感是磁能的根本来源。为了储存这种磁能，需要将电感短接。但是，电感必须不能有损耗，经过超导后这种能量才不会因焦耳效应很快被消耗。由于固有的直流特性，短路的超导磁体将能量储存成磁能。此外，除接头处以外，由于超导体的直流电阻为零，因此电流实际保持不变。电流的衰减时间是线圈电感与电路中总电阻的比率。File 和 Mills 测量了持久电流衰减，确定了 10^5 年的衰减时间常数。等效电阻率大约为 $10^{-25}\,\Omega\cdot m$，室温下铜的电阻率为 $1.710^{-8}\,\Omega\cdot m$。因此，室温下对于相同尺寸和电感的铜线圈，其衰减时间不足 0.1ms。除了非常短的储能时间（不足 1s）以外，超导体已是磁储能系统中必不可少的元件，这种储能系统又称为超导磁储能系统，1969 年 M. Ferrier 提出了这一简单概念。[4]

磁性储能 W_{mag} 由线圈的自耦电感 L 和电流 I 决定，或由全部空间内分布的磁通量密度和磁场决定（图 13.1），即

$$W_{mag} = \frac{1}{2}LI^2 = \frac{1}{2}\iiint_{space} BH\,\mathrm{d}x\,\mathrm{d}y\,\mathrm{d}z \tag{13.1}$$

由于磁场接近零，铁磁材料无法储存大量能量。但是，这些材料可以增大其附近空气中的磁通量密度，从而增强总磁能。但是，铁磁元件的重量增加了总重量，其比能（能量与质量的比率）随着使用而增大，因此几乎不再使用。

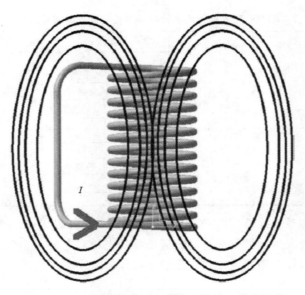

图 13.1　超导磁储能原理（超导绕组短接，带磁场线）。

当短路断开时，所存储的能量部分或全部传递到负载上。线圈上的电流在负电压时减小，而正电压则通过增大电流给磁体充电或让磁体带电，即

$$V = L \frac{\mathrm{d}I}{\mathrm{d}t} \tag{13.2}$$

式中：V 为穿过磁体的电压。

13.2　电流和负荷考虑因素

电流是超导磁储能系统的状态量，此时超导磁储能系统发挥电流源的作用。然而，超导磁储能系统并不是理想的电流源，因为电流会随着放电减小（图 13.2）。73% 的初始能量得到恢复后，电流以 2 为系数减小。

超导磁储能系统是一个二元电容器，充当电压源（表 13.1）。电容器或超导磁储能系统的放电负荷是不同的。对于电容器，其负荷是阻性或感性的，而不是容性的。对于超导磁储能系统，负荷应是阻性或容性的，而不是感性的。超导磁储能系统不能用来直接给一块磁体充电或放电，而需要中间电压型电源转换阶段。

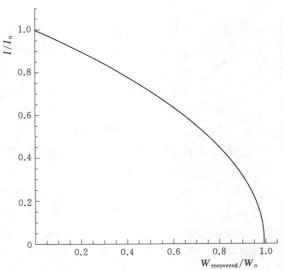

图 13.2　一个超导磁储能系统中恢复的电流和能量（$W_{\mathrm{o}} = LI_{\mathrm{o}}^2/2$）。

293

表 13.1 　　　　　储能中电容器和线圈比较（阻性负荷的时间常量）

储能模式		公　式	放电模式	时间常量	来源
超导磁储能系统	短路 $V=0$	$W=\dfrac{1}{2}LI^2$		L/R	电流
电容器	开路 $I=0$	$W=\dfrac{1}{2}CV^2$		RC	电压

虽然超导磁储能系统的负荷需要采用电容器型，但可以串联一个小型电感（L_{load}）。在放电期间开关处会发生能量损耗，同时应能耐受电压和电流。感性电荷中的电流不能发生瞬间变化，应在超导磁储能系统放电之前一直保持为零。损耗的能量可表示为

$$\Delta W=\frac{L_{load}}{L_{SMES}+L_{load}}\frac{1}{2}L_{SMES}I_{o}^{2} \tag{13.3}$$

负载电感应比超导磁储能系统电感低很多，这样才能减小能量损耗和开关上的应力。

负载的电感值对磁体和电容器放电的影响起反作用。低电阻负载缓慢给超导磁储能系统放电［经过一个很长的放电时间（L/R）］，但却快速给电容器放电［经过较短的放电时间（RC）］。

在储能模式中，超导磁储能系统不存在任何电压危险，因为电压为零，而对于快速放电的介电电容器则在储能模式下需要高电压。

13.3　超导磁储能系统

超导磁储能系统及元件如图 13.3 所示，由以下主要元件或子系统组成：

（1）一块超导磁体带机械支撑结构和电流导线（①）（超导磁体和室温电路之间采用电气连接）。

（2）一台低温装置（②）（低温恒温器、真空泵和低温冷却器等）。

（3）一套功率调节系统（③）（超导磁体和负荷之间的接口）。

（4）一次电源，给超导磁体通电（④）。

（5）一套控制和管理系统（⑤）（电子、低温和磁铁保护等）。

与负荷直连的超导磁储能系统如图 13.4 所示。当负荷与超导磁储能系统直接连接时，功率调节系统只是一个开关。但是，电流不可控，而且会随着磁体放电变小（图 13.2）。

如图 13.5 所示，与交流电网连接的超导磁储能系统，由电网直接给超导磁储能系统供电。超导磁储能系统也可在电压骤降或失电时供电，作为敏感负荷的不间断电源；也可通过能量交换抑制低频功率振荡，如从电网吸收能量，然后给电网放电，从而稳定电网。此时的功率调节系统相当于一台整流器或变换器。需要将该电力电子电路从超导磁的直流量转换成交流量，反之亦然，因为大多数电网都是交流。

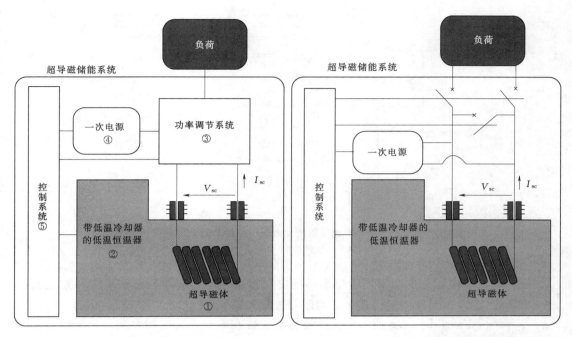

图 13.3 超导磁储能系统及元件。　　　　　　图 13.4 与负荷直连的超导磁储能系统。

电源转换器主要由以下拓扑结构组成（图 13.6）[6]：

（1）可控硅桥。无功功率和可交换的有功功率连接，但不能实现独立控制。

$$P=\frac{3\sqrt{2}}{\pi}UI_{sc}\cos\alpha\;;Q=\frac{3\sqrt{2}}{\pi}UI_{sc}\sin\alpha=P\tan\alpha$$

$$(13.4)$$

式中：U 为三相之间的电压幅值（有效值或均方根）；I_{sc} 为超导磁体中的电流；α 为可控硅桥的点弧角。

该转换器会产生电压谐波，导致超导磁体中的交流损失。损失的程度取决于电流变化，损失越小存储的能量越大。

（2）采用绝缘栅双极型晶体管与斩波器串联的电压型转换器元件。两个转换器之间的直流总线需要一个电

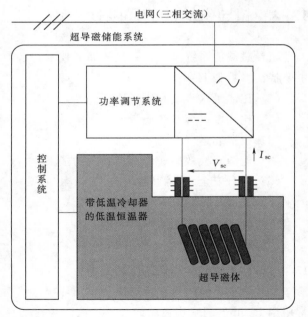

图 13.5 与交流电网连接的超导磁储能系统。

容器，拓扑结构对有功和无功功率进行独立控制，较低的交流谐波失真和低电压脉动通过超导磁体会导致交流损失。如果直流总线可用，则只需要斩波器。

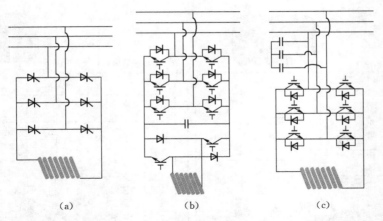

(a)   (b)   (c)

图 13.6　与三相交流电网连接的超导磁储能系统的三个主要电源转换器[6]

(a) 可控硅桥；(b) 电压转换器和斩波器；(c) 电流转换器。

（3）电流转换器。有功和无功功率都可实现独立控制；超导磁储能系统和直流侧直连（无需斩波器）；谐波可能出现在交流侧，因此在超导磁体中会产生交流损耗。

三种情况下，非图 13.6 所示的变压器通常安装在电网和转换器之间。功率转换器在超导磁储能系统费用中占很大比例。

13.4　超导磁储能的局限性

超导磁储能系统是一种新兴的储能技术，必须和其他替代方案进行比较。储能设备的主要特征参数如下：

（1）比能量（容量和质量比）。

（2）比功率（容量和质量比）/放电时间。

（3）投资和运营费。

（4）能源转换效率、储能模式下的损失。

（5）运行安全/故障特性。

（6）寿命/周期数。

（7）技术状态（示范/新兴/成熟）。

（8）环境考虑因素。

13.4.1　与其他储能方法的比较

上述特征参数的重要性取决于应用环境。然而，能量和功率密度是最主要的因素。通常使用 Ragone 图来比较储能系统，该图为比功率和比能量图（图 13.7）。根据传统电容器和电池之间的能量密度，超导磁储能与超级电容器不相上下，但比超级电容器的功率密度更高。对于超导磁储能系统，灰色区域表明目前能够得到的数值；黑色区域包括理论上可能的范围，但还需进行更多的研发。

功率表征能量释放的快慢程度。平均功率是能量与放电时间之比。图 13.8 所示为不同储能技术的功率范围和放电时间。较短的放电时间对应电能质量应用，而较长的放电时间对应能量管理应用[7]。

　　压缩空气储能采用地下容器（盐穴、古老的硬质岩石矿等）压缩大量的空气，然后释放出来，再重新获得能量。抽水蓄能（不同高度处的两座水库）和压缩空气储能是大多数储能系统用来平衡消耗量的唯一可用技术。

　　Ragone 图（图 13.7）表明超导磁储能系统不只是一种电源，如电池，这也是超导磁储能系统适合 100MW 大功率、几秒内短期储能（图 13.8）的原因。当然，补充电源也可结合起来，例如，短时间用的超导磁储能和长时间所用的电池可以覆盖更广的范围。

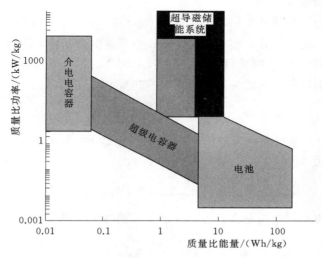

图 13.7　超导磁储能系统、电池和电容器的 Ragone 图。

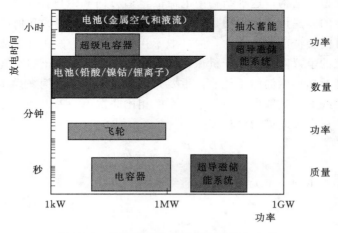

图 13.8　各类储能设备的放电时间和功率。

　　将储能系统的比能量和传统能源作比较这一点很重要，通过比较可以看出其能源性能非常低。1kW·h 意味着很多能量，等于 10t 卡车以 100km/h 的速度所产生的动能。

表 13.2

各类系统的比能量比较

能 源	能源密度/(kW·h/kg)	能 源	能源密度/(kW·h/kg)
煤炭	8	瀑布（1000m）	0.003
木材	4	铅酸/锂离子电池	0.03/0.2
石油	10～12	超导磁储能系统	0.003
天然气	10～14	介电电容器	0.00015
浓缩铀	600000		

13.4.2　比能量的局限性

虽然能够得到的磁通量密度限制了式（13.1）（$B^2/2\mu_0$）所给的单位体积的能量，但除了超导体中的临界电流以外，超导磁储能系统中存储的能量精确限值为机械能。维里定理[8]清晰地说明了磁能和结构质量有关。对于一维应力，拉伸和压缩状态下（$M_{tension}$，$M_{compression}$）机械结构质量之间的关系和所存储的能量 W_{mag} 可表示为

$$W_{mag} = \frac{\sigma}{d}(M_{tension} - M_{compression}) \tag{13.5}$$

式中：σ 为工作应力（假设和拉力及压力相同）；d 为结构材料的密度。

总的结构质量为

$$M_{structure} = M_{tension} + M_{compression} = 2M_{compression} + W_{mag}\frac{d}{\sigma} \tag{13.6}$$

最终极限是全部机械结构只在拉力状态下工作的时候，即

$$M_{min} = W_{mag}\frac{d}{\sigma} \tag{13.7}$$

从理论上讲，该极限接近力平衡或减小的线圈[9,10]，但是绕组的设计和制造依然很复杂。建议采用不受力的结构，这种结构中电流的流通方向和磁场保持平行[11]。但是，这种在物理上是不可能的。建议者的意图是设计一个能抵消洛伦兹力的几何结构。原则上，在一些极大结构中可能会抵消洛伦兹力，但一般不存在这些结构。在有关能量和力的基础原理上，对于磁系统的争议同样存在于机械系统，包括飞轮储能和压缩空气储能。

由于维里定理对超导磁储能系统非常重要，因此通过一个示例来详述。一个简单的例子就是无限薄电磁线圈，其厚度为 e，与内径 R 相比非常小。考虑到相互转动的作用，因此该电磁线圈中的最大环向应力的计算式为

$$\sigma = \frac{JB_{max}R}{2}(B_{max} = \mu_0 Je) \tag{13.8}$$

能量只能储存在里面一个无限薄的电磁线圈中

$$W_{mag} = \frac{1}{2\mu_0}B_{max}^2\pi R^2 h \tag{13.9}$$

式中：h 为电磁线圈的单位高度。

各电磁线圈体积中的磁能可通过环向应力简单表示

$$W_{mag} = \frac{\sigma}{2}Vol_{solenoid} \tag{13.10}$$

式（13.10）并未考虑压力，而且必须通过环向不被拉伸的其他结构物来调节。无限薄电磁线圈结构和抗压特性的精确关系可表达为

$$W_{mag} = \frac{\sigma}{3} Vol_{solenoid} \tag{13.11}$$

这是三分之一的维里极限。

通常，最小超导体积可采用表示为

$$Vol_{sc}^{min} = C_1 \frac{W_{mag}}{\sigma} \tag{13.12}$$

其中 C_1 取决于磁体的几何结构（$C_1 \geqslant 1$）。对于无限薄壁的电磁线圈，取值为 3。文献 12 和 13 给出了电磁线圈的这一系数。对于一根很薄很短的电磁线圈（单匝），该数值可达到最大值（1，维里极限）。此外，由于导体可用空间趋于零，因此能量非常低，而且这种理论几何结构不能使用。

式（13.12）和飞轮的转动部分相同。磁能为动能，由于离心力作用电磁应力被应力取代。C_1 取决于转子的几何结构。

假设一个合理的工作应力为 100MPa，式（13.7）为钢结构在全拉伸状态下的磁体，其单位质量所存储的能量最大值为 12.5kJ/kg(3.5W·h/kg)。100MPa 的工作应力可能还会增大，但质量比能量依然会被限定在 10kJ/kg 左右。

大型强子碰撞机紧凑型 μ 离子电磁线圈（CMS）[14]磁体的冷质量几乎能达到这一数值（2.6GJ/225t 或 11kJ/kg）。记录的比能粒子天体物理学中，一根薄铌钛（Nb-Ti）的比能量可达到 13.4kJ/kg[15]。

超导磁储能系统的机械设计也是一个很有挑战性的问题；磁导体的设计必须能够承受巨大的应力和变形而且不能破坏超导特性。能够承受超导磁储能系统巨大洛伦兹力的一种方法是自支撑或冷概念[2]。磁体的冷结构支撑着磁力。多种方式必须结合起来以优化比能量：导体应有合理的强度，既能传输电流又能进行机械支撑。而随着存储能量的增多，还需附加结构来承受力，这样一来会增大尺寸。

另一种方法是将磁体外面的力转移到环境温度支撑上。例如，将磁体安装在一个地下盐穴中或加固表面的沟渠中。对于功率超过吉瓦时的情况，这种解决方案很有可能实现[2,16]。

13.4.3　超导体的体积

超导体的体积和所储存能量之间的关系为

$$Vol_{sc} = C_2 \frac{W_{mag}^{3/2}}{J_{ov}(\mu_0 B)^{1/3}} \tag{13.13}$$

C_1 主要取决于磁体的几何结构。J_{ov} 为磁体中的平均电流密度，B 为磁通密度。式中的机械应力作为超导磁储能系统的主要制约因素之一，并不随尺寸的变化而变化。但是，式（13.13）反映了关键点。和其他储能系统不同，超导磁储能系统的有效体积和所存储的能量并不呈线性关系增大。能量较高时，超导磁储能系统在超导体积（成本）方面更具优势，低温学可以证实这一点，这对所有附加容量和重量都很小的磁体没有好处。另外，磁通密度的幅值对减小超导体体积并没有发挥重要作用，相反，平均电流密度作用很大。

平均电流密度取决于超导体的性能（详见 13.5.4 节）。

13.4.4　体积能量密度

电磁线圈中的应力公式［式（13.8）］表明在给定应力下，以下两个主要方案很有可能实现：

（1）高磁通密度和小半径/体积。

（2）低磁通密度和大半径/体积。

存储同样磁能的两块磁体重量相似。根据超导体的 $J_{ov}(B，T)$ 特性曲线（图 13.15），低磁通密度的磁铁其工作温度略高。

表 13.3 采用图解方式说明了具有相似应力的 5MJ 超导磁储能系统的两种方案。

表 13.3　　　　　　　　　　类似能量和应力的两种超导电磁线圈磁体

内外径/m	0.1684/0.1884	0.6393/0.6459
高度/m	1.3906	1.283
电流密度/(MA/m²)	400	400
最大环向应力/MPa	370	399
能量/MJ	4.82	4.99
最大磁通密度/T	9.76	3.09
能量质量密度/(kJ/kg)	19.35	18.26
能量体积密度/(MJ/m³)	31.1	2.97

13.4.5　设计示例

目前已经设计了超导磁储能系统用的简单电磁线圈（其内外径分别是 R_i，R_e，高度是 h）。电磁线圈的横断面［$(R_i-R_e)h$］中的电流密度 J_{ov} 相同。采用遗传算法对（R_i，R_e，h）进行了优化，在给定能量 W_{mag}、电流密度 J_{ov} 和绕组内的最大环向应力 σ_{max} 下（最小电磁线圈横断面内）能最大化质量比能量[19]。图 13.9 给出了两种不同能量的结果，而且很好地说明了超导磁储能系统的局限性。对于高电流密度（取决于能量），机械性限制了比能量，根据维里理论，这和应力成正比。另外，如果电流密度太低，无法达到较高的比能量，电流密度也成了限制因素。图 13.9 也表明了高能量对超导磁储能系统有利。对于具有类似约束条件（电流密度和应力）的超导体，也可达到较高的质量比能量。

13.4.6　比功率的局限性

如果相对于其尺寸，一块超导磁体无法储存很多能量，则可在短时间内释放能量。单位质量内的功率理论上并没有极限，但从物理学角度分析没有任何意义。通常这种级别的应用都非常高（100MW/kg）。功率是流过磁体的磁流 I_{sc} 和终端电压 V_{sc} 乘积的结果。高功率需要大电流和高电压的良好电气绝缘。

最大功率也取决于电能调节系统。由于能量与电流的平方成正比［式（13.1）］，随着磁体释放能量，电流会减小。最大工作电流下 I_{sc}^{max} 额定功率非固定值，通常是 I_{sc}^{max} 的 1/2，磁体随后在 $1/2\, I_{sc}^{max}$ 和全 I_{sc}^{max} 下工作，能量滞留在磁体中（$I_{sc}^{max}/2$ 对应 $W_o/4$）。这和飞轮相似，但是飞轮永不停止。在恒功率 P 下放电，所用部分能量 f 可表示为

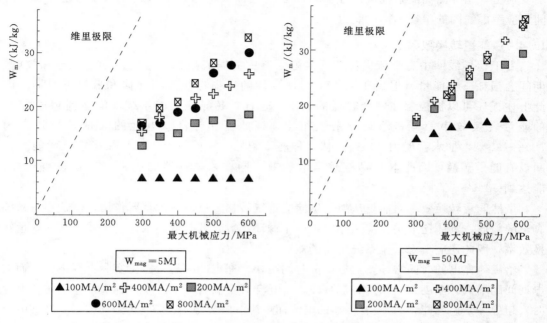

图 13.9 两种能量下不同电流密度的质量比能量—最大应力的关系。

$$f = 1 - \left(\frac{P}{V_{sc}^{max} I_{sc}^{max}} \right)^2 \tag{13.14}$$

式中：V_{sc}^{max} 为穿过磁体终端的最大电压。

图 13.10 给出了从 I_{sc}^{max} 到 $I_{sc}^{max}/2$ 恒功率下放电时电压和能量与电流的关系。放电结束时电压达到最大值来补偿电流的减小。

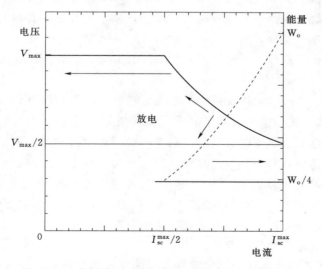

图 13.10 恒功率下放电时电压和能量与电流的关系。

但是，超导磁储能系统可以在非恒功率下全部放电。对于不到 $100\mu s$ 的超快放电时间，应考虑线圈的串接和衍生能力。

13.4.7 能量转换效率

由于超导线圈中有交流损耗和低温恒温器中的涡流损耗，电流波动（充电和放电）期间会损耗一些能量。但由于采用了合理设计的低损耗交流超导体和低温恒温器，因此上述损耗可以被控制在一个较低的水平。这样，超导磁储能系统就能达到超过 95% 的能量转换效率。与其他储能系统相比，该数值相当高（电池的能量转换效率为 70%～90%，抽水蓄能为 70%）。从一种能量到另一种能量（例如机械能或化学能）之间没有能量转换，因此本身具有较高的能效。同样，电容器的能量转换系数也很高，能达到 90%～95%。

虽然能量转换效率对能量从超导磁储能系统转移到负荷发挥重要作用，但这不是系统真正的能效，具体还取决于应用环境。由于循环次数较低时低温系统会削弱较高的能量转换效率，因此还应考虑低温系统所需的能量。

给磁体充电的时间必须要比放电的时间更快。充电期间运行裕量实际上会减少，而放电期间则增大。温度裕量指运行温度 T_c 和电流共享温度 T_{cs} 之间的温差。电流共享温度时，超导体开始耗能，T_{cs} 随着传输的电流而下降。临界电流下 T_{cs} 达到 T_c，T_c 没有电流流过。充电和放电期间有交流损耗，因此工作温度上升，但放电或充电期间 T_{cs} 会相应上升或降低。

由于受到支撑结构机械疲劳因素制约，充放电循环次数非常高。一个超导磁储能系统可与负荷进行重复双向电能交换。

13.4.8 综述和主要超导磁储能系统应用

总之，因机械应力被限定在 $10kJ/kg$（$0.003kW \cdot h/kg$）左右，超导磁储能系统的质量比能量比电池或其他能源低得多（图 13.7，表 13.2）。但能量很快会被释放，损耗较小，因此超导磁储能系统是一种短时间瞬时能源，基本上算是一种瞬时/脉冲电源，而不是一种能源。其充电非常快，循环次数非常高。超导磁储能系统充当一种电源，因此负荷应该适中。除了冷却系统外，在不移动其他部件的情况下，超导磁储能系统只需要少量维护，是一种环保型设备。

由于上述特性，在一些柔性交流输电系统、轨道电磁发射器[21,22]或飞机弹射器（飞行器发射）、磁力形成（使用电磁力形成金属）[22]及其他等不同领域中，超导磁储能系统应该是脉冲电源的理想选择。轨道电磁发射器利用一对导电轨道和之间有滑动/滚动触点的移动零件。供给大电流时，每小时内速度可达到数千米。由于速度超过了传统枪支的速度，因此电磁发射器可用于军事用途（轨道炮），也可用来在子轨道或轨道高度内发射小负荷[23]。柔性交流输电系统是一种能够提高电网运行安全性、容量和灵活性的设备，该系统包括许多电网应用。超导磁储能系统适合大功率中等能量的电网系统，例如改善瞬时稳定性、平衡电压跌落和减缓电压闪变等。

表 13.4 列出了拟用于不同功率和能量范围的三种超导磁储能系统的一些特性，目前只有最小的一个被生产出来并投入使用。

表 13.4   **不同用途下超导磁储能系统的一些特性**

参　数	超导磁储能系统电厂[2]	超导磁储能系统/ETM[24]	5MV·A 超导磁储能系统[25]
能量/(MW·h)	5250（18.9TJ）	20.4（73TJ）	7.3
功率/MW	1000	400	5
磁体直径/m	1000	129	0.648（4 极）
磁体高度/m	19	7.5	0.7 配置
电流	200kA	200kA	2657A
超导体	铌钛	铌钛	铌钛
工作温度/K	1.8	1.8	4
现状	只设计	已经淘汰	用于电压骤降的情况

13.5　超导磁体

超导磁储能系统的核心部件——超导磁体必须满足以下要求：

（1）最小化给定磁能的超导体体积，并考虑机械应力。

（2）确保电磁力合理的冷却和机械支撑。

磁体必须符合规定的电磁特性，例如，0.5mT 线的位置，必须有保护系统以防断电，这一点可通过合理的设计来实现。但是，断电是很有可能发生的事件，即使发生断电也不得降低磁体的性能。

13.5.1　磁拓扑结构

超导磁体主要有电磁线圈和环形线圈两种磁拓扑结构（图 13.11）。

电磁线圈结构简单，其电磁力比环形线圈更容易处理。环形线圈取决于其靠近中心轴线的净大径向力，以及横向力和纵向力。环形线圈断电会导致力分配不均匀。但环形线圈的主要优点是其自然分布的低杂散场，因为磁场只位于磁铁孔内；缺点是单位导体所存储的能量是非屏蔽电磁线圈所存储能量的一半。但是所存储能量单位内导体数量几乎和有源屏蔽的电磁线圈数量相同。有源屏蔽采用主磁体周围的补偿线圈来消除外侧磁场。

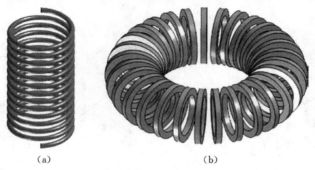

　　　　　（a）　　　　　　　　　　　　（b）

图 13.11　超导磁储能系统的两种基本磁体
拓扑结构：（a）电磁线圈；（b）环向线圈。

可采用邻近线圈极性相反的六角布置电磁线圈（图 13.12）来减小电磁线圈的杂散场[26]。此外，拓扑结构为基本的小型电磁线圈提供了模型设计，生产许多相同线圈时可以降低费用。但是，对于固定的外形尺寸，交变极性的几何结构没有同极性布置线圈的几何结构存储的能量多。

导体单位体积内的能量可以在直径高度比大约为 5 的非屏蔽电磁线圈中优化，而不受应力限制。

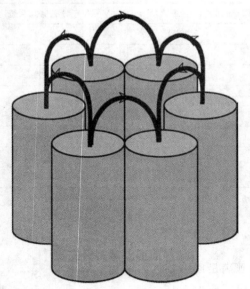

图 13.12 减少杂散场用六角布置电磁线圈示意图[26]。

13.5.2 低温学

为了消除低温 T_{cold} 下的损耗 P_{cold}，必须提供室温下（300K）的功率。最低功率 P_{min} 可采用卡诺公式，即

$$\frac{P_{min}}{P_{cold}} = \frac{300 - T_{cold}}{T_{cold}} \tag{13.15}$$

图 13.13 表明，与 4K 的工况相比，在低温下要消除 1W 所需的最低功率在 20K 时减少系数 5.3，在 50K 时为 14.8。较高的工作温度只能略微降低低温恒温设备的费用，但会显著降低制冷机的费用，甚至比卡诺效率更明显。为了说明这一点，图 13.13 也给出了一台 7kW 压缩机的冷功率容量，大致确定了制冷机的成本。逆转制冷能力会确定每瓦特的大致费用（图 13.13），工作温度上升时成本会显著降低。

在大型系统中，低温系统的成本只占总成本的一部分（虽然也不是非常小的部分）。较高的工作温度不会在很大程度上降低系统的总费用，因此要大力提升超导磁储能系统的竞争能力。但是，高温下工作会给磁体本身带来许多好处（详见13.5.3节）。

13.5.3 磁导体

磁绕组的超导导体必须符合以下要求：

（1）大磁场中具有较高的工程（总体上包括超导体和正规矩阵/分流器/基质）电流密度。

（2）能够支撑机械应力、变形，集机械功能为一体。

（3）费用低，因为目前真正制约超导磁储能系统的瓶颈就是成本。

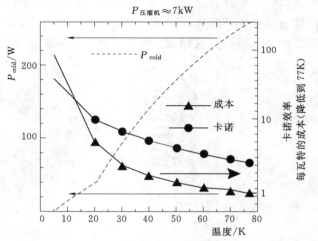

图 13.13 7kW 压缩机的制冷能力，单位制冷功率的费用降低到 77K 以及卡诺效率。

304

（4）尽可能达到较高的工作温度。

管内电缆超导体（CICC）综合了许多功能，外部护套可承受大部分洛伦兹力，因此被当做冷却液罐来用。

1. 低温超导体（LTS），铌钛

目前，只有铌钛导体符合前三项要求，但问题是其工作温度很低，略高于4.2K，该温度为流体氦的温度。理想的是4K的低温，但是在资本投资费用方面依然很高，更不用说运营费用了。

铌钛磁体在低温冷却中得益于其恒温性。对大型制冷机的逐渐改进延伸到维护周期和减小制冷电负荷。高临界温度（高温超导）电线的引入算是一个重要的改进。这些改进会实质性降低相关损耗（4K温度下为1/10，300K下为总损耗的1/3），这一数值在总损耗量中占相当大比例。

为了实现稳定性、保护作用并控制应力，采用低温超导体后，工程电流密度随着能量减小[30]。对于超过1MJ（0.3kW·h）的能量，总电流密度应低于100MA/m²。电流密度不再受到超导载流量的限制。

2. 高温超导体（HTS）

高温超导体材料在超导磁储能系统中很受青睐，因为这种材料具有在高温下工作的可能性，会降低低温运营成本，总之会降低制冷机的费用（图13.13）。减少的制冷功率会转换成效率的提高。

高温下工作会显著提高材料的比热（图13.14）（温度在4K，20K和50K之间的系数分别是80和1000），使运行更加稳定，而且对外部干扰的敏感度降低。最小触发能量可以在所需的磁体中存储能量密度，然后触发，达到稳定状态。在绝热条件下，单位体积内的最小触发能量可按照以下公式估算[31]

$$\mathrm{MQE} = H(T_{cs}) - H(T_o) \approx c_p(T_o)[T_{cs} - T_o]\left|1 - \frac{I_{sc}}{I_c}\right| \tag{13.16}$$

除了有较大的温度裕度（$T_{cs} - T_o$）以外，比热大幅增加会显著提高最小触发能量。

与稳定性有关的限制因素比低温超导体低很多，而且估计总体上会有较高的电流密度。由于超导磁储能系统总体上功率较高，因此和保护有关的约束不算限制因素（详见13.5.4节）。

然而，比热增大对于磁体保护并没有什么好处[32]。失去超导状态的区域传导非常慢，可能要经过高温漂移，这样会损坏磁体。触发检测变得非常困难，检测到的电压与触发区域成正

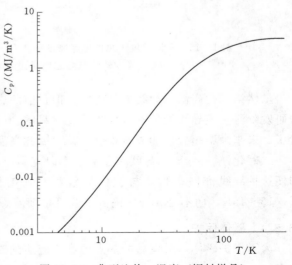

图13.14　典型比热—温度（铜材样品）。

比，因此建议改进检测方法[33]。

钇钡铜氧化物涂层导体或第二代（2G）高温超导线在超导磁储能系统中有特别广阔的前景。高磁通密度下的载流量保持在较高值上，即使发生温升，13T 下 20K 时的载流量也会超过 $1000MA/m^2$。第二代线缆经过了显著改进，未来这些数值都会进一步提高。

超导磁储能系统中的机械应力越大，磁体重量越小 ［式（13.7）］。为了减轻重量，导体应具有载流和机械支撑的功能，这也是人们对超导磁储能系统中 IBAD 第二代磁带感兴趣的原因，因为该材料能承受 800MPa 以上的应力，而且不会造成任何损坏。

然而，第二代线缆采用的是非均质薄带。磁体设计师应减小横向磁通密度，因为这样会显著影响载流量（图 13.15）。由于几何结构，第二代电线的高电流电缆依然是个问题，但解决这一问题的方法也正在研究，例如罗贝线（Roebel）棒[34]。

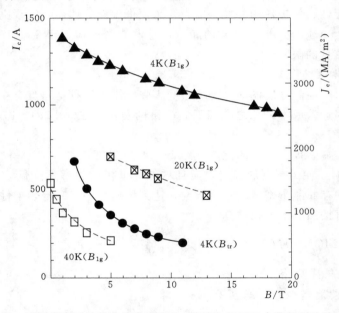

图 13.15　不同温度下总的电路密度和从 CEA 和 CERN 参数得到的除了 4.2K 以外的纵向磁场对比图（横向特性）。

虽然第二代高温超导线前景光明，但目前的成本依然很高，而且由于产量小，依然处于研发阶段。该导线的成本至少是铌钛材料的 20 倍！而铌钛超导磁储能系统已经算是很贵了。未来高温超导体的成本将会骤减，因此高温超导磁储能系统依然前景光明。

二硼化镁（MgB_2）导线属于另一个研究领域，在实质性突破瓶颈方面没有任何潜力，即便这种导线价格很低。与铌钛导线相比，工作温度的增大并不足以达到明显的效果（10～15K，而不是 4K）。高温下载流量随着磁通密度快速减小。

13.5.4　磁体保护

为了保护磁体，触发后的热点温度不应达到磁体破坏的温度值。绝热公式中热点温度被高估，即

$$\rho(T)j(t)^2 = c_p(T)\frac{\mathrm{d}T}{\mathrm{d}t} \Rightarrow j(t)^2\mathrm{d}t = \frac{c_p(T)}{\rho(T)}\mathrm{d}T \tag{13.17}$$

二元时间积分给出热点温度（T_{max}）为

$$\int_0^\infty j(t)^2\mathrm{d}t = \int_{T_0}^{T_{max}} \frac{c_p(T)}{\rho(T)}\mathrm{d}T = F(T_{max}) \tag{13.18}$$

传统方法是当检测到有触发情况时（实际触发后为 t_{det}）将磁体中的能量释放到外面的放电电阻 R_d。与放电电阻相比，假设磁电阻可以忽略不计。电流平方的时间积分将非常简单，通过导入相关量重新写出公式为

$$F(T_{max}) = J_o^2 \left| t_{det} + \frac{W_o}{I_o V_{max}} \right| = J_o^2 \left| t_{det} + \frac{W_o}{P_{max}} \right| \tag{13.19}$$

式中：W_o 为超导电流 I_o 或电流密度 J_o 的能量；V_{max} 为穿过超导磁体的最大电压，两者相乘得到最大功率（$P_{max} = V_{max}I_o$）。

式（13.19）表明电流密度和/或能量增大时磁体很难得到保护。确定保护延迟 t_{det} 的触发检测敏感度发挥着重要作用。但是高温超导磁很难检测。超导磁储能系统作为一种最具吸引力的电源，其较低的 W_o/P_{max} 比值有利于保护。

现在来考虑一下数量级。有一些裕度时，超导体在 400K 温度下并没有任何损伤。故障限流器中一些钇钡铜氧化物带温度可达到 720K，而且也没有发生明显破坏[35]。对于磁体而言，还应研究不均匀热收缩应力。将 400K 设为 T_{max}，100ms 设为 t_{det} 和 W_o/P_{max}，SCS4050SuperPower® 的总电流密度必须低于 450MA/m^2（http：//www. superpowerrr-inc. com）。减小带材的电阻率（更厚的铜稳定剂）可能会增大电流密度，而小型超导磁储能系统中只需要这么高的电流密度。对于超过 50MJ 的超导磁储能系统，如图 13.9 所示，200MA/m^2 的总电流密度足以设计出 26kJ/kg 级（是现在记录值的两倍）质量比能量的电磁线圈磁体。

13.6　超导磁储能系统的应用

表 13.5 汇总了超导磁储能系统的主要应用。

表 13.5　　　　　　　　　　　　超导磁储能系统的主要应用

应用	不间断电源	柔性交流输电系统	平衡负荷	脉冲电源
用途	电压—电能质量和敏感临界负荷的安全性	有功（无功）功率与电网交换，提高运行能力（稳定性和能力增强）	储存大能量的脉冲负荷（脉冲磁体等）	大功率设备/时间要求：（1）电磁发射器；（2）磁性形成

13.6.1　电网用超导磁储能系统

1. 平衡负载

1970 年首次提出了超导磁储能系统概念，目的是平衡法国电网的昼夜负荷[4]。所需的能量（数千兆瓦时）要形成巨大的磁体（直径 1km，详见表 13.1），实现起来难度相当大。此外，由于周期长（数小时），超导磁储能系统也不是最佳解决方案。抽水蓄能电站

通常作为替代方案。抽水蓄能电站需要修建两座蓄水池，而且还要有效高差，这一要求限制了该技术的可用场景。

另外，超导磁储能系统对于平衡短周期的脉冲负荷很有用。一些供电公司采用能量罐可显著平衡脉冲负荷的功耗。典型的例子是 CERN 上安装的质子同步环形加速器。这种加速器在脉冲模式下工作。工作磁通密度通常可达到 0.7s，保持 0.3s 的时间，然后在 0.7s 内回零。每年进行 600 万～800 万次这样的循环。这种电阻式加速器的最大耗散功率可达到 10MW，但在磁体充电结束时需要耗散效率达 50MW。但电源要吸收大量功率来降低磁通密度。非常有趣的是在磁场升高时采用能量罐可以提供能量，在磁场下降时采用能量罐可以恢复能量，这一点必不可少。首个质子同步电源使用飞轮作为储能设备，现在也用电容器储能。后者又称为"质子同步电源转换器（POPS 主磁体[36]）"。电容器受限于质量和体积，因此采用一台超导磁储能系统便可替换掉。

2. 柔性交流输电系统（FACTS）

随着能量达到数十兆焦，超导磁储能系统在电网中可用于柔性交流输电系统。作为柔性交流输电系统一部分的超导磁储能系统的首次应用是将其安装在真正的电网上。1976 年，洛斯阿拉莫科学实验室开始研发 30MJ 的超导磁储能系统，将其用于 Bonneville 电力公司的 Tacoma 变电站，用此来抑制低频功率振荡。该超导磁储能系统在电网上仅运行了很短的时间，在测试评估和调试期间只进行了几百次能量转换。主要运行问题是冷却设备，其在制造商运输期间已被破坏。铌钛磁体和低温恒温器并未发生任何问题。在生产 30MJ 的线圈期间找到了解决电力潮流变动的另一个方案。具体方法是采用半导体控制整流器替换太平洋西北部和南部加利福尼亚州之间现有的直流连接在北部终端上的一些整流二极管，从而成功地抑制了功率振荡。因此，停止了 LANL - BPA 的超导磁储能系统。但是，这种经验属于首次成功，还需要进行确定性验证，以及对在真实电网上运行的大型超导磁储能系统进行现场测试。

2000 年，美国超导体公司将 6 台超导磁储能系统安装在了北部威斯康星州电网的关键点上以增强电网的稳定性[39]。该电网一直有电压不稳定和大规模瞬间电压下降的问题，导致电网崩溃。该电网不同关键位置处安装的 6 台超导磁储能系统给电网注入真实无功功率以提升电压，将输电能力提高了 15%。每一个超导磁储能系统都能在短时间内连续提供 2.8Mvar（1s 内 5.6Mvar）和 2MW。这些超导磁储能系统装入标准拖车内便于快速配置。几年后调试 345kV 线路解决了电压不稳定问题，随后切断了这些超导磁储能系统设备。

电网需要更多的无功功率而不是有功功率来增强其运行特性，对有功功率需求相当少。柔性交流输电系统的有功功率只需要一台超导磁储能系统。对于无功功率，柔性交流输电系统利用储存能量相对较低的电容器即可，例如 D - VAR[40]。这样的柔性交流输电系统可满足大部分电网要求。

3. 桥接电源

电网中可再生能源的发展带来了储能问题，因为可再生能源通常为瞬时能源。如果超导磁储能系统无法解决能源管理问题或负荷平衡问题，在短期内电能或桥接电源可能会成为极具吸引力的解决方案。在未开发出来其他更适合长时间的储能技术之前，超导磁储能系统可保证供电连续性。因此，与其他储能设备结合应用，超导磁储能系统可能会覆盖全部时间范围。

13.6.2 局部电源调解用超导磁储能系统：不间断电源（UPS）

一些超导磁储能系统在不间断电源下工作，其额定功率达到兆瓦级。这些超导磁储能系统用于局部需要灵敏处理（例如半导体芯片制造设备）的需要超净电能的敏感负荷、军事应用和研究实验室等。

超导磁体已经替代了传统用途的电池。这些超导磁储能系统主要由美国超导体公司提供[41]，该公司有丰富的测试经验。从 2000 年开始，该公司累计已有 35 年的运营经验。

首批系统中的一台于 1993 年安装在制氨炉上。另一台 1.4MV·A/2.4MJ 超导磁储能系统安装在美国布鲁克海文国家实验室，给同步辐射源提供优质电能[42]。电压下降或瞬时断电期间供电，以防束流损失。北卡罗来纳州的 Owens Corning 挤压生产线应用超导磁储能系统以防电压下降[43]，在南非，超导磁储能系统也在 11 个月出现 72 次电压骤降期间保护了造纸机[44]。

日本也已建成了多个超导磁储能系统。一个目标就是保护敏感负荷免遭电压骤降破坏。2003 年，采用铌钛电磁线圈生产出了一台四极配置的 5MW－7MJ 超导磁储能系统[25]，该系统避免了液晶制造厂电压骤降。2005 年建成了额定功率为 10MV·A 的另一个超导磁储能系统（图 13.16）。

日本国家计划致力于应用超导磁储能系统来补偿负荷波动，而且已经开始研发高 T_c 的超导磁储能系统，采用 Bi－2212PIT 线测试 1MVA 的超导磁储能系统，但运行温度为 4K[45]。由于钇钡铜氧化物涂层导体的进步和优良性能，超导磁储能系统项目目前以这些导体为基础。

13.6.3 脉冲电源用超导磁储能系统

超导磁储能系统的另一个应用便是专用于短时间内大功率需求的脉冲电源。20 世纪 80 年代，根据美国战略防卫计划（SDI），大规模超导磁储能系统研发项目得到执行[46,47]。主要目标是针对自由电子激光器的电压，但同时也研究

图 13.16 夏普公司 Kameyama 工厂运行的 10MJ Chubu 电力超导磁储能系统。

电力应用。中期时，超导磁储能系统的工程测试模型旨在设计和制造一台 20～30MWh（72～108GJ）－400/1000MW 磁体（详见表 13.1，中间一栏）。两个小组（Bechtel 和 Ebasco）在设计阶段展开竞争，他们提出了大相径庭的解决方案。一个利用 60kV Al 稳定铌钛导体和氦槽冷却。第二个基于一个 200kA 的铌钛管内电缆超导体。在温度为 1.8K，磁通量为 5T，电流为 303kA 下进行研发和测试，在载流量方面一直创世

界纪录。战略防卫计划的中途放弃导致这一超导磁储能系统项目终结。

俄罗斯已经研发了利用环形线圈磁体的脉冲电源超导磁储能系统[48,49]。

法国武器装备总署（DGA）和法国负责陆军研究的研究院从20世纪前十年开始，和尼尔研究院以及G2Elab一起研发轨道电磁发射器/炮用的高温超导磁储能系统[50,51]。由于本项应用需要短电流脉冲，超导磁储能系统只需简单的改造便成为理想的电压源（图13.3）。现在普遍使用电力电容器，只需要一个耗散转换电路就可以将电压源（电容器）转成轨道炮所用的电流源。轨道炮所需的大电流（100～1000kA）依然是超导磁储能系统的棘手问题。采用超导磁储能系统后，由于供电电流在发射期间更稳定，因此电流相对于电容器电源低[5]。XRAM理念（MARX反向缩写）可用来增大放电电流，磁体由多个线圈制成，充电时串联，放电时并联。图13.17为XRAM在圣路易斯研究院的XRAM发电机上成功进行的实验[52]。

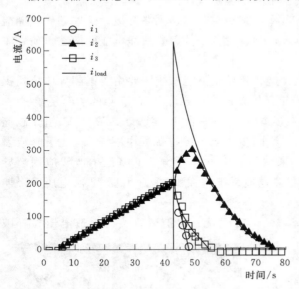

图 13.17　基于有三根线圈（串联充电并联放电）超导磁储能系统的 XRAM 发电机。

法国武器装备总署项目的特别成果是基于法国耐克森公司BiSrCaCuO导体800kJ（已达到425kJ）的高温超导磁储能系统（图13.18）。该系统只采用环保型低温制冷机上的传导冷却在20K温度下工作。考虑到严格的军事环境，高温超导设备比低温超导设备好。目的是为了量化代表层面的许多技术方案，以获得实质性的运行经验反馈。在反应相位上采用ISL跟踪，以优化系统。钇钡铜氧化物的用途已经过分析，结果表明其可以提高质量比能量（图13.9），因此也是超导磁储能系统的研究方向。

(a)　　　　　　　　　　　　　　　　(b)

图 13.18　(a)、(b) 建于格勒诺布尔的 800kJ 20K BECCO 传导冷却型超导磁储能系统。

表 13.6　　　　　　　　　全世界的主要高温超导磁储能系统

组　织	国家	年度	参数	材料	应用
Chubu[45]	日本	2004	1MV·A，1MJ	Bi-2212	电压稳定性
CAS[53]	中国	2007	0.5MV·A，1MJ	Bi-2223	电能质量
KERI[54]	韩国	2007	0.6MJ	Bi-2223	电压和电能质量
DGA/CNRS[50]	法国	2007	0.8MJ	Bi-2212	脉冲应用/轨道炮
KERI[54]	韩国	2011	2.5MJ	钇钡铜氧化物	电能质量
Chubu[55] M-PACC 项目	日本		100MV·A，2.5GJ	钇钡铜氧化物	电力系统控制
SuperPower，ABB，BNL，Tc SUH[56]	美国	2011—2013	20kW，3.4MJ	钇钡铜氧化物	负荷平衡

13.6.4　小结

　　总之，许多超导磁储能系统已经证明了其在兆瓦级瞬间（几秒钟）功率下的工作性能，能够实现商业化生产，而且在美国和日本已得到大量的现场测试经验。然而，超导磁储能系统的销量不大，主要原因是与那些成熟，具有竞争力的技术相比，其初始成本依然很高。此外，超导磁储能系统主要针对大功率短时间需求的应用。

　　目前研发热点主要集中于高温超导磁储能系统（详见表 13.6）。

13.7　结论

　　由于功率密度比储能密度高很多，因此超导磁储能系统特别适合作为持续时间短的电源。超导磁储能系统也是脉冲/瞬时电源等应用环境的最佳解决方案，特别是电网用的电流源、不间断电源和柔性交流输电系统。多年以来已安装并顺利投入使用了许多超导磁储能系统设备，而且都证明了具有令人满意的性能。然而高的资本成本依然是制约超导磁储能系统进行大规模商业化生产的瓶颈。

　　电力市场管制的放松和提高现有电网额定功率的需求给柔性交流输电系统或使用超导磁储能系统的桥接电源创造了机会。

　　电磁发射器之类的新兴应用对脉冲电源的需求也给超导磁储能系统带来了良机，因为这种系统能提供一种性能、适应性好的解决方案。

　　高温超导体的一些特性对超导磁储能系统很有吸引力，特别是钇钡铜氧化物涂层的导体具有温度超过 4K 时大磁通密度下的载流量和机械强度的优势。如果能以较低的成本生产，则只需利用这些优秀特性即可。

13.8　致谢

　　本项工作在 DGA 项目和 ANR 项目下进行。作者真诚地感谢 A. Badel 富有成效的讨论，也特别感谢 W. Hassenzahl 对本章内容的贡献，特别是认真地阅读以及和作者进行的非常有意义的交流。

参考文献

1. J. File and R. G. Mills, 'Observation of persistent current in a superconducting solenoid', *Physical Review Letters*, vol. 10, 93 – 96(1963).

2. W. Hassenzahl, 'Superconducting magnetic energy storage', *IEEE Transactions on Magnetics*, vol. 25, 750 – 758(1989).

3. C. A. Luongo, 'Superconducting storage systems: an overview', *IEEE Transactions on Magnetics*, vol. 32, 2214 – 2223(1996).

4. M. Ferrier, 'Stockage d'énergie dans un enroulement supraconducteur', *Low temperature and Electric Power*, Pargamon Press, 425 – 432(1970).

5. A. Badel, 'High critical temperature SMES as pulse source', PhD, Grenoble INP, 2010.

6. M. H. Ali, B. Wu and R. A. Dougal, 'An overview of SMES applications in power and energy systems', *IEEE Transactions on Sustainable Energy*, vol. 1, 38 – 47(2010).

7. J. Kondoh, I. Ishii, H. Yamaguchi, A. Murata, K. Otani, K. Sakuta, N. Higuchi, S. Sekine and M. Kamimoto, 'Electrical energy storage systems for energy networks', *Energy Conversion and Management*, vol. 41, 1863 – 1874(2000).

8. F. C. Moon, 'The virial theorem and scaling laws for superconducting magnetsystems', *Journal Applied Physics*, vol. 53, 9112 – 9121(1982).

9. S. Nomura, N. Watanabe, C. Suzuki, H. Ajikawa, M. Uyama, S. Kajita, Y. Ohata, H. Tsutsui, S. Tsuji – Iio and R. Shimada, 'Advanced configuration of superconducting magnetic energy storage', *Energy*, vol. 30, 2115 – 2127(2005).

10. J. L. Smith, 'Field analysis for a SMES magnet with radial force balance', *IEEE Transactions on Applied Superconductivity*, vol. 5, 357 – 360(2005).

11. G. E. Marsh, 'Force – free magnetic field: solutions, topology and application', *World Scientific*, ISBN: 978 – 981 – 02 – 2497 – 4.

12. Y. M. Eyssa, 'Design of single layer superconductive energy storage magnets' *Journal Physics D: Applied Physics*, vol. 13, 1719 – 1726(1980).

13. A. A. Kuznetsov, *Soviet Physics Technical Physics*, vol. 6, pp. 472 – 475(December 1961).

14. D. Campi, B. Curé, A. Gaddi, H. Gerwing, A. Hervé, V. Klyuklin, G. Maire, G. Perinic, P. Bredy, P. Fazilleau, F. Kircher, B. Levésy, P. Fabbricatore, S. Farinon and M. Greco, 'Commissioning of the CMS magnet', *IEEE Transactions on Applied Superconductivity*, vol. 17, 1185 – 1190(2007).

15. A. Yamamoto, Y. Makida, H. Yamaoka, H. Ohmiya, K. Tanaka, T. Haruyama, T. Yoshida, K. Yoshimura, S. Matsuda, K. Kikuchi, Y. Ootani and S. Mizumaki, 'A Thin Superconducting Solenoid Magnet for Particle Astrophysics', *IEEE Transactions on Applied Superconductivity*, vol. 12, 438 – 441(2002).

16. C. Rix, C. Luongo, W. Bingham, A. Bulc, K. Cooke, D. Lieurance, K. Partain and S. Peck, 'A self – supporting superconducting magnetic energy system (SMES) concept', *Cryogenics*, vol. 34, No. 1, 737 – 740(1994).

17. W. V. Hassenzahl, 'A comparison of the conductor requirements for energy storage devices made with ideal coil geometries', *IEEE Transactions on Magnetics*, vol. 25, 1799 – 1802(1989).

18. P. Tixador, N. T. Nguyen, J. M. Rey, T. Lecrevisse, V. Reinbold, C. Trophime, X. Chaud, F. Debray, S. Semperger, M. Devaux and C. Pes, 'SMES optimization for high energy densities', *IEEE Transactions on Applied Superconductivity*, vol. 22, 5700704(2012).

19. B. Vincent, P. Tixador, T. Lecrevisse, J. – M. Rey, X. Chaud and Y. Miyoshi, 'HTS magnets: opportunities and issues for SMES, *IEEE Transactions on Applied Superconductivity*', vol. 23, 5700805(2013).

20. H. D. Fair, 'Electric launch science and technology in the United States', *IEEE Transactions on Magnetics*, *vol.* 39, 11 – 17(2003).

21. P. Lehmann, 'Overview of the electric launch activities at the French – German Research Institute of Saint – Louis(ISL)', *IEEE Transactions on Magnetics*, vol. 39, 24 – 28(2003).

22. T. E. Motoasca, H. Blok, M. D. Verweij and P. M. van den Berg, 'Electromagnetic forming by distributed forces in magnetic and non magnetic materials', *IEEE Transactions on Magnetics*, vol. 40, 3319 – 3330(2004).

23. P. Lehmann, O. Bozic, H. Grobusch and J. Behrens, 'Electromagnetic Railgun technology for the deployment of small sub –/orbital payloads', *IEEE Transactions on Magnetics*, vol. 43, 480 – 485(2007).

24. R. J. Loyd, T. E. Walsh and E. R. Kimmy, 'Key design selections for the 20.4 MWh SMES/ETM', *IEEE Transactions on Magnetics*, vol. 27, 1712 – 1715(1991).

25. S. Nagaya, N. Hirano, M. Kondo, T. Tanaka, H. Nakabayashi, K. Shikimachi, S. Hanai, J. Inagaki, S. Ioka and S. Kawashima, 'Development and performance results of 5 MVA SMES for bridging instantaneous voltage dips', *IEEE Transactions on Applied Superconductivity*, vol. 14, 699 – 704(2004).

26. W. Weck, P. Ehrhart, A. Müller and G. Reiner, 'Superconducting inductive pulsed power supply for electromagnetic launchers: design aspects and experimental investigation of laboratory set – up', *IEEE Transactions on Magnetics*, vol. 33, pp. 524 – 527(1997).

27. M. O. Hoenig, Y. Iwasa and D. B. Montgomery, 'Supercritical – helium cooled' bundle conductors 'and their application to large superconducting magnets', *Proceedings of the 5th International Conference on Magnet Technology*, Roma, Italy, 21 – 25 April 1975, 519 – 524(1975).

28. C. A. Luongo, K. D. Partain, J. R. Miller, G. E. Miller, M. Heiberger and A. Langhorn, 'Quench initiation and propagation study(QUIPS)for the SMES – CIC', *Cryogenics*, vol. 31, No. 1, 611 – 614(1994).

29. J. R. Hull, 'High – temperature superconducting current leads', *IEEE Transactions on Applied Superconductivity*, vol. 3, 869 – 875(1993).

30. M. N. Wilson, 'Stabilization, protection and current density: some general observations and speculations', *Cryogenics*, vol. 31, 449 – 503(1991).

31. L. Dresner, *'Stability of Superconductor'*, New York: Plenum Press, ISBN 0 – 306 – 45030 – 5.

32. T. Effio, U. P. Trociewitz, X. Wang and J. Schwartz, 'Quench induced degradation in $Bi_2 Sr_2 CaCu_2 O_{8+x}$ tape conductors at 4.2 K', *Superconductor Science and Technology*, vol. 21, 045010, p. 10(2008).

33. A. Badel, P. Tixador, G. Simiand and O. Exchaw, 'Quench detection system for twin coils HTS SMES', *Cryogenics*, vol. 50, 674 – 681(2010).

34. W. Goldacker, A. Frank, A. Kudymow, R. Heller, A. Kling, S. Terzieva and C. Schmidt, 'Status of high transport current ROEBEL assembled coated conductor cables', *Superconductor Science and Technology*, vol. 22, 034003, p. 10(2009).

35. M Schwarz, C. Schacherer, K – P Weiss and A Jung, 'Thermodynamic behavior of a coated conductor for currents above T_c', *Superconductor Science and Technology*, vol. 21, 054008, p. 4(2008).

36. C. Fahrni, A. Rufer, F. Bordry and J. P. Burnet, A novel 60 MW pulsed power system based on capacitive energy storage for particle accelerators, *Proceedings of the Twelfth European Conference on Power Electronics and Applications*, Aalborg, Denmark, 2 – 5 September(2007).

37. X. D. Xue, K. W. E. Cheng and D. Sutanto, 'A study of the status and future of superconducting magnetic energy storage in power systems', *Superconductor Science and Technology*, vol. 19, R31 – R39(2006).

38. H. J. Boenig and J. F. Hauer, 'Commissioning tests of the Bonneville power administration 30 MJ superconducting magnetic energy storage unit, *IEEE Transactions on Power Apparatus and Systems*, vol. 104, 302 – 312(1985), and W. V. Hassenzahl private communication.

39. T. R. Abel, 'D - SMES for Wisconsin', *Modern Power Systems*, vol. 19, No. 10, 28 - 29(1999).

40. H. G. Sarmiento, G. Pampin and J. Diaz de Leon, 'FACTS solutions for voltage stability problems in a large metropolitan area', *Power System Conference and Exposition*, IEEE PES, New York, 10 - 13 October 2004, 275 - 282(2004).

41. American Superconductor, http://www.amsuper.com/.

42. J. Cerulli, 'Operational experience with a SMES device at Brookhaven National Laboratory, New York', *IEEE Power Engineering Society Winter Meeting*, New York, 31 January - 4 February 1999, 1247 - 1252(1999).

43. J. Cerulli, G. Melotte and S. Peele, 'Operational experience with a superconducting magnetic energy storage device at Owens Corning Vinyl Operations, Fair Bluff, North Carolina', *IEEE Power Engineering Society Summer Meeting*, Edmonton, Canada, 18 - 22 July 1999, 524 - 528(1999).

44. R. Schottler and R. G. Coney, 'Commercial application experiences with SMES', *The IEE Power Engineering Journal*, vol. 13, 149 - 152(1999).

45. K. Shikimachi, H. Moriguchi, N. Hirano, S. Nagaya, T. Ito, J. Inagaki, S. Hanai, M. Takahashi and T. Kurusu, 'Development of MJ - Class HTS SMES system for bridging instantaneous voltage dips', *IEEE Transactions on Applied Superconductivity*, vol. 15, 1931 - 1934(2005).

46. R. L. Verga, 'SMES and other large - scale SDI cryogenic application programs', *Advances in Cryogenic Engineering*, vol. 35, Plenum Press, 555 - 564(1990).

47. G. W. Ullrich, 'Summary of the DNA SMES development program', *IEEE Transactions on Applied Superconductivity*, vol. 5, 416 - 421(1995).

48. E. P. Polulyakh, L. A. Plotnikova, V. A. Afanas' ev, M. I. Kharinov, A. K. Kondratenko, Yu. Klimenko and S. I. Novikov, 'Development of toroidal superconducting magnetic energy storages(SMES)for high - current pulsed power supplies', *Advances in Cryogenic Engineering*, vol. 48A, Plenum Publ., 721 - 727(2000).

49. E. Yu. Klimenko and E. P. Polulyakh, 'Closed Flux Winding for SMES', *Advances in Cryogenic Engineering*, vol. 47A, Plenum Publ., 323 - 328(2002).

50. P. Tixador, B. Bellin, M. Deleglise, J. C. Vallier, C. E. Bruzek, S. Pavard and J. M. Saugrain, 'Design of a 800 kJ HTS SMES', *IEEE Transactions on Applied Superconductivity*, vol. 17, 1707 - 1710(2007).

51. A. Badel, P. Tixador, K. Berger and M. Deleglise, 'Design and preliminary tests of a twin coil HTS SMES for pulse power operation', *Superconductor Science and Technology*, vol. 24, 055010(2011).

52. P. Dedié, V. Brommer, A. Badel and P. Tixador, 'Three - Stage Superconducting XRAM Generator', *IEEE Transactions on Dielectrics and Electrical Insulation*, vol. 18, 1189 - 1193(2011).

53. X. Liye, W. Zikai, D. Shaotao, Z. Jinye, Z. Dong, G. Zhiyuan, S. Naihao, Z. Fengyuan, X. Xi and L. Liangzhen, 'Fabrication and tests of a 1 MJ HTS magnet for SMES', *IEEE Transactions on Applied Superconductivity*, vol. 18, 770 - 773(2008).

54. K. C. Seong, 'An introduction of HTS - SMES project in Korea', *IEEE/CSC & ESAS European Superconductivity News Forum(ESNF)*, No. 7, January 2009.

55. K. Shikimachi, N. Hirano, S. Nagaya, H. Kawashima, K. Higashikawa and T. Nakamura, 'System coordination of 2 GJ class YBCO SMES for power system control', *IEEE Transactions on Applied Superconductivity*, vol. 19, 2012 - 2018(2009).

56. Q. Li, 'Long term superconducting magnetic energy storage(SMES)for GRIDS, air and space applications', Presented at ASC Conference, Portland, 7 - 12 October(2012).